CHANGJIAN ZHUBING
ZHENZHI TUPU

常见猪病诊治图谱

主　编　刘富来　白挨泉
副主编　黄良宗　罗耿聪　江宏文　龙建勇

SPM 南方传媒　广东科技出版社
全国优秀出版社

·广州·

图书在版编目（CIP）数据

常见猪病诊治图谱 / 刘富来，白挨泉主编 . —广州：广东科技出版社，2025.1
ISBN 978-7-5359-8166-0

Ⅰ．①常… Ⅱ．①刘…②白… Ⅲ．①猪病—诊疗—图谱 Ⅳ．① S858.28-64

中国国家版本馆 CIP 数据核字（2023）第 174520 号

常见猪病诊治图谱
Changjian Zhubing Zhenzhi Tupu

出 版 人：严奉强
责任编辑：区燕宜
装帧设计：柳国雄
责任校对：李云柯
责任印制：彭海波

出版发行：广东科技出版社
　　　　　（广州市环市东路水荫路 11 号　邮政编码：510075）
销售热线：020-37607413
https://www.gdstp.com.cn
E-mail：gdkjbw@nfcb.com.cn
经　　销：广东新华发行集团股份有限公司
印　　刷：广州市彩源印刷有限公司
　　　　　（广州市黄埔区百合三路 8 号）
规　　格：787 mm×1 092 mm　1/16　印张15　字数300千
版　　次：2025年1月第1版
　　　　　2025年1月第1次印刷
定　　价：88.00元

如发现因印装质量问题影响阅读，请与广东科技出版社印制室联系调换（电话：020-37607272）。

前　言

PREFACE

当前，随着全球经济一体化不断发展，畜禽及其产品的国际贸易日益频繁，猪病的发生和流行变得更加复杂、多样，给养猪业带来严峻的挑战。特别是近年来流行的非洲猪瘟、猪圆环病毒感染、猪流行性感冒、猪繁殖与呼吸综合征等疾病，给养猪业带来很大的损失。究其原因，主要是猪场临床管理水平不高，疫病防治人员的技术水平参差不齐，高水平的专家无法兼顾大部分猪场，造成许多疾病在各猪场之间蔓延，患病猪只无法及时得到科学治疗。编写本书的主要目的就是希望能帮助基层兽医工作者提高技术水平，更科学、合理地开展猪病诊疗工作。

作者以长期在教学、科研及临床实践中积累的猪病方面的彩色图片，以及临床诊断和疾病防治实践中总结出来的第一手资料为基础，从严重危害养猪业的传染性疾病入手介绍了近年来常见和新出现的各种猪病。全书分为9章，共收录46种猪病的病原特征、临床症状、病理特征和实验室检测结果等彩色图片650余幅（全书的图片可通过扫描二维码观看），从病原、流行特点、临床症状、病理特征、诊断要点、类症鉴别、治疗方法、免疫预防与饲养管理等方面深入浅出地作了介绍，并较为详尽地阐述了用药方法、剂量和免疫接种等内容。力求重点突出、简明扼要、通俗易懂、图文并茂，希望以图文结合的方式来加深读者的印象。读者可以通过观察实际的临床症状和病理变化，对照本书所提供的病理图片和临床特征症状，对猪病作出诊断并及时制订科学合理的治疗方案。作者在编写过程中还参阅了国内外有关的文献资料，并选取了部分图片，特别是佛山科学技术学院传染病教研室多年来收集的图片，丰富了本书的内容。值此成书之际，谨向本书原始材料所属的众多作者、编者、出版者致以衷心的感谢。

本书对养猪户及广大基层兽医工作者在诊断、治疗猪病时制订合理的用药方案，减少药物残留和防止耐药菌株的出现等方面具有实际的指导意义，对兽药、饲料营销人员有较高的参考价值，也可以作为高等院校师生的教学参考书。

在本书编写过程中，文中用字经过反复修正，多次校稿，希望把更加完整翔实的内容呈现给读者，但由于编者水平有限，加上时间仓促，书中难免有错漏或不足之处，敬请读者和同行批评指正。

编　者

2024 年 8 月

目 录
CONTENTS

第一章
猪病信息采集

一、望诊 …………………………… 2
二、闻诊 …………………………… 8
三、问诊 …………………………… 8
四、切诊 …………………………… 9
五、病猪的剖检 …………………… 11

第二章
重大疫病

一、非洲猪瘟 …………………… 42
二、猪瘟 ………………………… 50
三、猪口蹄疫 …………………… 62
四、猪流行性感冒 ……………… 67

第三章
繁殖障碍性疾病

一、猪繁殖与呼吸综合征 ……… 76
二、猪伪狂犬病 ………………… 79
三、猪细小病毒病 ……………… 86
四、猪日本乙型脑炎 …………… 89
五、猪布鲁氏菌病 ……………… 92

第四章
呼吸系统疾病

一、猪传染性胸膜肺炎 …………… 96
二、猪支原体肺炎 ………………… 102
三、猪传染性萎缩性鼻炎 ………… 107
四、副猪嗜血杆菌病 ……………… 110
五、猪巴氏杆菌病 ………………… 115

第五章
严重危害仔猪的疾病

一、仔猪黄痢 ……………………… 122
二、仔猪白痢 ……………………… 126
三、猪水肿病 ……………………… 129
四、仔猪副伤寒 …………………… 135
五、猪传染性胃肠炎 ……………… 141
六、仔猪梭菌性肠炎 ……………… 146
七、仔猪渗出性皮炎 ……………… 149
八、猪流行性腹泻 ………………… 152

第六章
多发病

一、猪圆环病毒感染 ……………… 158
二、猪链球菌病 …………………… 162
三、猪附红细胞体病 ……………… 168
四、猪丹毒 ………………………… 173
五、猪痢疾 ………………………… 177
六、猪李氏杆菌病 ………………… 181

七、猪增生性肠炎 ………………… 184
八、猪水疱病 ……………………… 188

第七章
寄生虫病

一、猪弓形体病 …………………… 192
二、猪蛔虫病 ……………………… 197
三、猪球虫病 ……………………… 200
四、猪疥癣 ………………………… 202
五、虱病 …………………………… 206

第八章
中毒病

一、食盐中毒 ……………………… 210
二、有机磷制剂中毒 ……………… 212
三、酒糟中毒 ……………………… 214
四、苦楝中毒 ……………………… 216
五、亚硝酸盐中毒 ………………… 219
六、霉菌毒素中毒 ………………… 221

第九章
常见普通病

一、便秘 …………………………… 226
二、垂脱症 ………………………… 228
三、疝气 …………………………… 229
四、肠套叠 ………………………… 230
五、泄泻 …………………………… 232

第一章
猪病信息采集

兽医诊断活体动物疾病的基本方法，就是望、闻、问、切，简称四诊。通过四诊，全面了解和掌握病情，然后加以综合分析、归纳。经过判断，确定疾病是寒是热，是虚是实，在表在里，进行辨证论治。在临床上，虽然四诊各有其特点，但它们之间互有联系，不可分割，不能孤立地应用某一方法进行诊断，必须有机地结合起来。

对病猪进行剖检、实验室诊断，也是兽医诊病的常用方式，将所采集的信息进行分析、综合，从而判断猪群的疾病情况。疾病信息采集是准确诊断猪病的一个关键环节，如果信息采集不准确就不可能正确诊断猪病，更谈不上科学合理用药。本章通过图谱展示的方式对"四诊"和病猪剖检的每一个步骤进行分解介绍，这有助于基层兽医掌握猪病的诊断方法和正确解读病理图片所包含的信息。

一、望诊

望诊要在适当的距离内进行，有时需要接触猪只，故应注意安全，尤其是接触凶猛的公猪、母猪时要慢慢接近，并作适当的保定，以防万一。望诊顺序为：先形态，后形体；先整体，后局部；从前往后先头颈，次胸腹，再臀部、四肢。具体包括观外形和察口色两个方面。

（一）观外形

在诊断疾病时，作适当保定后（图1-1-1），首先要观察是公猪还是母猪（图1-1-2），是老还是幼，再观察肥瘦情况（图1-1-3）、精神状态（图1-1-4）、皮毛（图1-1-5至图1-1-11），以及呼吸情况（图1-1-12）、腹围、二便（图1-1-13，图1-1-14）、步伐、形态、排泄物、分泌物等的异常变化，现概述如下。

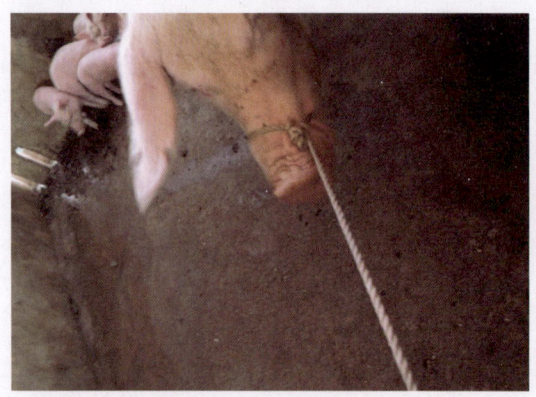

图1-1-1　猪简易保定方法

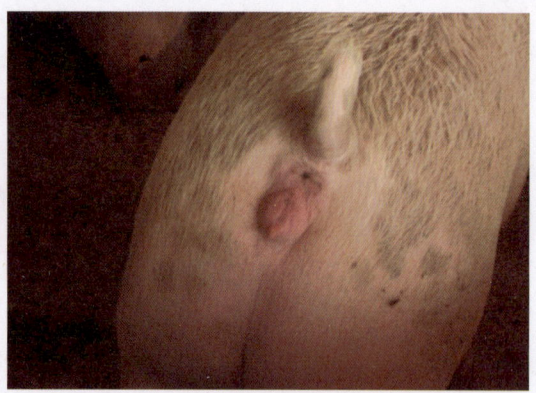

图1-1-2　观察是公猪还是母猪

图1-1-3　观察猪只肥瘦情况

图1-1-4　观察猪只精神状态

图 1-1-5 观察猪只头部

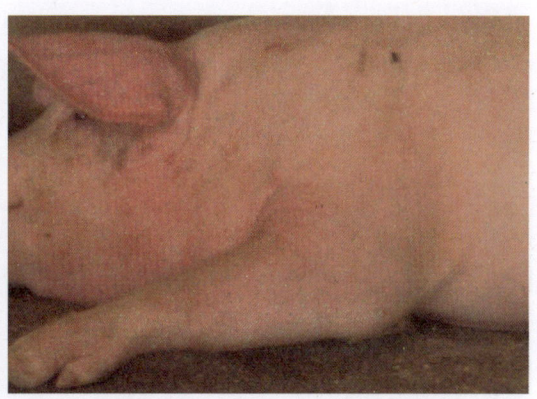
图 1-1-6 观察猪只身体前部皮肤

图 1-1-7 巴氏杆菌感染猪只导致颈部肿胀

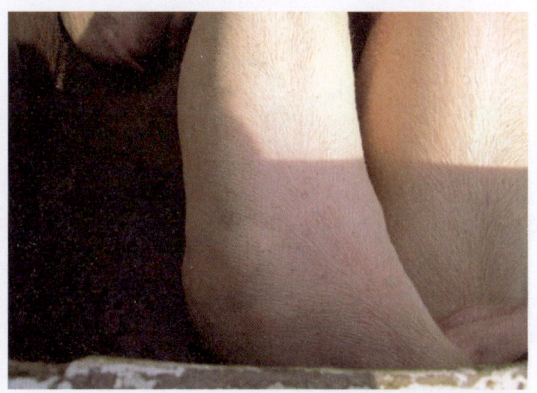
图 1-1-8 观察猪只背部皮肤

图 1-1-9 观察猪只腹部皮肤

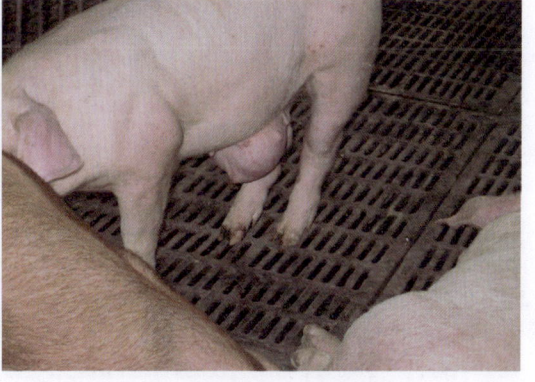
图 1-1-10 观察猪只腹部脐疝

1. 精神与皮毛

猪只健康时表现为精神好，皮毛有光泽；患病时表现为精神萎靡、双目无神、被毛粗乱（图 1-1-15，图 1-1-16）等。猪只脏腑有病也可反映到皮毛上，如病猪身体前部被毛竖立，耳根和鼻镜发凉，多属风寒感冒；身体后部被毛竖立，多数情况下可能是肾或膀胱有热；全身被毛枯燥发痒多是疥癣或肺风毛燥；若猪的被毛粗乱，加之身瘦，喂食后时不时发出呻吟声，多数情况是体内有寄生虫。此外，观察被毛时还应注意有无疮或出血斑点等情况。

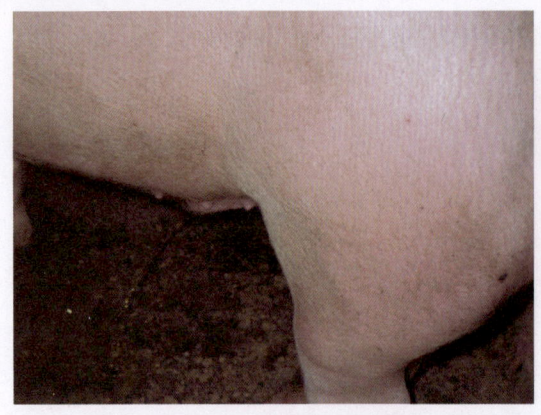

图 1-1-11 观察猪只后部皮肤

图 1-1-12 观察猪只呼吸情况

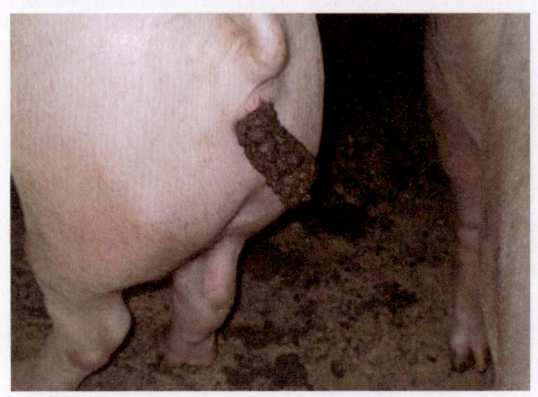

图 1-1-13 观察猪只排粪情况

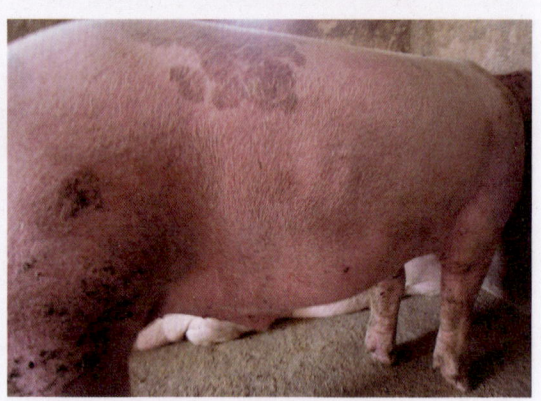

图 1-1-14 观察猪只排尿情况

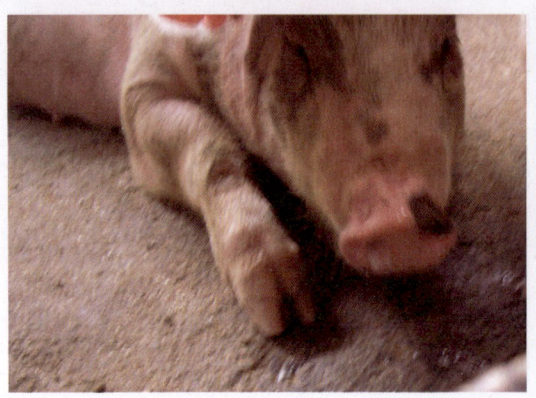

图 1-1-15 病猪双目无神

图 1-1-16 病猪被毛粗乱

2. 形态与步伐

猪只健康时贪食好睡；患病时乏力困倦，精神不佳，行步艰难，姿态异常（图 1-1-17 至图 1-1-20）。如猪患支原体肺炎时呈犬坐式呼吸；患风寒湿痹，则呈现四肢僵硬等。通过这些形态步伐的表现就可以初步判断猪只有无病痛，以及疾病的大概部位所在。

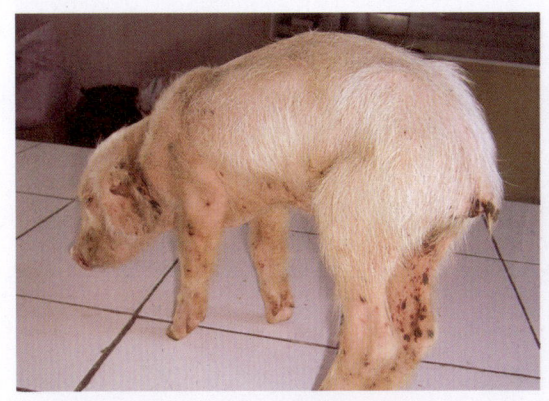
图 1-1-17 观察猪只步态

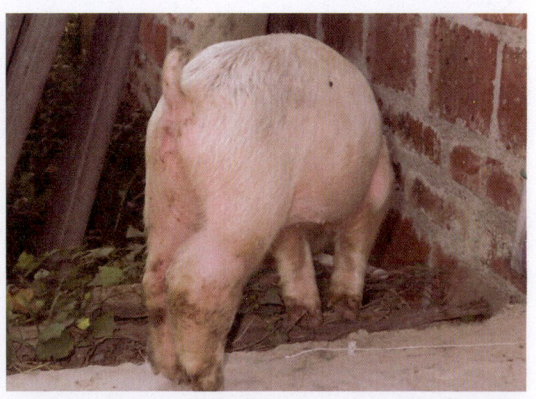
图 1-1-18 猪链球菌病后肢关节肿胀，步态异常

图 1-1-19 猪伪狂犬病神经症状

图 1-1-20 猪只有神经症状，后肢瘫痪

3. 分泌物与排泄物

分泌物与排泄物包括目眵、口涎、鼻液、粪便、尿液等。

（1）**目眵** 眼为肝之外窍，肝脏有病多从眼部表现出来。如双目流泪多属风热，眼角有大量眼屎多属热证（图 1-1-21，图 1-1-22）。目赤肿痛为肝热传眼，眼结膜赤紫属于热盛；眼结膜赤黄如橘，多为肝热黄疸；眼结膜苍白是贫血的表现。正如《灵枢·大感论》中说："五脏六腑之精气，皆上注于目而为之精。"故眼的异常变化不仅关系到肝，也反映了其他脏腑的病变，如两眦发红多属心火上炎；瞳孔散大、浑暗多属肾阴不足，精气衰竭，肝虚（肝冷）泪似水珠等。

（2）**口涎** 常用于猪口炎、胃肠炎、中毒或某些传染病的诊断。口涎检查（图 1-1-23，图 1-1-24），要看颜色、体积和闻气味等，健康猪口内温和湿润，若口干舌燥多为热证，口流清涎多为寒证。故有"口吐清涎必是胃寒，口流白沫多是风热"的说法。如猪只口舌生疮流涎多为心火上炎；口涎黏稠、有酸臭多是伤食和胃有实热；口涎清凉量多，为阴寒。此外，如粗硬禾秆或尖物刺伤口腔引起糜烂，以及误食农药或舔食石灰，吃了腐烂发霉的谷料引起中毒、口流涎沫等在临床上也应注意。

图 1-1-21　观察眼结膜情况

图 1-1-22　猪传染性萎缩性鼻炎眼角形成泪斑、流鼻血

图 1-1-23　检查口腔分泌物

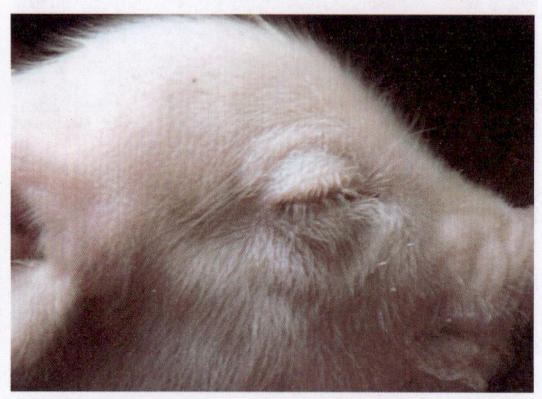

图 1-1-24　猪伪狂犬病口流白色泡沫状分泌物

（3）鼻液　鼻为肺之外窍，鼻液检查要看颜色、体积和闻气味等，健康猪鼻孔湿润，无鼻液流出。如流清涕，多为外感风寒（图 1-1-25）；鼻液黏稠多属肺胃有热；色黄热盛，黄而恶臭属鼻窦炎；黄而黏稠腥臭多为肺脓肿等。

观察猪鼻镜有无汗，是判断病理变化的重要环节。若鼻镜湿润，汗珠时流是健康的表现。鼻镜汗液时有时无多为感冒；鼻镜干燥无汗，多是肺受热邪；鼻镜干燥龟裂，多是胃肠湿热（胃肠炎）或细菌性痢疾（菌痢）。

（4）粪便、尿液　观察猪粪的形状、颜色及闻气味，对疾病的辨证，尤其是胃肠疾病具有重要意义。若大便稀薄色深黄，多是胃肠湿热；粪便稀薄如水样，且混有草谷不化，多为胃肠虚寒（脾虚作泄）；粪便稀稠色赤黄，混有黏液，味臭，多为热痢（肠炎）；带血丝者（里急后重），多为菌痢；粪便干燥多为实热证；排粪难下多为结证；老弱残畜大便燥结多属津液亏损等虚热证。

健康猪的尿液清亮透明，若尿量短少，色黄，多为热证实证；小便频数而清长，多为虚证寒证；尿液赤红，多为心热移于小肠；色黄而稠如菜籽油，多为肾与膀胱湿热；尿血者多是热伤脉络（如猪尿血多为膀胱积热）；排尿点滴不畅，且有疼痛者，多为膀胱结热。

4. 呼吸

健康猪呼吸平顺，协调自如，每分钟呼吸的次数为 10～20 次（图 1-1-26）。患病时，呼吸次数、鼻翼情况、胸部和腹部的呼吸形式都有变化，若呼气长吸气短，多属实热证（实喘）；吸气长呼气短，多属虚寒证（虚喘）。猪患支原体肺炎时，呼吸次数增加，呈腹式呼吸或犬坐式呼吸。

图 1-1-25 猪感冒鼻流清涕

图 1-1-26 观察猪只呼吸情况

5. 食欲

健康猪食欲旺盛，饱吃喜睡。所以食欲和精神状态是猪只病情轻重与消化机能强弱的具体反映。爱吃干料，不喜饮水多为脾胃虚寒；爱吃多汁饲料，喜饮水多为胃肠实热。另外，猪饱食或误食毒物易发生呕吐。

（二）察口色

察口色主要是以检查舌体为主，其他如唇、齿、扁桃体、下颌为辅，包括舌体上面的浮垢（舌苔）和舌体下面的颜色与光泽也要观察。这种方法对于诊断疾病和判断预后安危有着重要意义。但单纯依靠察口色来诊断疾病也有局限性，必须结合闻、问、切三诊全面考虑，才能得出正确的结论。传统兽医对诊察口色十分重视，它是望诊的重要组成部分，也是传统兽医诊断病症的重要依据之一。

望舌色，是观察舌体下面部位的肌肉组织和脉络纹等的颜色与光泽。由于舌是通过经络直接或间接地联系于各个脏腑，所以五脏、六腑等若有病变，都可以从舌体的色泽上反映出来。一般而言，如病猪舌色鲜明而润泽，说明病证较轻浅，气血未衰，其病易治，且预后良好；舌色晦暗枯槁失润的，说明病证较深重，精气已伤，预后欠佳。

古代医家在长期的临床实践过程中，不但发现舌体的一定部位与一定的脏腑相联系，而且还掌握了舌下的脉络体态。有病时可从相关的脏腑上反映出病理变化。从而把舌划分为舌尖、舌中、舌根、舌左边、舌右边 5 个部分。常有青、赤、黄、白、黑、紫 6 种病色。病色，既代表不同脏腑的病变，又代表不同性质的异常病色，所以口色，特别是舌色，与各个脏腑的病理变化有着密切关系，并在临床诊断和拟定治疗方案时，具有一定的参考价值。

此外，浮垢（即舌苔，是舌面上覆盖的一层浊而滑腻的苔垢），多表示脾胃湿浊或食滞积聚，是由于胃腑阳热有余，蒸腾胃液腐浊邪气上升所致。

临床上，观察病色不是单一的一种，一般常有两种色泽致病。以青色为例，如口色青红多为风火；口色青白多为风寒；口色青黑多为风湿；口色青黄多为风热；口色青紫多为风兼血热气滞。其他病色，依此类推。

观察口色是传统兽医诊断疾病、判断生死的有效方法，但口色并非一成不变，而是随着疾病的发展变化而变化的。所以诊疗时要随时掌握口色与疾病的发展变化，采取有效的方法，使病猪转危为安，达到治愈目的。

二、闻诊

闻诊包括耳听声音和鼻嗅气味两个方面。

听声音，主要是听病猪声音的强弱缓急来辨别疾病的轻重和寒热虚实。如肺气充实，则呼吸喘粗；肺气虚弱，则呼吸息微；咳嗽有声无痰，必是肺脏风寒；咳嗽有痰无声，必是气火停胸。又如古人总结依声音强弱判断猪病的特征是：阳证多狂，叫声不止，阴证多沉，叫声音平，若声音高昂，多为热积心脏。猪发出呻吟声，腹内有虫叮。这是用听声音来分辨疾病轻重缓急和寒热虚实的简易方法。

闻气味，是用鼻闻其气味来辨别疾病的一种方法。如鼻液腥臭，多是鼻窦蓄脓或肺败；口气酸臭，多是胃热积食；粪便稀臭，多是肠黄或热痢；尿液腥臭，多为膀胱湿热。

三、问诊

兽医诊病决不能因为病畜不会叙述病情而忽视问诊，应该以十分认真的态度，向畜主详细询问以下几个方面。

（1）**发病时间** 问发病已有多长时间，以便了解病在初期或末期，急性或慢性，以及发病前的气候等情况。

（2）**饮喂情况** 问清喂的什么饲料，是否发霉或青、干、生、熟，以及饮水的冷热、多少或是否暴饮等情况。

（3）**病后出现的症状** 初期如何，病情发展如何，包括食欲、饮欲、二便等。

（4）**猪群状况** 在同群或附近是否有同样的病猪，头数多少，有无死亡等情况，以便判断是普通病或传染病。

（5）**病猪以往病史** 病猪以前患过什么病，是否曾经治疗，投服过什么药，譬如说寒者必灌温药，热者必灌凉药，这是大概之理。同时，还要考虑前药与前病、前病与现症是否相同或轻重如何。

（6）**猪的性别** 若是种公猪，应当了解配种次数和配种后是否饮过冷水或被雨淋、母畜是否怀孕、怀胎时间及产前产后等情况。

歌诀（十问歌）

一问吃喝二问便，三问行动四问汗，
五问发病何时间，六问全身热寒战，
七咳八渴查其因，九问旧病当需辨，
十问母畜有无孕。饲养管理详细问，
结合气候灵机变，药病相符见效验。

四、切诊

切诊包括脉诊和触诊两个方面。通过对病猪特定部位的切按和触摸，用以了解机体的内在变化和外部反应，再结合望、闻、问三诊及其他途径所获得的资料，加以综合分析，最后作出正确的诊断。

1. 诊脉

诊脉又称切脉，是兽医用手指按压猪体表浅动脉，了解病情和判断预后的一种诊病方法。

（1）**脉搏的产生**　脉搏是由于心肌的收缩和舒张所形成的（俗称"心跳"），每当心脏收缩一次，便有节奏地喷射出血液、迫使脉搏动一次。把一定量血液射向主动脉的时候，就产生了很大的压力，因为主动脉管壁本身有弹性，受到这股压力后向外扩张，当心脏舒张的时候，压力消失，主动脉恢复原状。这种一起一伏的血管扩张与恢复，不但发生于主动脉，同时也向全身各个部位的动脉传递，这就产生了脉搏。要知道心脏每分钟跳动次数，只要按着动脉血管，就可以数出心跳的次数是多少。所以"脉象"，就是指由于心脏跳动，动脉随主动脉搏动而显现出的脉搏深浅、快慢、有力无力、整齐与否、有无歇止等脉象。一般在病理情况下，脉象表现出不同于正常的脉搏（简称病脉），不同的病证往往出现不同的病脉。如热病中"洪脉"的形成，就是由于心搏排血量增加，血管扩张，收缩压高，舒张压低，脉搏增大（洪），血流速度变快的一种例证。

正因为脉搏是由于心肌的收缩与舒张而形成的，所以心脏活动（即心搏）和全身机能有着密切的关系。如心脏发生疾病时，往往会引起全身机能紊乱和其他各系统疾病，也常常会影响心脏机能。因此，心有主管全身血液循环的功能，血脉包括动脉、静脉、毛细血管及其他血液循环。心和血管接连，推动血液不停地循环运行，并分布到组织、器官及全身各部，使之进行正常的生理活动。

传统兽医切脉诊病，常由于家畜的好动、皮厚等种种因素或医者暂时经验不足，尚不易掌握和运用，可用听诊器直接听取"心脏搏动"，以中西医结合的方法进行诊病，既准确又简便，这不仅对诊断心脏疾病的情况，而且对了解全身机能活动状态及判定病情和预后情况等，都有着很重要的意义。

（2）**切脉的部位和方法**　切脉的部位在猪股内动脉（图1-4-1）。诊前先让病猪站稳，安静，休息片刻再诊。诊时兽医本身一呼一吸为"一息"，脉跳三次即一息，为健康的正常脉象。脉跳一次叫"一至"。脉跳一息三四至主寒证（为寒极气凝，窍不通），脉跳一息五六至主热证，叫"数脉"，数而有力为实热，数而无力为虚热，数而洪大为高热，这些常见于各种传染性或热性病。脉跳一息一至当日死,传统兽医称绝症脉。

此外,诊脉时必须结合观察畜体。如膘肥之畜气敛于中,六脉常带沉数,体瘦之畜气居于表,六脉常带浮洪,性急之畜脉来数,性缓之畜脉来迟,少壮之畜脉来大,老衰之畜脉来微,远行之畜脉来紧,饱后之畜脉来洪,久饥之畜脉来必空。此为六脉常度(指根据正常脉象而言)。猪正常的心跳(脉搏)数为每分钟60~80次。

(3)病脉与主证　脉搏的跳动分为浮、沉、迟、数、弦、洪、滑、涩等8种脉象,用以判断病证的详细情况。也可用触诊,站在病畜的左侧,用左手按放在病畜肘关节后的胸壁上,即可感到心的搏动快、慢、有无节律等,以心脏和血液循环的强弱缓急来判断疾病的寒热、虚实、表里等,进而确定治疗措施。

①浮脉:主风证,其病在表,脉来"浮如羽毛",轻按即现,重按不见。多因病畜外感风邪,汗出、恶风、身热、咳嗽、毛焦。浮而无力为表虚,浮而有力为表实,浮的为风兼伤寒,浮数的为风热,浮缓的为表虚风湿等所反映出的主要病证。

②沉脉:主里证,其病在里,脉来"如水投石",按之有余,举之不足。为病畜寒邪内陷,影响消化,病猪胃肠积滞,谷料不化,周身困倦,行步艰难。脉沉而无力为里虚,沉而有力为里实,沉迟为寒湿,沉数为内热,沉紧为冷痛,沉滑为痰饮,沉涩为血滞等所反映出的主要病证。

③迟脉:主寒证,为病猪外感寒邪,脉象迟细、短而缓慢,则脾胃虚冷。迟而有力为积食证,迟而无力为虚寒证。故多见于寒证等所反映出的主要病证。

④数脉:主腑为阳,其病多热,脉端直快而长,按之不移。搏动加速、数而有力为实热,数而无力为虚热,浮数为表热,沉数为里热等所反映出的主要病证。

⑤弦脉:多属肝病,脉搏"跳如弹弦",按之不移,其病变化多端,为外感风淫横行,气血凝滞。身热汗出,目赤结屎为肝病疾患等所反映出的主要病证。

⑥洪脉:为阳,主气分热盛,为阳气盛而出现高热病,脉象按之有力而洪大,如水之汹涌,来盛去衰。为病猪热气积于胸肺,"洪为实满"。肃降无能,病猪腹痛,二便不通,均为实热证等所反映出的主要病证。

⑦滑脉:主痰,多为痰湿、宿食证。脉象按之有力,如"盘中滚珠"往来流利,多见于气血盛则热火生痰,病猪宿食内滞等反映出的主要病证。

⑧涩脉:主血凝、气滞、瘀血等。脉搏按之来往艰涩,"如刀刮竹"。多是劳伤兼郁,气血运行不畅所反映出脉象涩迟的主要病证。

上述8种常见脉象,是传统兽医在诊疗实践中的经验总结。为了便于掌握和运用,达到执简驭繁的目的,可按照寒、热、虚、实、表、里6证来研究脉的主病。大体上可以这样认识:浮脉主表证,沉脉主里证,迟脉主寒证,数脉主热证,弦脉主肝病(两胁疼痛),洪脉主热盛,滑脉主痰饮,涩脉主血凝气滞,脉强有力主实证,脉弱无力主虚证等。通过分辨这8种脉象与疾病的密切关系,就可以了解正邪双方的情况。所以"有什么样的病症,就出现什么样的脉象"。如《灵枢·本神篇》中说:"心藏脉,脉舍神。"因此脉搏在临床诊断上极其重要。

2. 触诊

（1）**耳温** 健康猪的耳尖和耳根部温和（图1-4-2）。若病猪耳尖、耳根部均热则为热证，如猪瘟、猪丹毒等；耳尖和耳根均冷为寒证，常见于各种家畜的冷痛或寒泻；耳尖时冷时热的为风寒在表，常发生于伤风感冒；耳尖冷、耳根热者为病势减轻；耳尖和耳根均冰冷者，则为气血败绝，预后不良。

（2）**鼻温** 健康猪的鼻镜和呼出的气是温和的。如鼻镜及呼出的气发凉，则为阴证（寒）；呼出的气发热者，多为阳证（热）；呼出的气有烫手感，多为肺中积热。

图1-4-1 猪股动脉诊法

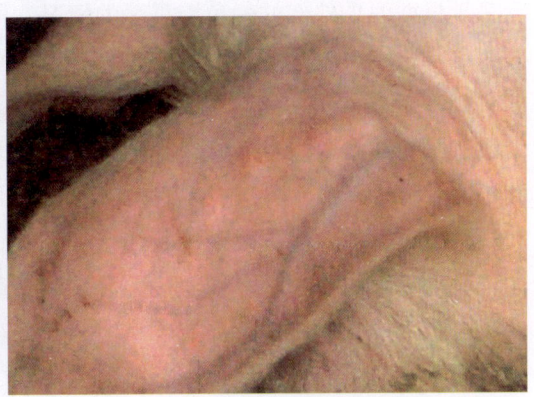
图1-4-2 用手触摸猪只耳根温度

（3）**口温** 健康猪的口内温和而湿润，若口温偏低，多为寒证；口内偏冷而滑利，多为虚证；口温增高，多为热证。若口热而干燥，为里热化火，阴虚火盛，常见于久病不愈的家畜，表示病势严重。

（4）**躯体和四肢** 猪的躯体和四肢发热，热至蹄部，触之烫手，表示里热炽盛；躯体四肢冷热不均，多为阴虚或风湿病；四肢下部冷，常见于风湿初期，若冷至前肢腕、后肢飞节的上部，则为该病的后期表现，此时病势比较严重；四肢关节肿胀，多为淤血性炎症。

触诊体温时，应以口温为标准，结合病因及其他症状，判断较为准确。临床上所见风邪引起的发热，病猪多皮紧、肢僵、畏风、有汗；寒邪引起的发热，体表多寒战，恶寒无汗；热邪引起的发热，体表不寒不热，口干发渴；湿邪引起的发热，体表无汗而觉身重；燥邪引起的发热，病猪鼻干唇裂，皮毛枯燥。

五、病猪的剖检

现代兽医对疾病诊断的另一个重要方法是研究疾病发生发展过程中形态结构方面的变化，通过观察某些疾病在发生发展过程中机体器官、组织、细胞的形态结构的特异性变化而对某些疾病作出诊断。有许多疾病在临床上不显示任何典型症状，而剖检时却有一定的特征性病变，因此，剖检是猪传染病诊断不可缺少的诊断方法。在许多情况下，通过流行病学、临床诊断和病理解剖诊断仍然不能准确诊断时，还需要在剖检时采取某些器官材料进行实验室诊断。通过剖检死猪，对各个器官、组织的病理变化及各种病理变化之间的相

互关系进行认真的分析并加以综合判断，以确定各个器官、组织的病症和疾病的发展阶段，从而为制订治疗疾病的综合方案提供依据。

（一）诊断猪病

在日常生活中，许多时候都是透过事物外表现象来推测事物的本质，最常见的例子就是怎样去买一个好西瓜。要看一个西瓜是否成熟、清甜、水分多，涉及西瓜内部的本质问题，它取决于这个西瓜的品种（基因）、水分、阳光、肥料、土壤等因素，是客观存在的问题。确定西瓜好与坏，用刀一切就可以清清楚楚地知道。一个选西瓜能手往往不用刀，而只是根据西瓜外部的颜色、瓜蒂的情况，再对西瓜敲敲打打，就可以判断这是不是一个好西瓜，这应该说是主观的判断。只有当你主观的判断与西瓜的客观实际相符合时，你才能买到一个好西瓜。一个富有经验的选西瓜能手，可以有90%以上的成功率，相反，一个没有经验的新手，可能挑选到的是一些不太好的西瓜。传统兽医诊断疾病就像选西瓜，利用"望、闻、问、切"的方法去诊断和辨别病例的状况，当这些主观的判断符合病例的客观情况时，他便能正确地诊断和治疗好疾病。要在实际生产中成为一个相当于富有经验的选西瓜能手的兽医，必须经过无数次对患畜的诊断实践和长时间经验积累。很多时候，像买西瓜一样，现代兽医都需要一把刀子，对病死的家畜或家禽进行解剖，通过观察病死畜禽的器官、组织、细胞的形态结构及特异性变化从而对疾病作出诊断。通过剖检进行病理辨证，是对传统兽医"望、闻、问、切"基本诊断方法的补充，已成为兽医诊断疾病的一个重要手段。有的疾病，尽管在死后以尸体剖检的方法可能还不能作出确切诊断，但因每一种疾病都有一定的病理变化，总可以提出怀疑疾病的方向。因此，尸体剖检在疾病的诊断中起很大的作用，是兽医临床实践中很常用的疾病诊断方法之一，也是猪场每个兽医技术人员应掌握的基本操作技能。

（二）病猪剖检前的准备

（1）**剖检场地** 为方便消毒和防止病原扩散，剖检场地最好选在室内。若因条件所限需在室外剖检时，应选择距猪舍、道路和水源较远的，且处在猪场下风的地方进行。

（2）**剖检器械和药物** 剖检常用的器械、用品有剥皮刀、大小手术剪、镊子、骨锯、凿子、斧子、量尺、量杯、天平、搪瓷盘、桶、酒精灯、注射器、载玻片、广口瓶、工作服、胶手套、胶鞋等。常用的消毒药有3%甲酚皂溶液、0.1%新洁尔灭溶液、百毒杀及含氯消毒剂等。固定液有10%福尔马林、95%乙醇。

（3）**剖检对象** 剖检对象最好选择临床症状比较典型的病猪或病死猪。但有的病猪，特别是最急性死亡病例，特征性病变尚未出现。因此，为了全面、客观、准确地了解病理变化，可多选择几头疫病流行期间于不同时期出现的病猪或病死猪进行解剖检查。如怀疑是炭疽时取病猪下颌淋巴结涂片染色镜检，确诊患炭疽的尸体禁止剖检。

（4）**解剖时间** 剖检应在病猪濒死或死后尽早进行，死后时间过长（夏天超过12小时）的尸体会因发生自溶和腐败而难以观察到原有病变，失去剖检意义。剖检最好在白天且避免在灯光下进行，否则很难把握病变组织的颜色（如黄疸、变性等）。

（5）**正确认识尸体的变化** 动物死后，在体内酶和细菌的作用下，以及受外界环境的影响，会逐渐发生一系列的变化，包括尸冷、尸僵、尸斑、血液凝固、溶血、尸体自溶和腐败等。正确地辨认尸体的变化，可以避免把某些死后变化误认为死前的病理变化。

（6）剖检人员的防护 剖检人员操作时，特别是剖检人畜共患传染病猪尸体时，应穿工作服、戴胶手套、工作帽，还要戴上口罩和眼镜，以预防感染。在剖检中如不慎造成皮肤损伤，应立即消毒并包扎伤口。剖检后，双手用肥皂洗涤，再用消毒液浸泡、冲洗。为除去腐败臭味，可先用 0.2% 高锰酸钾溶液浸洗，再用 2%～3% 草酸溶液洗涤褪色，再用清水清洗。

（7）尸体消毒和处理 为了防止病原扩散和保障人与动物健康，剖检前应在尸体体表喷洒消毒液，且在整个尸体剖检过程中保持清洁并注意严格消毒。剖检时，对可疑传染病的尸体，用高浓度消毒液喷洒或浸泡，如需搬动或运输时，应将尸体的天然孔用消毒液浸泡后的棉球堵塞，放入不漏水的运输工具，可备有专用运尸车，亦可用塑料薄膜多层包裹后进行运输。剖检完毕后，应根据疾病的种类妥善处理，基本原则是防止疾病扩散、蔓延和防止尸体成为疾病的传染源，最理想的是按《GB16548—2006 病害动物和病害动物产品生物安全处理规程》处理。结合我国实际，目前主要有以下几种处理方法，可根据实际情况选择。

①焚化法：一般用焚尸炉，无此设备时可用木材和煤油、柴油焚烧尸体。

②掩埋法：在剖检前最好在剖检地点附近，先挖 2 m 左右的深坑（或利用废土坑），坑内撒一些生石灰，以免因搬动尸体而污染环境。剖检结束后，把尸体及其污染物掩埋在坑内，并撒上生石灰或洒入 10% 石灰水消毒，然后填埋坑穴，周围再做彻底消毒。

③生物热法：可在剖检室附近或畜禽墓地建生物热窖，用水泥、砖建成深 9～12 m，宽 3～4 m 的窖，上有双层盖。尸体剖检后直接投入窖内。若盖的周围被污染，应进行消毒，然后密封好。尸体在窖内腐败后产生生物热，使尸体内病原微生物死亡并变为无害。

（8）综合分析诊断 有些疾病特征性病变明显，通过剖检可以确诊，但大多数疾病不出现特征性病变。另外原发病的病变常受混合感染、继发感染、药物治疗等多种因素的影响而无特征表现。在尸体剖检时要正确认识剖检诊断的局限性，结合流行病学、临床症状、病理组织学变化、血清学检验及病原分离鉴定，综合分析判断。

（9）采集病理图片 选择病变明显的组织、器官拍照。用颜色较深、不反光的木板或纸板等作为背景。尽量在白天拍照，晚上拍照要用强光照射所拍组织、器官，并用干纱布吸干组织、器官表面的水分，不要用闪光灯，以防止组织、器官表面因反光而降低照片质量，影响判断。

（10）做好剖检记录 尸体剖检记录是尸体剖检报告的原始资料，也是进行综合分析判断的重要依据。记录的内容要力求完整、详细，能如实反映尸体的各种病理变化。记录病变时要客观地描述病变，对无眼观可见变化的器官，不能记录为"正常"或"无变化"，可用"无眼观可见变化"或"未发现异常"来叙述。

（11）写出剖检报告 依据尸体剖检记录作病理解剖学诊断，写出剖检报告。其中病理解剖学诊断是根据剖检发现的各器官、组织病理变化和它们的相互关系，以及其他诊断检查所提供的材料，经过详细分析而得出的结论，是对疾病的疑似诊断，甚至是诊断。

（三）剖检方法

1. 濒死病猪的放血

先用手术刀切开颈部皮肤（图1-5-1），再用力切断颈动脉（图1-5-2）。

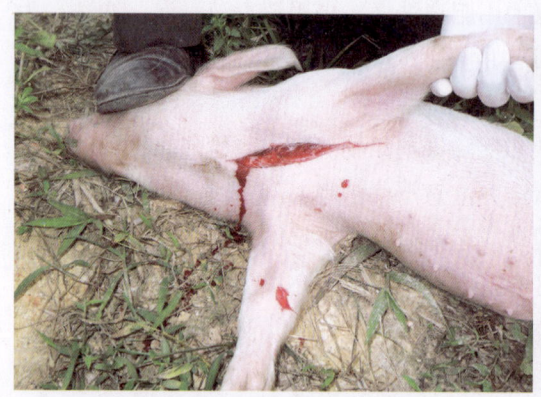

图1-5-1　濒死猪放血位置

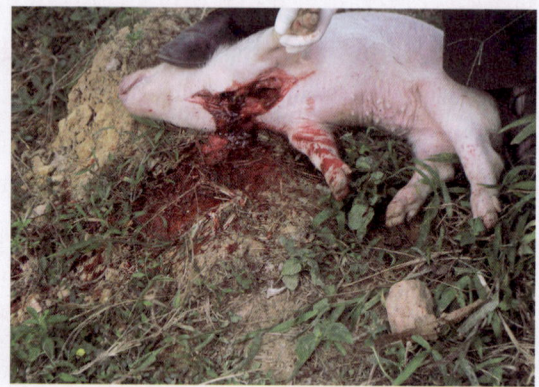

图1-5-2　濒死猪放血

2. 体表检查

在进行尸体解剖前，先仔细了解病猪死前的情况，尤其是比较明显的临床症状，以缩小诊断范围，使剖检有一定的导向性。

体表检查首先观察品种、性别、年龄、毛色、体重及营养状况等情况，然后再进行死后征象、天然孔、皮肤和浅表淋巴结检查（图1-5-3至图1-5-12）。

（1）**死后征象**　猪死亡之后，血液循环停止，机体组织、器官的功能和代谢过程先后停止，由于体内细胞酶和肠道内的细菌作用及外界环境的影响，逐渐发生一系列的死后变化，即尸体变化，其中包括尸冷、尸僵、尸斑、血液凝固、尸体自溶和腐败。在进行尸体剖检时要注意辨认哪些是属于死后的正常变化，避免把某些死后的变化误认为死前的病理变化，才能避免误诊。

①尸冷：指动物死亡后，尸体温度逐渐降低并与外界环境的温度相等的现象。尸冷的发生是因为动物死亡后，机体代谢停止，不产热，而散热过程仍继续进行。温度下降的速度通常在死后最初几小时较快，以后逐渐变慢。室温条件下，平均每小时下降1℃。尸体的降温速度受季节的影响较大，寒冷季节可加速尸冷的过程，炎热季节可延缓尸冷过程。尸冷的检查对判定死亡的时间有一定意义。

②尸僵：动物死亡后，尸体由于神经系统的麻痹，肌肉失去紧张力而首先出现暂时性的弛缓，肌肉变松弛柔软，但短时间后，肢体的肌肉逐渐收缩，变为僵硬，四肢各关节不能屈伸，使尸体固定于一定的姿势，这种现象被称为尸僵。尸僵一般于死后1~6小时开始出现。尸僵发生的次序，先从头部开始，依次发展到颈部、前肢、躯干至后肢。尸僵一般经24~48小时，按发生顺序开始缓解。尸僵的特点是如果人为地破坏后，不会再出现。心肌、平滑肌也可发生尸僵，心肌在死后数小时发生僵硬，尸僵时心肌的收缩，可将心脏

内的血液驱出，左心室最为明显，心肌僵硬大约可持续24小时，以后就逐渐缓解。心肌变性时，通常心肌僵硬不明显，表现为心脏质地柔软，充满血液，心腔扩张。其他富有平滑肌的器官，如血管、胃肠、子宫和脾等由于平滑肌僵硬收缩，可使管状器官缩小，组织质地变硬，当这些平滑肌变性时，尸僵亦不明显，如患有败血症动物的脾脏，因平滑肌变性而变软。尸僵的检查，可以推断动物死亡时的姿势，另外对判断死亡时间及死亡原因也有一定参考价值。

③尸斑：当动物死亡后，心脏活动停止，心血管内的血液，由于心脏和大动脉血管的收缩与尸僵的发生，将血液排挤到静脉系统内，在血液凝固之前，血液因重力作用，流到尸体接触地面一侧的血管中，使血管内充盈血液，这种现象称为血液坠积。此时在卧侧皮肤可见到暗红色区域，这就是尸斑。外观上坠积部位组织呈暗红色，指压该部位颜色可以消散，随着时间的推移，下沉的红细胞在血浆内，经血管壁向组织浸润。尸斑出现时间为死亡后24小时左右，浸润的变化在改变尸体位置时也不会消失。尸斑出现的部位颜色比对侧部位深，但有些动物的体表往往因被毛的遮盖而难以观察，只有在剖检时，在皮下组织中才可明显看出，内脏器官尤其是成对器官（肺、肾）对比度明显，卧侧器官比对侧的颜色要深，呈暗紫红色，在剖检时应与淤血、炎性充血、出血等症状相区分。

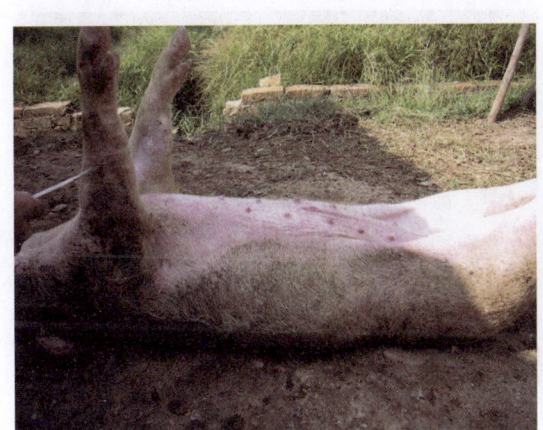

图1-5-3　尸体外表检查

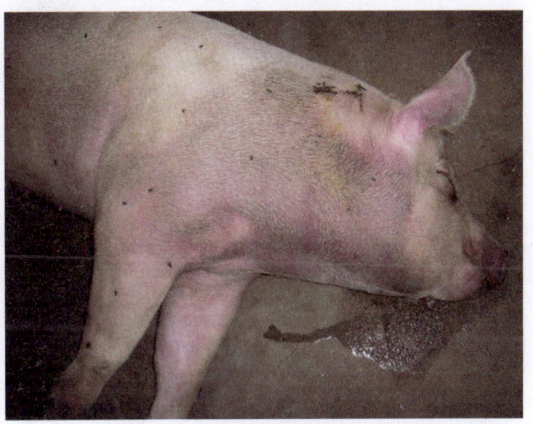

图1-5-4　猪伪狂犬病大量流涎

图1-5-5　吻突和鼻孔检查

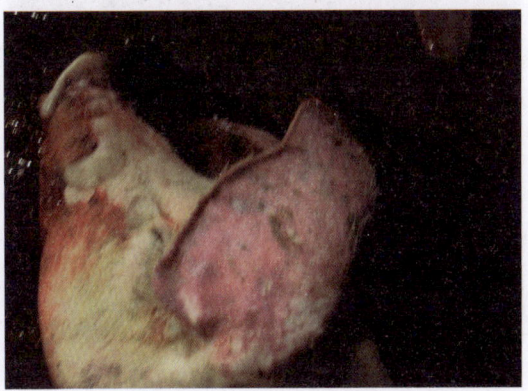

图1-5-6　头部皮肤检查

（2）可视黏膜和天然孔的检查　可视黏膜包括眼、鼻、口、肛门、阴唇、阴茎及包皮的黏膜。黏膜的颜色变化通常可反映机体某些器官系统的变化，黏膜黄染可能是黄疸。在内部检查时，要注意肝、胆囊、胆管、十二指肠及血液寄生虫的检查，有时也可能因免疫反应而引起的黄疸。黏膜苍白是内脏出血及贫血的标志之一。黏膜蓝紫色或发绀，可能是由缺氧、血管系统和呼吸系统功能不全引起的。鼻黏膜有溃疡、小疱、结节，有口蹄疫的可能。此外应注意黏膜有无出血、溃疡、溃烂、水疱、瘢痕。对天然孔的检查，注意有无分泌物，根据分泌物的性状和颜色可确定其性质，与此同时应注意天然孔的开闭情况，特别是口腔的开闭情况、舌位置、牙齿情况、齿龈及各部位黏膜情况等。猪死亡后，瞳孔散大，不久可见角膜混浊，眼球失去紧张力。要检查颈、胸、腹、脊椎、尾等部位情况，四肢有无骨折、骨瘤等病变，此外应注意检查蹄底及角壁有无针伤、刺伤等病变，因破伤风死亡的猪应特别注意检查创伤部位。

（3）皮肤的检查　首先观察皮肤有无脱毛、创伤、湿疹、疱疹、充血、淤血、出血及外寄生虫等问题，然后检查皮肤的厚度、硬度、弹性及被毛有无光泽，皮下有无气肿、水肿。气肿时用力触压有碎裂音或捻发音，应弄清是死前变化还是死后变化；皮下水肿时触摸皮肤可有捏粉感及波动感，往往患部皮肤表面隆起。

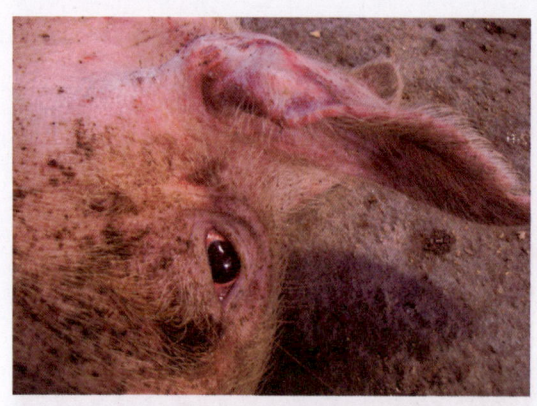

图 1-5-7　眼部检查

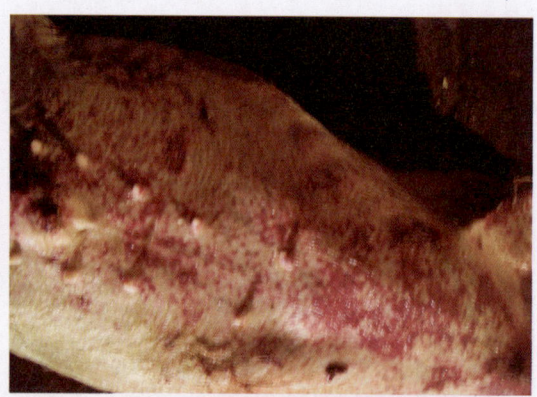

图 1-5-8　腹部皮肤检查

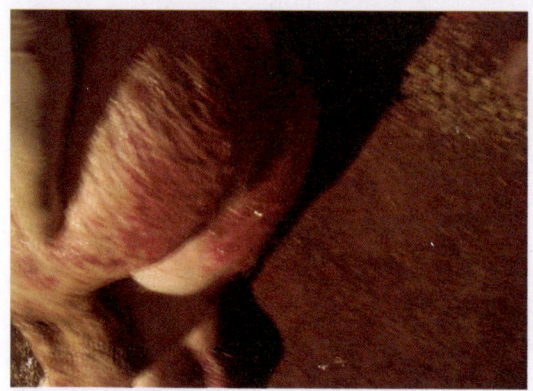

图 1-5-9　臀部皮肤检查

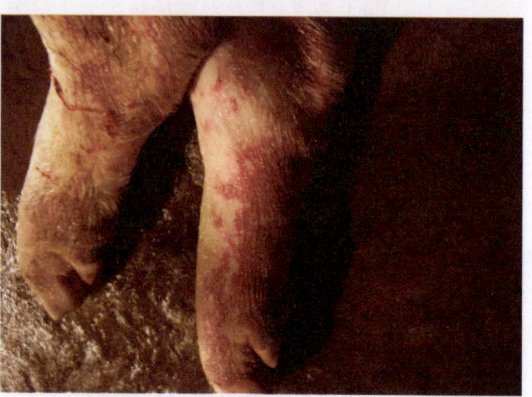

图 1-5-10　后肢皮肤检查

图 1-5-11　口、鼻、舌检查

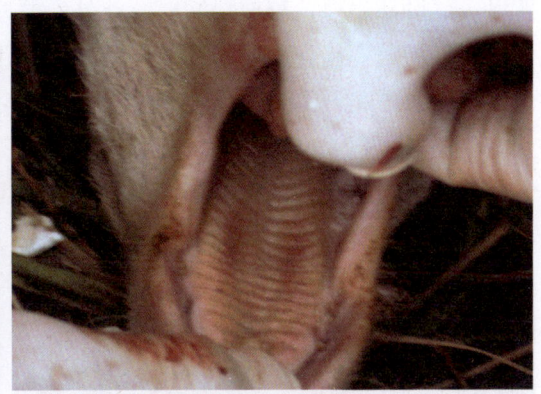
图 1-5-12　口腔检查

3. 剥皮和皮下检查

（1）**切线**　作一条纵切线，四条横切线。

（2）**剥皮顺序**　首先使尸体仰卧，第一条纵切线是猪腹侧正中线，从下颌间隙开始沿气管、胸骨，再沿腹壁白线侧方直至尾根部作一条切线切开皮肤（图 1-5-13）。切线在脐部、生殖器、乳房、肛门等部位时，应作反切线在其前方左右分为两切线绕其周围切开，然后又会合为一条线，尾部一般不剥皮，仅在尾根部切开腹侧皮肤，于 3～4 尾椎部分切断椎间软骨，使尾部连于皮肤上。四条横线，即每肢各作一条横切线，在四肢内侧与正中线呈直角切开皮肤，止于球节并在球节处作环状切线。头部剥皮，从口角后方至眼睑周围作环状切线，然后沿下颌间隙正中线向两侧剥开皮肤，切断耳朵，外耳部连在皮肤上一并剥离（图 1-5-14），最后沿上述各切线逐渐把全身皮肤剥下。

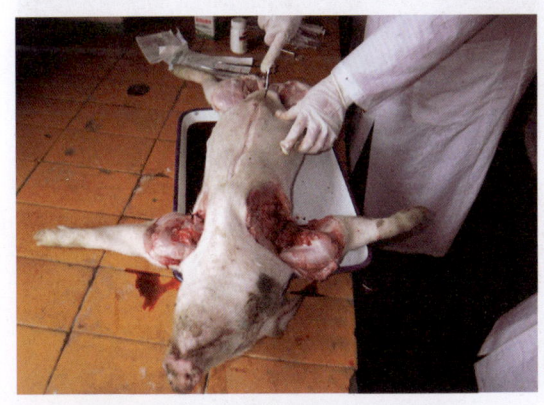
图 1-5-13　沿腹中线切开腹部皮肤

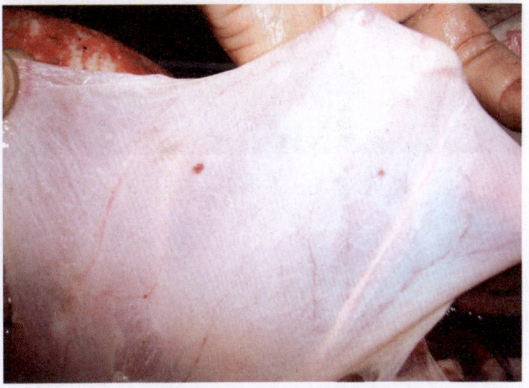
图 1-5-14　剥下皮肤检查

（3）**剥皮方法**　剥皮时要拉紧皮肤，刀刃切向皮肤与皮下组织结合处，只切离皮下组织，切忌使过多的皮肌、脂肪残留在皮肤上，也不应割破皮肤，从而导致降低利用价值。有剖检条件的场地，可设活动吊车、电动剥皮机，省力省时。剥皮过程中应注意检查皮下组织的含水程度，皮下血管的充盈程度，血管断端流出血液的颜色、性状、黏稠度，有无水肿、气肿和出血，胶样浸润等。此外，要检查皮下有无肠管及溃疡、肿瘤、炎症、出血等病变，同时要检查皮下脂肪沉积量、色泽和性状。

（4）浅表淋巴结检查　检查其体积大小，被膜血管状态，外观颜色，然后纵切或横切，观察切面的变化等可初步确定淋巴结变化的性质，检查腮腺淋巴结、咽后外侧淋巴结、肩前淋巴结、颈前腹侧淋巴结、颌下淋巴结、股前淋巴结、腘淋巴结、外侧淋巴结、腹股沟淋巴结（图1-5-15至图1-5-18）。

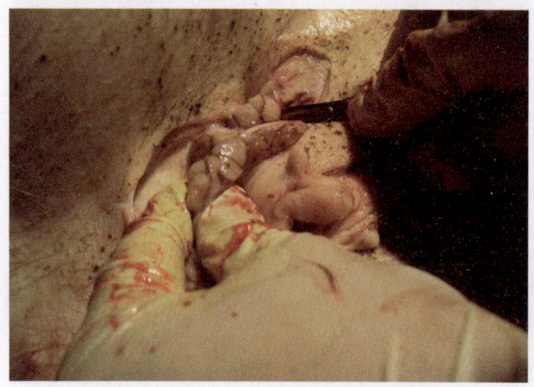

图1-5-15　检查腹股沟淋巴结

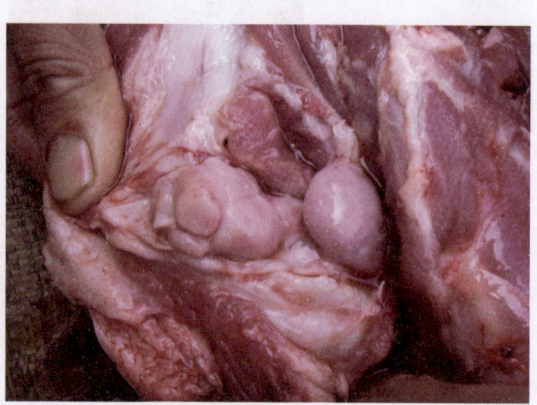

图1-5-16　检查颌下淋巴结

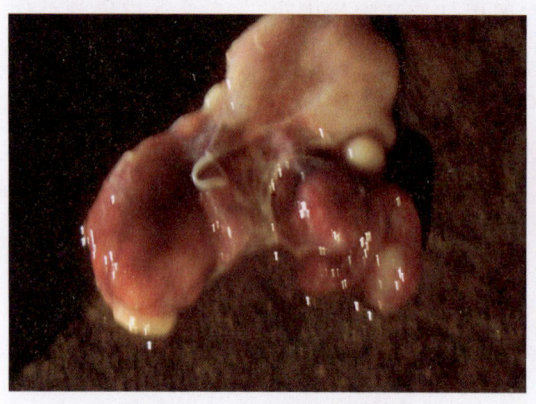

图1-5-17　剥离淋巴结检查

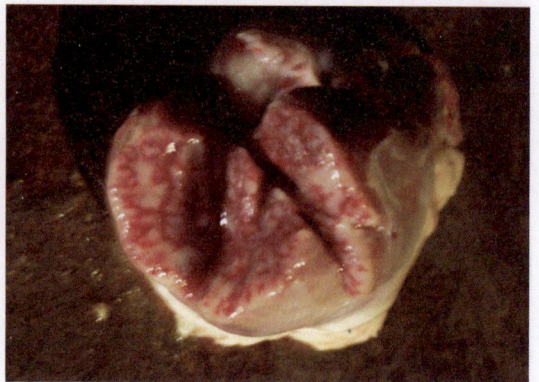

图1-5-18　淋巴结切面检查

4. 内部检查

猪的剖检一般采取背侧卧位姿势。为了使尸体保持背侧卧位，需切断四肢内侧的所有肌肉和髋关节的圆韧带，使四肢平摊在地上或解剖台上，以抵住躯体，保持不倒（图1-5-19）。然后再从颈、胸、腹的正中切开皮肤，腹侧剥皮。如果是大猪，又没有传染病，皮肤可以加以利用，建议仍按常规方法剥皮，然后再切断四肢内侧肌肉，使尸体保持背侧卧位。

（1）卧位　卧位的确定主要根据猪的腹腔中消化道的特殊结构而定，目的是方便操作，便于将腹腔器官摘出。卧位一般有三种：侧卧位，尸体的左侧或右侧卧位；半卧位，尸体背部向左侧或右侧倾斜45°；背侧卧位（仰卧位），尸体的背脊部与地面呈平行状态。内部检查常采用的是背侧卧位。

(2) 切离四肢 常用于前后肢与关节、肌腱、蹄甲等检查。切离四肢时，注意检查四肢骨骼、关节腔、关节面、肌肉、肌腱、韧带、蹄甲等有无异常变化。

①前肢切离：首先沿肩胛骨前缘切断臂头肌和颈斜方肌，然后于肩胛软骨后缘切断胸背阔肌及腋下血管、神经、下肌、菱形肌等，即可取下前肢。

②后肢切离：在股骨大转子处圆切臀部的臀肌及股后肌群，助手将后肢向背侧牵引，由内侧切断股内收缩肌，从髋关节处切臀圆韧带及副韧带，即可取下后肢。

(3) 胸腔剖开和胸腔脏器视检 胸腔剖开之前，首先应检查胸腔是否真空，在胸壁 5～6 肋间处，用刀尖刺一小口，此时若听到空气冲入胸腔时发生的摩擦音，同时膈后退，即证明正常，用刀刺膈肌的方法亦可。通常剖开胸腔是沿肋软骨切开胸壁，再切断与胸壁相连的膈肌，然后用骨锯锯断与胸骨相连的肋软骨，最后在距脊椎 7～9 cm 处自后向前依次将肋骨锯断。然后将锯断的胸壁取下，从而暴露出胸腔（图 1-5-20 至图 1-5-22）。另外，用分离肋骨的方法亦可。

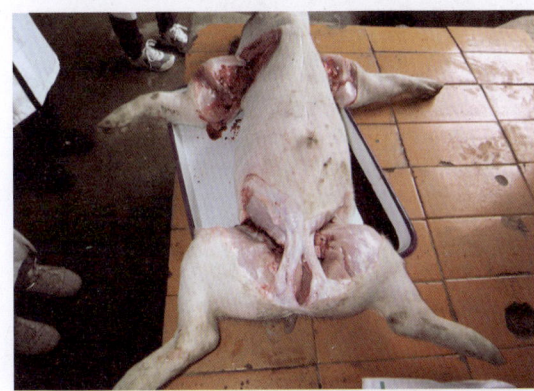

图 1-5-19　剖检常采取的背侧卧位姿势

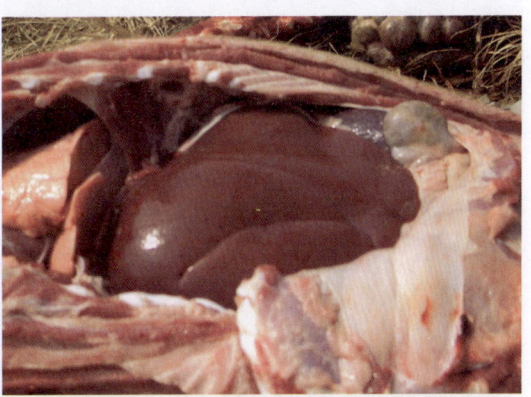

图 1-5-20　沿肋软骨剖开胸腔

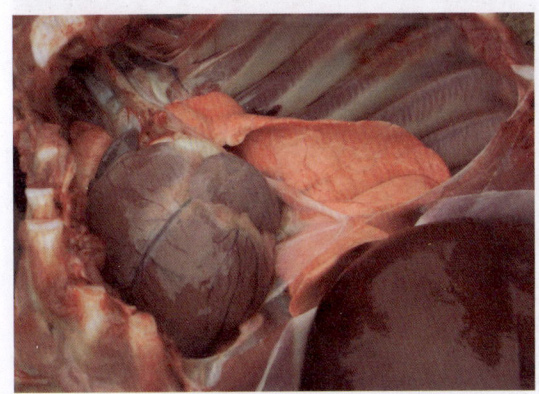

图 1-5-21　剖开胸腔暴露心、肺和肝脏

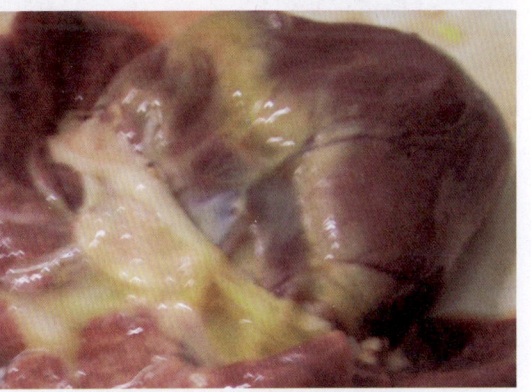

图 1-5-22　心冠脂肪沟检查

胸腔视检内容包括：检查胸腔是否真空；用手屈曲肋骨或用刀刺胸骨的方式来确定骨的质地和脆性；注意正常的胸腔内含有少量琥珀色透明液体，打开胸腔后检查胸腔液体的体积、色泽、性状，同时还应检查有无异常内容物，如血液、脓汁、肿瘤、腐败坏死物、

寄生虫等；检查胸膜的性状，注意检查胸膜等有无充血、出血、炎症、肥厚、机化、粘连等（图 1-5-23，图 1-5-24）。

（4）**腹腔剖开和腹腔脏器检查** 根据尸体卧位可采用下列两种剖开方法。

①侧卧位（左右侧）或半侧卧位：切开腹壁的方法是第一条切线，先从肷窝沿肋骨弓切开腹壁至胸骨的剑状软骨处。第二条切线，从肷窝沿髂骨前缘至耻骨前缘切开腹壁，然后将切开的三角形腹壁放于尸体下方（图 1-5-25，图 1-5-26）。

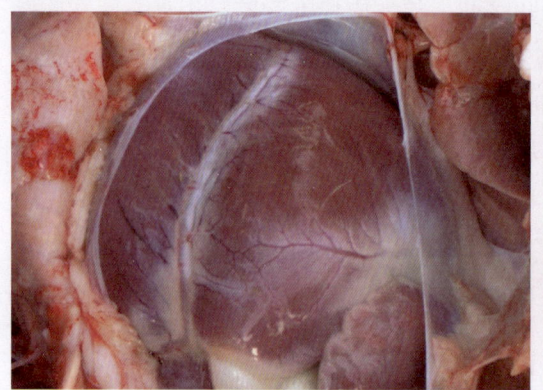

图 1-5-23 心外膜发生粘连

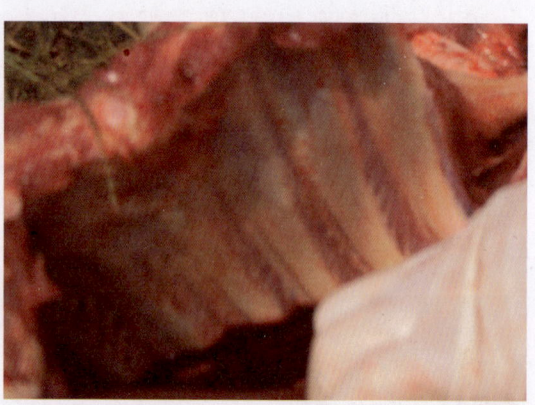

图 1-5-24 肋骨检查

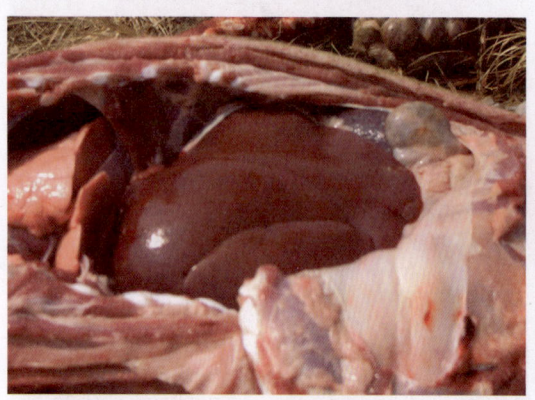

图 1-5-25 切开腹壁

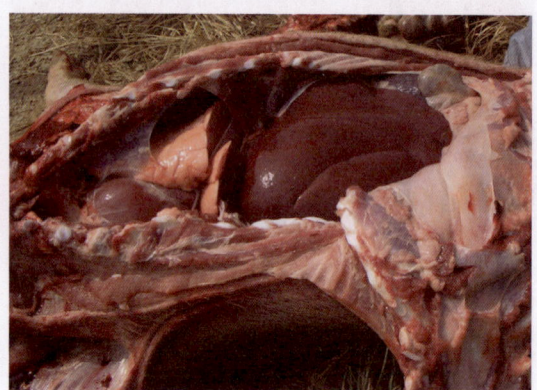

图 1-5-26 将切开的腹壁放于尸体下方

②背侧卧位：第一条切线，从胸骨的剑状软骨距白线 2 cm 处切开腹壁肌层 10～15 cm，然后用刀尖将腹膜切一小口，此时左手的食指和中指伸入腹壁的切口中，用指背抵住肠管，同时两手指张开，刀尖夹于两手指之间，刀刃向上，由剑状软骨切口的末端沿腹壁切至耻骨联合处。第二条切线，由耻骨联合切口处分别向左右两侧沿髂骨体前缘切开腹壁。第三条切线，由剑状软骨处的切口分别向左右两侧沿肋骨弓切开腹壁，根据腹腔内脏器官和内容物情况逐步切至腰椎横突处。腹腔内常蓄有气体，作腹壁切线时，切开第一个切口即有气体冲出，注意其气味，剖开腹腔时观察有无异物，如饲料、粪便、脓汁，并应确定异物的数量、种类、性状，必要时做涂片或细菌培养，同时注意腹腔内各器官外观及它们之间的关系有何变化，如出血、寄生虫结节、胃肠破裂、肝脾破裂出血等。对于腹

腔液体首先观察色泽、性状、透明度、有无纤维素、血液、脓汁、寄生虫等，最后确定其体积。检查腹腔器官的位置之后，用手移动肠管，观察肠管的各部分状态，肠管内容物体积，肠系膜的光泽度，有无出血、纤维素附着，肠系膜的厚度，肠系膜脂肪蓄积量，血管淋巴管充盈程度，肠系膜淋巴结及其他器官所属淋巴结的变化。待腹腔器官全部摘出后，检查腹膜的光泽度、颜色，有无出血、纤维素粘连等。

（5）胸腔器官摘出

①心脏摘出：用剪刀或刀纵切心包中央线，同时测量心包液的体积，观察其性状，然后将心脏提至心包外，再切断心包和心脏附着的心基部的大血管，可取出心脏（图1-5-27）。

②肺脏摘出：在后主动脉的下部切断上纵隔膜，观察右侧的胸腔液，其次从横膈膜上切断后纵隔膜及食管末端，最后切断靠近胸腔入口处的食管及气管，将手指插进在气管断端已切好的小孔和气管腔中，即可将肺从胸腔中取出来检查（图1-5-28至图1-5-32）。

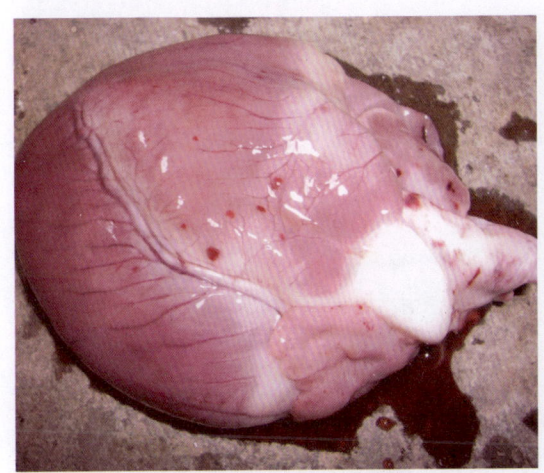

图1-5-27　猪伪狂犬病心肌点状出血

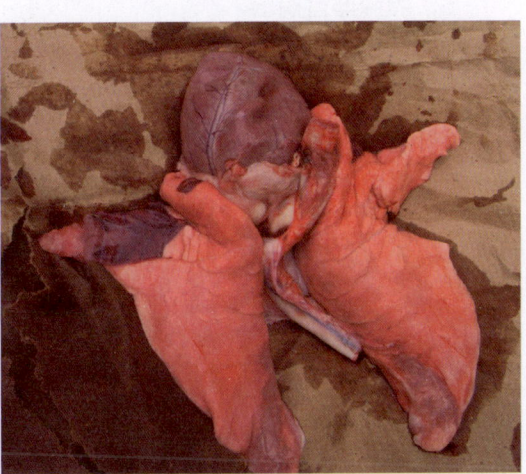

图1-5-28　摘出肺脏

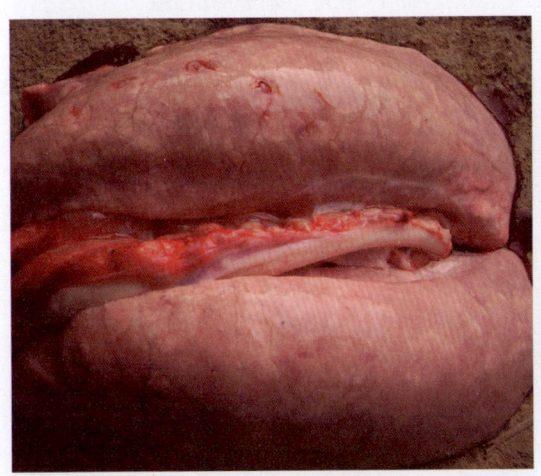

图1-5-29　肺表面检查

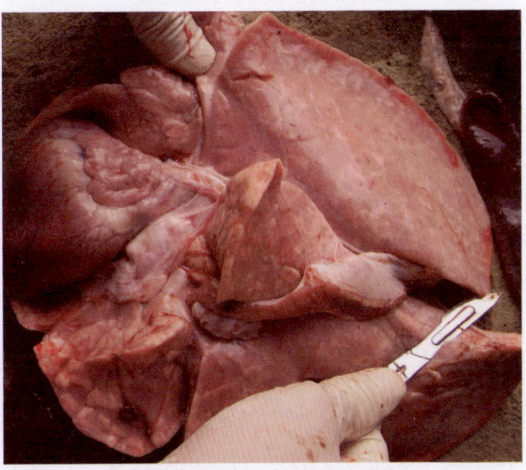

图1-5-30　检查肺的情况

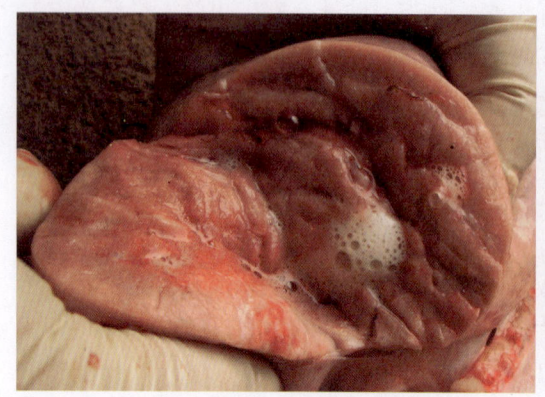
图 1-5-31 肺切面检查

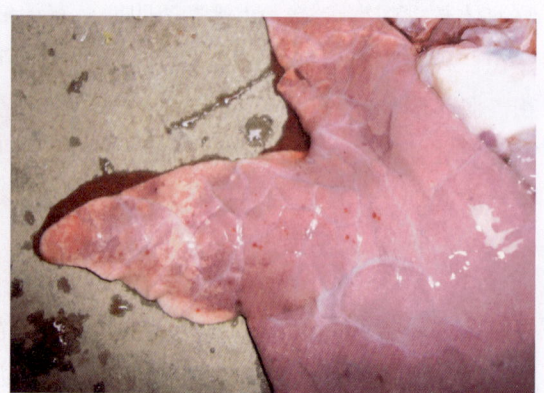
图 1-5-32 猪伪狂犬病肺点状出血

（6）腹腔器官摘出

①脾、胃和十二指肠摘出：提起脾的基部，切断胃脾韧带（注意勿将脾门淋巴结切掉，使其附在脾脏上以供检查），即可摘出脾脏检查（图 1-5-33 至图 1-5-36）。切断胃膈韧带、肝胃韧带、肝十二指肠韧带，以及韧带左侧的胆管，用手向后牵引胃，将食管切断，即可将胃和十二指肠一起摘出。

图 1-5-33 脾脏表面检查

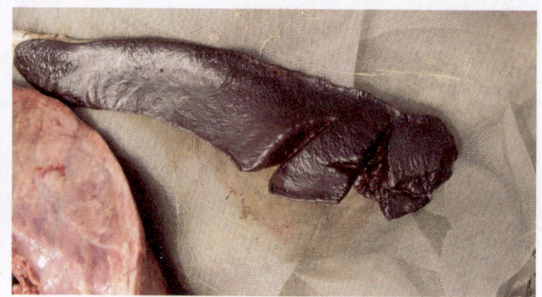
图 1-5-34 脾脏横切检查

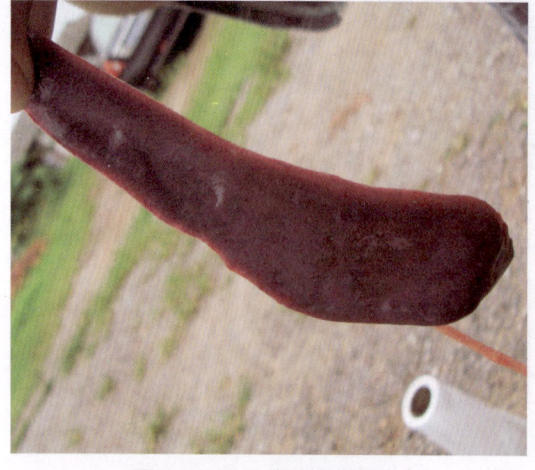
图 1-5-35 脾脏边缘检查

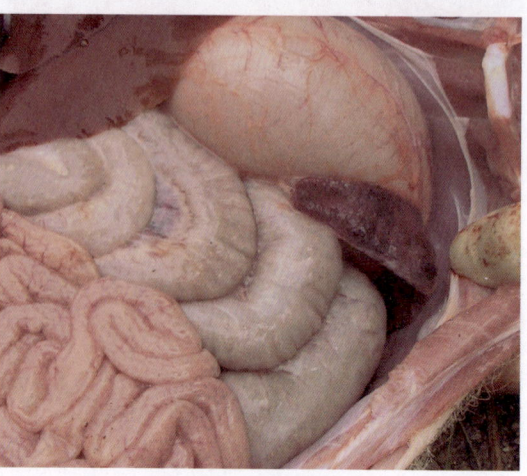
图 1-5-36 脾脏梗死

②肝脏及胰脏摘出：从肠管外壁将胰脏剥离下来，然后切断肝左三角韧带、圆韧带、镰状韧带、后腔静脉，再切断左右冠状韧带，最后切断右三角韧带及肝肾韧带，则可将肝脏摘出检查（图1-5-37至图1-5-42）。

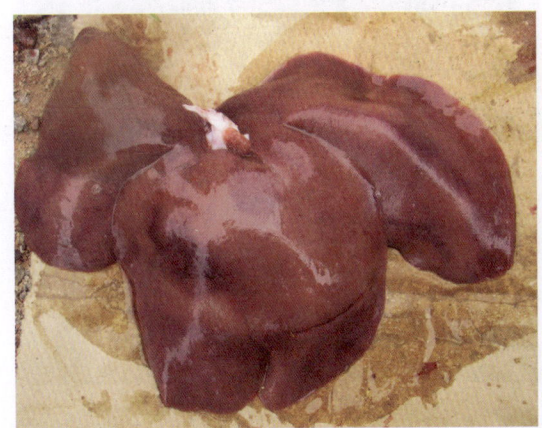

图1-5-37　摘出肝脏

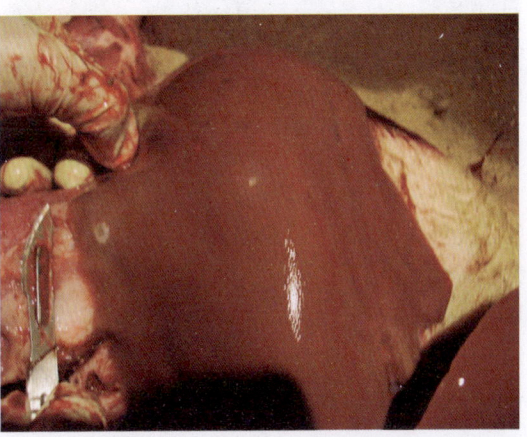

图1-5-38　肝脏表面检查

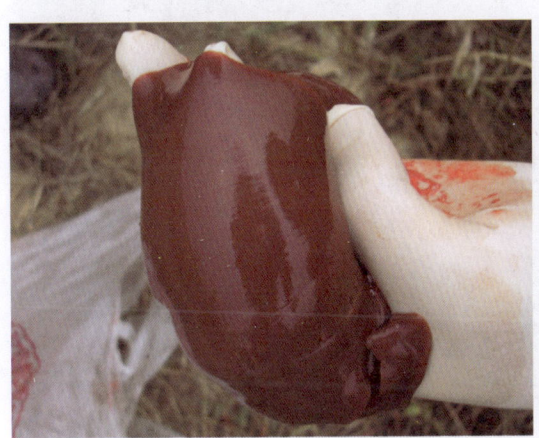

图1-5-39　肝脏质地检查

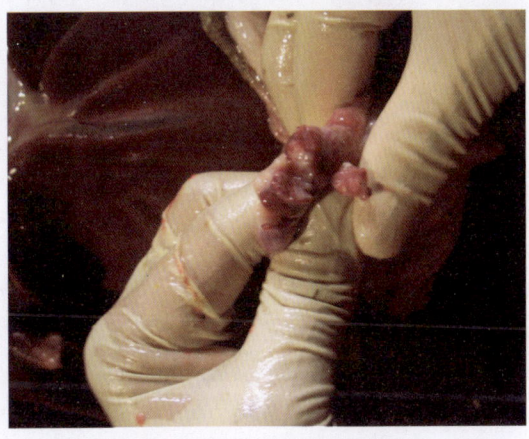

图1-5-40　肝门淋巴结检查

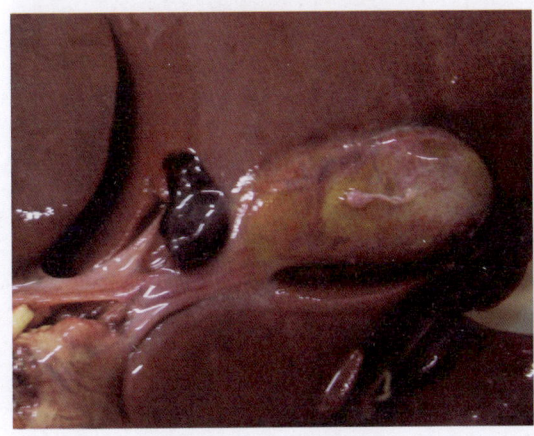

图1-5-41　胆囊检查

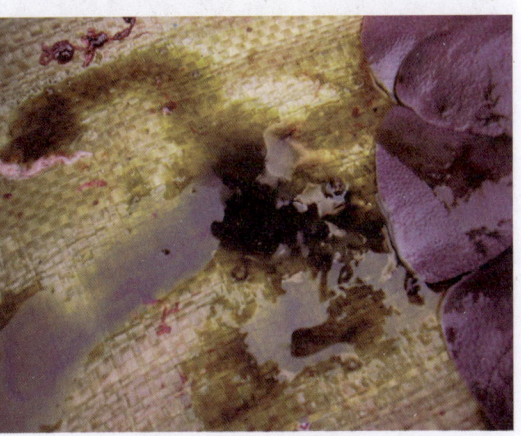

图1-5-42　胆汁检查

③肾脏和肾上腺摘出：首先分离肾脏周围结缔组织，切断肾门部的血管和输尿管，可取出左右两肾及肾上腺进行检查（图 1-5-43 至图 1-5-50）。

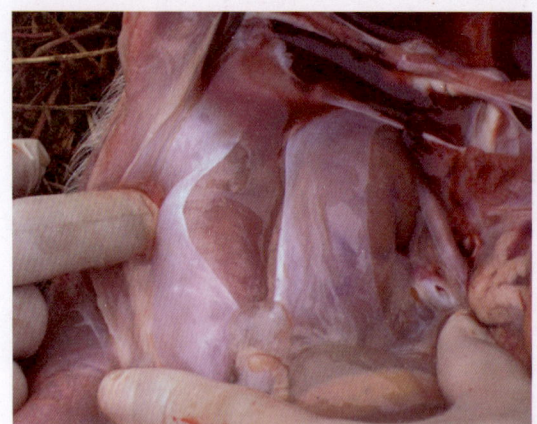

图 1-5-43　肾脏脂肪囊检查

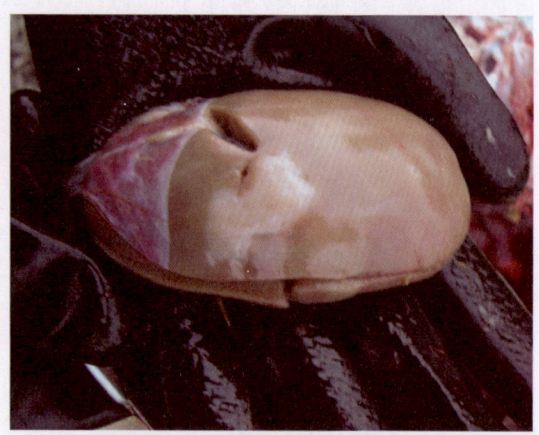

图 1-5-44　剥离肾脏脂肪囊

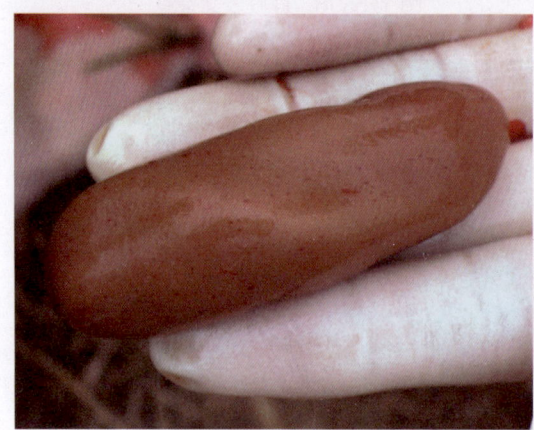

图 1-5-45　肾脏表面检查

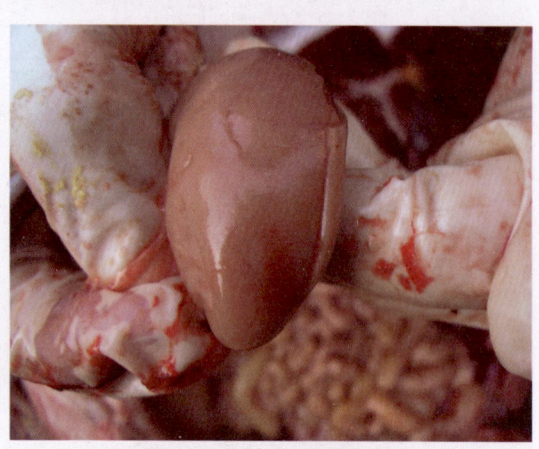

图 1-5-46　切开肾脏

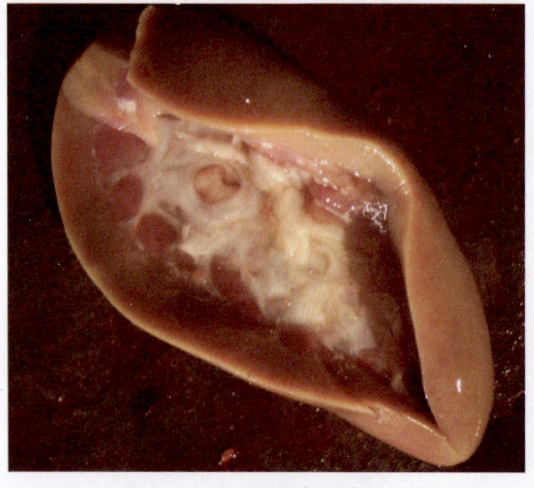

图 1-5-47　肾脏皮质检查

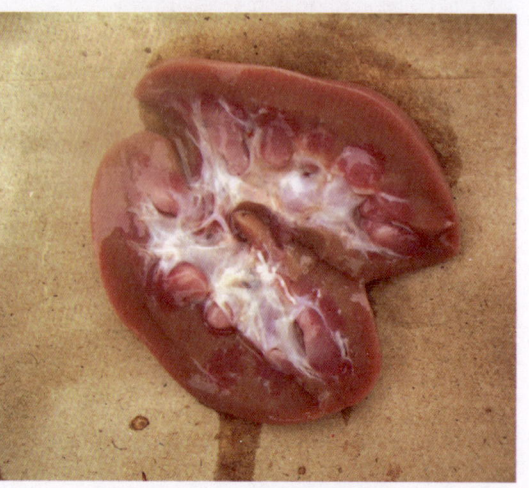

图 1-5-48　肾脏髓质检查

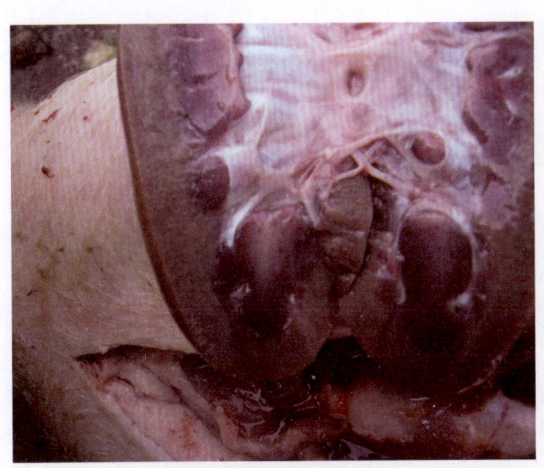
图 1-5-49 肾盂检查

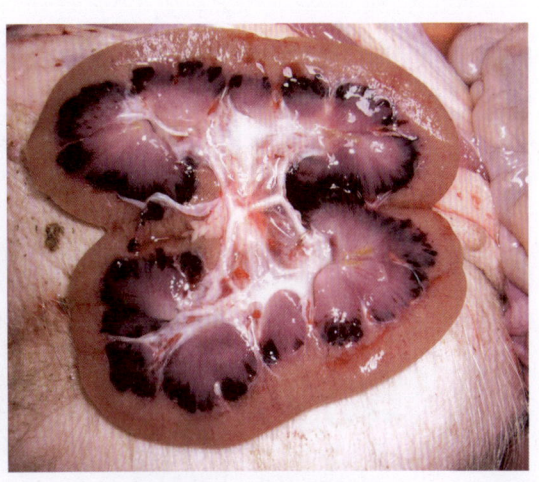
图 1-5-50 猪瘟肾盂出血

（7）**骨盆腔器官摘出** 骨盆腔器官摘出通常有两种方法：第一种方法，锯断左侧髂骨体、耻骨和坐骨的髋臼，取出锯断的骨体，即可露出骨盆腔，然后用刀切断直肠与骨盆腔上壁的联系，母猪还需切离子宫与卵巢，再由骨盆腔下壁切断与膀胱、阴道及生殖器官的联系，最后将骨盆腔器官一起取出。如公猪需将外生殖器与骨盆腔器官一同取出时，应先切开阴囊和鼠蹊孔，把睾丸、附睾、输精管由阴囊取出并纳入骨盆腔内，其次切开阴茎皮肤，将阴茎引向后方，于坐骨部切断阴茎脚、坐骨海绵体肌，再切开肛门周围皮肤，将外生殖器与骨盆腔器官一并取出。第二种方法，从骨盆入口处切离周围软组织，可将骨盆腔器官摘出。

（8）**头颈部器官和脑摘出**

①头颈部器官摘出：首先将头部仰卧固定，使下颌向上，用锐刀在下颌间隙紧靠下颌骨内侧切入口腔，切断所有附着于下颌骨的肌肉至下颌骨角，然后再切离另一侧，同时切断舌骨之间的连接部，将手自下颌骨角切口伸入口腔，抓住舌尖向外牵引，用刀切开软腭，再切断一切与喉连接的组织，连同气管、食管一直到胸腔入口处切离，用手向左右分切纵隔，切断锁骨下动脉和静脉及臂神经丛，此时用手握住颈部器官，边拉边分离附着于脊椎部的软组织，在膈部切断食管、后腔静脉和动脉，即可将头颈部器官全部摘出。

②颅腔剖开和脑摘出：先把头从第一颈椎分离下来，去掉头顶部所有肌肉，在眶上突后缘 2～3 cm 的额骨上锯一横线，再在锯线的两端沿颞骨到枕骨大孔中线各锯一线，用斧头和骨凿除去颅顶骨，露出大脑进行检查（图 1-5-51 至图 1-5-52）。用外科刀断离硬脑膜，将脑轻轻向上提起，同时切断脑底部的神经和各脑的神经根，即可将大脑、小脑一同摘出，最后从蝶鞍部取出脑下垂体（图 1-5-53）。

（9）**鼻腔剖开** 先用锯在两眼前缘横断鼻骨，然后在第一臼齿前缘锯断上颌骨，最后沿鼻骨缝的左侧或右侧 0.5 cm 处，纵向锯开鼻骨和硬腭，打开鼻腔取出鼻中隔，检查鼻中隔黏膜的变化（图 1-5-54）。

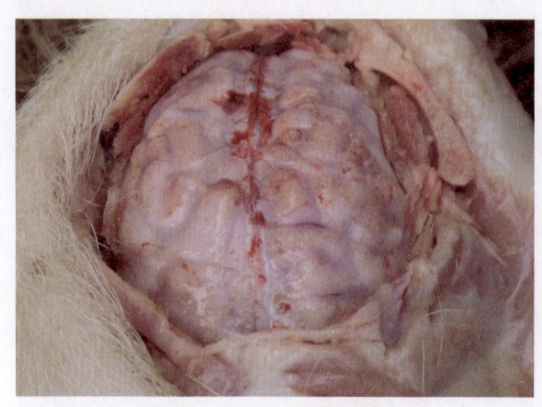
图 1-5-51 打开颅腔

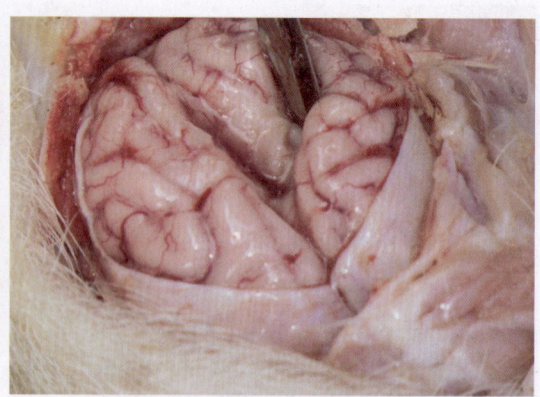
图 1-5-52 检查脑沟和脑回状态

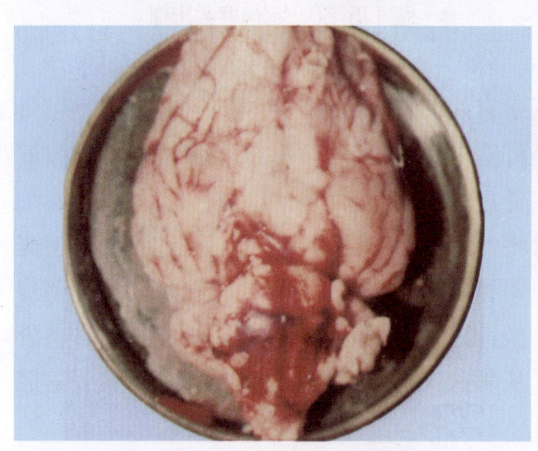
图 1-5-53 取下整个大脑检查

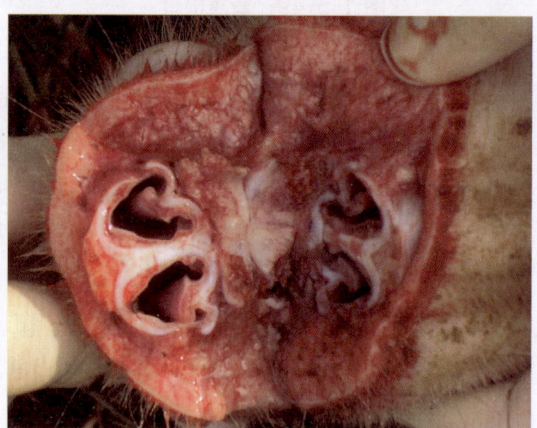
图 1-5-54 锯开鼻腔检查

（10）脊椎管剖开和脊髓摘出 先锯下一段 10 cm 左右的胸椎，然后用磨刀棒或肋软骨插入椎管可顶出脊髓。也可沿椎弓的两侧与椎管平行锯开椎管即可观察脊髓膜，用手术刀剥离周围的组织即可摘出脊髓。

上述各体腔的打开和内脏摘出，是进行系统检查的程序，但程序的规定和选择，首先应服从于检查的目的，应该按照实际情况适当地改变某些剖检程序。

5. 器官的检查

把器官放在备好的检查台（桌）上。除特殊情况外，检查顺序一般先检查头颈部和胸腔器官，再依次检查腹腔、骨盆腔器官，胃肠检查通常最后进行，以防弄脏器械、手和剖检台等，影响检查效果。器官的检查应遵循一定的规范，只有对器官的位置、体积、容积、外观、色泽、形态、质地、光泽度及被膜状态进行检查，才能发现其病变。

（1）头颈部

①舌黏膜：检查外观状态，特别是舌下黏膜是否有出血、疱疹、溃疡等变化，然后沿舌体正中线作一纵切口和数个横切口，检查肌层黏膜色泽、质地等，看有无变性、坏死等情况。患白肌病时，舌肌层常有变化。

②咽和喉头及扁桃体：对黏膜、色泽进行一般检查，重点检查扁桃体黏膜是否有肿胀、化脓、坏死等变化（图1-5-55）。

③食管：用剪刀剪开食管，并观察食管黏膜状态，检查有无损伤、扩张、憩室、异物或狭窄等变化。

④甲状腺、甲状旁腺、唾液腺、胸腺：观察它们的体积大小、形状、颜色和质地，然后切开，从切面上可观察实质与间质有无异常变化。

⑤喉、气管及支气管：首先对喉、气管外部进行一般检查，然后用剪刀剖开喉部后角。继续沿气管背侧剪开主气管及两侧基础支气管干，然后观察喉、气管及支气管黏膜，有无充血、出血、肿胀、伪膜、溃疡、瘢痕、寄生虫、异物等变化，与此同时要检查黏膜色泽，管腔内容物的体积、性状、色泽及有无泡沫（图1-5-56），同时要注意检查支气管纵隔淋巴结的变化。

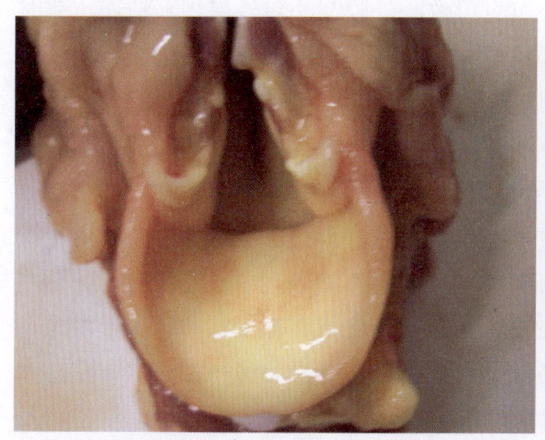

图1-5-55　喉头和会厌软骨检查

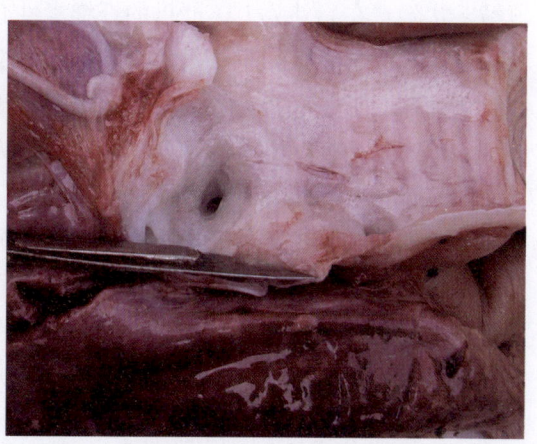

图1-5-56　剪开气管检查

⑥脑：打开颅腔后，检查硬脑膜和软脑膜的状态及脑膜的血管充盈状态，看有无充血、出血等变化，取出脑后先称重，然后将脑底向上放在方盘内，检视脑底，注意观察视神经交叉、嗅神经、脑底血管状态及各部分的形态。正常时脑膜透明湿润、平滑而有光泽。除此之外，还应检查脑回和脑沟的状态。病理情况下常见脑膜充血、出血，脑膜混浊等病理变化。若有脑水肿、积水、脑肿瘤等病变时，脑沟内有渗出物蓄积，脑沟变浅，脑回变平。

脑的内部检查，剖开脑时所用的刀，每切一次都要用75%乙醇或水冲洗刀面，以免脑质黏着刀面致切面不平滑。脑切开方法有多种，现介绍如下方法，即用刀纵切脑成为相等的两半，切口必须经过穹隆松果体、四叠体、小脑蚓部、延脑。将脑切成两半，即可检查第三脑室、导水管、第四脑室的状态及脉络丛的性状和侧脑室有无积水。再横切脑组织，切口相隔2~3 cm，注意检查脑质的湿度、灰质和白质的色泽和质地，有无出血、血肿、坏死、包囊、脓肿、肿瘤等病变。最后检查垂体，先称重，然后观察大小，再行中线纵切，检查切面的色泽、质地、光泽度和湿润度。

⑦脊髓：取出脊髓后，沿脊髓前后正中线剪开硬脊膜，在脊髓上作多处横切，观察有

无出血、寄生虫等病变。

⑧鼻腔和鼻旁窦：首先检查鼻中隔，注意血液充满程度、黏膜状态，再检查鼻道、筛骨、迷路、蝶窦、齿龈、牙齿及鼻甲骨等各部的形态、内容物的量和性状等。

（2）胸腔器官

①心包：心包是一个浆膜囊，由内外两层构成，包在心脏和大血管的基部，内层附着在心脏分出血管的基部，称心外膜；由心脏及血管的基部向外侧翻转的在心脏外面的另外一层包膜，称外层，即通常所说的心包。内外两层之间称为心包腔，内有少量淋巴液，用手或镊子提起心尖部心包，用剪刀剪开一切口，观察其心包液的体积、性状、色泽、透明度及有无纤绒毛、机化灶、粘连、肿瘤等。纤维素性心包炎时，应仔细观察记录。然后再检查心脏的外形，确定心冠纵沟脂肪量和性状，许多病例可见数量不一的出血点，亦有条纹状的出血斑，检查心肌表面可见白色条纹状的变性坏死灶。此外，常见有纤维素呈膜状或绒毛状附着在心外膜上，严重的纤维素性心包炎可致心外膜与心包外层相互粘连，有时难以剥离。测量心脏的方法是由大动脉起始部到心尖测长度，宽度按心冠状沟部测量，必要时须确定心脏左室和右室的长度和宽度，测量心脏的质量。

心脏内部检查，心脏的切开一般有两种方法，一种方法是，顺血流方向先从后腔静脉将右心房剖开，然后用肠剪沿右心室右缘剪至心尖部，再从心尖部，距心室中隔约1 cm将右心室前壁及肺动脉剪开，检查右心各部分，左心从左右心肺静脉之间剪开左心房，检查二尖瓣口有无狭窄，再沿左心室左缘剪至心尖部，从心尖部沿心室中隔左缘向上剪开左心室，直至靠近肺动脉根部，尽量避免剪断左冠状动脉回旋支，在左冠状动脉主干左缘，即在肺动脉干与左心房间剪开动脉。另一种方法是，按右心室→右心房→左心房→左心室的顺序。首先沿前纵沟左侧2 cm处与前纵沟平行作切口，切至肺动脉半月瓣、左心房及右心室的内膜和乳头肌，其次沿前纵沟右侧平行切开直到主动脉的起始部，检查主动脉半月瓣、心内膜及乳头肌，然后沿另一侧纵沟的左侧与右侧切开，与前两切口相连，再检查左心与右心的房室瓣与心内膜。

心腔切开时应检查心脏内血液体积、性状及心内膜光泽度，有无出血，同时要注意观察心瓣膜有无肥厚或缺损，瓣孔有无狭窄或扩张，有无血栓形成等，检查腱索的粗细，有无断裂情况。对心肌的检查，根据要求可测定心室壁的厚度，心室壁厚度正常时，左室壁厚度为右室壁的3倍（3∶1），同时观察心肌质地、色泽和肌僵程度，看有无变性、坏死、出血和瘢痕等变化。检查心肌变化时，可沿室中隔横切开心脏，然后进行观察。

心血管检查：首先视检冠状血管，冠状动脉在主动脉出口处开始，用眼科剪刀剪开冠状动脉及其分支，观察有无血栓形成等。对大动脉要检查其动脉内膜有无异常斑点、粗糙、肥厚、钙化灶等，此外还应检查胸主动脉、腹主动脉的外膜有无出血等变化，内膜主要观察色泽、性状有无变化。

②肺：先切断基础支气管干，将肺脏的背面向上放置，然后检查肺的体积、形态，以及肺胸膜颜色、光泽度，肺表面是否平坦，有无气肿、萎陷、出血、纤维素、结节、炎症灶等，同时检查肺小叶硬度和含气量，以及确定是否有结节、坏死、钙化、炎症等病灶。

外部检查之后对已发现的异常部分，要确定其体积、形态、色泽、质地，然后对其病灶作切面检查，判定其病变的性质。外部检查之后，检查肺内部变化。切割肺时要用锐利的刀，避免压缩组织，支气管和血管用剪刀剪开。检查肺时，最好用纵切口，横切口往往损伤血栓、栓塞所在部位，影响检查结果。将左右两肺叶分别进行纵切和横切，观察肺组织的血液体积、色泽、温度、质量，间质的宽度、色泽及血管充盈程度和有无血栓等，再检查支气管内的状态，腔内有无内容物，如食物、药物、寄生虫、脓性分泌物、干酪样物，同时观察支气管黏膜的颜色，有无充血、出血、结节。还要用手触摸各切面肺组织，遇有异常病灶，应切开病灶，详细观察发生的部位、形态、性状。可将病灶切成方形小块投入清水中，如含气体则浮于水面上，若沉入水底，则为肺炎或无气肿。肺常见病变为肺淤血、水肿、气肿，其次为肺炎、肺膨胀不全、肺纤维化、肺脓肿、肺坏疽。

（3）**腹腔、骨盆腔器官**

①脾脏：首先将网膜剥离，检查脾门血管和所属淋巴结，称重，然后将脾脏向上膈面放置好，测量脾的长、宽、厚，再观察其形态、被膜的色泽、出血、瘢痕及结节等变化，此外还应检查脾头、脾尾、边缘有无坏死或梗死、出血等。再用手触摸以判断其质地（坚硬、柔软或脆弱）及有无病灶。脾脏实质的检查，于最突处向脾门部位作一条纵切口，再于脾头、脾尾作数个横切口，观察脾脏切面的色泽、血量、质地，检查脾髓滤泡和小梁的状态和比例关系，观察白髓的大小、数量和辨认的难易程度，必要时可用放大镜进行观察，同时注意脾脏切面变化，是否出现切面外翻，呈暗红色颗粒状突起、平坦、干燥、结节和模糊不清等。再用刀背轻轻刮切面，检查刮取物的量（即擦过量），以验证脾髓的质和量。正常时可刮下少量脾组织和血液，脾萎缩时擦过量极少，当脾髓增生和充血时擦过量多而浓稠。脾白髓，如针尖大小不易辨清，应仔细观察。脾脏萎缩时，小梁的纹理粗大明显，被膜肥厚而皱缩，还应注意切面颜色变化，有无结核、脓肿、梗死灶等。败血症脾脏，常见显著肿大，脾髓软化，呈泥状，切面流出凝固不良的血液。脾脏淤血时，也可显著肿大变软。增生性炎，充血和渗出不显著时，质地坚实。此时，外形虽肿大，但切面平坦湿润，滤泡显著增生，可见滤泡轮廓明显。

②肝脏：正常的肝脏是绛紫色，色调均匀而有光泽，肝小叶的纹理鲜明，触摸时有弹性，不易破碎。肝脏的检查：首先称重，然后放置于解剖台检查肝脏的形态、大小、颜色、包膜紧张情况；再用尺测量肝脏的长、宽、厚及肝脏的叶数，然后再在肝门处检查肝动脉、静脉、胆管和肝门淋巴结，用刀横切或纵切肝左叶、右叶，观察自血管断端流出的血液体积、颜色、性状及血管内膜、胆管的内膜状态，有无血栓、结石和寄生虫及其他异物。根据肝的颜色和质地可以判定肝是否出血、淤血、颗粒变性、脂肪变性、坏死、肝硬化等。急性营养不良时，肝表面、切面肝小叶混浊不清，质地柔软脆弱，颜色变黄色，肝肿胀。肝组织发生坏死时，上述病变更为严重，坏死灶与周边界线明显，黄白色、干燥，肝质地如泥状，指压即碎裂，可出现菊花样、点状、斑状等形态不一的坏死灶，也可能有出血。肝淤血可分急性与慢性，前者静脉怒张，肝组织含血量多，呈暗紫红色，肝小叶中央静脉明显可见呈现暗红色；后者是槟榔肝景象。肝还可出现脂肪浸润、胆汁色素沉着、

含铁血黄色沉着症。肝组织结缔组织增多时，质地坚硬呈橡皮样，肝表面凸凹不平，呈大小不等的颗粒状、岛屿状，严重时肝的整个形态发生改变。寄生虫结节和结核及其他损伤，常转变为机化灶、钙化灶，切割肝脏时，有沙石声。肝脓肿、肝破裂、肝肿瘤时应注意检查形态、大小、分布。

③胆囊与胆管：检查胆囊和胆管的大小、颜色，充盈程度，可测量胆汁体积，用剪刀剪开胆囊，再观察胆汁颜色、黏稠度及胆囊有无出血、溃疡、结石等变化，对输出胆管应注意检查胆管内有无结石、寄生虫等。

④胰脏：检查形态、颜色、质量、质地，然后做切面检查，必要时用探针插入胰管，并沿之切开，检查管腔内膜状态和管壁的性状及管腔内容物有无异常变化。胰脏最早出现死后变化，此时胰脏呈红褐色、绿色或墨色，质地极度柔软，甚至呈泥状。

⑤肾上腺：首先确定外形、大小、质量，然后纵切，检查皮质与髓质的厚度比例关系，再检查有无出血变化。正常时，仔猪肾上腺皮质呈灰蔷薇色，成年猪呈混浊黄色、赭黄色。

⑥肾脏：一般先检查左肾，检查肾脂肪囊的脂肪沉积量，有无出血和脂肪坏死（呈白色的白垩状物），然后将脂肪囊剥离，测量质量及体积，再将肾门向检查者平放于桌上或盘上，用左手固定，以长锐刀沿肾的外缘将肾切割成两等份，位于肾门外应保留部分组织相连。用镊子夹住切口部纤维膜进行剥离，此时要注意剥离的难易程度，肾组织是否有在剥离被膜时易被撕裂现象，并注意肾表面的微小病变。正常时肾被膜易剥离，表面光滑湿润，纹理清晰，淡暗红色。肾皮质因损伤有结缔组织增生或机化时，则剥离不易。同时要检查肾表面的光泽、质地、形状等及有无出血、坏死（梗死）、脓肿、瘢痕等病变。检查切面时，首先观察皮质、髓质和中间带边界是否清楚，各层的色泽和比例，特别要注意皮质部的厚度，是增宽还是变薄，边界部血管断端情况和组织结构的纹理。正常时皮质部呈红色，肾小球在日光下呈灰色球形小体，病变情况下，淤血呈紫红色，肾小球充血、出血，呈现较大的红点；发炎时肾小球肿大，视炎症充血程度，可呈现灰色或红色颗粒状。有脂肪变性时呈黄色，有光泽，颗粒变性呈污灰色，组织似煮熟肉样。髓质要检查其色泽、质地、组织景象和肾锥体的形状、乳头大小及有无盐类（白垩质、尿酸盐）沉着。最后用剪刀剪开肾盂，检查其内容物的性状、体积和黏膜的状态。

（4）骨盆腔器官

①膀胱：首先检查膀胱的体积大小、内容物的体积及膀胱浆膜有无出血等变化。然后自膀胱基部剪开至尿道口上端，检查膀胱内尿液体积、色泽、性状、有无结石，再翻开膀胱内腔，检查黏膜的状态，有无出血、溃疡等变化（图1-5-57，图1-5-58），最后剪开输尿管检查黏膜状态和内容物性状。

②阴道和子宫：用肠剪刀沿阴道上部正中线剪开阴道，依次再沿正中线剪开子宫颈和子宫体的大部分，然后斜向两侧剪开子宫角部。依次检查各器官内腔的容积和内容物的性状，黏膜色泽、硬度，湿润还是干燥，有无出血、溃疡、破裂、瘢痕等。妊娠期流产，应注意检查胎儿状态是否发育正常，同时检查羊水体积、胎膜、包衣、脐带等，必要时剖检胎儿进行检查。

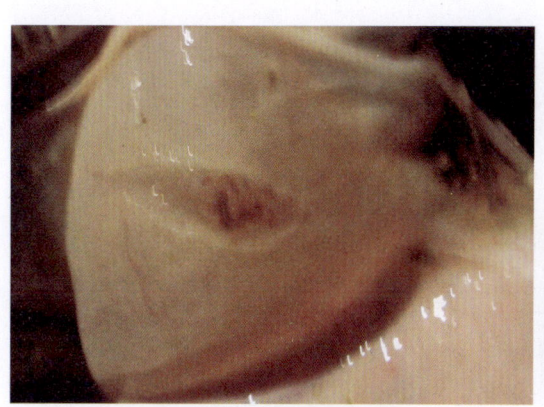
图 1-5-57　膀胱浆膜检查

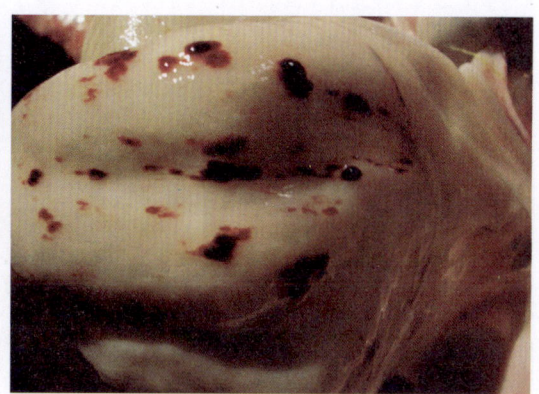
图 1-5-58　膀胱黏膜检查

③输卵管和卵巢：输卵管的检查，先触摸，然后切开，检查有无阻塞，管壁厚度，黏膜状态。然后再检查卵巢形状、大小等，最后纵切，检查黄体和卵泡的状态。

④公猪生殖器：对外部形态做一次检查，再检查包皮有无肿胀、溃疡、瘢痕，用剪刀由尿道口沿阴茎腹侧中线剪至尿道骨盆部，剪开后观察尿道黏膜性状，有无出血等异常变化，可做整个横切口检查阴茎海绵体，最后检查前列腺、精囊和尿道球腺，确定其外形、大小和质地，切开后检查切面状态和内容物性状。

（5）胃肠

①胃和十二指肠：首先观察胃的容积、形态、胃壁的硬度和浆膜有无出血变化（图1-5-59）。然后用肠剪从贲门到幽门沿大弯剪开，并继续沿肠系膜附着处对侧剪开十二指肠，观察胃内容物的体积，鉴别食物种类、性状（液态、半流动状、干涸状），注意其中有无血液、胆汁、药物及其他异物，必要时可称量内容物和测定胃内容物酸度。同时检查胃黏膜色泽、充血程度、性状，注意有无出血、溃疡等，特别是应检查黏膜上所附黏液的情况，鉴别浆液性、黏液性、脓性、纤维素性、出血性等（图1-5-60至图1-5-63）。十二指肠应检查内容物的体积、性状，黏膜是否肿胀、充血、出血程度，以识别变化性质。

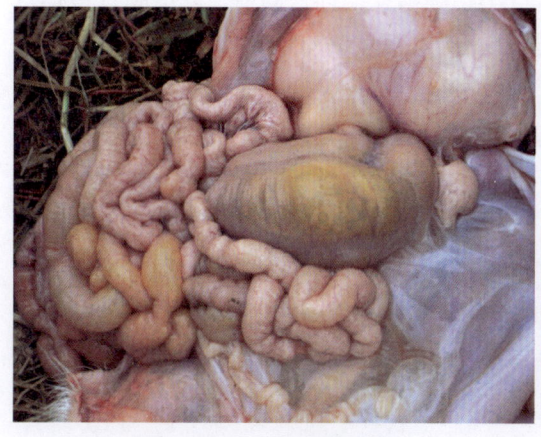
图 1-5-59　胃浆膜检查

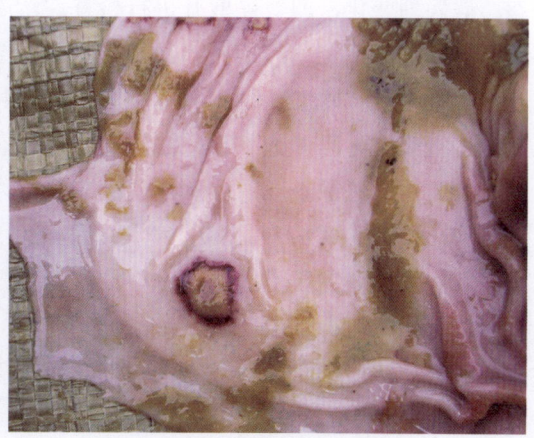
图 1-5-60　胃黏膜形成溃疡灶

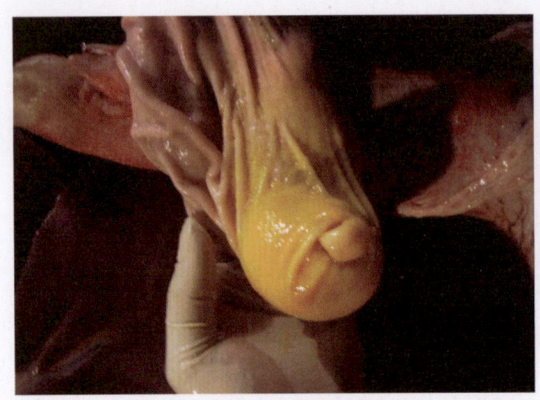

图 1-5-61　胃黏膜检查

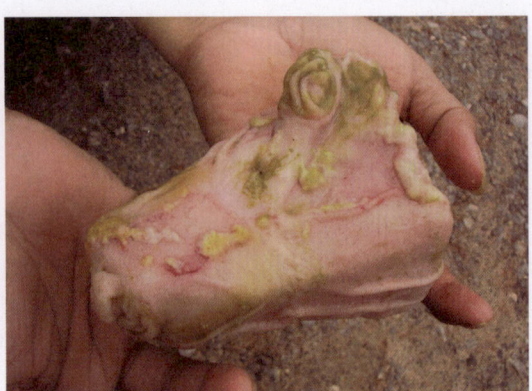

图 1-5-62　胃黏膜出血溃疡

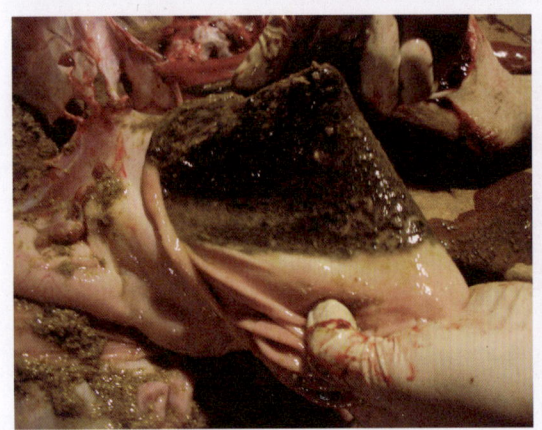

图 1-5-63　胃黏膜表层形成假膜

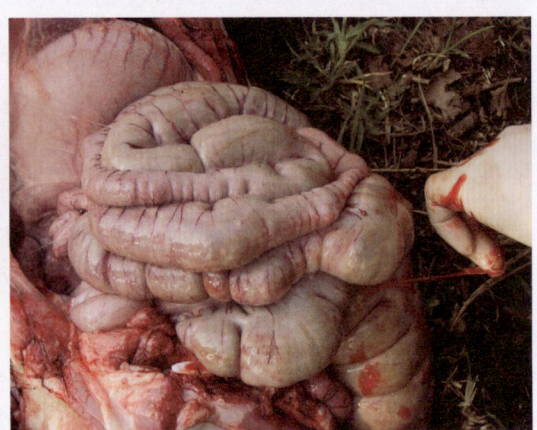

图 1-5-64　肠浆膜检查（1）

②空肠和回肠：首先检查肠管浆膜及肠系膜有无出血、水肿及肠系膜淋巴结的状态（图 1-5-64 至图 1-5-66），然后拉直肠管，自空肠开始沿肠系膜附着部剪开，至回肠末端（图 1-5-67，图 1-5-68）。在剪开肠管过程中，注意肠各段内容物的体积、性状、黏膜状态，遇病理变化，即暂停剪开进行检查。然后自小结肠结扎端插入肠剪，并沿肠管系膜附着部剪开大结肠，继续剪开盲肠直至直肠（图 1-5-69，图 1-5-70）。检查肠内容物体积、性状、干湿度、硬度，黏膜有无肿胀、出血、肥厚或变薄、有无纤维素渗出、溃疡。同时注意检查集合淋巴滤泡和孤立淋巴滤泡的状态。猪的大结肠剪开之前，首先切开肠襻与肠系膜的联系，并检查肠系膜和淋巴结的状态，然后牵拉直肠管进行剖开检查，用同样的方法剖检小结肠和直肠。

③腹腔和骨盆腔淋巴结：除应注意肠系膜淋巴结和腹腔、骨盆腔各内脏局部淋巴结检查外，不可忽略腰部各淋巴结的病理变化，因为这些淋巴结的变化常可反映出腰部、腹壁、后肢、腹腔与骨盆腔器官的情况。在感染一些急性传染病时，它们会出现一致的较明显的变化。

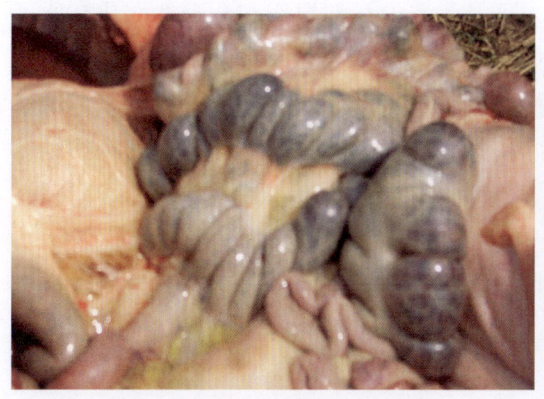
图 1-5-65　肠浆膜检查（2）

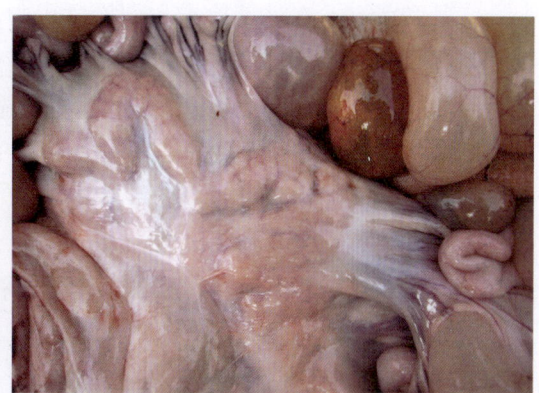
图 1-5-66　肠系膜淋巴结检查

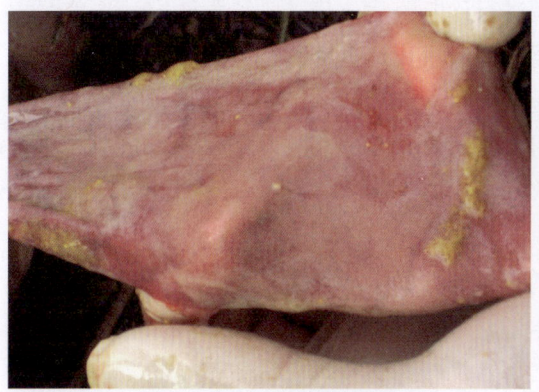
图 1-5-67　切开肠管膜

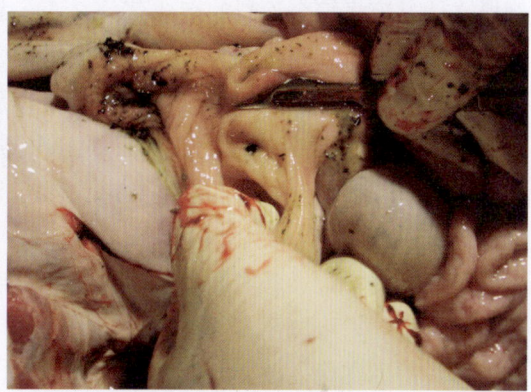
图 1-5-68　肠黏膜检查

图 1-5-69　肠黏膜出血

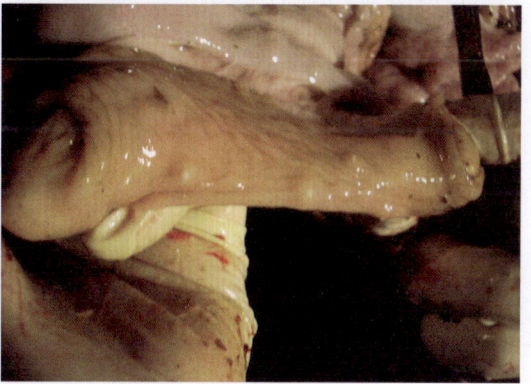
图 1-5-70　回盲口检查

（6）其他

①肌肉、关节、腱鞘和腱索：纵切或横切各部肌肉，注意外观颜色、光泽度，有无出血、血肿、脓肿、肿瘤等病变，应注意检查旋毛虫和肉孢子虫；关节着重检查关节液量和性状，关节囊、关节有无病变和脓性渗出物，关节面有无增生和机化物等；腱鞘和腱索应注意观察其色泽、质地，有无断裂或机化灶等变化。

②骨和骨髓：在外部检查和剖检过程中，可对骨骼的局部损伤和全身性变化有所了解。对损伤局部，除去肌肉后进一步观察骨质病变的程度，必要时可锯开，观察切面情况。除对全身性骨质变化、骨的外形和骨质做一般检查外，必要时可取一小块骨做组织学检查。通常取四肢的长管状骨髓，除去附着在骨上的肌肉，切断关节后，沿骨正中线轴剪开，检查色泽、性状，特别是红色骨髓与黄色骨髓的分布比例、性状、色泽，必要时采一小块骨髓做组织学检查。

③乳腺：先做外形检查，然后检查所属淋巴结有无病变，用手触摸乳房硬度，注意有无硬结、脓肿等，将乳房原结构分开。

（四）尸体剖检文件

尸体剖检文件是宝贵的档案材料，应包括剖检记录、剖检报告和剖检诊断书等。尸体剖检文件是疾病综合诊断的组成部分之一，是进行诊断疾病、病理学科学研究、法兽医学判定的文献资料，以及作为行政业务上的重要材料和法律依据资料，在学术上通称文献资料，具有法律效力。因此，尸体剖检记录应是被兽医管理干部和兽医人员特别重视的科技档案。目前，在不少单位，这方面的工作还是一个薄弱环节，应尽快建立、充实并加以提高。

1. 尸体剖检记录

可分为文字记录和图像记录。前者是人们视、听、触觉器官所获得的各种异常现象全面如实的反映，可以用言语形象叙述，以文字记录下来。后者是用录像机或照相机摄制病变的动或静的图像，比文字的记录更加逼真、客观、精确、可靠、一目了然。二者均属剖检文件的原始记录，是剖检报告的重要依据。

剖检记录的原则与要求：记录的内容要如实地反映尸体病理变化，要真实可靠，不得弄虚作假，要求内容力求完整详细，重点详写，次重点简写，文字记录简练并应在剖检当时进行，不可在事后凭记忆追记，记录的顺序与剖检的顺序相同。

（1）**剖检记录的叙述** 指在剖检过程中主检者所观察到的一切异常现象以口述的方式客观叙述，记录员用文字记录下来的部分，一般包括畜主，动物种类、品种、编号、年龄、性别、毛色、特征、用途、营养、发病时期、死亡日期、剖检日期、剖检人员（含主检人、助检人、记录者）、现场人员等。临床摘要：包括主诉、病史摘要、发病经过、主要症状、临床诊断、治疗经过、流行病学情况、实验室各项检查结果。

（2）**病理变化记录** 包括外部视检、内部剖检及各器官的检查。实验室检查结果包括细菌学、免疫学、寄生虫学、病理组织学和毒物学检查结果。

病理变化的记录既应记载眼观病变位置、大小、质量、体积或容积、形状、表面性状、颜色、湿度、透明度、切面状况、质地和结构、气味等，又要详细记录光学显微镜与电子显微镜下，病理组织学、病理组织化学、病理免疫组织化学的观察结果。

（3）**尸体剖检记录的写作** 尸体剖检工作是一项专业性很强的技术工作，要求从事剖检工作者除应具有较好的兽医专业理论基础外，还要有一定的临床工作经验，特别是通晓病理学基本理论和基本技能，了解疾病的基本病理过程和常见病理变化。此外，剖检工作者还应具有一定的文学素养，病变的描述尽量以客观的方式，切忌用病理学术语或学术名词来代替病变的描述。对每例剖检的尸体病变的描述，关键是揭露其每一器官病变的特殊性，因此剖检者不应简单从事，急于求成。主要病变用文字难以描述时，可用绘图方法、录像机或照相机进行摄影的方式记录。此外，对所有病变的发生、蔓延的途径及结局，都应在记录上反映出来。对于成对的器官可做一般描述，然后对其中的特殊变化加以描述。对皮肤、消化道、肌肉等器官的病变描述，要指明其病变的位置所在，例如颈部、头部的皮肤或皮下部位，再如贲门部、幽门部，有腺部、无腺部，十二指肠的初段、中段、末段等。淋巴结要说明哪个部位的淋巴结，如颈下颌淋巴结、颈前淋巴结等。总之，必须具体、详细地说明病变所在的位置。为了节省时间和避免不必要的操作，同样病变在一个器官的不同部位时，可用"同前记"的字样。对无肉眼可见变化的器官一般用"无肉眼可见变化"等名词，因无肉眼变化，不一定就说明该器官无病变。一般剖检记录与剖检同时进行，即随剖检者在检查中的口述进行记录，所以正确系统的剖检程序和方法是写好剖检记录的条件之一，这样可以避免发生漏检，确保尸体剖检记录的全面性和真实可靠性。

2. 尸体剖检报告

尸体剖检报告的主要内容应包括以下几部分。

（1）**概述** 记录畜主，送检人员，患病动物品种、性别、特征、病例编号、年龄、毛色、用途、营养、发病时期、死亡日期，剖检单位，剖检日期，剖检人员（含主检人、助检人、记录者），畜主地址，畜主或送检人员联系电话，剖检单位或剖检人员联系电话，现场人员等。

临床摘要及临床诊断的内容，包括主诉、病史摘要、发病经过、主要症状、临床诊断、流行病学情况、治疗经过、实验室各项检查结果。

（2）**剖检所见** 以尸体剖检记录为依据，按尸体所呈现病理变化的主次顺序进行详细、客观的记载，此项可包括眼观检查和组织学检查，剖检时所做的关于微生物学、寄生虫学、化学、生物化学、免疫学等检查材料也要记载。

（3）**病理解剖学诊断** 病理解剖学诊断通常是指剖检工作结束后，在现场主检者根据剖检所见的各器官病理变化进行综合分析，用学术术语对病变作出的诊断。应按病变的主次及互相关系排列其顺序，即找出剖检所见病变中什么是主要的，什么是次要的，什么是原发的，什么是继发的，然后按照主次、原发、继发顺序判断病变的性质并得出初步结论，即确定什么是本病例的主要病变，再将主要病变所引起的一系列病变按先后排列，将与主要疾病无关的其他病变排列在后面，这样就得出了眼观病理解剖学诊断。

讨论和总结通常包括3个方面，首先，初步确定所剖检病例的主要病变；其次，分析各种病变的相互关系；最后，初步确定所剖检病例的死亡原因。上述工作完成后，如对剖检的病例以诊断为目的剖检，确定疾病的诊断时，可作为正式的尸体剖检报告。但有许多情况，通过剖检不能作出诊断，主检者应根据剖检结果，结合临床流行病学、微生物学、免疫学、病理组织学及化学病理学的检验结果，作出初步诊断，并对所剖检病例提出预防和治疗的建议。

（4）结论 在对动物进行系统尸体剖检的基础上，根据病理变化，结合临床症状及其他各种有关资料，对观察的病理变化进行分析判断，找出各病变之间的内在联系，病变与临床症状之间的关系，作出判断。阐明病畜发病和致死的原因，并针对病例提出防治建议。

尸体剖检报告是向上级业务行政主管部门上报或向畜主提交的材料，应为正式呈报文件，主检验人和单位主管领导都要签名，并盖单位公章。

3. 病理检查报告

兽医病理检查报告是根据上下级业务部门、企业、畜主或个人的目的要求，对其送检的动物材料进行病理学检查后所做出的总结汇报。病理检查报告是向畜主或委托人提交的材料，应为正式呈报文件，主检验人和单位主管领导都要签名，并盖单位公章。病理检查报告的书写应客观、简洁，不予以评述。

（五）病理变化的描述

病理变化的描述是尸体剖检工作的关键之一，是一项专业性很强的工作，一般专业人员若缺乏病理学理论知识，很难做好这项工作。病变描述的基础，首先是观察病变，发现病变，识别病变，然后是描述病变，即使同一病变，由不同人描述，结果也可能不完全相同，但客观存在的病变只有一个标准，同一病变用词可有程度的不同，但在病理解剖检查诊断上结论应相同，病变的描述具有一定的规范、技巧，需剖检者在剖检过程中善于积累、综合分析、总结，才能不断提高。器官病变的描述：对器官位置、体积、质量、色泽、外观形态、纹理、湿度、光洁度、切面状态和质地，内容物的体积、性状、颜色、气味等进行观察描述。

病灶可认为是病变的基本单位，在一些器官组织内和表面都可出现，虽然不同疾病可出现各种各样的病灶，其形状、大小、颜色等都有所不同，但应有一定规律可循。

病变的描述参考方法如下：

（1）计量标准 使用国家公布的标准计量单位。

①质量：毫克（mg）、克（g）、千克（kg）。

②长度：毫米（mm）、厘米（cm）、米（m）。

③面积：平方毫米（mm^2）、平方厘米（cm^2）、平方米（m^2）。

④体积/容积：毫升（mL）、升（L）。

（2）质量、体积或容积 凡质量、体积可称量的器官，首先称量，然后用尺量其大小，对病变可用尺测量大小，也可用常见的实物比喻，如：鹅卵大小、鸡卵大小、鸽卵大小、麻雀卵大小、小米大小、高粱米大小、粟粒大小、黄豆大小、绿豆大小、蚕豆大小。

（3）颜色 器官不同，颜色不一，肝、肾、脾、心等以红色为主色，只是色调不一。消化器官主要为灰白色，淋巴结灰白色（各种动物稍有差异）。单色用鲜红色、淡红色、粉红色、白色、苍白等词描述，复杂色用暗红色、棕红色、黑红色、灰黄色、土黄色、黄绿色等词描述。通常前者表示次色，后者表示主色。

（4）表面和切面 器官的表面被膜、浆膜的异常变化，可用光滑、粗糙、突出、凹陷、棉絮状、绒毛样、网状、条纹状、斑状、点状、花斑样、虎斑样等文字描述。切面常用平坦、稍实、颗粒状、沙粒状、粉尘样、肉样、脑髓样、固有结构不清、纹理不清、景象模糊、凝固不全、血样物流出等文字描述。

（5）**形状** 器官都有固定的形状，病变或病灶多为圆形、椭圆形、球形、菜花状、结节状、粟粒状、乳头状。

（6）**干湿度** 多汁、湿润、干燥。

（7）**透明度** 透明、半透明、混浊、清亮、不透明。

（8）**质地和结构** 弹性、脆弱、坚硬、柔软、纹理不清、固有结构不清。

（9）**气味** 恶臭、腥味、腐败味等。

（10）**黏膜器官** 黏膜易剥离、不易剥离、肿胀。

（11）**管状器官** 扩张、狭窄、闭塞、弯曲。

（12）**位置** 指各器官的位置是否有异常变化，肠变位等，如肠扭转用 180º 和 360º 来表示。

（13）**病变分布情况** 局部性、弥散性、点状、条纹状等。

（14）**正常与否** 对于无眼观可见变化的组织、器官，一般不用"正常""无变化"等名词。因为无眼观可见变化时，不一定就说明无组织细胞变化，通常可用"无眼观可见变化"或"未发现异常"等词来概括。

（六）病料采取、保存和送检

尸体剖检的目的是对疾病作出正确的诊断，但有许多病例往往剖检后，仅仅根据眼观所见难以确诊，这需要实验室做进一步的检查，如进行病理组织学、细菌学、病毒学、血清学、毒物学等方面的检查。送检材料的选取方法恰当与否直接影响诊断的正确性，因此剖检人员必须正确掌握病料的选取、保存和寄送方法。

1. 病料采取的基本原则

（1）**病料的采取要有明确的目的** 根据疾病的种类有目的地采取病料。如怀疑为传染病，不同传染病的病原在病猪体内各组织、器官的分布是不同的，同一种传染病在不同阶段其病原分布也常有差异，因此，在采取病料时要根据怀疑的病种和病情有重点地采取病料，对难以弄清是什么病的可根据临床症状及病理变化采取病料或全面采取病料。

（2）**所取病料应有代表性和全面性** 采取病料应在不同地区、病程的不同阶段、死前和死后广泛采取病料，同时也应选择临床症状典型的病猪，在病理变化明显的组织上采取病料。

（3）**必须采取新鲜病料** 最好是动物的心脏还在跳动时取材，立即投入固定液内。如猪已死亡，采取病料应在动物死后尽快进行。否则，尸体腐败、溶解，肠道内的细菌侵入内脏而造成污染，影响检验效果。尤其是在炎热夏天，采取病料不应超过 6 小时。脏器的上皮组织易变质，应争取在死后半小时内处理完毕。

（4）**必须遵循无菌操作要求** 微生物学检验的材料须无菌采取。所用的器械、容器等均应经过消毒灭菌。在采取病料前先将尸体体表用消毒液消毒，再剖开体腔，以无菌操作采取所需要的组织，放在预先消毒好的容器内。各种脏器分别装入不同的容器内，避免几种不同的病料放在一起。用于病理组织学检查的病料可放在一个容器内并尽早固定。每种病料应使用一套器械，如器械不足，可清洗并用酒精灯火焰消毒后再使用。

（5）**严禁解剖急性死亡怀疑患炭疽的病猪** 应先取末梢或剪取1块耳尖或者局部，采取淋巴结涂片镜检，只有确定不是炭疽后方可进行剖检。

（6）**组织块力求小而薄** 脱水包埋组织块厚度不超过3 mm。勿使组织块受挤压，切取组织块用的刀、剪要锋利，切割时不可来回挫动。夹取组织时，切勿猛压，以免挤压损伤组织。取材时，组织块可稍大一点，以便在固定后，将组织块的不平整部分修去。选好组织块的切面，应熟悉器官组织的组成并据此决定其切面的走向。纵切或横切根据观察目的而定。

（7）**尽量保持组织的原有形态** 新鲜组织经固定后，或多或少会产生收缩现象，有时甚至完全变形。为此，可将组织展平，以尽可能维持原形。对神经、肌肉、皮肤组织等，则可将其两端用线扎在木片上或硬纸片上固定。

（8）**保持材料的清洁** 组织块上如有血液、污物、黏液、食物、粪便等，先用生理盐水冲洗，然后再加入固定液。切除（清除）不需要的部分，特别是组织周围的脂肪等，应尽可能清除掉，以免影响以后的程序和观察。

2. 病料采取的方法

（1）**微生物学检验材料** 细菌检查材料的基本要求是，防止被检材料的细菌污染和病原的扩散，因此采集时要无菌操作。

①无菌操作法：采取微生物检验病料所用的刀、剪、镊子等应预先经煮沸消毒；也可在临用前于酒精灯火焰上灭菌。对一些已被污染的器官，采病料时刀片或蜡铲在火焰上烧红后烧灼采病料部被膜0.5~1 s，用灭菌剪刀剪去烧灼过的表层组织后，再从脏器深层采取病料，并迅速放入无菌瓶中。

②涂片：对心血、心包液、脑脊液、脓汁、尿等病料，采集的同时应涂片2~3张，标明编号。

③培养物的采取：如心血、病灶的内容物等，以无菌注射器经无菌处刺入吸取血液（内容物），然后取出立即注入灭菌试管内，塞紧试管并用蜡封闭。

④器官，一般采心肌、胃、肝、肺、淋巴结、脑，根据需要可采取有关器官，但必须采取脾脏和淋巴结。

（2）**病理组织学检查材料** 首先，采取病料的工具、刀剪要锋锐，切割时应采取拉切法，避免组织受压造成人为的损伤，组织块固定前勿沾水；其次，任何疾病采取的病料均应具有代表性，因此，要采取生命重要器官，例如：心、肝、肾、脑、脾、淋巴结、胃肠、胰、肺，病变器官要重点采集，一个器官不同部位采取多块，取病变典型部位、可疑部位，取样应具有代表性，最好能反映出疾病发展过程中的不同时期形成的病变。每个组织块应含有病变组织与正常组织，同时应该含有该器官的主要部分，例如：肾要有皮质部、髓质、肾盂，脾和淋巴结要有淋巴小结部分，黏膜器官应含有从浆膜到黏膜各部，肠应有淋巴滤泡，心脏应有房室、瓣膜各部。大的病变组织不同部位可分段采取多块。

尸体剖检组织取材应根据尸体剖检的实际需要进行,各组织器官的取材部位和数量一般如下。

右心室1块,左心室1块,主动脉1块,采取部位可在距主动脉瓣5 cm处。

右肺下叶1块,切成正方形;左肺下叶1块,可切成长方形;胸腺1块。

肝脏,右叶1块,切成正方形;左叶1块,切成长方形;脾脏,1~2块;胰腺,1~2块。

两侧肾各切1块,包括皮质、髓质和肾盂;右肾1块切成正方形,左肾1块切成长方形;肾上腺左、右各取1块。

膀胱,如无肉眼变化时,取1块即可。

食管1块,胃窦部取1块,小肠1块,淋巴(小肠淋巴结)1块,直肠1块;脊椎骨1块。

子宫颈和宫体数块;睾丸或卵巢各1块。

脑左侧运动区1块,左侧豆状核1块,小脑1块;脑下垂体1块,前叶或包括前后叶。

上述各种组织的取材块数,适合一般情况的要求,有较严重或复杂病变,以及医疗纠纷时,应该适当增加,以便彻底检查及复查而作出诊断。

组织块大小,长宽一致,均1~3 cm,厚度0.5 cm左右,有时可采取稍大的病料块,待固定几小时后,再切、切薄。

胃肠、胆囊,在固定时易发生弯曲,扭转的可将组织块浆膜面向下平放在硬质泡沫板或硬纸上,两端结扎放入固定液中。肺组织块常漂浮于固定液面上,可盖上薄片,用脱脂棉或纱布包好,其内放入标签,再放入固定液的容器中。

固定液,10%福尔马林水溶液(市售甲醛,用水稀释比例为1:9),其他固定液亦应备齐。

(3)**病毒检查材料的采取**

需做组织检查的材料,最好用Bouin液和Zenker液固定。

① Bouin液,冰醋酸5 mL,甲醛(原液)25 mL,苦味酸饱和液75 mL。

② Zenker液,重铬酸钾25 g,氯化汞5 g,硫酸钠1 g,蒸馏水100 mL,冰醋酸5 mL。

中枢神经系统的病毒性疾病,海马角、大脑皮层、中脑、丘脑、脑桥、延脑、小脑、颈段脊髓,病料数块分别用纱布包好,并标记各部位名称,固定在Bouin液和Zenker液中。同时灭菌,采取有关部分放入灭菌的盛有50%甘油盐水试管中,密封试管口。

病料也应在冷藏条件下送出,并附上详细记录(包括临床资料、尸检记录和组织采取部分等),供检验单位诊断时参考。

(4)**血清反应材料** 无菌采血10~15 mL,放室温下待血清释出后移入灭菌试管内,并加入0.5%碳酸防腐密封试管口,放冰箱保存,做中和试验的血清不加防腐剂。

(5)**毒物及反应鉴定材料** 剖检有疑似毒物中毒的尸体时,因毒物的种类、投入途径不同,材料的采取亦各有不同,经消化道引起的中毒,可提前检查,剖检用的器材、手套,先用清水洗净晾干,不得被酚、乙醇、甲醛等常用的化学物质污染,以免影响毒物定性、定量分析。通常做毒物检验的应采取下列材料。

①胃肠内容物：中毒后病程短，急性死亡病例取胃内容物500～1 000 mL，肠内容物200 g。

②血液：200 mL。

③尿液：全部采取。

④肝：500～1 000 g，应有胆囊。

⑤肾：取两侧。

经皮下、肌内注射的毒物，取注射部位皮肤、肌肉及血液、肝、肾、脾等送检。采集的每一种材料，应分别放入清洗的器皿内，外贴标签，记好材料名称和编号。

3. 病料的送检

①包装：病理组织学送检病料固定好后，将组织块用脱脂纱布包裹好，放入塑料袋，再结扎备用。微生物送检材料要密封，且防止容器破裂，尤其是对危险的传染病病料，可将盛放材料的容器口用蜡密封，装入木盒、金属盒或较大的玻璃器皿中，中间填以纸屑、棉花等物防撞震。

②编号：组织块固定时，应将尸检病例号用铅笔写在小纸片上，沾70%乙醇固定后投入瓶内，也可将所用固定液、病料种类、器官名称、块数编号、采取时间写在瓶签上。

③送检：目前大多为派专人送检，送检应将整理过的尸体剖检记录及临床流行病学材料，送检目的要求，组织块名称、数量等一并呈上。此外，送检的病料本单位应保存1套，以备必要时复查用。

④送检单：应包括送检单位，检验单位，发病时间，死亡时间，剖检时间，送检日期，送检目的，猪的性别、品种、年龄，送检人姓名，联系电话，临床诊断等内容。

送检单1式3份，1份本单位存查，2份送往检验单位，检验完毕后退回1份。

第二章
重大疫病

　　一旦发病，传播快速，发病率高，短期内可造成较大范围流行，导致较大的经济损失，是重大疫病的主要特征。某一地区一旦传入某种重大疫病的病原，从少数动物发病开始，疫情可迅速传开，短短几天内，就可在该地区养殖场、农户中同时出现易感动物大量发病，疫情好像野火烧山，出现火种很快就可向四周燃烧、蔓延开来，这就是流行性暴发；如疫情继续迅速扩散、蔓延，在短期内传至其他县、市、省，乃至全国，引起易感动物大批发病，这就是流行性大暴发。

　　2018年8月3日，中国确诊首例非洲猪瘟疫情，短期内引起大批猪只发病，造成了流行性大暴发。

　　猪瘟对养猪业的危害还是相当严重的，特别是温和型猪瘟造成的繁殖障碍给养猪业造成重大损失。在新的猪病不断增多和古典猪瘟有所减少的情况下，人们对猪瘟的防御有所放松，应该重新提高对猪瘟危害的认识。

　　以往，口蹄疫的大流行存在着周期性，每个周期大约是10年，但是从1999年以来，口蹄疫在全世界的流行间隔越来越短，从每5年缩短到每3年大流行1次，又从每3年缩短到每年流行1次，甚至1年流行几次，流行周期大大缩短，流行规律已被打破。从周期流行转向频繁流行。

　　感染猪的流感病毒具有感染人的能力，易造成人猪之间互相感染。猪是人流感病毒和禽流感病毒基因重组的主要牲畜，在新的流感毒株传给人的过程中起着重要作用。因此，猪流感是重大传染病，在维护公共卫生安全的工作中有重要意义，必须引起高度重视。

一、非洲猪瘟

非洲猪瘟（african swine fever，ASF）是由非洲猪瘟病毒（ASFV）感染家猪和各种野猪（如非洲野猪、欧洲野猪等）而引起的一种急性、出血性、烈性传染病。世界动物卫生组织（OIE）将其列为法定报告动物疫病，该病也是我国重点防范的一类动物疫病。2018年8月3日，中国确诊首例非洲猪瘟。

（一）病原

ASFV是非洲猪瘟科非洲猪瘟病毒属的重要成员，有些特性类似虹彩病毒科和痘病毒科的病毒。ASFV是二十面体对称的双股DNA病毒，基因组的长度为170~193 kb，由一个125 kb左右的CVR和两个编码MGFs的可变末端组成。MGFs中有长达20 kb的区域，这些区域可能有助于产生抗原变异，从而帮助ASFV逃避宿主免疫系统。病毒基因型和亚型是根据CVR中的微小变化来区分的。MGFs区域内的序列变化，与巨噬细胞的毒力水平和软蜱的宿主范围有关。

在猪体内，非洲猪瘟病毒可存在于几种类型的细胞质中，尤其是在网状内皮细胞和单核巨噬细胞中复制。该病毒可在钝缘软蜱中增殖，并使其成为主要的传播媒介。

ASFV能从被感染猪的血液、组织液、内脏及其他排泄物中分离出来，低温暗室内保存的血液中病毒可生存6年，室温中可活数周，加热被病毒感染的血液至55℃保持30分钟或60℃保持10分钟，病毒能被破坏。ASFV在脂质溶剂、洗涤剂、氧化剂里面很容易失活，被ASFV污染的猪粪在4℃时，可以用1%氢氧化钠或氢氧化钙溶液处理3分钟或用0.5%氢氧化钠或氢氧化钙溶液处理30分钟。

（二）流行特点

ASFV是一类古老的病毒，早在1921年在非洲肯尼亚首次被发现，至今已有约100年的历史。非洲猪瘟病毒几乎可感染所有品种和年龄的猪，发病率和死亡率可高达100%。

ASFV的天然宿主是野猪和家猪。在地方性流行地区发现了两种传播方式：一种是没有野猪参与的家猪、蜱传播方式；另一种是猪与猪之间的传播方式。可通过口、鼻、气溶胶传播。

猪与野猪对本病毒都是自然易感的，各品种及不同年龄的猪群具有相同的易感性，有学者于1921年曾设法用白鼠、天竺鼠、兔、猫、犬、山羊、绵羊、牛、马、鸽等动物进行实验，都未能感染成功。

ASFV可经过口和上呼吸道系统进入猪体，在鼻咽部或是扁桃体发生感染，病毒迅速蔓延到下颌淋巴结，通过淋巴和血液传遍全身。强毒感染时细胞变化很快，在呈现明显的刺激反应前，细胞都已死亡。弱毒感染时，刺激反应很容易观察到，细胞核变大，普遍发生有丝分裂。发病率通常为40%~85%，死亡率因感染的毒株不同而有所差异。高致病性毒株死亡率可高达90%~100%；中等致病性毒株在成年动物中导致的死亡率为20%~40%，在幼年动物中导致的死亡率为70%~80%；低致病性毒株死亡率为10%~30%。

（三）临床症状

ASF 的临床表现取决于该毒株的毒力、接触时间、感染的途径。高毒力毒株可致超急性和急性发病，中等毒力和低毒力毒株可致急性、亚急性和慢性临床症状或不明显症状。

ASF 超急性发病的特点是发病过程短，超急性和急性感染死亡率高达 100%，临床表现为发热（达 40～42℃），心跳加快，聚堆，耳尖、前后肢及全身皮肤发红、发绀（图 2-1-1 至图 2-1-6），呼吸困难，部分咳嗽，眼、鼻有浆液性或黏液性脓性分泌物（图 2-1-2）。耳，胸，腹，前、后腿皮下血肿，皮肤表面坏死（图 2-1-4），耳、胸和腹部皮下血肿，排黑粪、鼻出血、口鼻泡沫。通常临床症状出现 1～2 天后死亡。超急性发病通常发生在 ASF 第一次暴发区。

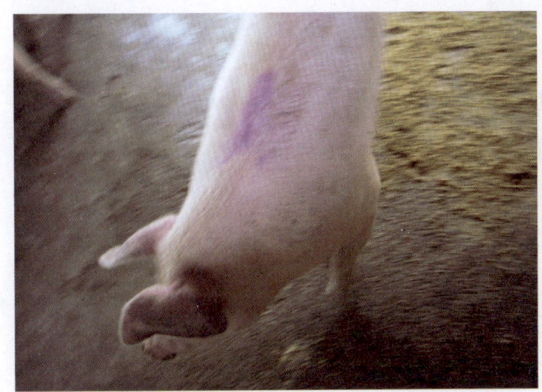

图 2-1-1　厌食、体温超 41℃、皮肤充血

图 2-1-2　眼、鼻有浆液性或黏液性脓性分泌物

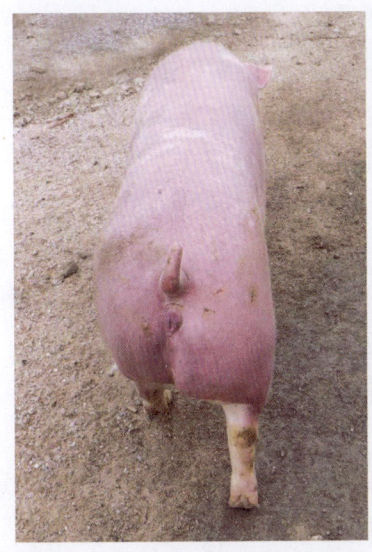

图 2-1-3　后肢皮肤发红，呈现发绀症状

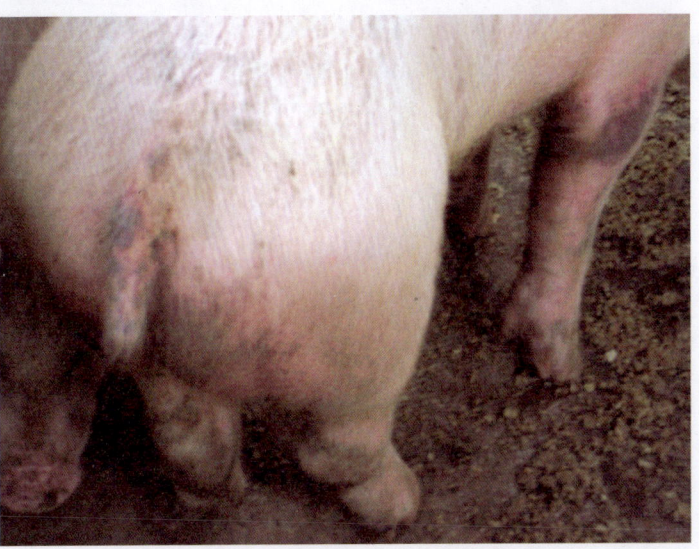

图 2-1-4　皮肤发绀，表面坏死

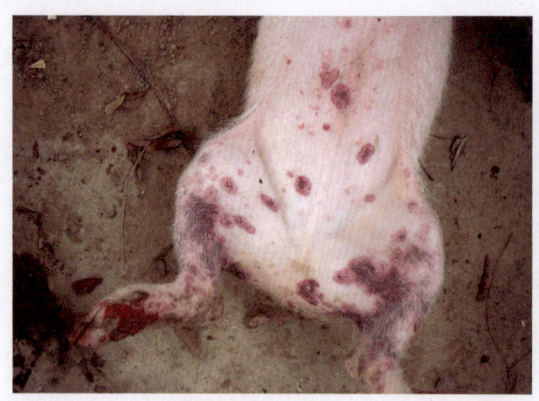
图 2-1-5　后肢和腹部皮肤青紫色，呈现发绀症状

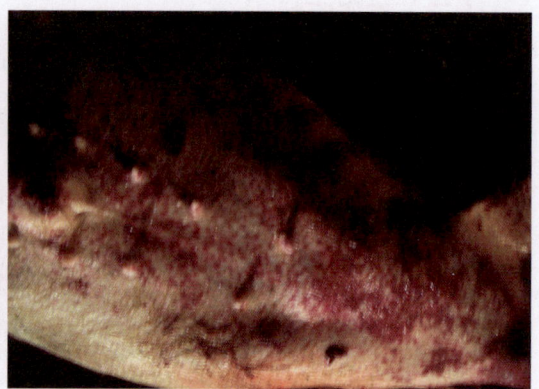
图 2-1-6　腹部皮下瘀血、出血

亚急性病例的临床症状与急性病例类似，但没有急性病例那样严重。亚急性病例的特点是短暂的血小板减少，白细胞减少症和多处出血性病变。其他临床症状包括中度到高度的发热、腹水、心包积液、多个器官水肿、流产或脾肿大。死亡率为30%~70%，发病猪可能3~4周后康复。

慢性病例的主要病变特征是呼吸道的变化，但是病理变化很轻或者不明显，出现纤维素性心包炎和坏死性皮肤病变。

自然感染潜伏期5~9天，临床试验感染则为2~5天，发病时体温升高至41℃，约持续4天，直到死前48小时体温始下降为其特征，同时临床症状直到体温下降才显示出来，故与猪瘟体温升高时症状出现不同，最初3~4天发热期，猪没有食欲，表现出极度虚弱，猪只躺在栏舍角落，强迫赶起它走动，则显示出极度羸弱，尤其后肢无力更加明显，脉搏加快，咳嗽，呼吸频率增加约1/3，呼吸困难，浆液或黏液脓性结膜炎，有些毒株会引起带血下痢、呕吐，血液变化似猪瘟，统计分析显示有50%的病例出现白细胞数减少现象，淋巴细胞也同样减少，体温升高时发生白细胞性贫血，至第4天白细胞数降至40%才停止继续下降，也可观察到未成熟中性粒细胞数增加的现象，往往在发热后第7天左右死亡，或症状出现仅1~2天便死亡。

（四）病理特征

急性病例的病理变化：脾脏肿大，髓质肿胀区呈深紫黑色（图2-1-7，图2-1-8），切面突起，淋巴滤泡小而少，有7%的猪脾脏发生小且有暗红色突起三角形栓塞情形（梗死，图2-1-9）。心包液增多，部分病例心包积液混浊且含有纤维蛋白，多数病例有心肌及心外膜出血现象（图2-1-10，图2-1-11）。淋巴结有不同程度的肿大、出血现象，表面或切面似血肿的结节较多（图2-1-12至图2-1-16），淋巴结髓质中出血最明显，切开的淋巴结呈现大理石状（图2-1-14）。肾皮质出血（图2-1-17至图2-1-21）。膀胱黏膜弥漫性淤血、出血（图2-1-22，图2-1-23）。喉、会厌有瘀斑充血及扩散性出血（图2-1-24，图2-1-25）。肝脏肿大、胆囊浆膜表面出血，胆囊肿大、出血，充满胆汁和血液混合物（图2-1-26，图2-1-27）。小肠表面有出血点（图2-1-28）。镜检下，可见肠有充血而没有出血病灶，肺泡则呈现出血现象，淋巴细胞破裂。小叶间结缔组织有淋巴细胞、浆细胞（plasma cell）及间质细胞浸润，同时淋巴细胞破裂为其主要特征。

在急性病例中，表现严重的肺水肿，同时为充血性脾肿大，可能达正常的6倍，边缘为圆形，同时易碎，呈现为黑紫色。淋巴结，主要是胃、肝和肾淋巴结上面有出血，呈现大理石花斑。肾脏皮质和肾盂中通常出现出血瘀点。其他非典型病理变化还包括膀胱、心内膜、心外膜和胸膜有出血瘀点。血管和淋巴器官会出现组织病理变化和出血，血管内形成微血栓及内皮细胞的损伤，并伴有内皮下坏死细胞的大量聚集。病毒复制导致脾脏巨噬细胞坏死，破坏脾脏组织结构，脾脏出血性肿大。

亚急性病例的病理变化：猪只呈现腹水、心包积液、胆囊和胆管壁的特征性水肿，以及肾脏水肿（图2-1-17）。脾脏初始表现为部分充血性脾肿大（图2-1-7），逐渐转归，留下一些病灶损害，最终消失。淋巴结，主要是胃、肝和肾淋巴结，以及颌下腺、咽喉、纵隔、肠系膜和腹股沟淋巴结出血、水肿和易碎，表现为深红色血肿（图2-1-12至图2-1-16）。肾出血（图2-1-17至图2-1-21）比急性病例更强烈（瘀点和瘀斑）和更广泛（皮质、髓质和骨盆）。膀胱壁水肿、黏膜下层和浆膜下出血（瘀斑、淤血）、黏膜表面偶发凝块血（图2-1-22，图2-1-23）。小肠和大肠浆膜和黏膜瘀点出血（图2-1-28）。肺脏堵塞、瘀点出血，气管、支气管内有泡沫，肺泡和间质性肺水肿出血（图2-1-29）。胃浆膜和黏膜瘀点出血（图2-1-30）。

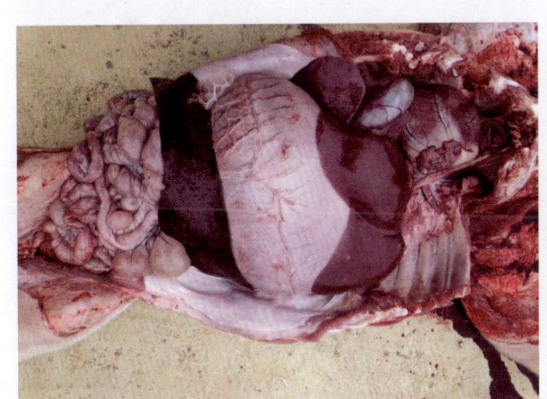

图2-1-7　脾脏肿大

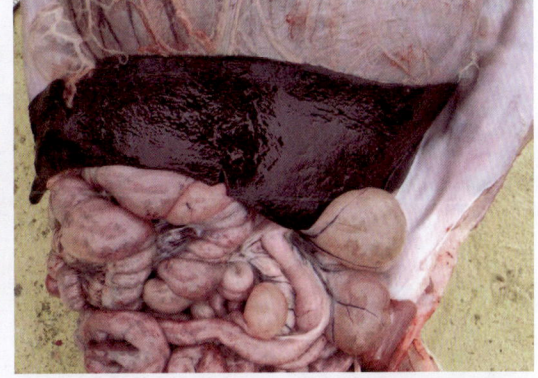

图2-1-8　髓质肿胀、深紫黑色

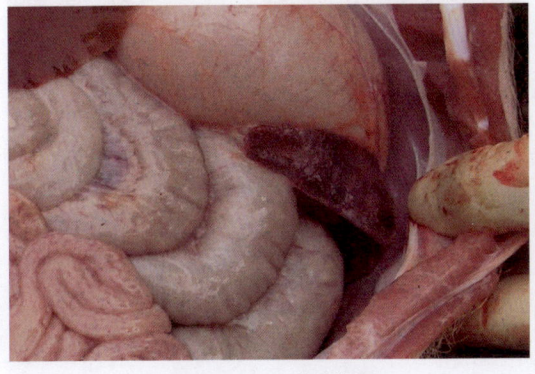

图2-1-9　脾脏梗死

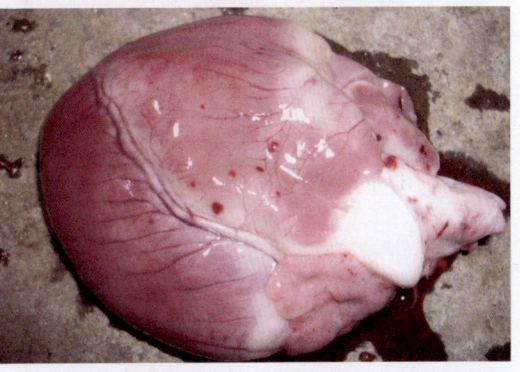

图2-1-10　心肌出血

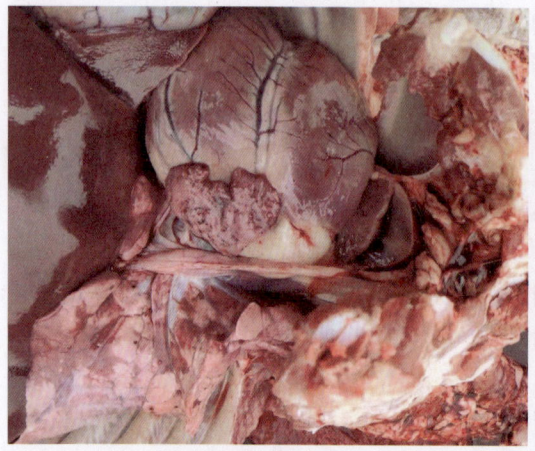
图 2-1-11 心外膜出血

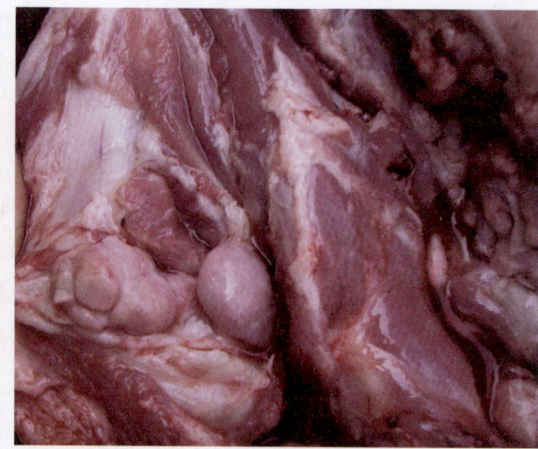
图 2-1-12 颌下淋巴结肿大出血

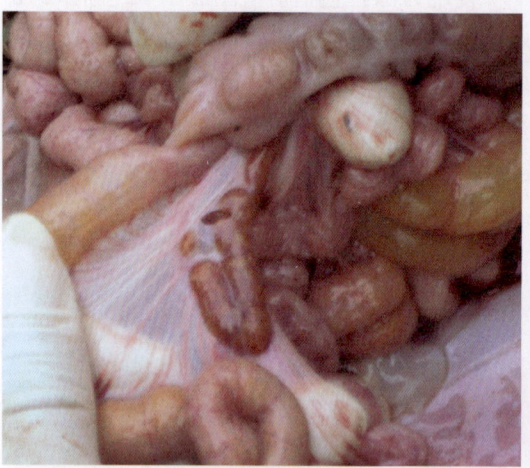
图 2-1-13 肠系膜淋巴结肿大

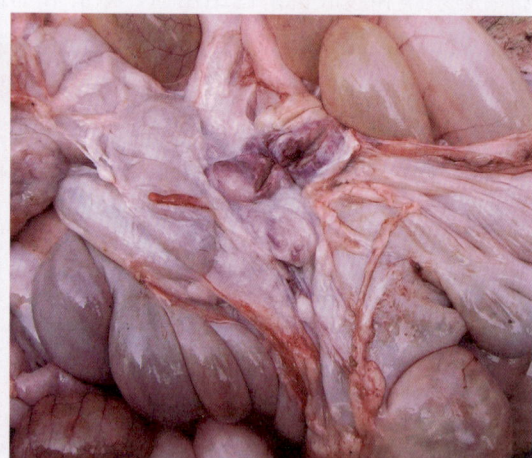
图 2-1-14 肠系膜淋巴结呈血肿变化

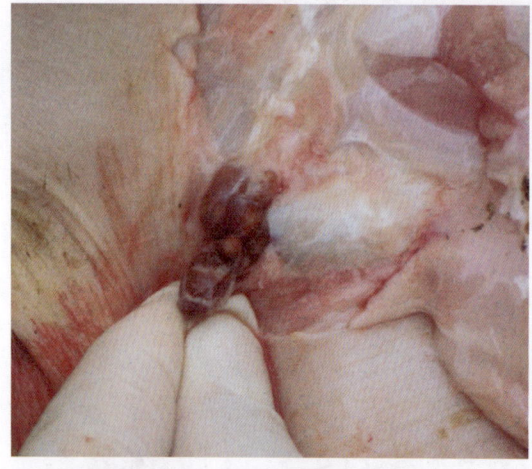
图 2-1-15 腹股沟淋巴结肿大出血

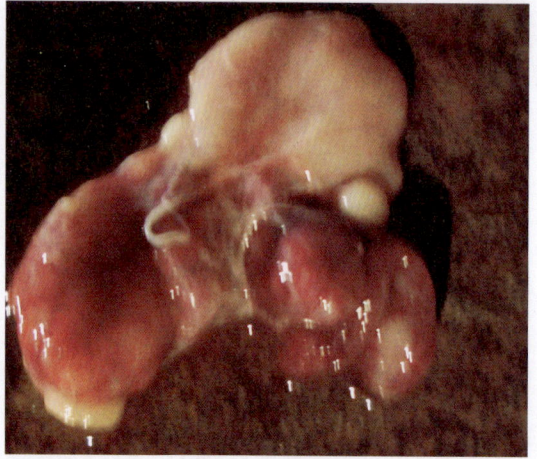
图 2-1-16 淋巴结肿大出血

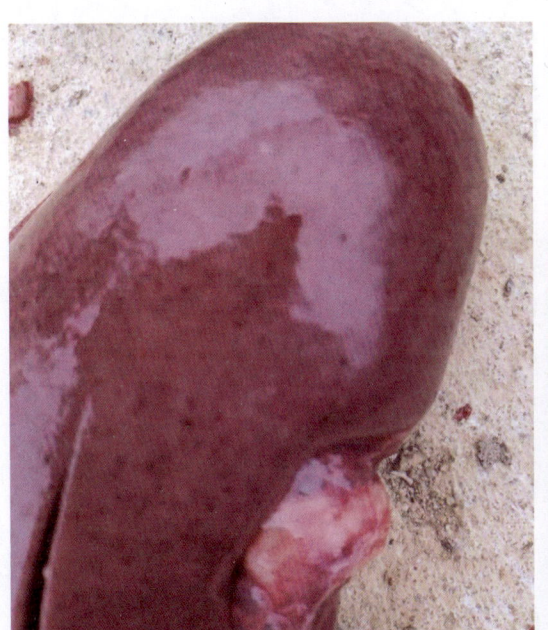
图 2-1-17 肾脏水肿，皮质出血

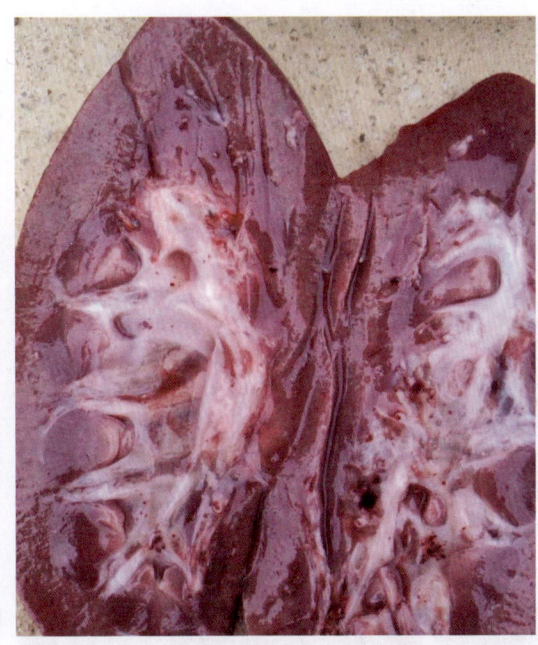
图 2-1-18 肾盂出血（1）

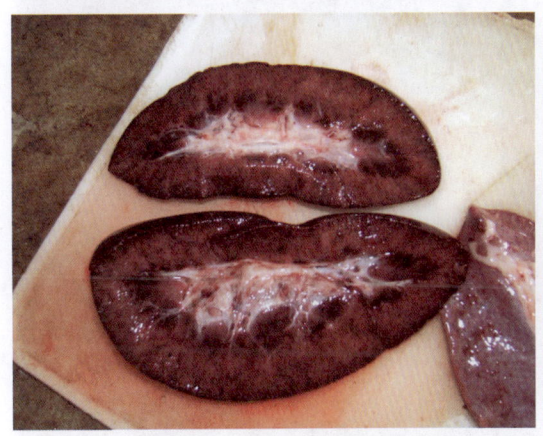
图 2-1-19 肾盂出血（2）

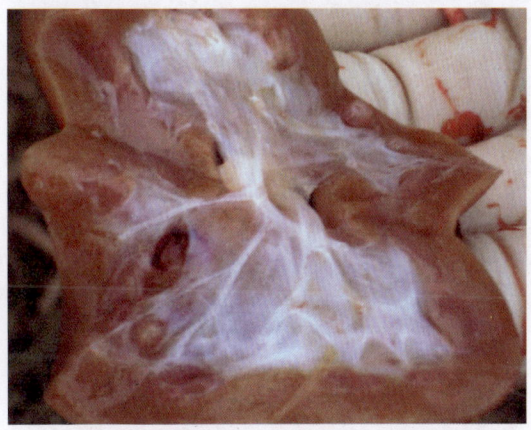
图 2-1-20 肾盂出血（3）

图 2-1-21 肾皮质出血

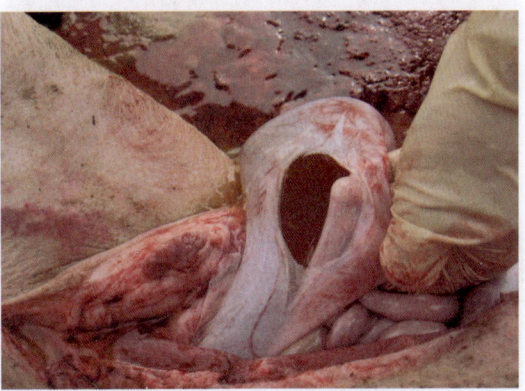
图 2-1-22 膀胱黏膜点状出血

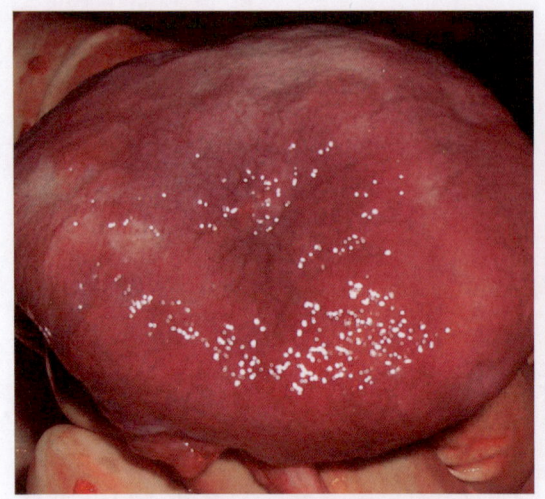
图 2-1-23　膀胱黏膜弥漫性淤血

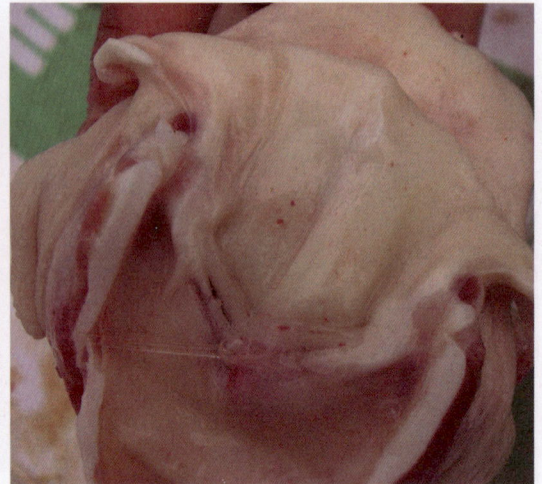
图 2-1-24　会厌软骨出血

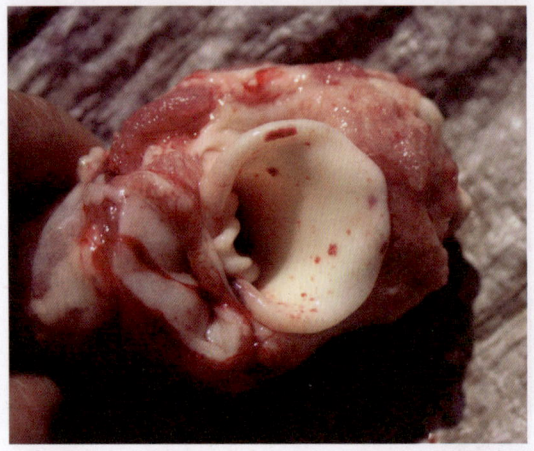
图 2-1-25　喉头出血

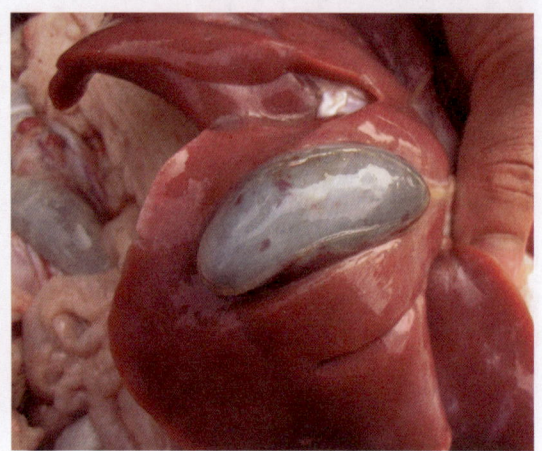
图 2-1-26　胆囊肿大出血

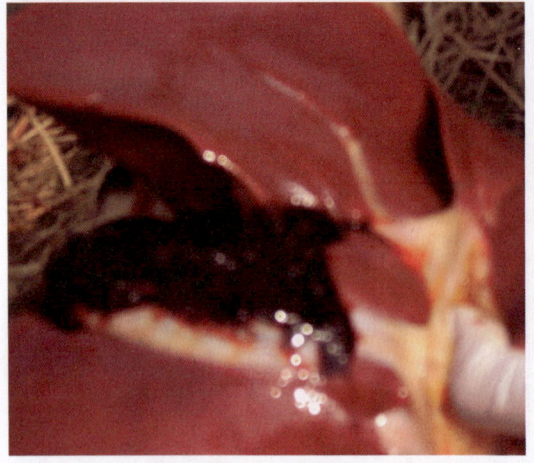
图 2-1-27　胆囊出血

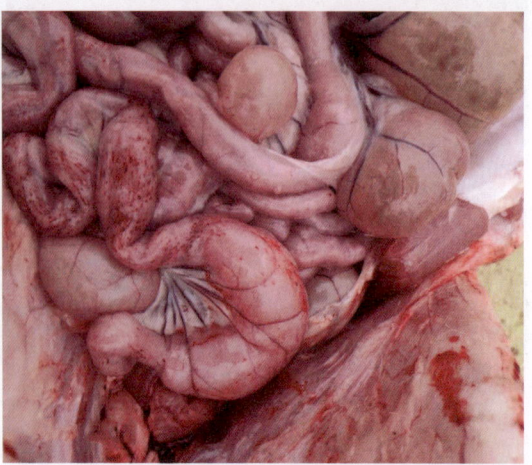
图 2-1-28　小肠浆膜出血

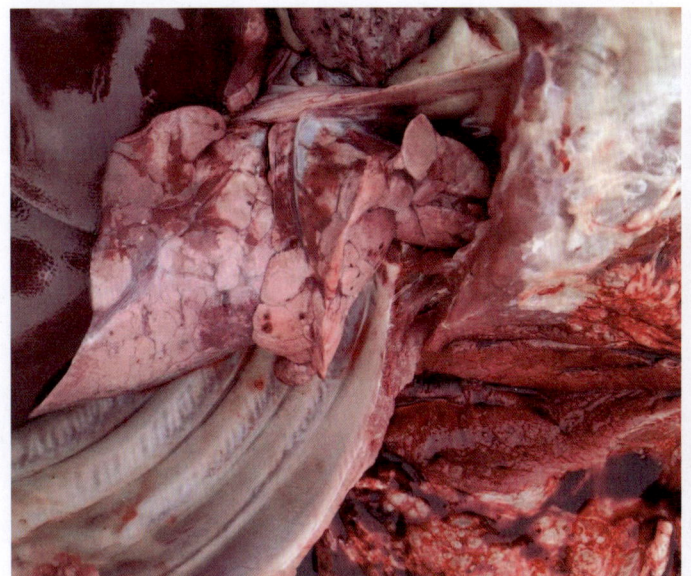
图 2-1-29　肺脏瘀点出血

图 2-1-30　胃黏膜瘀点出血

　　显微镜所见，于真皮内小血管，尤其在乳头状真皮呈严重的充血和肉眼可见的紫色斑，血管内发生纤维性血栓，血管周围有许多嗜酸性细胞，耳朵紫斑部分上皮的基层组织内，可见到血管血栓性坏死现象，切开胸腹腔，心包、胸膜、腹膜上有许多澄清、黄或带血色液体，尤其在腹部内脏或肠系膜上表部分，小血管受到影响更甚，于内脏浆液膜可见到棕色转变成浅红色的瘀斑，即所谓的麸斑（bran flecks），尤其于小肠更多，直肠壁深处有暗色出血现象，肾脏有弥漫性出血情形，胸膜下水肿特别明显，心包出血。

（五）实验室诊断

（1）红细胞吸附试验：将健康猪的白细胞加上非洲猪瘟猪的血液或组织提取物，在37℃下培养，如见许多红细胞吸附在白细胞上，形成玫瑰花状或桑葚体状，则为阳性。

（2）直接免疫荧光试验：荧光显微镜下观察，如见细胞质内有明亮荧光团，则为阳性。

（3）间接免疫荧光试验：将非洲猪瘟病毒接种在长满 Vero 细胞的盖玻片上，并准备未接种病毒的 Vero 细胞作对照。试验后，对照正常，待检样品在细胞质内出现明亮的荧光团核可被判定为阳性。

（4）酶联免疫吸附试验：对照成立时（阳性血清对照吸收值＞0.3，阴性血清对照吸收值＜0.1），待检样品的吸收值＞0.3时，判定为阳性。

（5）免疫电泳试验：抗原于待检血清间出现白色沉淀线者可判定为阳性。

（6）间接酶联免疫蚀斑试验：肉眼观察，或显微镜下观察，蚀斑呈棕色则为阳性，无色则为阴性。

（六）类症鉴别

　　非洲猪瘟与猪瘟及其他出血性疾病的症状和病变都很相似，亚急性型和慢性型在生产现场实际上是不能区别的，因而必须用实验室方法才能鉴别。

(七)预防与饲养管理

目前还没有比较有效的措施或者疫苗来对抗 ASFV。所以,生物安全特别关键,外防输入,内防扩散。

①严格控制车辆、物品、易感动物和人员进入猪场,并要严格落实消毒等措施。

②封群饲养,采取隔离防护措施,避免与病猪、野猪、软蜱接触。

③积极配合当地动物防疫部门开展疫病监测,特别是猪瘟疫苗免疫失败、不明因素死亡等,须及时上报当地主管兽医部门。

二、猪瘟

猪瘟(Classical swine fever, CSF)又称"烂肠瘟",因其有烂肠、腹泻、粪恶臭而得名,是由黄病毒科瘟病毒属的猪瘟病毒(hog cholera virus, HCV)引起的一种急性、热性、接触性猪传染病。我国把猪瘟列为一类动物传染病,是严重危害养猪业的一种烈性传染病。

(一)病原

HCV 含有单股 RNA,病毒粒子多为圆形,直径 40~50 nm,具有脂蛋白囊膜,在胞质中复制,通过芽生的方式成熟而释出(图 2-2-1)。HCV 虽然有不少的变异性毒株,但目前仍认为只有 1 个血清型,因此,HCV 只有毒力强弱之分。HCV 野毒株的毒力差异很大,所引起的病变和症状有明显的不同。强毒株可引起典型的猪瘟病变,发病率与死亡率高;中等毒力毒株一般是产生亚急性或慢性感染;而弱毒株只引起轻微的症状和病变,或不出现症状,给临床诊断造成一定的困难;但无毒性病毒可引起病毒血症,导致持续感染。应该强调指出,HCV 所具有的毒力性状是不稳定的,通过猪体一代或多代后可使毒力增强。

HCV 对外界环境的抵抗力随所处的环境不同而有较大的差异。HCV 在没有污染的或加 0.5% 石炭酸防腐的血液中,于室温下可生存 1 个月以上;在普通冰箱放 10 个月仍有毒力;在冻肉中可生存几个月,甚至数年,并能抵抗盐渍和烟熏;在猪肉和猪肉制品中几个月后仍然有传染性。HCV 对干燥、脂溶剂和常用的防腐消毒药的抵抗力不强,在粪便中于 20℃可存活 6 周左右,4℃可存活 6 周以上;在乙醚、氯仿和去氧胆酸盐等脂溶剂中很快灭活;在 2% 氢氧化钠和 3% 甲酚皂等溶液中也能迅速灭活。在生产上 HCV 对 2% 氢氧化钠溶液、氯制剂、复合醛等消毒药敏感。

(二)流行特点

猪是本病唯一的自然宿主,不同年龄和品种的猪均可感染发病,而其他动物则有较强的抵抗力。病猪和带毒猪是主要的传染源,病猪或带毒猪通过口、鼻、泪腺分泌物、尿液、粪便排毒,并可延续整个病程。慢性感染猪不断排毒或间歇排毒,HCV 低毒性感染妊娠母猪时,造成产死胎或产弱仔。另外,感染母猪在分娩过程中排出大量的 HCV。易感猪与病猪的直接接触是本病传播的主要方式,采食了被病毒污染的饲料和饮水或吸入含病毒的飞沫和尘埃,也可引起发病,所以病猪尸体处理不当,肉品卫生检疫不彻底,运输、管理用具消毒不严格，执行防疫措施不到位，都是传播本病的因素。本病一年四季可发生，一般在春秋两季较为严重。表现明显症状时，病死率很高，可达60%～80%。

（三）临床症状

患病猪体温高达41～42℃，病猪弓背垂尾（图2-2-2）。进食减少甚至废绝，挤堆明显（图2-2-3）。便秘后腹泻，排出黄绿色水样稀便（图2-2-4，图2-2-5）。眼红，眼屎多，眼睑粘连（图2-2-6，图2-2-7）。腹下、鼻镜、耳根、四肢内侧形成出血斑（图2-2-8至图2-2-12）。随着病程的延长往往会形成后肢麻痹。公猪包皮发炎，有尿潴留（图2-2-9）。妊娠母猪感染可导致流产，产死胎、木乃伊胎、弱仔，如产下正常仔猪也会形成免疫耐受现象。经过急性过程未死者，则转为慢性病猪，体温时高时低，食欲时好时坏，便秘与腹泻交替发生，病猪明显消瘦，毛焦欣吊，精神萎靡，步态不稳，或不能站立。一般病程可达20天，最后衰竭死亡居多，也有耐过者，而成为僵猪。若病程较长，在病的后期常有猪沙门氏菌或猪巴氏杆菌等继发感染，使病症和病理变化复杂化。

（四）病理特征

猪瘟病毒主要损伤小血管内皮细胞，引起各组织、器官的出血，病变以出血性败血病变化为特征。皮肤的出血多见于颈部、腹部、腹股沟部和四肢出血（图2-2-8至图2-2-12）。全身性淋巴结炎的变化表现得非常突出，尤以颌下、腹股沟、肺门、肝门和肠系膜等淋巴结不仅出现得早而且明显（图2-2-13至图2-2-19）。眼观淋巴结肿大呈暗红色，切面湿润多汁，隆突，边缘髓质呈暗红色，围绕淋巴结中央的皮质并向皮质内伸展以致出血髓质与未出血的髓质相嵌，呈大理石样外观（图2-2-16）。

肾脏肿大，色泽变淡，表面散布数量不等的点状出血，呈雀斑肾，切面不论皮质或髓质均可见到针尖大小至粟粒大小的出血点（图2-2-20至图2-2-22）。肾锥体和肾盂也常见多量出血（图2-2-23，图2-2-24）。镜检，可见肾小管上皮变性、坏死，小管间有大量红细胞，呈局灶性出血性变化，形成渗出性急性肾小球肾炎或急性出血性肾小体肾炎（图2-2-25，图2-2-26）。

脾脏通常不肿大或轻度肿大，有1/3～2/3的病例在脾的边缘有数量不等、粟粒大至黄豆大或蚕豆大暗红色不正圆形的出血性梗死灶，这是猪瘟的特征性病变（图2-2-27）。镜检可见梗死灶，是脾小动脉变性、坏死使管腔内形成血栓所致（图2-2-28）。

此外，各黏膜、浆膜和器官的出血也很明显（图2-2-29至图2-2-44），胆囊、扁桃体发生出血、梗死。口腔黏膜、心、肺、膀胱有出血点或出血斑。回盲口有纽扣状溃疡灶。肋软骨联合处到肋骨近端形成明显的骨髓线。脑水肿，脑积液增多（图2-2-45）。镜检可见弥漫性非化脓性脑炎（图2-2-46）。

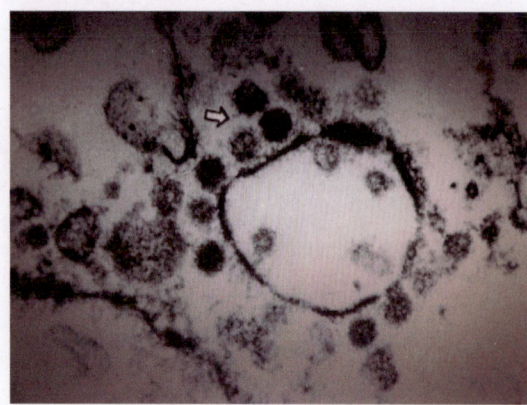

图 2-2-1　猪瘟病毒粒子

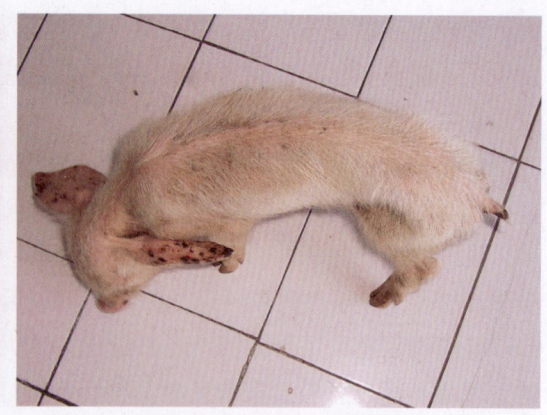

图 2-2-2　消瘦，被毛粗乱

图 2-2-3　发热、挤堆

图 2-2-4　腹泻

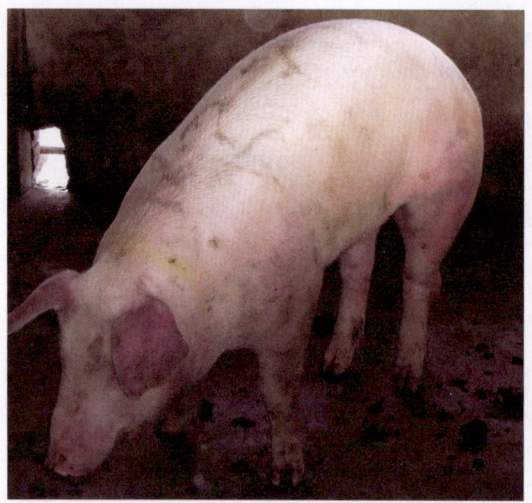

图 2-2-5　耳朵发绀，便秘

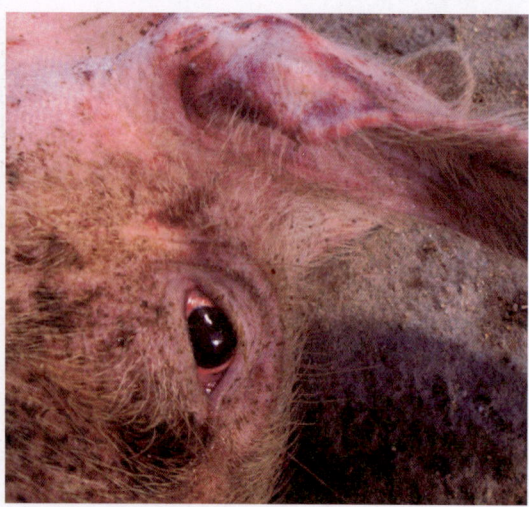

图 2-2-6　眼发红

图 2-2-7　眼发红，眼分泌物增多

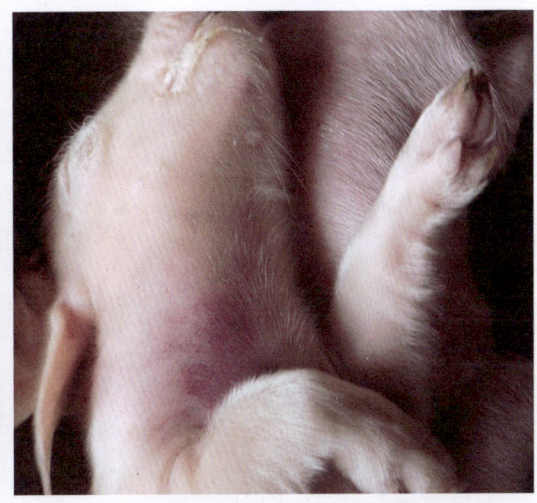
图 2-2-8　仔猪口吐白沫，颈部皮肤形成出血斑

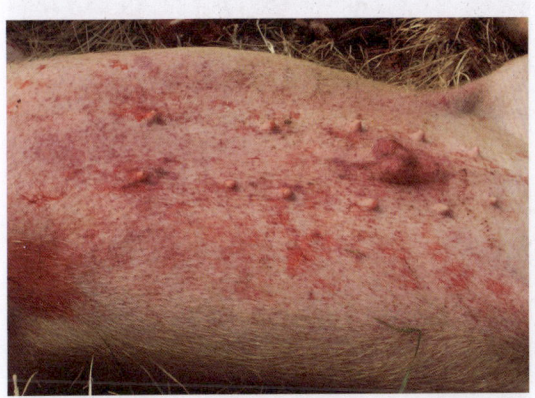
图 2-2-9　腹部皮肤出血斑，包皮积尿

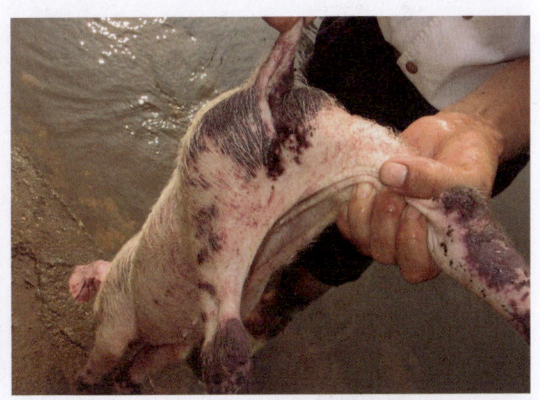
图 2-2-10　臀部和四肢皮肤的出血斑点

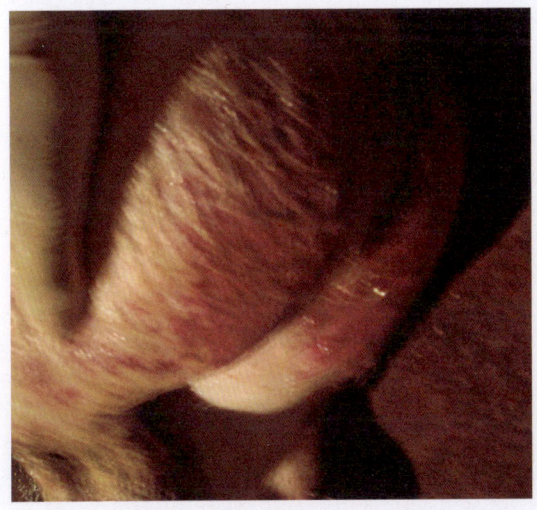
图 2-2-11　臀部皮肤出血斑

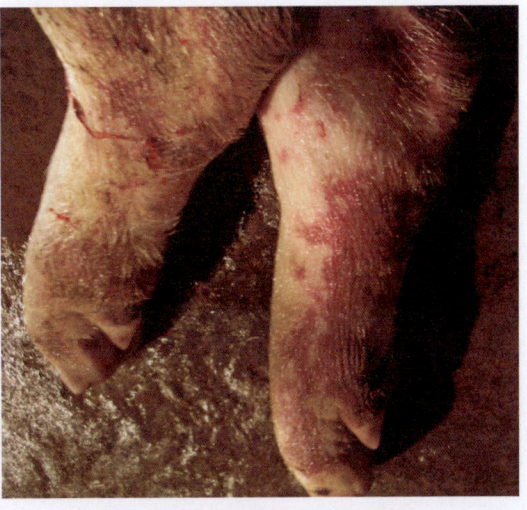
图 2-2-12　后肢皮肤的出血斑点

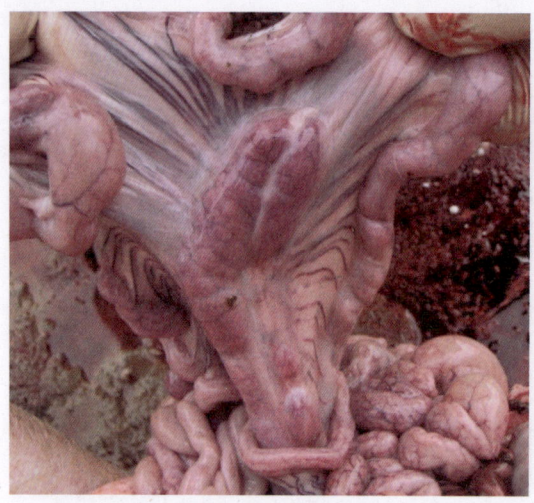
图 2-2-13 肠系膜淋巴结肿大、出血（1）

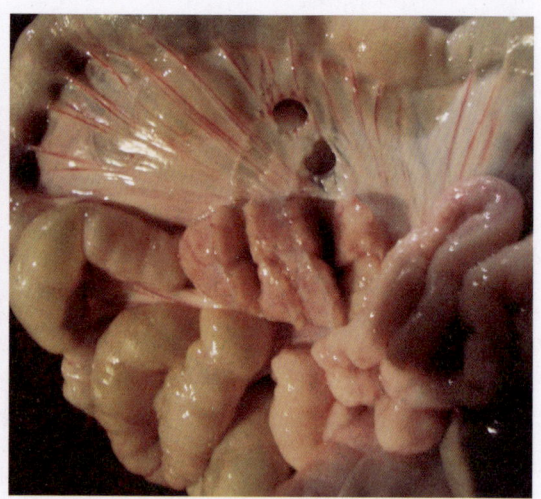
图 2-2-14 肠系膜淋巴结肿大、出血（2）

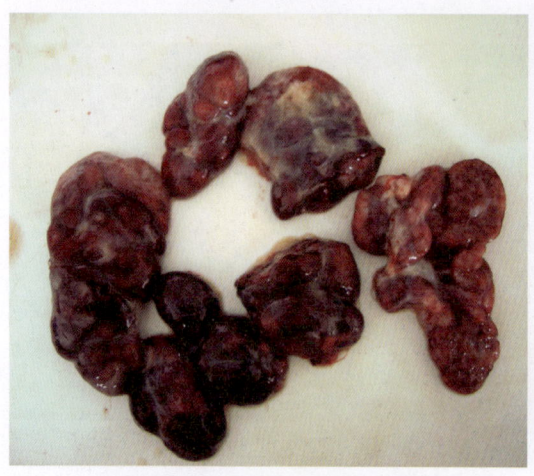
图 2-2-15 淋巴结肿大、出血

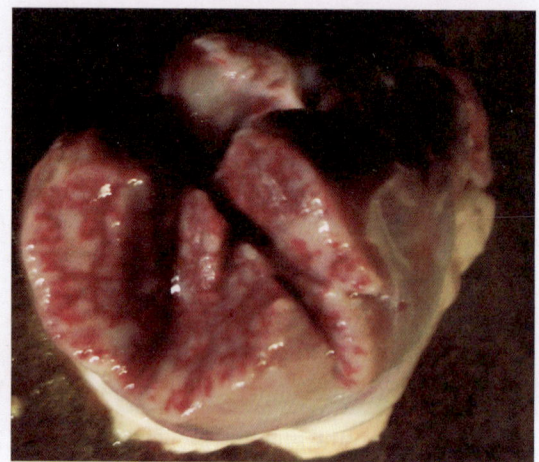
图 2-2-16 淋巴结肿大、出血，呈大理石样

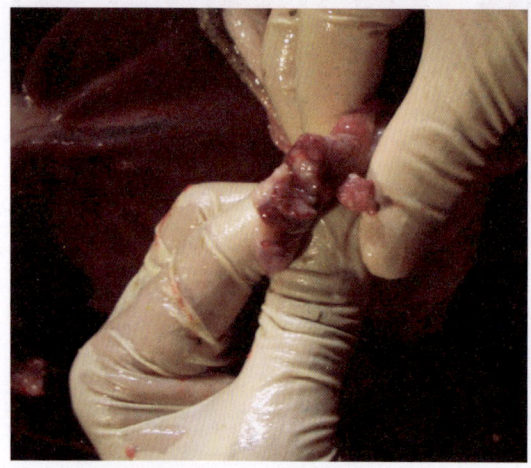
图 2-2-17 肝淋巴结肿大、出血

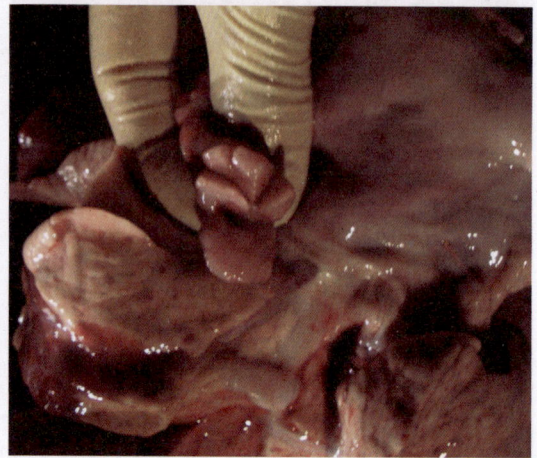
图 2-2-18 肺门淋巴结肿大、出血

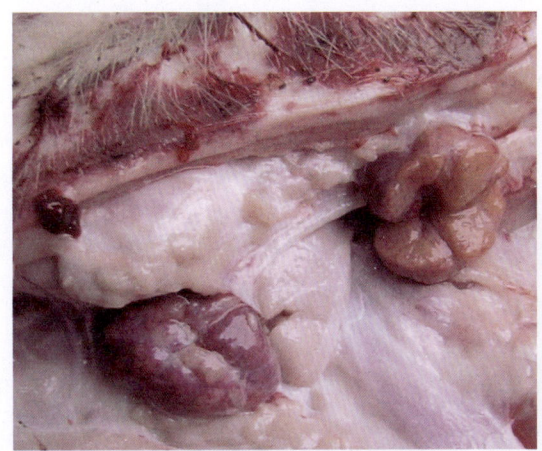

图 2-2-19 颌下淋巴结肿大、出血

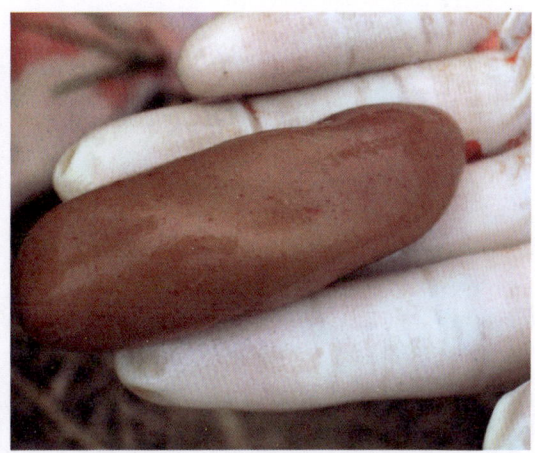

图 2-2-20 肾脏变形，点状出血

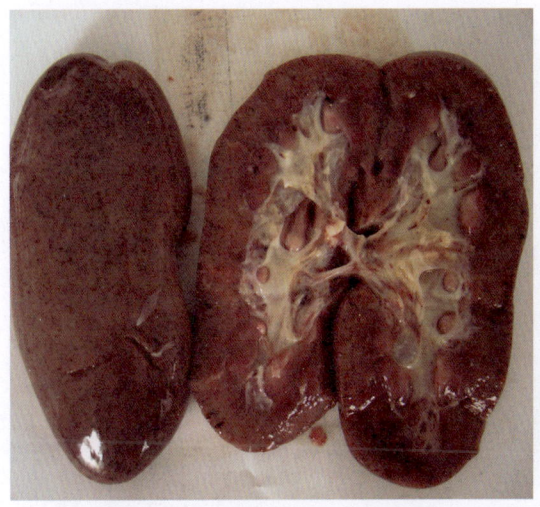

图 2-2-21 肾脏肿大，点状出血

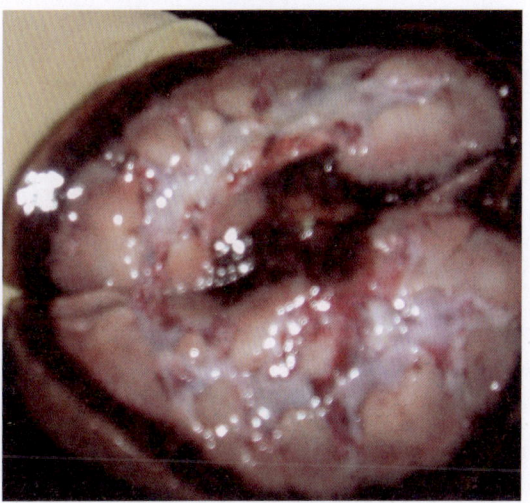

图 2-2-22 肾脏髓质出血

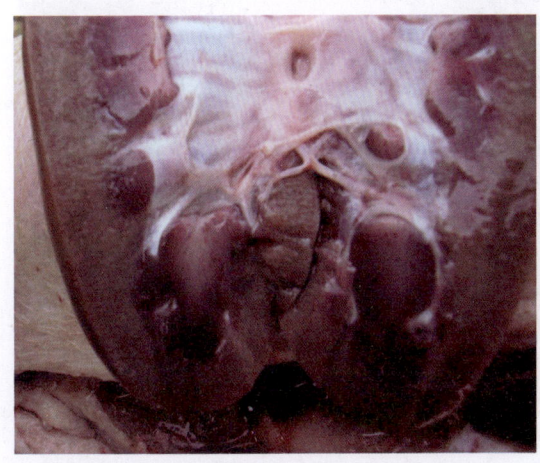

图 2-2-23 肾脏皮质出血，髓质水肿

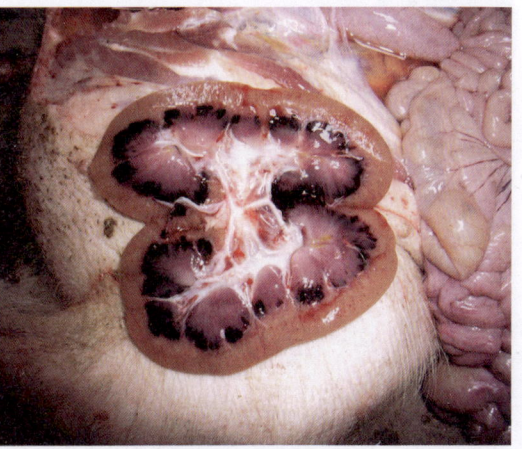

图 2-2-24 肾盂出血

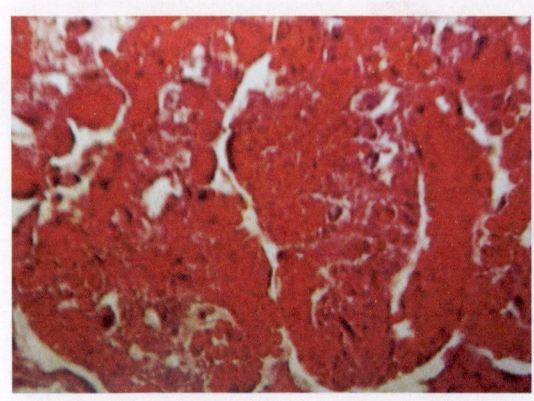 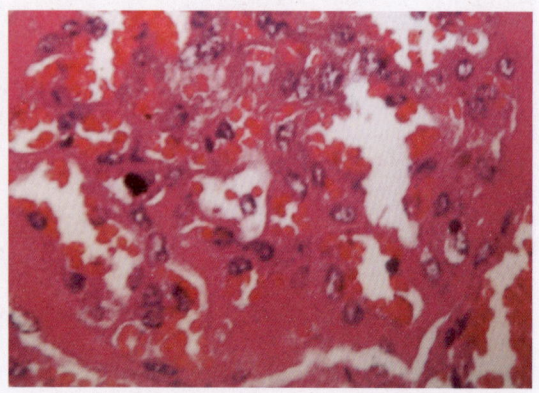

图 2-2-25　肾小球的通透性增大，肾小囊充满浆液和纤维蛋白（HE 400×）

图 2-2-26　肾小球极度肿大，充满肾小囊，大量红细胞和纤维蛋白渗出（HE 400×）

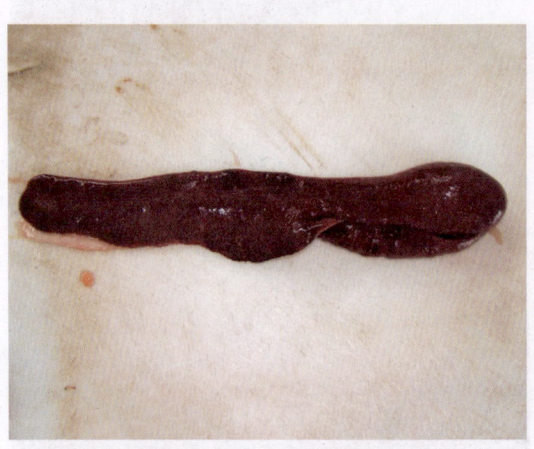 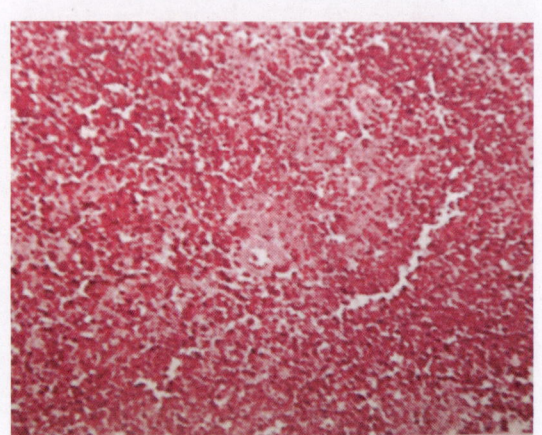

图 2-2-27　脾脏边缘梗死

图 2-2-28　脾组织坏死，与渗出的纤维蛋白和红细胞一起形成梗死灶（HE 400×）

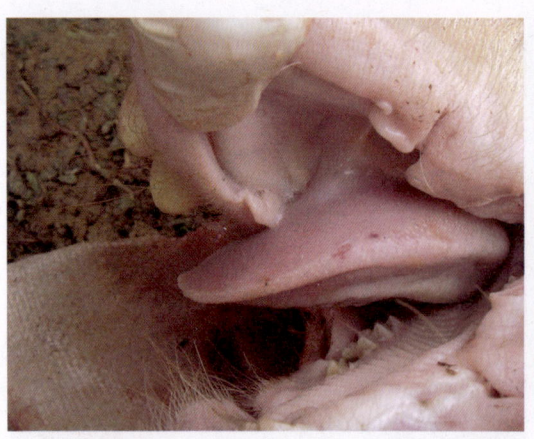 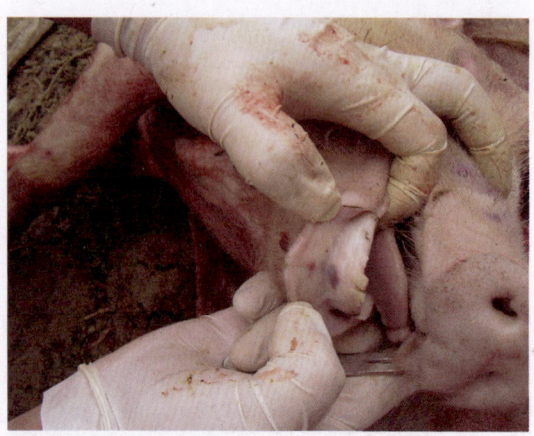

图 2-2-29　舌部出血、溃疡

图 2-2-30　下唇面和牙龈出血

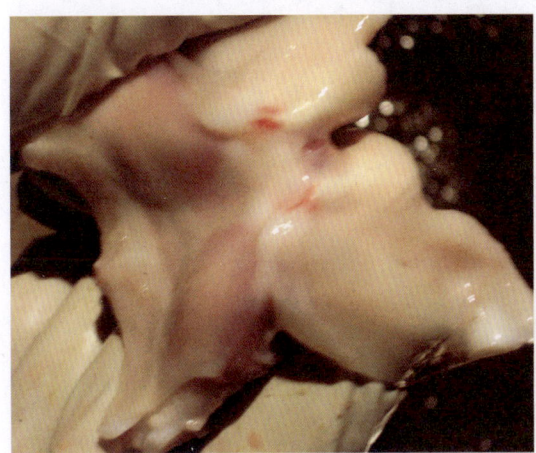
图 2-2-31 会厌软骨上的出血斑

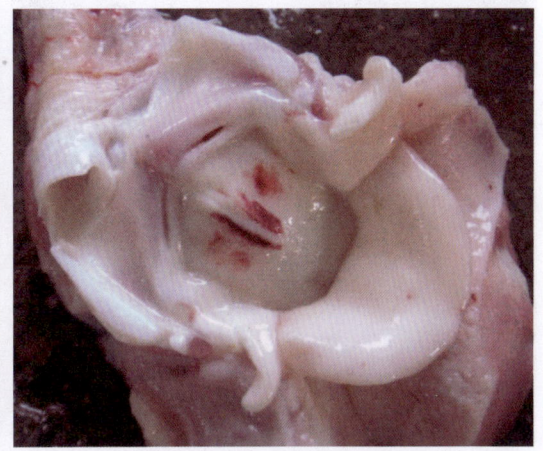
图 2-2-32 喉头出血斑

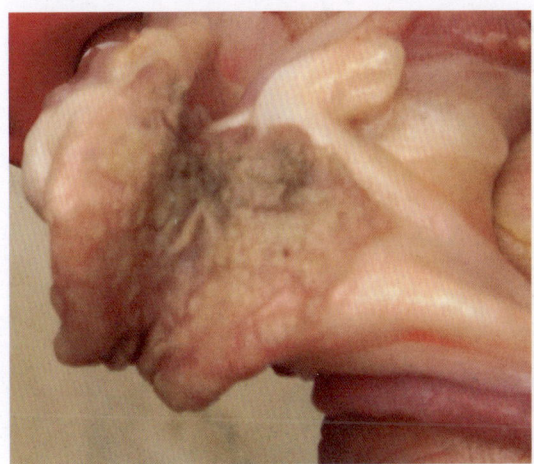
图 2-2-33 喉头坏死

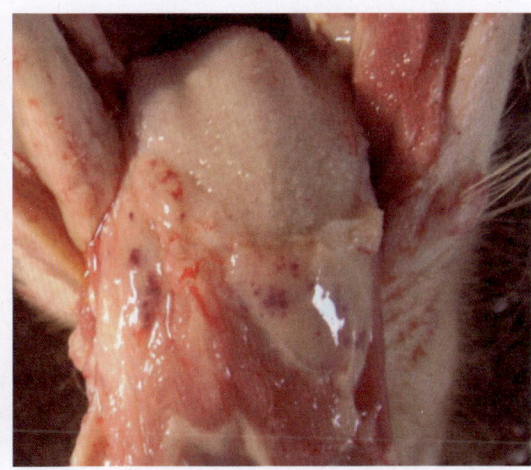
图 2-2-34 扁桃体出血

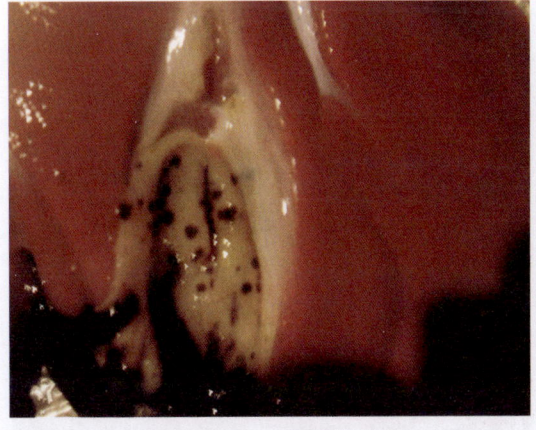
图 2-2-35 胆囊壁出血

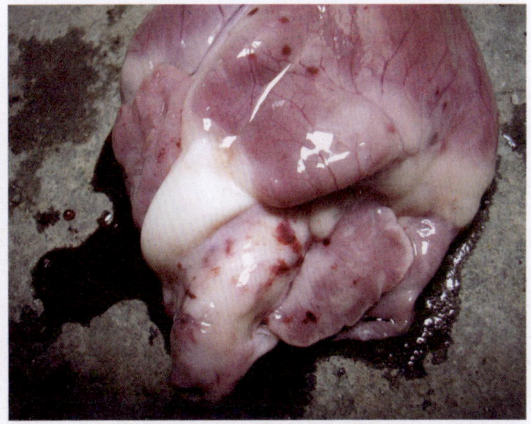
图 2-2-36 心外膜出血

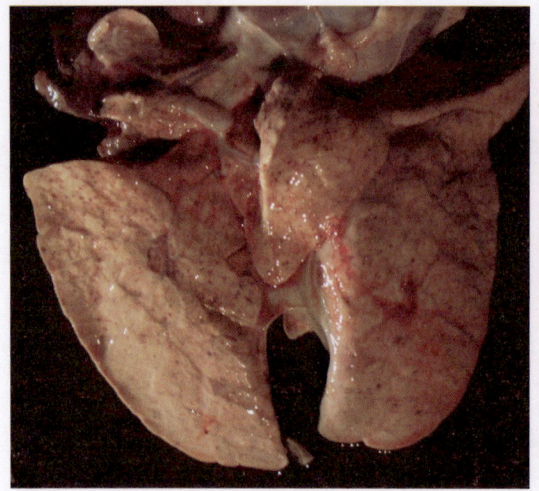
图 2-2-37　肺脏点状出血

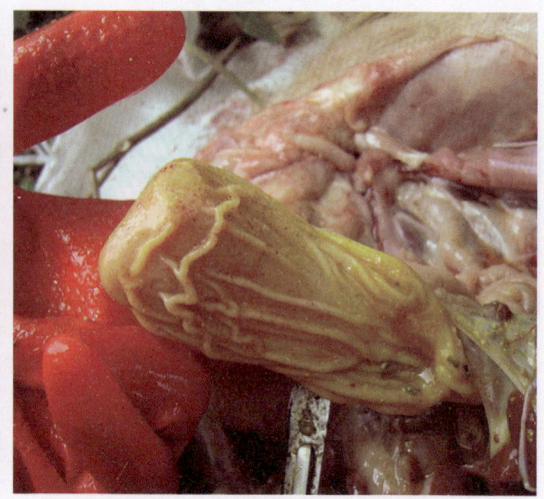
图 2-2-38　胃黏膜点状出血

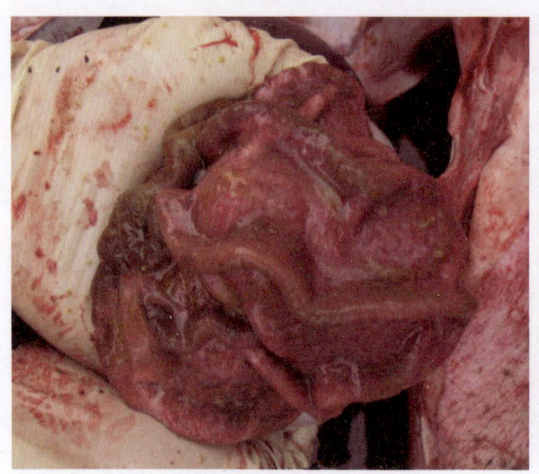
图 2-2-39　胃黏膜弥漫性出血

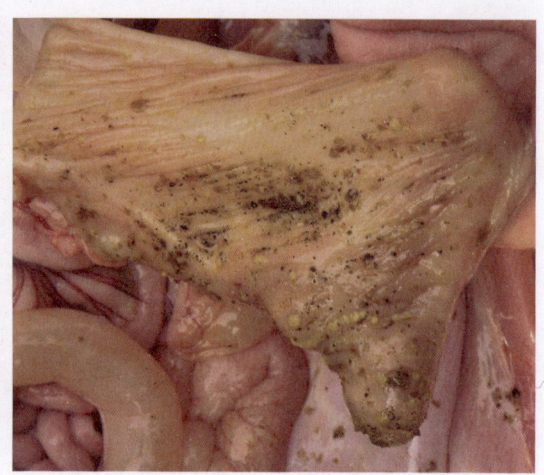
图 2-2-40　回肠、盲肠口纽扣状溃疡

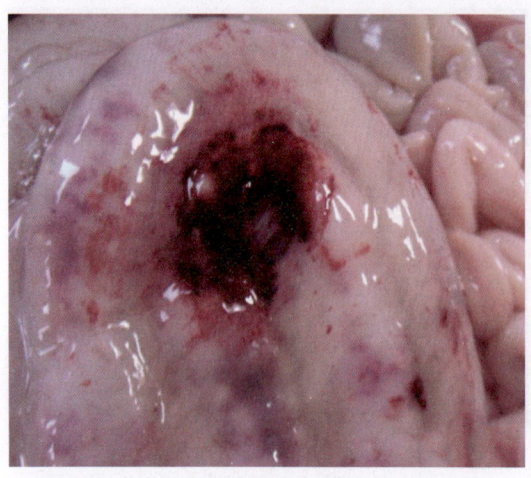
图 2-2-41　结肠浆膜斑点状出血和胶样渗出

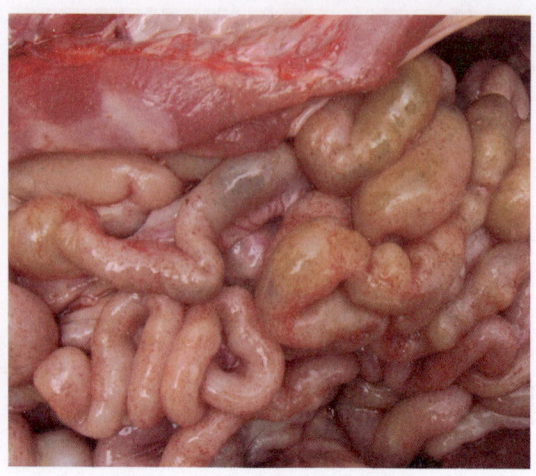
图 2-2-42　肠浆膜点状出血

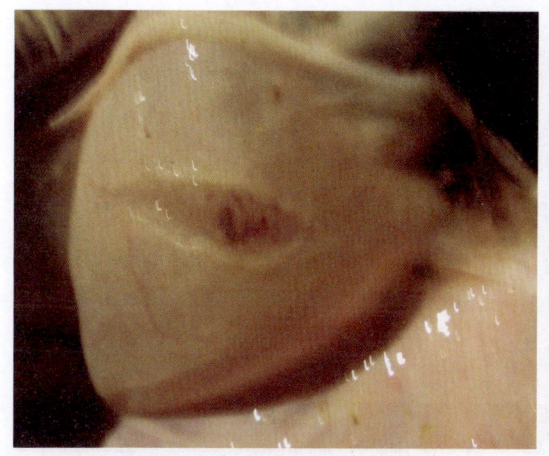
图 2-2-43　膀胱浆膜上的出血斑

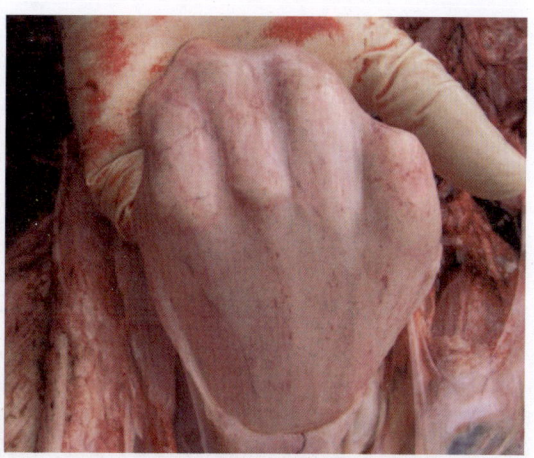
图 2-2-44　膀胱黏膜上的点状出血

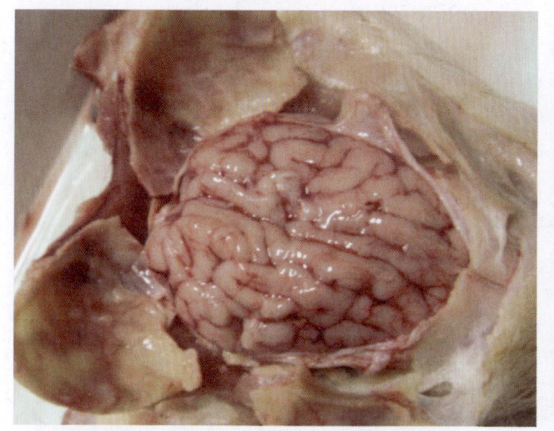
图 2-2-45　脑水肿，脑积液增多

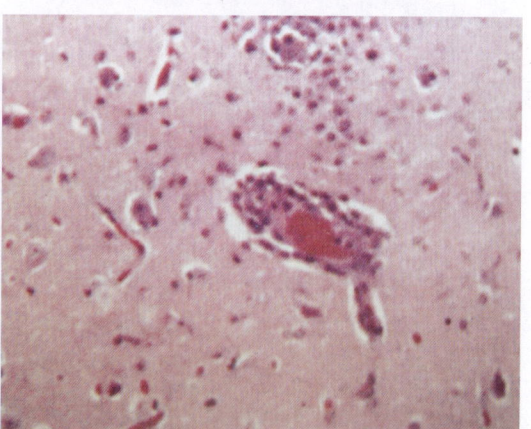
图 2-2-46　非化脓性脑炎的特征性病变（HE 400×）

（五）诊断要点

猪瘟是一种毁灭性疾病，要求迅速确诊，以减少经济损失。根据流行病学、临床症状和病理变化作出初步诊断。实验室诊断可分为病毒抗原分离和特异性抗体检测，常用的方法有直接荧光抗体（FA）和酶联免疫吸附测定（ELISA）试验，其中活体采取扁桃体，再用荧光抗体检查病原是临床上常用的一种诊断方法。此法可在扁桃体的上皮细胞和腺管上皮中发现大量阳性反应物（图 2-2-47）。

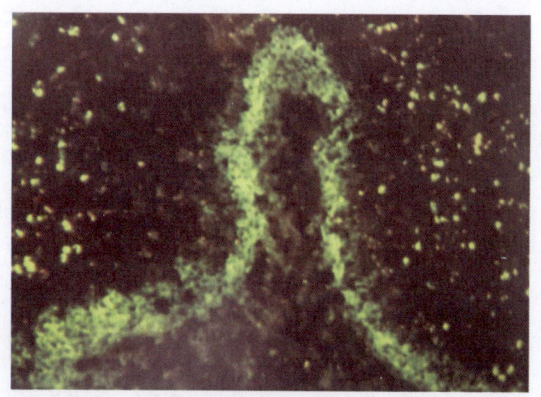
图 2-2-47　扁桃体的荧光抗体检查，腺上皮细胞呈强阳性反应

（六）类症鉴别

此病与猪繁殖与呼吸综合征、败血型副伤寒、猪丹毒、猪链球菌病、猪巴氏杆菌病、猪弓形体病和猪传染性胸膜肺炎有许多相似之处，应注意区别。

（七）治疗方法

对病猪及可疑病猪，应立即隔离饲养，对贵重的种猪，可用抗猪瘟血清治疗。

1. 化学药物治疗

抗病原，抗菌消炎，对症疗法参考表2-2-1。

表2-2-1 化学药物治疗猪瘟

名称	功用与主治	千克体重用量	使用方法
抗猪瘟血清	抗病原	0.5～1 mL	未腹泻时肌内注射
硫酸庆大霉素	抑菌消炎	3～4 mg	静脉注射
红霉素		10～20 mg	耳静脉缓注
5%～10% 葡萄糖	补液	3～5 mL	
25% 葡萄糖		1～2 mL	静脉注射
30% 安乃近	解热镇痛	3～4 mg	肌内注射

注：与中药结合使用。

2. 中药治疗

以清热解毒、活血化瘀、凉血救阴为治则。

处方一：生石膏 50 g，芒硝 30 g，大青叶 40 g，板蓝根 40 g，川大黄 20 g，生地 25 g，玄参 25 g，黄连 15 g，黄芩 15 g，连翘 20 g，甘草 10 g。

【作用】治疗早期温和型猪瘟。

【用法与用量】将生石膏粉碎为细末与芒硝混合，其他药水煎 2 次，去渣，趁热加入石膏、芒硝，候凉供体重 50 kg 的猪只灌服。20～50 kg 的猪只剂量减半，20 kg 以下取 1/3 的分量。食欲增加，粪便好转后不能马上停药，需再继续用药 1 个疗程，剂量则为原剂量的 1/3～1/2，粪便正常时可去川大黄、芒硝。

处方二：黄连 3 g，黄芩 9 g，栀子（炒）6 g，连翘 6 g，黄柏 6 g，生石膏 3 g，知母 6 g，金银花 12 g，白芍 4.5 g，枳壳 3 g，地榆 6 g，厚朴 1.5 g，大黄 9 g，茯苓 6 g，甘草 1.5 g。

【作用】治疗早期猪瘟。

【用法与用量】按处方配药，共煎汁取液，供体重 25 kg 的猪只 2 次服用，1 天内服完。

处方三：金银花 12 g，黄芩 9 g，大黄 9 g，茯苓 6 g，知母 6 g，白芍 4.5 g，枳壳 3 g，地榆 6 g，黄连 3 g，栀子（炒）6 g，连翘 6 g，黄柏 6 g，生石膏 3 g，厚朴 1.5 g，甘草 1.5 g。

【作用】治疗早期猪瘟。

【用法与用量】按处方配药，共煎汁取液，供体重 25 kg 的猪只 2 次服用，1 天内服完。

处方四：侧柏炭 20 g，地榆炭 20 g，黄连 10 g，金银花 10 g，白及 12 g，枳实 10 g，板蓝根 12 g，白茅根 10 g。

【作用】治疗中期猪瘟。

【用法与用量】按处方配药，水煎取汁，候温内服，供体重 50 kg 的猪只 1 次服用，每天 1 剂，连用 3～5 天。同时用青霉素 320 万 IU，维生素 C 5 支肌内注射，连用 3～4 天。

处方五：侧柏炭 20 g，地榆炭 20 g，黄连 10 g，金银花 10 g，白及 12 g，枳实 10 g，板蓝根 12 g，白茅根 10 g。

【作用】治疗后期猪瘟。

【用法与用量】按处方配药，水煎取汁，候温内服，供体重 50 kg 的猪只 1 次服用，每天 1 次，连用 3～5 天。出现大便秘结者，加板蓝根、番泻叶各 500 g，煎汁，分 10 天内服，同时多喂青绿饲料。继发感染者口服适量诺氟沙星。腹泻不止者取干石灰溶液上浮悬浊液，每天服 100 mL，或用氢氧化铝 5 g，1 次灌服，为防止继发感染，可同时灌服一定数量的抗生素。

处方六：大黄 15 g，厚朴 20 g，枳实 15 g，芒硝 25 g，玄参 10 g，麦冬 10 g，金银花 15 g，连翘 20 g，石膏 50 g。

【作用】用于治疗有恶寒发热、大便燥结表现的猪瘟。

【用法与用量】煎水去渣，供体重 10 kg 的猪只服用，分早晚灌服，连用 3～5 天。为了避免灌药呛肺，可用胃管投药。

处方七：黄连 5 g，黄柏 10 g，黄芩 15 g，金银花 25 g，连翘 15 g，白扁豆 25 g，木香 10 g。

【作用】治疗出现拉稀的猪瘟。

【用法与用量】煎水去渣，供体重 10 kg 的猪只，分早晚各灌服 1 次，连用 3～5 天。

（八）免疫预防与饲养管理

1. 免疫预防

①每年采取定期注射和经常补针相结合的办法，用猪瘟兔化弱毒冻干苗，稀释后大小猪一律肌内注射 1 mL。注射后第四天即可产生免疫力，免疫期可达 1 年。要选择和制定适合本场的免疫程序。

②发生猪瘟时的紧急措施：可使用大剂量猪瘟疫苗肌内注射，参考剂量按每千克体重 0.5 头份，个别场有较好的效果。

2. 饲养管理

①实行自繁自养的办法，若需要从外地购买猪种，运回后必须隔离饲养半个月左右，并进行疫苗注射，方可混群饲养。

②早期确诊，及时采取措施，对控制和消灭猪瘟、减少经济损失有重要意义。发生猪瘟时，应立即隔离治疗，封锁病区，以防传染。发病猪舍、运动场、饲养管理用具，要用消毒药液进行消毒。严格处理死猪和粪便污物，防止病毒扩散。粪、尿及垫草等污物，堆积发酵后作肥料利用。

③加强集市管理和运输检疫。杜绝病猪在集市出售和在收购、运输途中传播疫病。生猪交易市场、栏舍、屠宰场等猪只集中场所,应特别加强兽医卫生管理及检疫措施。

④改善饲养管理,以贯众泡水,拌料喂猪,有预防作用。做好圈舍环境及用具的卫生、消毒工作。

三、猪口蹄疫

口蹄疫(foot and mouth disease,FMD)是由小核糖核酸病毒科的口蹄疫病毒(FMDV)引起的一种急性、热性和高度接触性偶蹄兽传染病,临床以口腔黏膜、蹄部和乳房发生水疱和烂斑为特征。

(一)病原

FMDV 的病毒粒子呈圆形或六边形,由 60 个结构单位构成二十面体,直径为 23～25 nm,病毒由中央的 RNA 核心和周围的蛋白壳体所组成,无囊膜(图 2-3-1)。成熟的病毒粒子约含 30%RNA,其余 70% 为蛋白质。

FMDV 具有多型性、易变异的特点。根据其血清学特性,可将之分为 7 个血清型,即 A、O、C、SAT1、SAT2、SAT3 及亚洲 I 型。其中以 A 型和 O 型分布最广,危害最大,单纯性猪口蹄疫是由 O 型病毒引起的。每一血清型内又有若干亚型,亚型内又有众多抗原差异显著的毒株。1977 年世界口蹄疫中心公布有 7 个血清型和 65 个亚型,每年还会有新的亚型出现。各血清型之间在临诊表现方面没有什么不同,但彼此均无交叉免疫反应。在同血清型中,各亚型之间交叉免疫程度变化幅度也较大,亚型内各毒株之间也有明显的抗原差异,病毒的这种特性,给本病的检疫和防疫带来很大的困难。

FMDV 在病猪的水疱皮和水疱液中含毒量最高,对外界环境的抵抗力很强,不怕干燥,在自然条件下,含病毒的组织与污染的饲料、饲草、皮毛及土壤等可保持传染性达数周至数月之久。粪便中的病毒,在温暖的季节可存活 29～33 天,在冻结条件下可以越冬,但高温和直射阳光对病毒有杀灭作用。病毒对酸碱十分敏感,易被酸性和碱性消毒药杀死。因此,2%～4% 氢氧化钠、3%～5% 甲醛、0.2%～0.5% 过氧乙酸、5% 次氯酸钠和 5% 氨水等溶液均为良好的消毒剂。食盐对病毒无杀灭作用。肉品于 10～12℃条件下经 24 小时,或在 4～8℃条件下经 24～48 小时,产生的乳酸 pH 为 5.3～5.7 时,肉品中的病毒会被杀灭,但骨髓和淋巴结不易产酸,故位于其内的病毒常不能被杀灭,成为废弃物中很危险的传染来源。鲜牛奶中的病毒在 37℃条件下可存活 12 小时,但在酸奶中的病毒则会被迅速杀灭。

(二)流行特点

FMDV 可侵害多种动物,主要感染偶蹄兽(牛、羊、猪)。各种年龄的猪均有易感性,但对仔猪的危害最大,常常引起死亡。病猪是最主要的传染源,病猪在发热期的粪、尿、奶、眼泪、唾液和呼出的气体均含病毒,可通过消化道、空气、皮肤黏膜伤口感染易感动物。FMD 是一种传染性极高的传染病,传播迅速,经常可呈跳跃式传播。FMD 一年四季均可发生,由于 FMDV 怕热不怕冷,一般炎热夏季较少发生,在冬春季节易发生大流行。

(三)临床症状

潜伏期一般为2～7天,最短的12小时就发病,最长的达14～21天。病初体温升高到41～42℃,主要在蹄部、口腔、乳房皮肤形成水疱(图2-3-2至图2-3-9),FMD最早的症状是吻突、唇上出现水疱、烂斑,有时可见口内有白色泡沫,最典型的症状是蹄冠、蹄叉出现局部红肿,手触有热感,站立不稳、跛行,蹄上有水疱,蹄冠边缘、蹄踵、蹄叉、附蹄等处都会出现水疱,蹄冠边缘的水疱常融合成长条。严重者水疱破裂,表面出现糜烂、出血、溃疡,从而影响采食和运动(图2-3-8)。哺乳母猪的乳房上也易出现水疱(图2-3-9)。哺乳仔猪感染可引起急性胃肠炎和心肌炎。部分严重感染猪群的病死率可达100%。

(四)病理特征

病死猪剖检变化除口、鼻、蹄上的水疱和烂斑外,最常见到的变化是心肌疲软,仔猪心内、外膜上有出血斑点和淡黄色或灰白色点状、带状及不规则的斑纹(状似虎皮上的斑纹),故称"虎斑心"(图2-3-10)。组织切片镜检,可见心肌发生出血性坏死性炎症(图2-3-11至图2-3-14)。

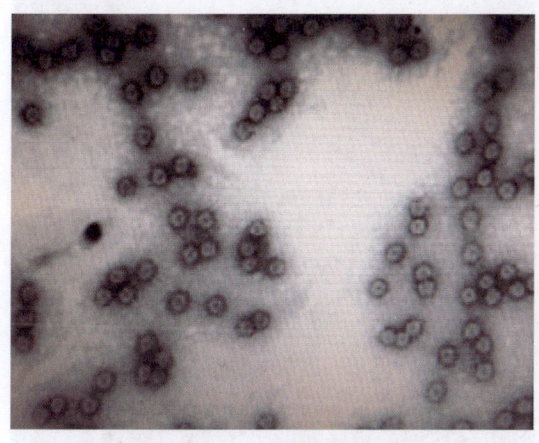

图2-3-1 口蹄疫病毒粒子

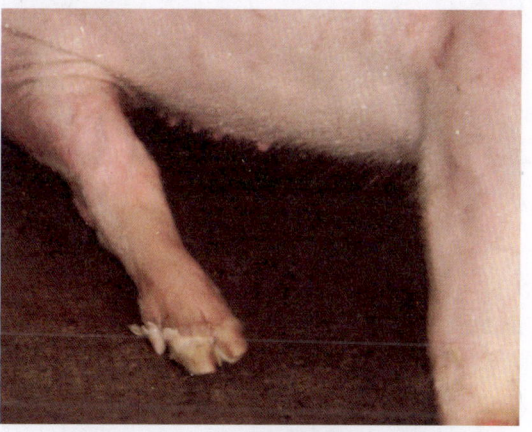

图2-3-2 生长猪蹄部溃疡,脱皮

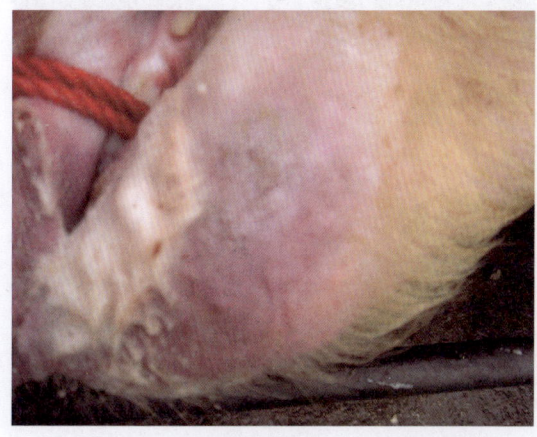

图2-3-3 下唇皮肤溃疡,口腔流出泡沫

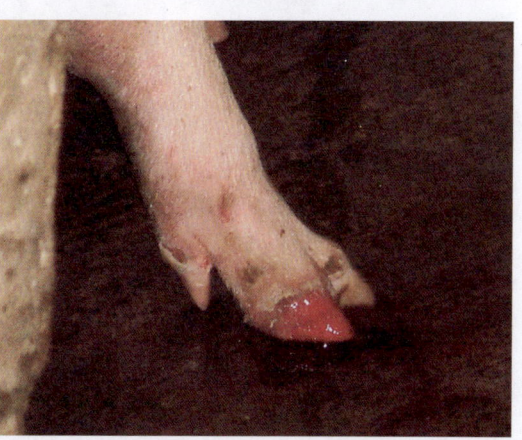

图2-3-4 生长猪蹄甲脱落

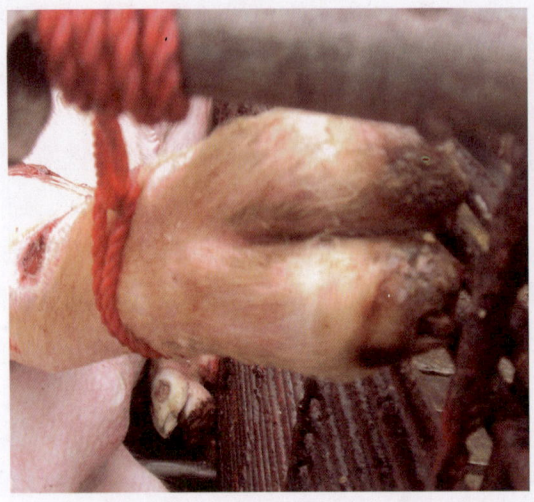
图2-3-5 母猪蹄甲脱落,坏死

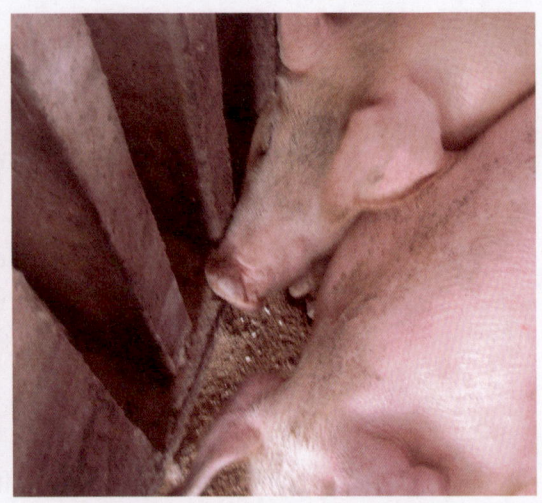
图2-3-6 生长猪鼻镜形成水疱

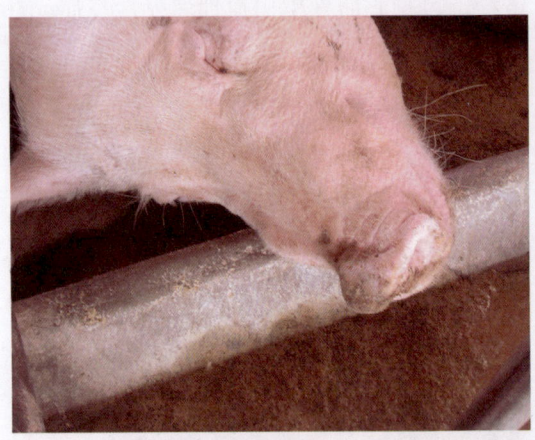
图2-3-7 母猪鼻镜形成水疱

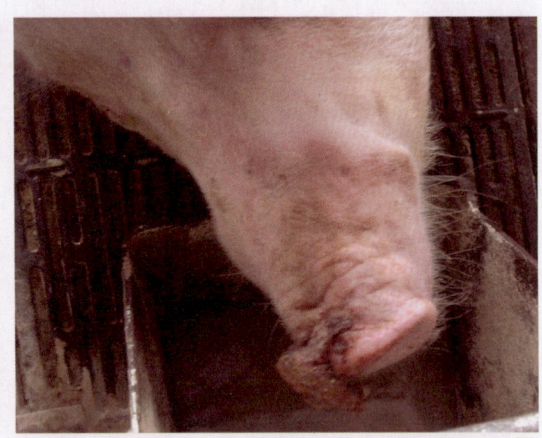
图2-3-8 鼻镜水疱破裂、结痂

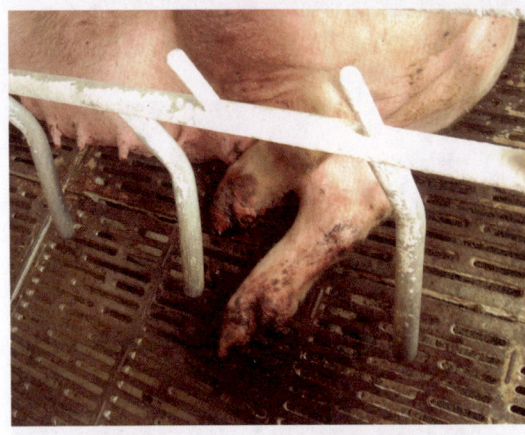
图2-3-9 乳头水疱破裂结痂

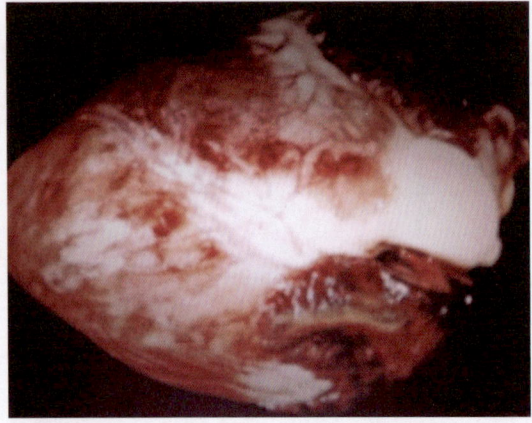
图2-3-10 心肌变性、坏死,出现淡黄色斑纹(虎斑心)

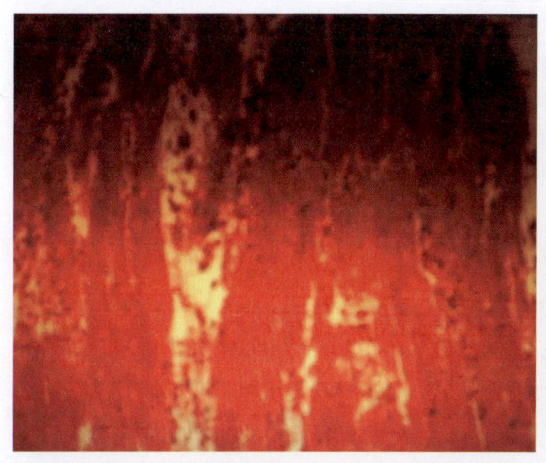

图 2-3-11　出血性坏死性心肌炎。心肌间有大量红细胞，肌纤维间距增宽，有些纤维断裂（HE 600×）

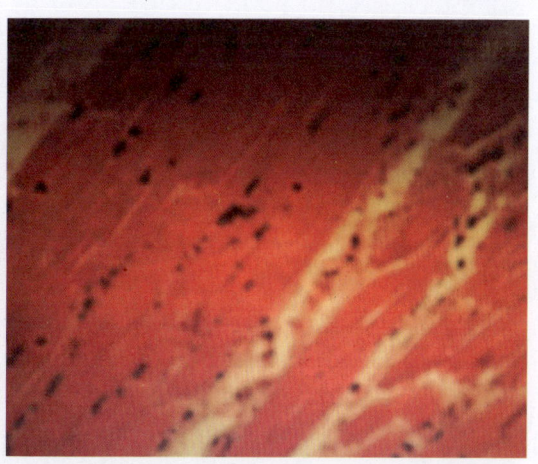

图 2-3-12　出血性坏死性心肌炎。心肌纤维变性，其间有少量坏死细胞碎片（HE 600×）

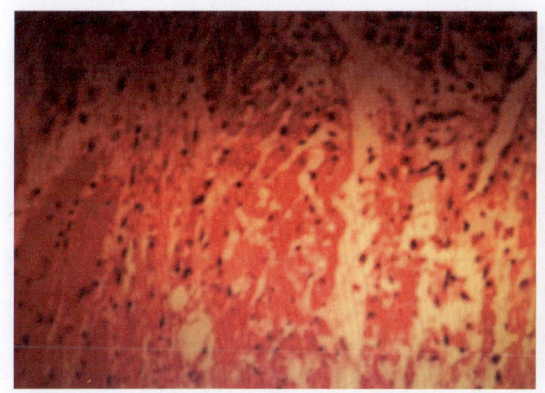

图 2-3-13　出血性坏死性心肌炎横断面。心肌纤维坏死，其间有少量坏死细胞碎片（HE 600×）

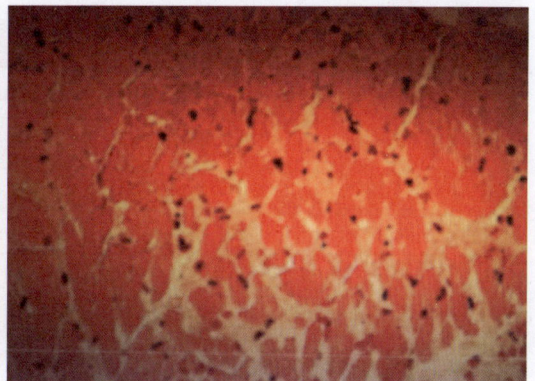

图 2-3-14　出血性坏死性心肌炎横断面。心肌纤维明显变性坏死、崩解，有些区域已由结缔组织取代。间质有少量炎症细胞和红细胞（HE 600×）

（五）诊断要点

根据流行病学、临床症状和病理变化可作出初步诊断。确诊可通过病毒分离培养、血清学试验及小鼠接种试验。接种口蹄疫病毒后乳鼠的发病特征：呼吸急促，四肢和全身麻痹（图 2-3-15）。口蹄疫病毒接种正常 IB-RS-2 单层细胞，可引起特征性的细胞病变（图 2-3-16）。

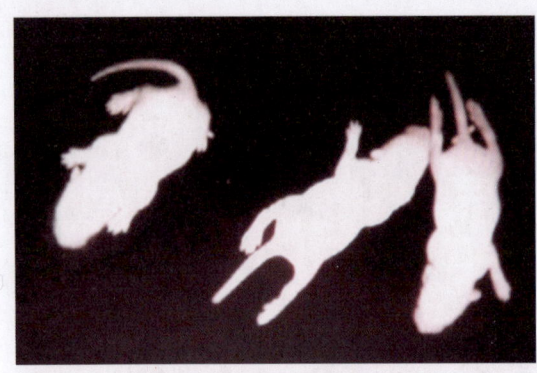

图 2-3-15　接种口蹄疫病毒后乳鼠的发病特征

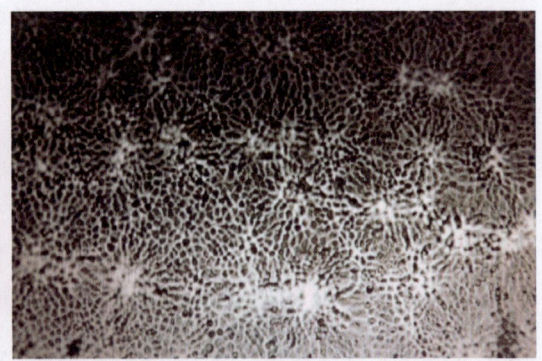

图 2-3-16　口蹄疫病毒接种正常 IB-RS-2 单层细胞引起特征性的细胞病变

（六）治疗方法

1. 化学药物治疗

以 0.1% 高锰酸钾溶液冲洗患部，涂碘甘油或龙胆紫溶液，然后按表 2-3-1 选药治疗。

表 2-3-1　化学药物治疗猪口蹄疫

名称	功用与主治	用量		使用方法
口蹄疫抗血清	抗病毒	0.5 mL	千克体重	混合后，肌内注射，每天 2 次，连用 3～5 天
板蓝根注射液	清热解毒	0.1～0.2 mL		
抗病毒Ⅰ号	抗病毒			
复合维生素 B 粉	加强营养	500 mg	千克饲料	混入饲料中添加，连用 3～5 天

2. 中药治疗

处方一：冰片 5 g，硼砂 5 g，黄连 5 g，明矾 5 g，儿茶 5 g。

【作用】治疗猪口蹄疫。

【用法】患部用消毒药清洗后，将各药粉碎为末撒布。

处方二：贯众 15 g，桔梗 12 g，山豆根 15 g，连翘 12 g，大黄 12 g，赤芍 9 g，生地 9 g，天花粉 9 g，荆芥 9 g，木通 9 g，甘草 9 g，绿豆粉 30 g。

【作用】治疗猪口蹄疫。

【用法与用量】按处方配药，一起粉碎为末，加 100 g 蜂蜜为引，开水冲服，每天 1 剂，连用 3～5 天。

处方三：青黛 3 份，黄连 2 份，黄柏 3 份，薄荷 1 份，桔梗 2 份，儿茶 2 份。

【作用】治疗猪口蹄疫。

【用法】患部用消毒药清洗后，将各药粉碎为末撒布。

处方四：煅制石膏 10 g，锅底灰 10 g，食盐适量。

【作用】治疗猪口蹄疫。

【用法】上述药物共粉碎为细末，撒布蹄部患处。

处方五：贯众 15 g，木通、桔梗、荆芥、连翘、大黄各 12 g，赤芍、天花粉、丹皮、甘草各 9 g，生地 6 g。

【作用】治疗猪口蹄疫。

【用法】共粉碎为末，加蜂蜜 250 g，煎水取汁，候温灌服。

（七）免疫预防与饲养管理

做好平时的预防工作，疑为发生口蹄疫时，应立即向上级有关部门报告疫情，并采集病料送检；按上级业务部门的规定，对发病现场执行严格的封锁措施，按"早、快、严、小"的原则处理；对猪舍、环境及饲养管理用具进行严格消毒；病猪隔离，加强护理，对症治疗，促进口腔和蹄早日康复；体重达到一定质量的病猪，经有关部门批准，可集中屠宰，按食品卫生部门的有关法规处理。一定要做好消毒工作，防止病原扩散传播。发病地区可注射口蹄疫灭活疫苗，有一定预防效果。

1. 免疫预防

①预防接种：目前常用的疫苗有弱毒苗、灭活油苗及多肽苗。参考免疫程序（选用与当前流行血清型相同的灭活油苗）如下：公猪、母猪 1 年 3 次普遍免疫接种（以下简称"普免"），每次每头 3~4 mL，仔猪 50~70 日龄进行首次免疫接种（以下简称"首免"），100 日龄进行第二次免疫接种（以下简称"二免"）。

②药物预防，饲料中按下列剂量添加克毒先（黄芪多糖注射液）2 000 mg/kg、多种维生素 1 000 mg/kg、阿莫西林 200 mg/kg，作为平时的预防保健措施。

③紧急免疫，对全场及周围地区进行疫苗紧急免疫接种。

2. 饲养管理

①严禁从有发生疾病的国家和地区购入种畜及其产品、饲料，引种时应进行严格的检疫和隔离观察。

②发生疫情时，对病猪及同群同栏猪应扑杀并作无害化处理。对被污染的场地、用具、饲料等就地封锁，并用有效的消毒药严格消毒。全场用有效消毒药带猪消毒（交替使用）每天 3~5 次。严禁人员流动，严禁冲洗粪便。

③加强卫生消毒工作，对外来人员、外出人员及车辆要严格消毒，有效的消毒药有过氧乙酸、复合碘、氯制剂（二氧化氯）、氢氧化钠、氧化钙。

四、猪流行性感冒

猪流行性感冒（swine influenza，SI）是由猪流行性感冒病毒（SIV）引起的一种急性、高度接触性猪传染病，简称猪流感。其特点是发病突然，很快感染全群，呈体温升高、咳嗽等呼吸道症状。单纯猪流感死亡率不高，但有猪巴氏杆菌病等并发感染时死亡率大幅升高。

（一）病原

SIV 属正黏病毒科 A 型流感病毒属，病毒基因段为 8 个单股 RNA 组成。A 型流感病毒中已确定的有 15 种血凝素（HA）和 9 种神经氨酸酶（NA）。引起猪发病的主要病毒是 H1N1、H3N2。本病毒的粒子呈多形性，直径为 20~120 nm，含有单股 RNA，核衣壳呈螺旋对称性，外有囊膜。囊膜上有呈辐射状密集排列的两种纤突，即血凝素（HA）和神经氨酸酶（NA）。前者可使病毒吸附于易感细胞的表面受体，诱导病毒囊膜与细胞膜相互融合；后者是水解细胞表面受体特异性糖蛋白末端的 N-乙酰基神经氨酸酶，有利于病毒的出芽生长。

本病毒对高温和日光环境的抵抗力不强，但对干燥和低温环境有较强的抵抗力。病毒在 -70℃条件下稳定，冻干可保存数年；在 60℃条件下 20 分钟可使之灭活；常用消毒药对猪流感病毒有较强的杀灭作用，而且猪流感病毒对碘蒸气和碘溶液特别敏感。

（二）流行特点

病毒主要存在于病猪和带毒猪的呼吸道，包括鼻液、气管和支气管的分泌物、肺脏和胸腔淋巴结中，而血液、肝脏、脾脏、肾脏、肠系膜淋巴结和脑内则不易检出病毒。病猪和带毒猪是主要传染源，主要以空气飞沫传播，易感猪通过呼吸道感染，不同年龄、性别和品种的猪均易感。本病主要发生在天气骤变的寒冷季节，饲养密度过高、空气质量差和营养不良是重要诱因。

（三）临床症状

本病的潜伏期一般为 2～7 天，自然发病平均 4 天。该病发病突然，一旦发生，传播迅速，往往 3～5 天整个猪群发病，但单纯猪流感病死率很低。主要表现为高热，体温达 39.5～42℃，食欲下降或完全不食，挤堆明显，精神沉郁（图 2-4-1，图 2-4-2）。呼吸急促，咳嗽、打喷嚏、流鼻涕甚至黏脓性鼻涕（图 2-4-3 至图 2-4-7）。无继发感染时，多数猪只在 1 周左右康复，继发肺炎、胸膜炎时，病情加重或死亡。个别病例转为慢性，发生肠炎和大叶性肺炎，长期不愈，最终死亡。怀孕母猪流产，产死胎、弱胎。

（四）病理特征

剖检时多数见到鼻、喉、气管及支气管黏膜充血、出血，表面有泡沫状黏液，并含有大量的纤维素性渗出物（图 2-4-8，图 2-4-9）。支气管和纵隔淋巴结肿大（图 2-4-10）。肺脏表面膨胀不全，高低不平，病变部位呈紫红色或鲜肌肉样（图 2-4-11 至图 2-4-13）。病理组织学变化主要以支气管炎和局限性支气管肺炎为特点（图 2-4-14，图 2-4-15）。

图 2-4-1　高热，挤堆

图 2-4-2　精神沉郁

图 2-4-3　哺乳仔猪流出黏脓性鼻涕

图 2-4-4　生长猪流出黏脓性鼻涕

图 2-4-5　怀孕母猪流出黏脓性鼻涕

图 2-4-6　生长猪流鼻涕，眼结膜发红

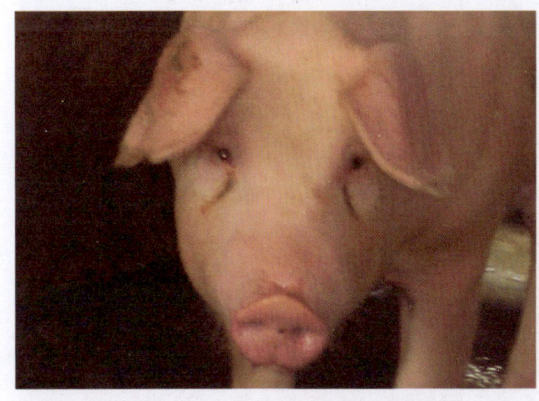
图 2-4-7　生长猪鼻流清涕，眼发红

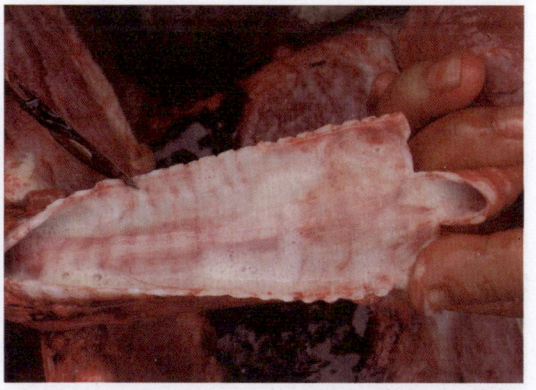
图 2-4-8　生长猪气管黏液增多

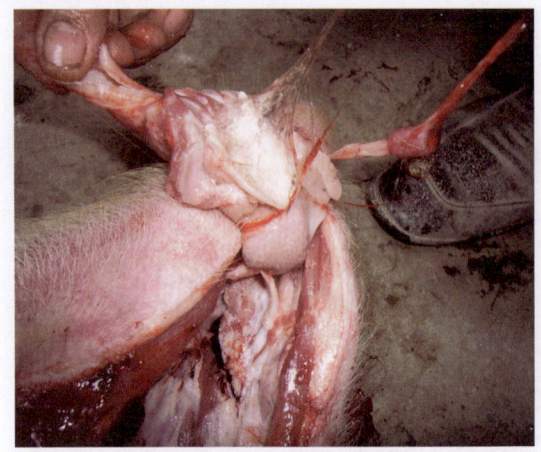

图 2-4-9 喉分泌物增多

图 2-4-10 淋巴结肿大出血

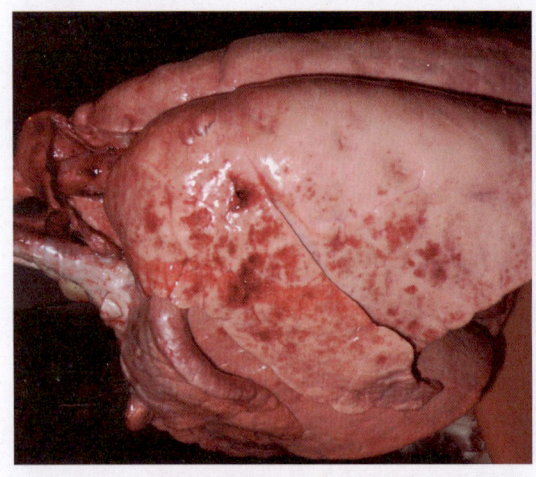

图 2-4-11 肺脏表面斑点状出血并有大量分泌物

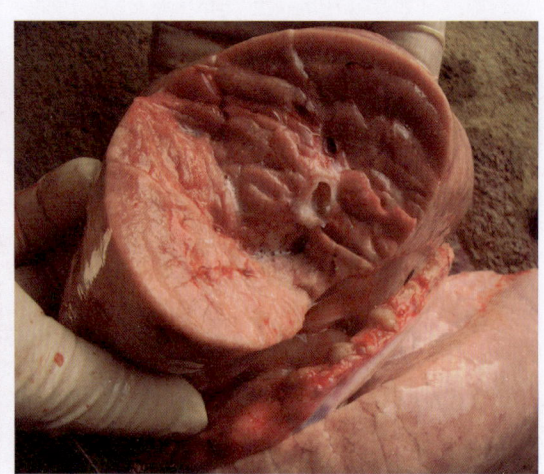

图 2-4-12 肺脏切面肉变

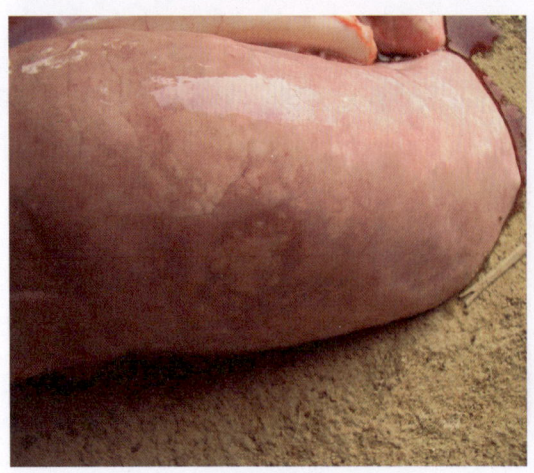

图 2-4-13 肺气肿、弹性降低

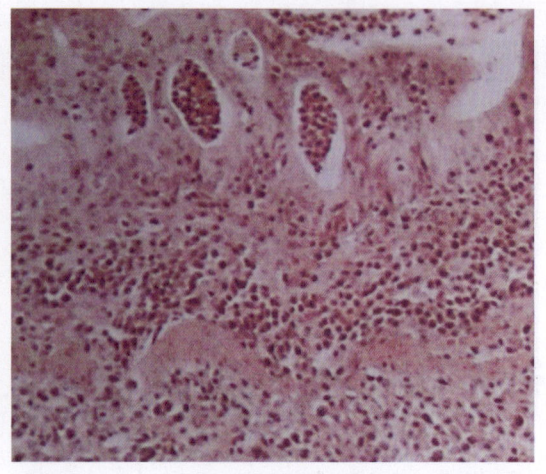

图 2-4-14 支气管上皮被覆大量黏液，固有层和黏膜下层有大量炎性细胞浸润（HE 100×）

（五）诊断要点

根据流行病学、临床症状和病理变化可作出初步诊断，确诊可通过病毒分离鉴定和血清学反应。临床病理学诊断时，可采取病变的肺组织，制作冰冻切片，用免疫荧光法染色（图 2-4-16）。

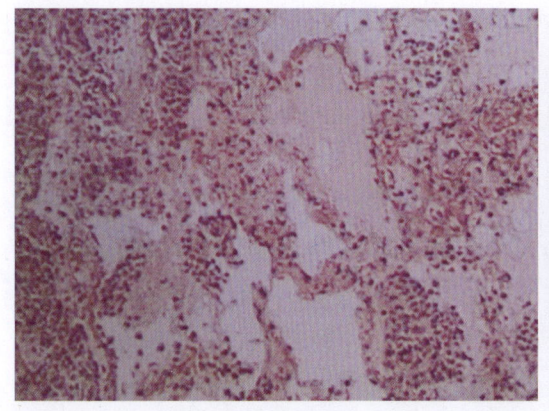

图 2-4-15　肺泡中有大量的浆液、嗜中性粒细胞和脱落的肺泡上皮（HE 100×）

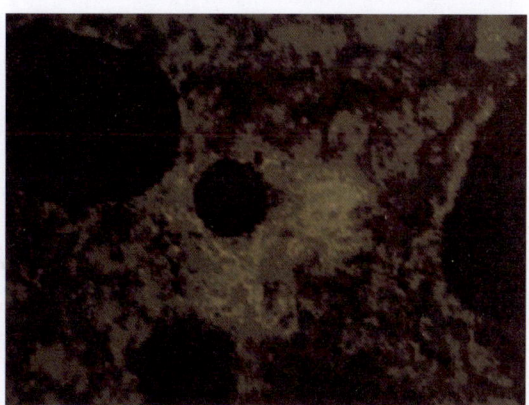

图 2-4-16　细支气管及肺泡上皮呈流行性感冒抗原阳性反应（HE 100×）

（六）类症鉴别

本病应与猪支原体肺炎和急性猪巴氏杆菌病相互区别，详见相关疾病的介绍。

（七）治疗方法

加强饲养管理，特别是在阴雨潮湿和气候骤变的季节，要保持猪舍清洁、防寒保暖，发现病猪应立即隔离治疗，对栏舍彻底消毒，以防病情蔓延。

1. 化学药物治疗

发病猪群要加强卫生消毒工作，精心护理，降低饲养密度，减少应激，做好通风、保温工作，供给新鲜的洁净水。选用退热、缓解疼痛、消炎、控制继发感染的用药方案，可参考表 2-4-1。

表 2-4-1　化学药物治疗猪流行性感冒

名称	功用与主治	千克体重用量	使用方法
青霉素	抗菌消炎（二选一）	1万～4万 IU	混合后 1 次肌内注射，每天 2 次，连用 3 天
硫酸卡那霉素		10～15 mg	
板蓝根注射液	清热解毒	0.1～0.2 mL	
抗病毒Ⅰ号	抗病毒		
1% 氨基比林注射液	退热止痛（三选一）	0.3～0.5 mL	
30% 安乃近		0.1～0.2 mL	
柴胡注射液		0.3～0.5 mL	

2. 中药治疗

处方一：苏叶10 g，前胡10 g，半夏10 g，桔梗15 g，陈皮15 g，杏仁15 g，薄荷15 g，枳壳15 g，麻黄10 g，桑白皮10 g，生姜3片。

【作用】治疗风寒感冒。

【用法与用量】共粉碎成粉末，混入饲料里喂服，体重5 kg的小猪，每次10 g，每天2次，大猪酌情增加，连服2～3天。

处方二：天冬10 g，麦冬15 g，款冬花15 g，栀子15 g，牛蒡子15 g，桔梗10 g，前胡10 g，桑白皮10 g，石膏50 g，蒌仁15 g。

【作用】治疗风热感冒。

【用法与用量】加水1.5 kg，煎至0.5 kg，体重5 kg的小猪，每次100～150 g，每天服1～2次。

处方三：干葛、升麻、陈皮、川芎、紫苏、白芷、赤芍、麻黄、香附、甘草、姜、葱各25～50 g。

【作用】专治猪四时感冒。

【用法与用量】水煎取汁，候温灌服，供大猪1次服完，每天1次，连用3～5天。

处方四：苏叶10 g，前胡10 g，半夏10 g，桔梗15 g，陈皮15 g，杏仁15 g，薄荷15 g，枳壳15 g，麻黄10 g，桑白皮10 g，生姜3片。

【作用】治疗猪风寒感冒。

【用法与用量】共粉碎成粉末，混入饲料喂服，体重5 kg的小猪，每次10 g，每天2次，大猪酌情增加，连服3～5天。

处方五：单方食醋。

【作用】治疗猪流行性感冒。

【用法与用量】将猪舍的门窗关闭或堵塞封严，运动场上搭遮阳棚，用油布盖好，以减少空气流通，造成适度封闭的环境，每立方米用食醋10～15 mL，放在容器内加1倍的水稀释，文火加热，使食醋蒸发致干。每天1次，连用3天。

处方六：薄荷、大葱头、芫荽根、山楂、神曲、麦芽各60 g。

【作用】用于发热兼有腹胀者，治疗流行性感冒。

【用法与用量】水煎取汁，候温灌服。供大猪1次服用，连服3～5次。

处方七：野菊花全草60 g，一枝黄花30 g，薄荷10 g。

【作用】治疗流行性感冒。

【用法与用量】煎水取汁，分2次喂服。连服3～5天。

处方八：生石膏490 g，杏仁、陈皮、苍术各100 g，麻黄、甘草各70 g。

【作用】治疗流行性感冒。

【用法与用量】共粉碎为末，猪体重每10 kg内服10～15 g，每天早晚各服1次，连用1～2天。感冒初起、热象显著时，酌加柴胡、野菊花、金银花、连翘、黄柏、大青叶；咳嗽较重时，酌加马兜铃、桔梗、天花粉、白及、前胡；比较衰弱、严重脱水时，酌加天冬、玄参、麦冬、生地、山药、生黄芪，党参、黄精及红糖，每天投服1%盐水2次；大便干燥、小便赤短，另加牛蒡子、苍耳子、白芷、薄荷、防风、荆芥、紫苏；食欲不佳，另加龙眼、大黄、神曲、山楂、厚朴、枳壳。

处方九：柴胡30 g，防风30 g，藁本20 g，茯苓皮20 g，枳壳20 g，陈皮30 g，薄荷30 g，菊花25 g。

【作用】治疗流行性感冒。

【用法】紫苏、生姜为引。煎水内服。

处方十：金银花、连翘、桔梗各20 g，薄荷、荆芥、淡豆豉、牛蒡子、淡竹叶各15 g，甘草10 g，鲜芦根50 g。

【作用】治疗流行性感冒。

【用法】水煎喂服，如咳甚，加杏仁、前胡；喘甚，加瓜蒌、桑皮、知母；喉肿，加板蓝根、延胡索、山豆根；口干，去荆芥，加玄参、天花粉；便秘，加大黄、芒硝；腹胀，加枳壳、莱菔子。

处方十一：苍术9 g，枳实9 g，羌活9 g，麻黄9 g，葛根9 g，猪苓9 g，细辛3 g，荆芥9 g，香薷9 g，香附9 g，山楂9 g，神曲9 g，泽泻9 g，木香15 g，胖大海12 g，莱菔子9 g。

【作用】专治四时感冒。

【用法与用量】泥鳅串为引，水煎灌服。若出现高热、口干、喜卧湿凉地，加生石膏15 g，滑石15 g，玄参9 g，芦荟根20 g，加与药等量水和童便各1份，同煎，连用2次；若出现怕寒喜热，呕吐转筋，口不干，加干姜、香附片、桂枝、吴茱萸、丁香、甘草和蜂蜜调服。

处方十二：柴胡、黄芩、桂枝、葛根、陈皮各30～60 g，苏叶、白芍、茯苓各25～45 g，甘草、厚朴各25 g，生姜60 g，葱头15个。

【作用】治疗流行性感冒。

【用法】水煎服。若发热比较重时，加大青叶、野菊花、金银花、连翘、薄荷等，以清热解毒；若热盛伤阴，加麦冬、芦根等，以生津润燥；若四肢跛行，加牛膝、马鞭草，以舒筋活络；若咳嗽不爽，肺热气喘，加麻黄、杏仁、桔梗、桑白皮、瓜蒌等，止咳定喘；若腹胀，加青皮、厚朴、枳壳、莱菔子等，以破气消胀；若大便干燥，加大黄、芒硝，以润泻下；若拉稀，加车前草、泽泻，以利止泻；若筋骨疼痛，卧地不起，加杜仲、威灵仙、独活、木瓜、虎杖，以温肾祛湿。

处方十三：柴胡30 g，细辛25 g，桔梗15 g，青蒿20 g，槟榔20 g，常山20 g，甘草15 g。

【作用】治疗猪流行性感冒并发附红细胞体病。

【用法与用量】按处方配药，常山、槟榔先用文火煎煮20分钟，再加入余药同煎20分钟，候温取汁，用胃管投服。每天使用剂量：种公猪、母猪每头1剂；育肥猪2头1剂；小猪视体重情况8～12头1剂。若病情严重，每天服药2剂，每剂可合并头二煎，1次投服，连用3～4天。同时肌内注射青霉素，每天2次，防止继发感染。

(八)免疫预防与饲养管理

1. 免疫预防

饲料中按体重添加 1 000～2 000 mg/kg 强力感康,做好预防保健,发病时紧急治疗。

2. 饲养管理

①保证猪舍卫生、干燥,加强猪群饲养管理和防疫卫生措施,特别是气候多变的秋季和早春季节在阴雨潮湿和气候骤变的时候,要保持猪舍清洁、干燥、防寒保暖(风寒型)或凉爽(风热型)。发现病猪应立即隔离对症治疗和加强群体的护理,改善饲养条件,必要时可应用抗生素和磺胺类药物,防止继发感染,对栏舍彻底消毒,以防病情蔓延。

②加强卫生消毒工作,选用敏感消毒剂带猪消毒,有效的消毒药有过氧乙酸、复合碘和氯制剂等。

第三章
繁殖障碍性疾病

猪的繁殖障碍性疾病过去较少，猪布鲁氏菌病等少数几种疾病曾一度得到控制，但近年来在一些地区该病又有所抬头。不但如此，猪繁殖与呼吸综合征、猪伪狂犬病、猪细小病毒病和猪日本乙型脑炎等繁殖障碍性疾病在不少猪场频频出现，甚至两种或多种病在同一个猪场同时存在，母猪流产，产死胎、木乃伊胎的比例日益增多。最严重的猪场，一头母猪一年产两胎，只有2~5个活仔，种猪生产性能大大下降。

一、猪繁殖与呼吸综合征

猪繁殖与呼吸综合征（porcine reproductive and respiratory syndrome，PRRS）是猪繁殖与呼吸综合征病毒（PRRSV）引起猪群发生以母猪的繁殖障碍和仔猪呼吸系统症状及高死亡率为特征的一种急性、高度传染性的病毒性疾病，又称"蓝耳病"。由于该病的流行，使许多国家的养猪业蒙受重大的经济损失。

（一）病原

猪繁殖与呼吸综合征病毒为动脉炎病毒科动脉炎病毒属的猪繁殖与呼吸综合征病毒，又称莱利斯塔病毒（lelysted virus）。病毒粒子呈卵圆形，直径为50～65 nm，有囊膜，二十面体对称，为单股RNA病毒（图3-1-1）。现已证明，欧洲和美国分离的毒株虽然在形态和理化性状上相似，但用单克隆抗体进行血清学试验和进行核苷酸和氨基酸序列分析时，发现它们存在明显的不同。因此，将猪繁殖与呼吸综合征病毒分为A、B两个亚群：A亚群为欧洲原型，B亚群为美国原型，各群在抗原性上有差异。

本病毒对寒冷具有较强的抵抗力，但对高温和化学药品的抵抗力较弱。例如，病毒在-70℃条件下可保存18个月，在4℃条件下可保存1个月；在37℃条件下48小时、在56℃条件下45分钟则完全丧失感染力；对酚类、醛类和氯制剂敏感。

（二）流行特点

病猪和带毒猪是主要传染源，可通过鼻分泌物、粪便、尿液向外排毒，怀孕中后期母猪和仔猪最易感染。本病主要经过呼吸道传播。猪场环境差、气候恶劣、饲养密度过大，可诱导本病的流行。有些公猪感染PRRSV后不表现临床症状，但从感染后1～4天就向外排毒。PRRS弱毒苗接种健康猪后，能向外散毒，公猪可通过精液散毒，妊娠母猪可垂直感染或向外排毒感染仔猪。

（三）临床症状

猪感染PRRSV后大都出现厌食、精神不振和发热症状，体温达40～41.5℃；体表如耳部皮肤发绀、有出血点（图3-1-2）；眼肿，眼分泌物增多（图3-1-3）。妊娠母猪感染PRRSV主要造成晚期流产，早产，产死胎、木乃伊胎及弱仔（图3-1-4）。假发情、反复发情比例较高，个别母猪表现肢体麻痹。断奶仔猪表现明显腹式呼吸、后肢麻痹（图3-1-5），食欲下降或废绝，病死率可高达80%，继发感染非常明显，有的仔猪耳朵或身体末端皮肤发绀发紫；生长猪发病率相对较低，表现出明显的腹式呼吸，生长速度非常缓慢，双眼肿胀，继发感染明显；公猪感染后性欲减弱，精液质量下降，射精量减少。

（四）病理特征

主要特征性病变发生于肺脏，表现为间质性肺炎或大叶性肺炎，并伴有卡他性肺炎和肺水肿（图3-1-6至图3-1-9）。眼观，肺脏胀满，表面有大小不等的点状出血，尖叶和心叶部有灶状肺泡性肺气肿并见瘀斑，肺切面上见血管断端有凝固不全的血液，支气管断端有少量含泡沫的液体。肠系膜淋巴结水肿。继发细菌感染后肺的病变更加严重。镜检可见肺组织以多中心间质性肺炎为特点（图3-1-10至图3-1-12）。

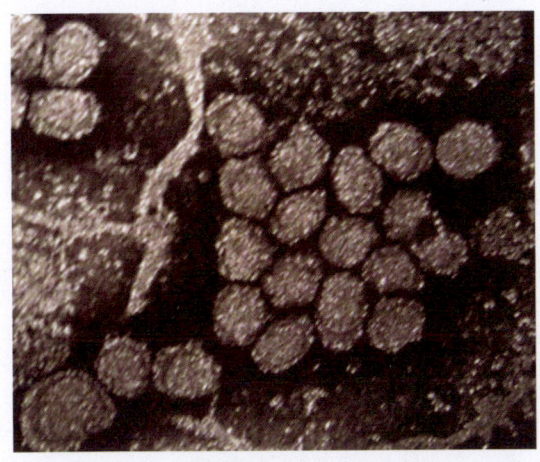
图 3-1-1　猪繁殖与呼吸综合征病毒粒子

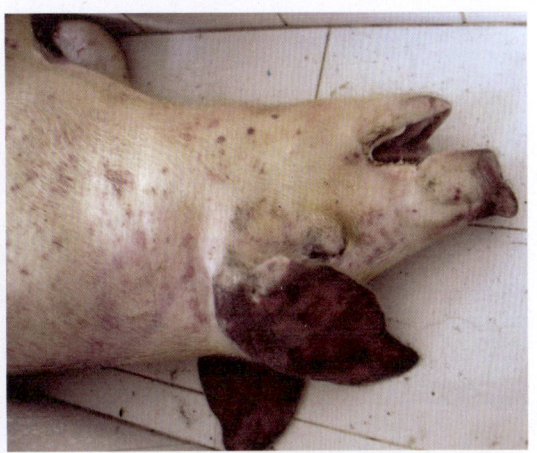
图 3-1-2　耳部发绀、坏死

图 3-1-3　眼肿，眼分泌物增多

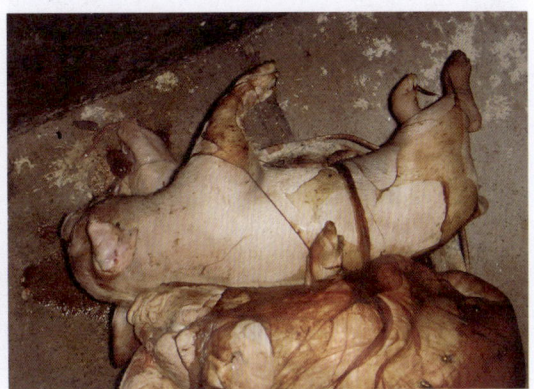
图 3-1-4　母猪产死胎

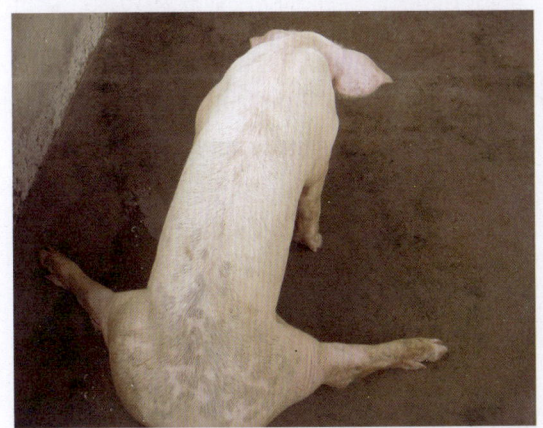
图 3-1-5　生长猪后肢麻痹

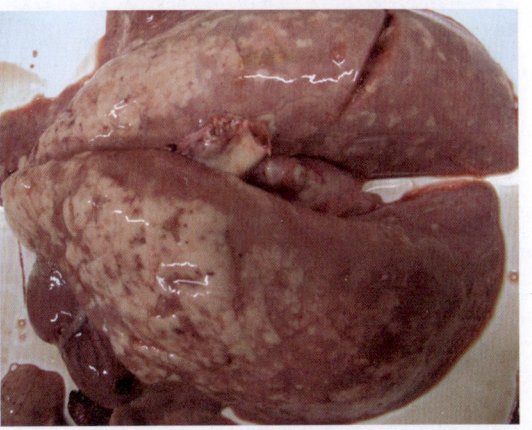
图 3-1-6　间质性肺炎（1）

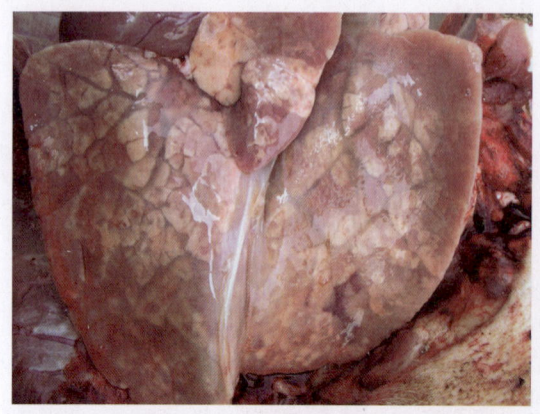
图 3-1-7　间质性肺炎（2）
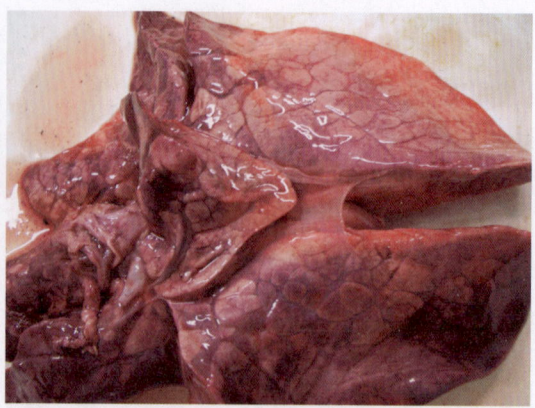
图 3-1-8　大叶性肺炎

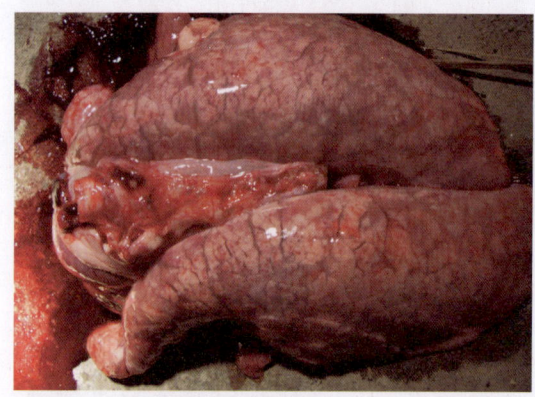
图 3-1-9　肺脏肿大、充血
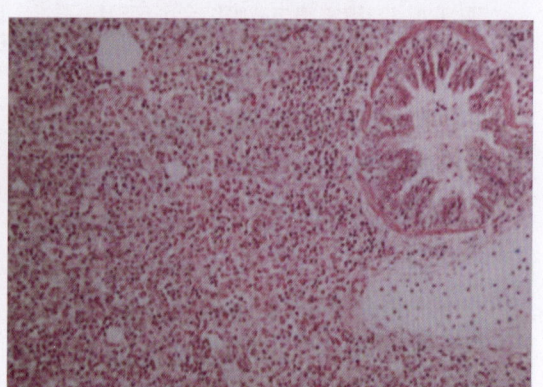
图 3-1-10　小支气管内和肺泡内有大量脱落的上皮细胞和浸润的单核细胞（HE 100×）

（五）诊断要点

根据妊娠母猪后期发生流产，耳朵发绀，断奶仔猪死亡率高等临床症状和病理变化可作出初步诊断。实验室诊断可采用病毒的分离鉴定、间接 ELISA、免疫荧光法（图 3-1-12）、反转录-聚合酶链式反应（RT-PCR）等方法确诊。

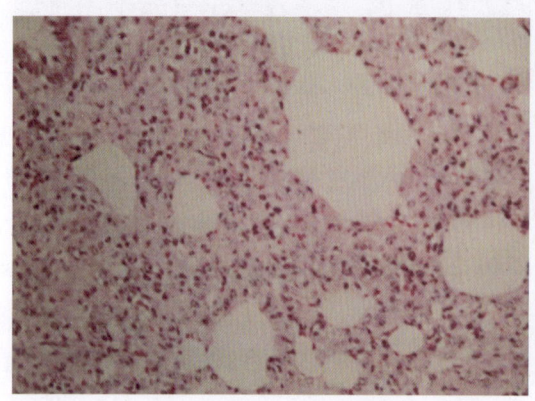
图 3-1-11　肺间质增生，肺泡隔增厚，呈典型的间质性肺炎变化（HE 400×）
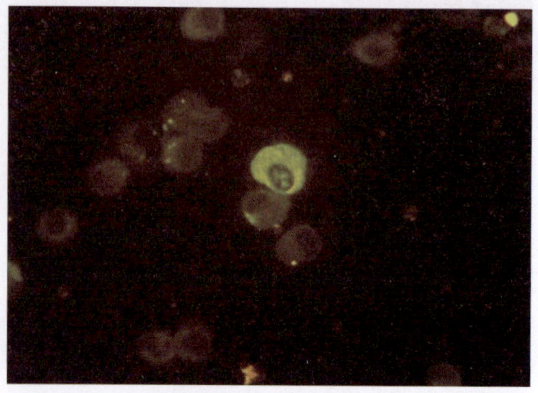
图 3-1-12　肺组织的涂抹标本中用荧光抗体法检出的病毒抗原（400×）

（六）治疗方法

1. 化学药物治疗

可参考表 3-1-1 制订用药方案。

表 3-1-1　化学药物治疗猪繁殖与呼吸综合征

名称	功用与主治	用量		使用方法
清开灵	清热解毒	每头猪 5~10 mL		肌内注射，连用 3~5 天
黄芪多糖注射液	抗病毒	0.1~0.2 mL	千克体重	
环球之星注射液	防继发感染	0.1 mL		
多种维生素	强化营养	500 mg	千克饲料	混料服，连用 3~5 天
磺胺类药	防继发感染	500 mg		
氟必康（氟苯尼考）		400 mg		
环球之星预混剂		1 000 mg		

2. 中药治疗

处方：板蓝根、蒲公英、大青叶各 100 g，栀子、苏叶各 40 g，连翘、柴胡各 50 g，白术 60 g。

【作用】治疗猪繁殖与呼吸综合征。

【用法与用量】按处方配药，混匀，按 1%~1.5% 拌料喂服，连用 7~15 天。

（七）免疫预防与饲养管理

1. 免疫预防

①免疫接种：阴性场不要接种疫苗，阳性场需接种疫苗。常用的疫苗有弱毒苗和灭活苗。

②参考免疫程序：后备母猪于配种前 60 天、30 天各接种 1 次；经产母猪于产前 30 天用灭活苗免疫 1 次；仔猪于 3 周龄首免，间隔 3 周后二免。

③注意事项：加强对猪支原体肺炎、猪传染性萎缩性鼻炎的免疫，以切断猪繁殖与呼吸综合征的入侵途径。应选用应激较小的疫苗。

2. 饲养管理

①坚持推行自繁自养，全进全出，早期隔离断奶，分胎次饲养的管理模式；

②引进种猪时要严格检疫，并隔离观察 1 个月以上；

③加强饲养管理，强化营养，选用营养较好的饲料，提高机体抵抗力；

④降低饲养密度，注意通风换气，加强保温工作，减少应激；

⑤加强卫生消毒工作，可选用复合酚、复合醛、二氧化氯等消毒药，有较好效果。

二、猪伪狂犬病

伪狂犬病（pseudorabies，PR）是由伪狂犬病病毒（PRV）引起多种家畜和野生动物共患的一种急性传染病。猪伪狂犬病会导致妊娠母猪发生流产，产死胎、木乃伊胎；仔猪出现神经症状、麻痹、衰竭死亡，2周以内仔猪感染，死亡率可达100%。

（一）病原

伪狂犬病病毒是疱疹病毒科（Herpesviridae）疱疹病毒亚科的双股DNA病毒，常存在于脑脊髓组织中。感染猪在发热期，其鼻液、唾液、奶、阴道等分泌物及血液、实质器官中都含有病毒。该病毒粒子呈圆形，大小为100～150 nm，具有脂蛋白囊膜与纤突（图3-2-1）。据报道，伪狂犬病病毒只有1个血清型，但各毒株之间存在着毒力差异，PRV的毒力是由几种基因协同控制，主要有gE、gD、gI和TK基因。病毒能在一些细胞中产生核内包涵体。

PRV对外界环境的抵抗力很强，在污染的猪圈或干草上能存活1个多月；在肌肉中能存活5周以上；腐败11天、腌渍20天才能将之杀死。但病毒对化学药品的抵抗力较差，常用的消毒药均有效，如2%氢氧化钠和3%甲酚皂等溶液均能很快杀死该病毒。

（二）流行特点

所有哺乳类家畜对伪狂犬病都易感，猫高度易感。对未获得免疫力而第一次感染伪狂犬病的猪群，可造成灾难性后果。可以在1周内传染至全群，有些猪群的仔猪感染率可达90%。病猪、带毒猪是主要传染源，可通过消化道、呼吸道、皮肤黏膜伤口及生殖道传播。

（三）临床症状

仔猪日龄越小，发病率和病死率越高，2周龄内仔猪发病主要表现为发热、流涎（图3-2-2）、呕吐、拉黄色水样稀便，腹式呼吸并伴有神经症状，病猪倒地作划水状（图3-2-3至图3-2-7），有的出现奇痒（图3-2-8），病死率可达100%；保育仔猪主要表现为拉黄色水样稀便，有时表现腹式呼吸，病死率达40%～60%；生长育肥猪症状轻微，但生长速度缓慢，抗应激能力减低；怀孕母猪主要表现为流产，产死胎、木乃伊胎及弱仔（图3-2-9），产仔数下降。

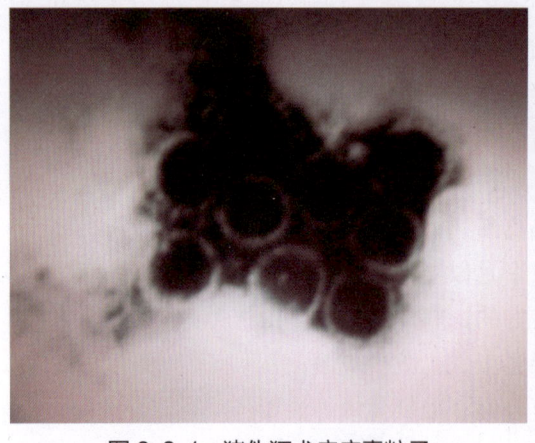

图3-2-1 猪伪狂犬病病毒粒子

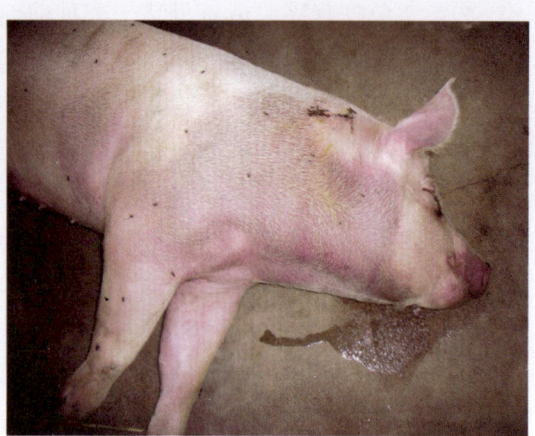

图3-2-2 猪流涎

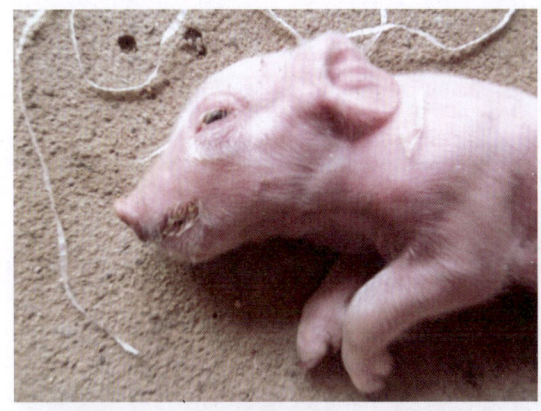

图 3-2-3 仔猪口吐白沫，呈划水状

图 3-2-4 仔猪抽搐

图 3-2-5 仔猪表现神经症状

图 3-2-6 仔猪四肢麻痹，站立不稳

图 3-2-7 新生仔猪后肢麻痹，不能站立

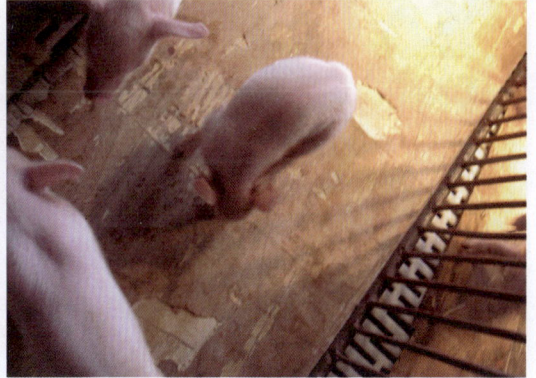

图 3-2-8 新生仔猪有奇痒表现

（四）病理特征

主要病变为肠系膜淋巴结肿大呈索状排列（图 3-2-10），肝脏、脾脏出现白色坏死结节（图 3-2-11 至图 3-2-13），肾脏肿大，表面常见有大量点状出血和灰白色坏死灶（图 3-2-14），肺脏出血、水肿（图 3-2-15 至图 3-2-17），胃底黏膜出血，脑膜充血、出血、水肿，脑脊液增多，严重者脑发育不全（图 3-2-18 至图 3-2-20），扁桃体坏死，牙龈出血、

糜烂。镜检可见广泛性非化脓性脑炎和嗜酸性包涵体（图3-2-21，图3-2-22）。肝脏小叶周边区出现凝固性坏死，淋巴结呈卡他性出血性炎症，肺泡核小叶间质增宽，淋巴细胞单核细胞浸润。

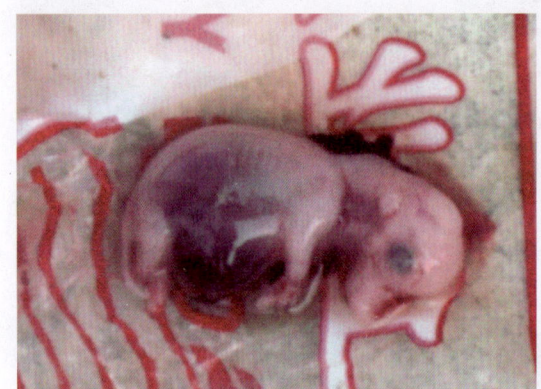

图3-2-9　流产的胎儿

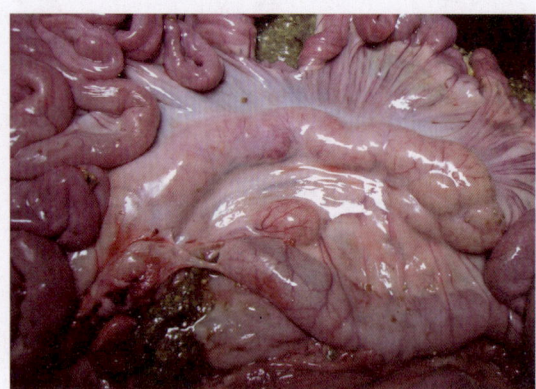

图3-2-10　肠系膜淋巴结肿大

图3-2-11　肝脏表面白色坏死结节（1）

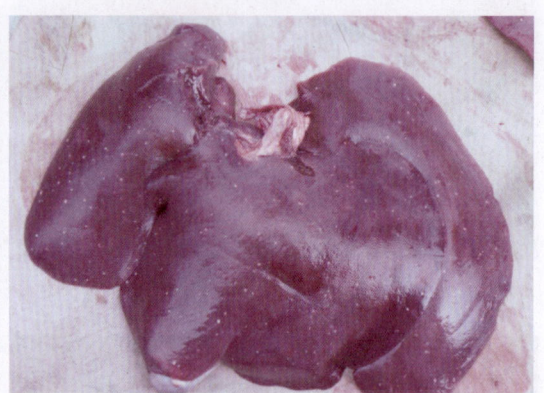

图3-2-12　肝脏表面白色坏死结节（2）

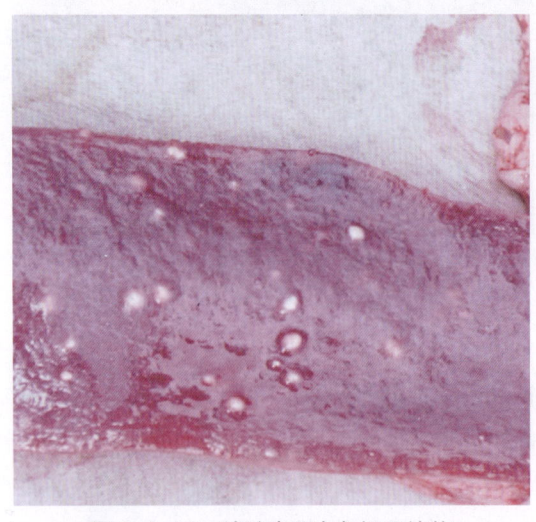

图3-2-13　脾脏表面白色坏死结节

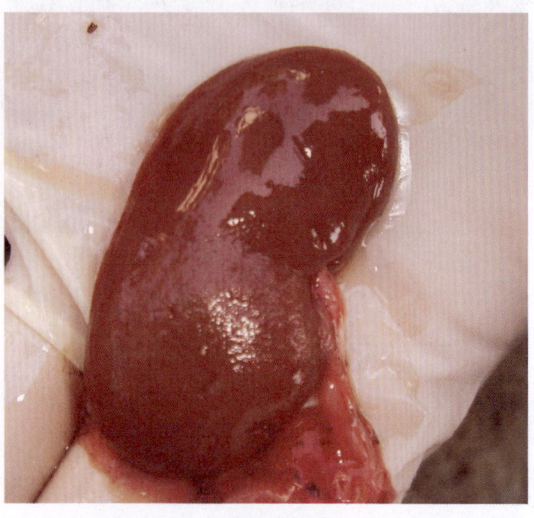

图3-2-14　肾脏表面针尖大出血点

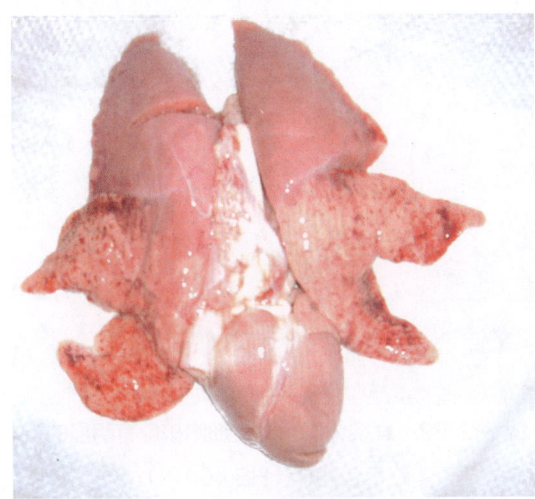
图 3-2-15 新生仔猪肺脏出血斑点

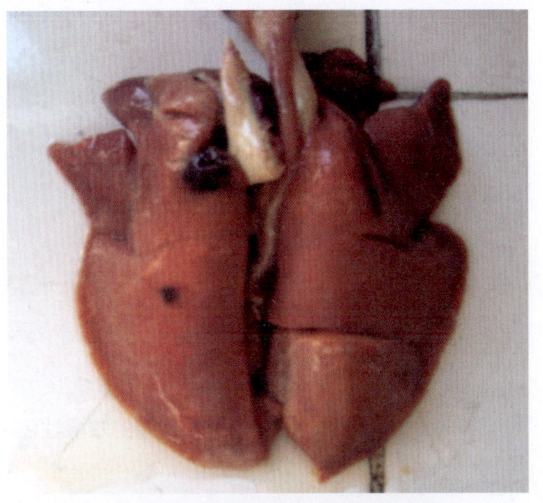
图 3-2-16 肺脏水肿，形成出血斑

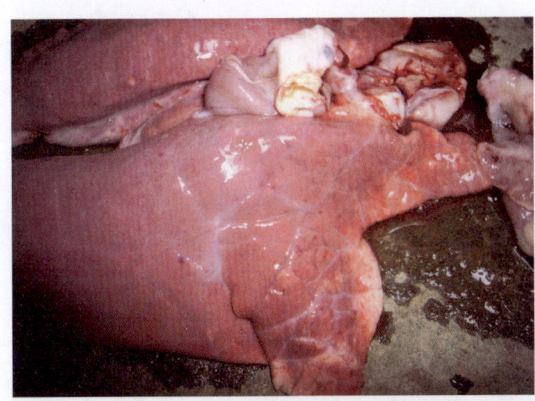
图 3-2-17 肺脏表面出血点

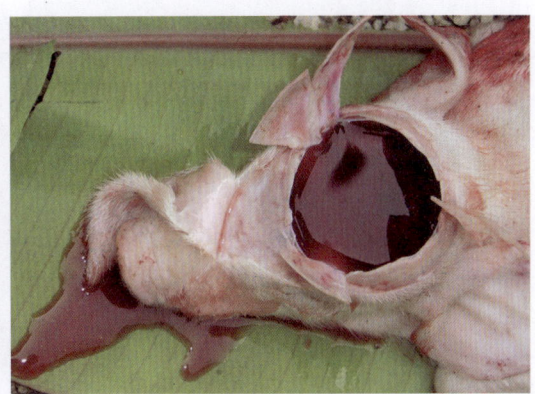
图 3-2-18 脑液化

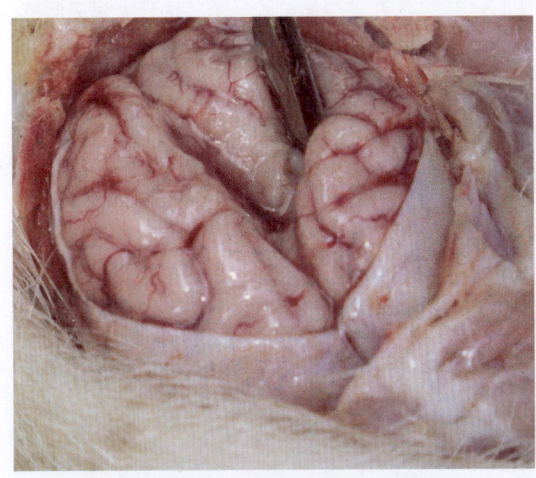
图 3-2-19 脑脊液增多，脑水肿

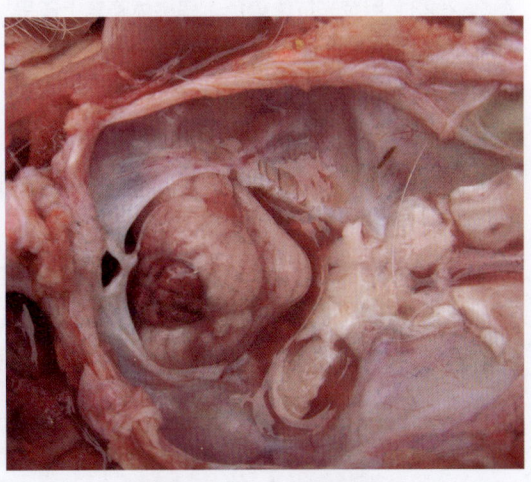
图 3-2-20 小脑出血

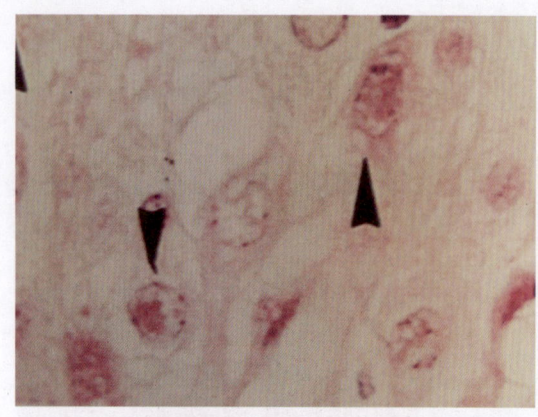
图 3-2-21　大脑的神经细胞有不规则的嗜酸性包涵体（HE 400×）

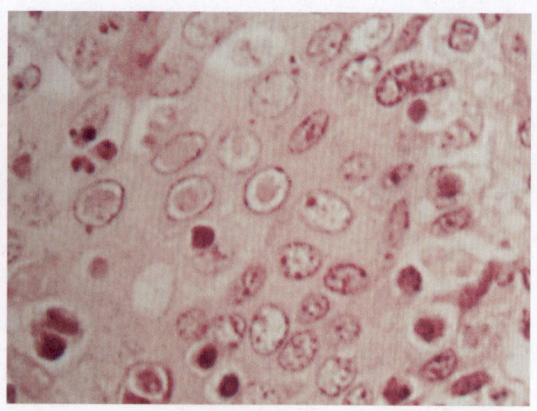
图 3-2-22　扁桃体隐窝上皮细胞核内有明显的淡红色包涵体（HE 400×）

（五）诊断要点

根据流行病学、临床症状和病理变化作出初步诊断。确诊可通过病毒分离培养、兔体接种试验、乳胶凝集试验和免疫荧光抗体染色得出结果（图 3-2-23，图 3-2-24）。

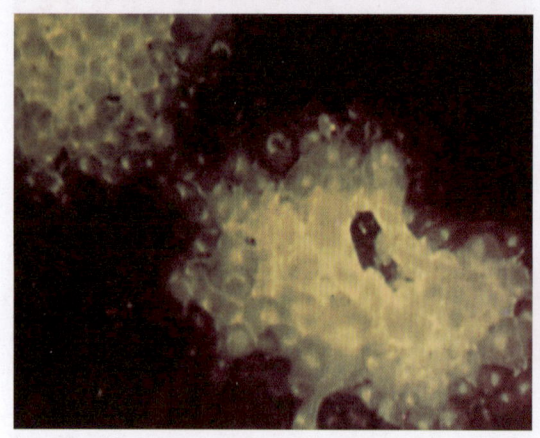
图 3-2-23　用荧光抗体染色，扁桃体隐窝上皮呈现强阳性反应（HE 100×）

图 3-2-24　乳胶凝集试验检测猪伪狂犬病血清抗体（左：阳性反应；右：阴性反应）

（六）类症鉴别

本病的临床症状与猪链球菌病、猪瘟、猪李氏杆菌病、猪水肿病、食盐中毒及猪流行性感冒有相似之处，须注意区别。

（七）治疗方法

扑杀病猪，对疫区进行封锁，禁止猪只和饲料的进出。用 2%～3% 氢氧化钠溶液消毒猪舍及环境，粪便发酵处理。发病仔猪在未出现神经症状之前，注射猪伪狂犬病高敏血清或病愈猪全血。

1. 化学药物治疗

抗菌消炎、抗病毒和防继发感染，制订用药方案可参考表 3-2-1。

表 3-2-1　化学药物治疗猪伪狂犬病

名称	功用与主治	用量		使用方法
硫酸卡那霉素	抗菌消炎	10～15 mg	千克体重	混合后，肌内注射，每天 2 次，连用 3～5 天
板蓝根注射液	清热解毒	0.1～0.2 mL		
抗病毒 I 号	抗病毒			
复合维生素 B 粉	加强营养，防继发感染	500 mg	千克饲料	混入饲料中添加，连用 3～5 天
克毒先（黄芪多糖注射液）		3 000 mg		

2. 中药治疗

处方一：延胡索 15 g，细辛 10 g，白芷 10 g，川芎 10 g，天冬 10 g，麦冬 10 g，天花粉 10 g，黄柏 10 g，黄芩 10 g，玄参 10 g，芍药 10 g，金银花 15 g，知母 15 g，贝母 10 g，前胡 10 g，甘草 10 g。

【作用】治疗猪伪狂犬病。

【用法与用量】水煎取汁，候温灌服，供大猪 1 次服用，每天 1 次，连用 3～5 天。

处方二：大青叶 120 g，板蓝根 120 g，金银花 150 g。

【作用】治疗猪伪狂犬病。

【用法】水煎取汁，候温灌服。

处方三：白芷 15 g，细辛 10 g，石菖蒲 15 g，天南星 15 g，天竺黄 10 g，僵蚕 15 g，大黄 10 g，杏仁 15 g，桔梗 15 g，广藿香 15 g，法半夏 15 g，全蝎 15 g，防风 15 g，秦艽 15 g。

【作用】治疗初期猪伪狂犬病。

【用法与用量】水煎取汁，候温灌服，供大猪 1 天分 2 次服完，连服 3～5 天。

处方四：菊花 15 g，天麻 25 g，法半夏 15 g，钩藤 30 g，杭菊 15 g，天南星 25 g，天竺黄 10 g，僵蚕 15 g，黄连 35 g，陈皮 10 g，防风 15 g，焦栀子 15 g，枳壳 15 g，木香 15 g，茯苓 15 g，胆草 15 g。

【作用】治疗猪伪狂犬病。

【用法与用量】水煎取汁，候温灌服，供大猪 1 天分 3 次服完，连用 3～5 天。

（八）免疫预防与饲养管理

1. 免疫预防

免疫接种：目前使用的疫苗有 PR 弱毒活苗、弱毒灭活苗、野毒灭活苗和基因缺失苗（自然缺失的 Bartha 株和 Bucharest 株已成为国际上的首选疫苗，但必须注意的是同一猪场不能使用 2 种基因缺失苗，以免基因重组）。参考免疫程序：母猪产前 28 天，1 头份/头；公、母猪 1 年 3 次，1 头份/头，普免；仔猪 50～70 日龄免疫 1 次，1 头份/头。

2. 饲养管理

加强管理，发生疫情时，扑杀病猪，对疫区进行封锁，禁止猪只和饲料的进出。全场猪群用猪伪狂犬 gE 缺失苗紧急接种。全场做好卫生消毒工作，对地面、墙壁、工具用 2% 氢氧化钠溶液、复合碘、二氧化氯等消毒药加强消毒，每天 1 次。执行严格的生物安全措施，牛、羊、猪分群饲养。加强灭鼠工作、卫生消毒工作，粪、尿无害化处理。科学饲养管理，推行全进全出，早期隔离断奶模式。

3. 感染场净化

严把引种关，加强免疫，定期检疫，淘汰阳性反应猪。

三、猪细小病毒病

猪细小病毒病（porcine parvovirus infection，PPI）是由猪细小病毒（PPIV）引起的猪繁殖障碍病之一。主要危害初产母猪，造成流产、产死胎等现象，母猪一般没有明显的临床症状。

（一）病原

PPIV 属于细小病毒科细小病毒属单股 DNA 病毒。该病毒的粒子呈圆形或六边形（图 3-3-1），为二十面体对称，无囊膜，直径为 18～24 nm。病毒具有血凝特性，能凝集豚鼠、恒河猴、小白鼠、大白鼠、猫、鸡和人（O 型血）的红细胞，其中以豚鼠红细胞的血凝性最好；在体外培养细胞的细胞核中可产生核内包涵体。据报道，PPIV 毒株有强弱之分，其中强毒株（例如 NADL-8 毒株）感染母猪后可导致病毒血症，并通过胎盘垂直感染胎儿，引起胎儿死亡；弱毒株（例如 NADL-2 毒株）感染怀孕母猪后不能经胎盘感染胎儿，而被用作弱毒疫苗株。

本病毒对热、消毒药和酸碱的抵抗力均很强，在 56℃条件下 48 小时，在 80℃条件下 5 分钟才失去感染力和血凝性。对乙醚、氯仿不敏感，pH 适应范围很广。病毒对外界环境的抵抗力也很强，能在被污染的猪舍内生存数月之久，容易造成长期连续传播。当被污染的圈舍按常规消毒方法处理后，再放入易感猪时，仍有被病毒感染的可能。

（二）流行特点

PPI 在全世界的猪群中都有流行，病猪和带毒猪是主要传染源，病毒可通过胎盘传给胎儿，发病母猪的流产物及子宫内分泌物带有大量的病毒。急性感染期，猪的分泌物和排出物中其病毒的感染力可保持几个月，所以病猪污染过的猪舍，若消毒不彻底，在空舍 4～5 个月后仍可感染健康猪。猪是唯一的易感动物，传染途径主要是通过交配感染，此外，还可通过呼吸道和消化道感染。本病最常发生于初产母猪。

（三）临床症状

猪感染细小病毒后的主要症状是公猪睾丸肿大和母猪繁殖障碍，主要感染母猪，易导致初产母猪流产、产死胎、木乃伊胎、畸形胎、弱仔，所产的木乃伊胎大小不一（图 3-3-2 至图 3-3-6），而母猪本身却无明显的临床表现。经产母猪感染后发情不正常或屡配不孕。患病猪体温正常。

（四）病理特征

主要病变为子宫内膜有轻微炎症，胎盘有部分钙化，胎儿在子宫内有被溶解吸收的现象。受感染胎儿可见不同程度的发育不良，有时胎重减轻、胎体变小，有时出现溶解、腐败中的黑仔、死胎、木乃伊胎，胎儿表现出血、水肿、坏死等病变，而母猪本身却无明显的临床表现。脑组织学变化以大脑灰质、白质和软脑膜有增生的血管外膜细胞、组织细胞和少数浆细胞形成的管套为特征的非化脓性脑膜炎（图 3-3-7），但脑质细胞的增生和神经细胞的变化则较小。病猪和死胎的多组织和器官发生广泛性细胞坏死，炎性细胞浸润和形成核内包涵体（图 3-3-8）。

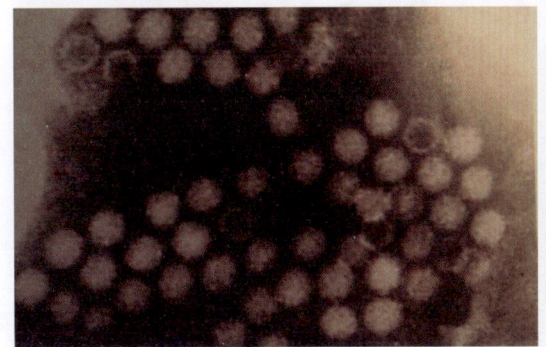

图 3-3-1 猪细小病毒粒子

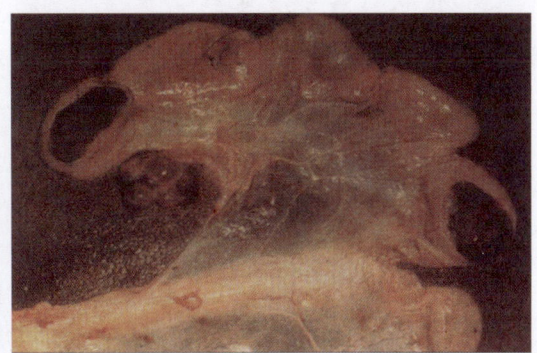

图 3-3-2 子宫中的木乃伊胎（Karl-Otto Eich）

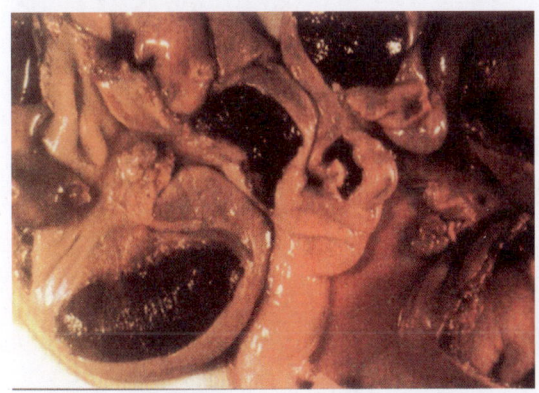

图 3-3-3 子宫中的死胎和木乃伊胎（Karl-Otto Eich）

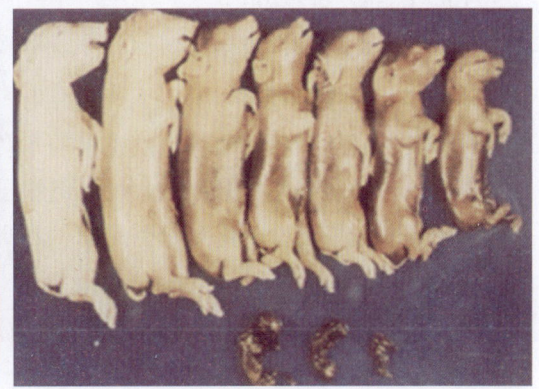

图 3-3-4 母猪感染细小病毒，产死胎及木乃伊胎

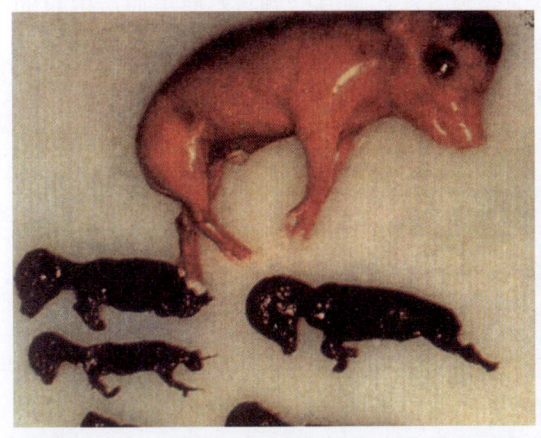

图 3-3-5 死胎及木乃伊胎（Karl-Otto Eich）

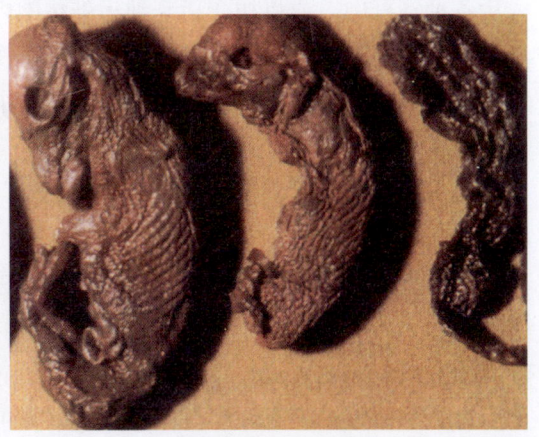

图 3-3-6 木乃伊胎（Karl-Otto Eich）

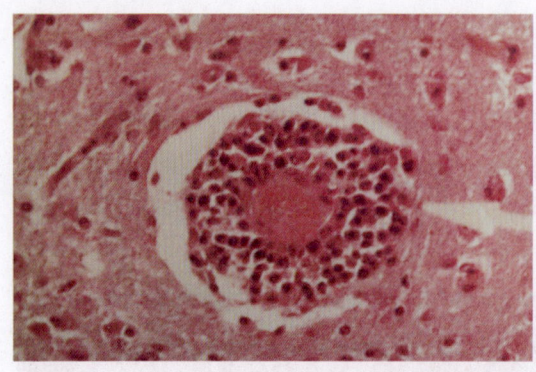
图 3-3-7　新生仔猪的非化脓性脑膜炎变化（HE 100×）

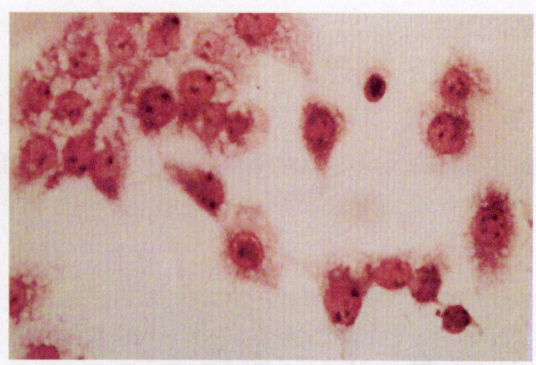
图 3-3-8　在感染猪肾脏涂片上可检出嗜酸性核内包涵体（HE 400×）

（五）诊断要点

在母猪群中出现以下四方面的临床症状可疑为本病。

①母猪，特别是初产母猪配种 30 天以内反复发情率高。

②返情母猪发情周期不规律。

③母猪的窝产仔数少。

④母猪产仔时木乃伊胎多。

猪细小病毒主要感染 70 天以下的胎儿，所产木乃伊胎长度都小于 17 cm，这是猪细小病毒感染和其他繁殖障碍性疫病感染的木乃伊胎的鉴别要点。确诊要通过实验室检验。血清学诊断，一般采集木乃伊胎、死胎组织浸出液和初生仔猪的心脏血液，快速检验方法一般采用乳胶凝集试验，优点是更准确、方便。

（六）类症鉴别

主要与猪伪狂犬病、猪日本乙型脑炎、猪布鲁氏菌病、猪繁殖与呼吸综合征等相区别。

（七）治疗方法

本病无有效的治疗方法，主要采取预防措施。据报道，将血清学反应阳性的老母猪放入后备种猪群中，或将初产猪赶到污染猪圈内饲养等方法，使其受到自然感染而产生自动免疫的办法，在流行地区可考虑试行。本病发生流产或木乃伊同窝的幸存仔猪，不能留作种用；同样，初产母猪的后代也不宜留作种用。

（八）免疫预防与饲养管理

①用弱毒苗和灭活苗做好免疫接种工作。后备母猪配种前 2 个月、1 个月用猪细小病毒灭活苗各免疫 1 次，每次 1 头份。

②防止将带毒猪引入无本病的猪场，引进种猪时，进行猪细小病毒病的血凝抑制试验（HI），当 HI 滴度在 1∶256 以下或阴性时才能引进，引进后隔离饲养 2 周以上再混群饲养。加强猪场的卫生消毒工作，对流产的胎衣、胎儿等要进行无害化处理。特别对已污染的猪舍要严格清扫消毒，空栏 4 个月以上方可将猪引入。酸碱消毒剂效果较差，可选用复合酚、复合醛、二氧化氯等消毒剂。

四、猪日本乙型脑炎

日本乙型脑炎（Japanese B encephalitis，JE）又名流行性乙型脑炎，是由日本乙型脑炎病毒（JEV）引起的一种急性人畜共患传染病，以怀孕母猪流产、产死胎，公猪睾丸肿大为特征，少数猪只表现神经症状。

（一）病原

JEV 属于黄病毒科黄病毒属单股 RNA 病毒，只有一个血清型。病毒粒子呈圆形，含单股 DNA，大小为 30～40 nm，为二十面体立体对称，主要位于粗面的内质网中（图 3-4-1）。病毒核心为 RNA 包以脂蛋白膜，膜外层为含糖蛋白的纤突。病毒在感染猪的血液中存留时间很短，主要存在于中枢神经系统、脑脊髓液和肿胀的睾丸内。流行地区的吸血昆虫，特别是库蚊和伊蚊体内能分离出病毒。小鼠是最常用来分离和繁殖病毒的实验动物，各种年龄的小鼠虽然都有易感性，但以 1～3 日龄的小鼠最易感。

本病毒对外界环境的抵抗力不强，在 -20℃条件下可保存 1 年，但毒性会降低；在 50% 甘油生理盐水中于 4℃条件下可存活 6 个月；在 pH < 7 或 pH > 10 条件下，活性迅速下降。常用的消毒药均具有良好的灭活作用，如 2% 氢氧化钠和 3% 甲酚皂等溶液均可很快将病毒杀死。

（二）流行特点

本病是自然疫源性传染病，猪是主要的病毒增殖宿主和传染源。主要通过带病毒的蚊虫叮咬而传播。在猪群中感染率高，发病率低。在蚊虫滋生的 6—9 月发病最多。各品种、年龄、性别的猪都易感，但以 6 月龄左右的猪发病较多，尤其是秋季选留、春季配种的种母猪常被感染而发生流产、产死胎；种公猪发生睾丸炎。

（三）临床症状

突然发病，体温升高到 40～41℃，呈稽留热，精神不振、嗜睡，食欲减少，粪便干、呈球状，表面常附有黏液。有的表现后肢轻度麻痹，个别表现神经症状，最后倒地不起而死亡。种公猪发生睾丸炎（图 3-4-2）；妊娠母猪流产、产死胎（图 3-4-3，图 3-4-4）。

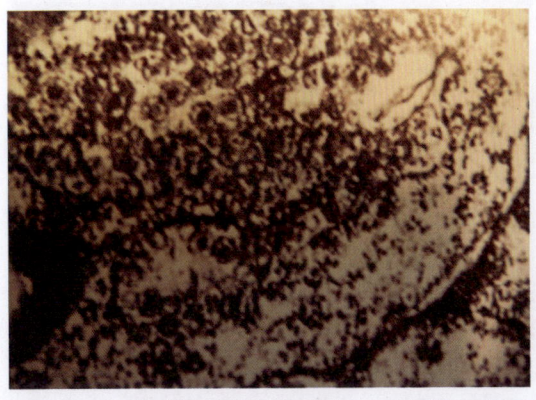

图 3-4-1 超薄切片中的病毒粒子，主要位于粗面内质网中

图 3-4-2 左侧睾丸肿大，右侧睾丸萎缩

（四）病理特征

流产胎儿皮下水肿或红色胶样浸润，脑水肿、脑膜充血、切面可见灰质和白质中的血管高度充血、水肿。母猪子宫内膜明显充血，胎盘水肿或出血，黏膜有出血（图3-4-5）。公猪睾丸肿胀、坏死。病猪脑内水肿（图3-4-6）。组织学检查可见到典型的非化脓性脑炎变化（图3-4-7至图3-4-10），睾丸实质的主要病变是曲细精管变性和坏死。

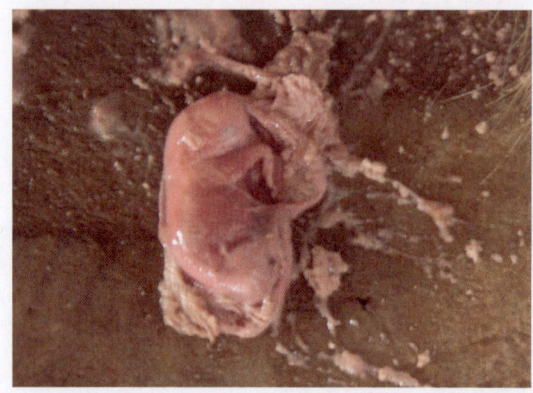

图3-4-3　流产的胎儿

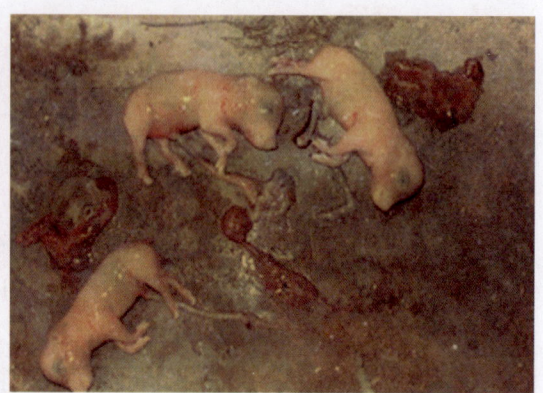

图3-4-4　流产胎儿和木乃伊胎

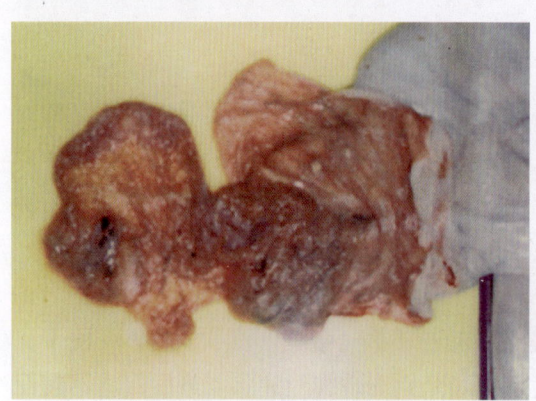

图3-4-5　子宫黏膜出血坏死

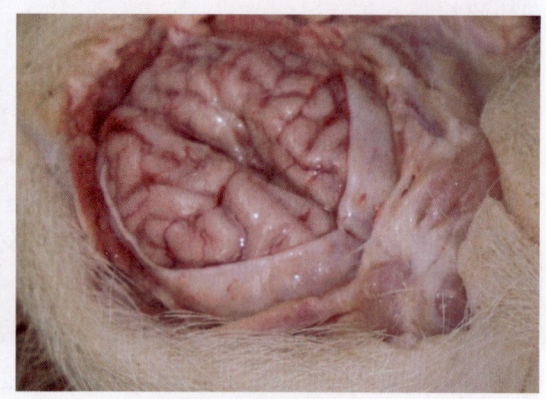

图3-4-6　脑水肿

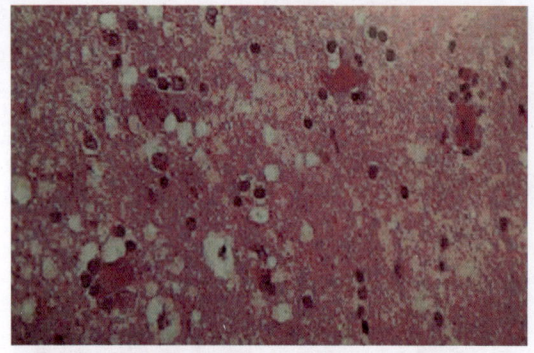

图3-4-7　胶质细胞周围变性坏死的神经细胞，形成卫星现象（HE 130×）

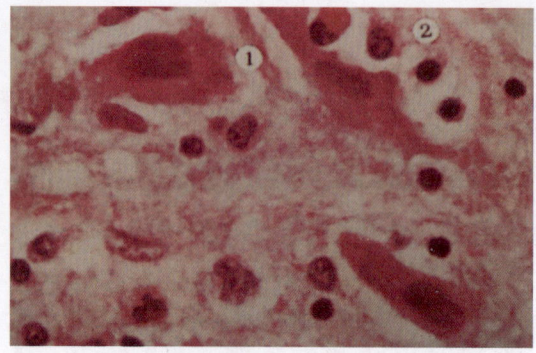

图3-4-8　卫星现象（标记①处）和噬神经现象（标记②处）（HE 400×）

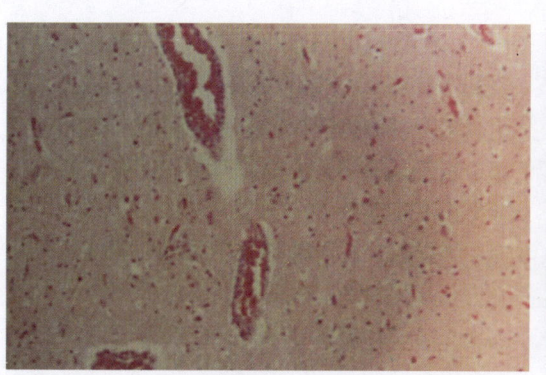 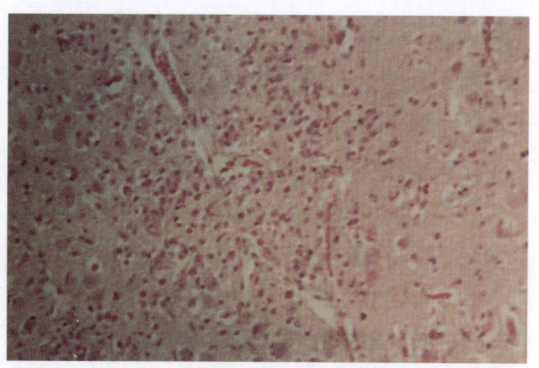

图 3-4-9 死亡乳猪脑组织内以淋巴细胞为主的血管套（HE 60×）　　图 3-4-10 死亡乳猪脑组织内形成的胶质结节（HE 100×）

（五）诊断要点

根据流行病学、临床症状和病理变化可初诊，通过病毒分离和血清学试验确诊。在临床病理检查时，常采取病猪的睾丸组织做免疫荧光检测，可在曲细精管的上皮或脱落入管腔的组织细胞中发现大量阳性反应细胞（图 3-4-11，图 3-4-12）。

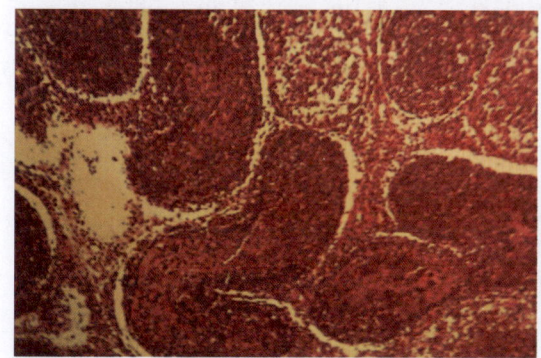 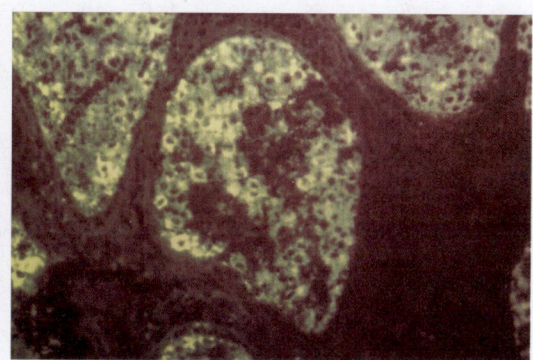

图 3-4-11 曲细精管腔中充满细胞碎屑，处于坏死状态阳性细胞（HE 400×）　　图 3-4-12 荧光抗体染色可见曲细精管中有大量抗原（HE 60×）

（六）治疗方法

1. 化学药物治疗

可用硫酸卡那霉素、板蓝根注射液等，用药可参考表 3-4-1。

表 3-4-1　化学药物防治猪日本乙型脑炎

名称	功用与主治	用量		使用方法
硫酸卡那霉素	抗菌消炎	10～15 mL	千克体重	混合后肌内注射，每天2次，连用3～5天
板蓝根注射液	清热解毒	0.1～0.2 mL		
抗病毒Ⅰ号	抗病毒			
30% 安乃近	退热止痛			
复合维生素B粉	加强营养，防继发感染	500 mg	千克饲料	混入饲料中添加，连用3～5天
环球之星预混剂		1 000 mg		

2. 中药治疗

处方一：大青叶 30 g，黄芩、栀子、丹皮、紫草各 10 g，黄连 3 g，生石膏 100 g，芒硝 6 g，鲜生地 50 g。

【作用】治疗猪日本乙型脑炎。

【用法】按处方配药，加水煎至 100 mL，候温灌服。

处方二：板蓝根、生石膏各 100 g，大青叶 60 g，生地 50 g，连翘、紫草各 30 g，黄芩 18 g。

【作用】治疗猪日本乙型脑炎。

【用法】按处方配药，水煎取汁，候温灌服。

处方三：白附子、天南星、僵蚕各 12 g，全蝎 9 g，天麻 15 g，蜈蚣 6 条。

【作用】治疗猪日本乙型脑炎。

【用法与用量】按处方配药，共研细末，热酒调后灌服，每天 1 剂，分 3 次服完，连用 3～4 天。同时肌内注射盐酸山莨菪碱 40 mg 和天麻注射液 8 mL，每天 2 次，连用 3～5 天。

处方四：生石膏 120 g，板蓝根 120 g，大青叶 60 g，生地 30 g，连翘 30 g，紫草 30 g，黄芩 20 g。

【作用】治疗猪日本乙型脑炎。

【用法与用量】水煎取汁，1 次灌服，每天 1 剂，连用 3 天以上。

（七）免疫预防和饲养管理

（1）免疫接种可参考免疫程序，后备母猪在配种前 2 个月和 1.5 个月分别接种乙型脑炎弱毒活苗，1 头份/头；经产母猪、公猪在每年 3 月用乙型脑炎弱毒活苗进行普免，1 头份/头。

（2）灭蚊为主，以切断传播途径。在 3—5 月选用高效杀虫剂如溴氰菊酯、氯氰菊酯和双硫磷等杀虫剂对猪舍进行灭蚊。

五、猪布鲁氏菌病

猪布鲁氏菌病（swine brucellosis）是由猪布鲁氏菌引起的一种人畜共患的慢性传染病，简称布病。其特征主要是母猪患病后，发生流产、子宫炎、跛行和不孕症；公猪患病后，发生睾丸炎和附睾炎。

（一）病原

猪布鲁氏菌病的病原体主要是猪布鲁氏菌，它可使猪发生全身性感染，并引起繁殖障碍；而其他种类的布鲁氏菌一般只侵害猪的局部淋巴结，多无临床表现。已知猪布鲁氏菌主要有 4 个生物型，但各型在形成上并无太大差异。它们都是细小的球杆菌或短杆菌，无运动性，不形成荚膜和芽孢，革兰氏染色呈阴性反应（图 3-5-1）。由于猪布鲁氏菌吸收染料的过程较慢，比其他细菌难以着色，所以可用两种不同的染料进行鉴别染色，如沙黄、孔雀绿染色，染色后猪布鲁氏菌呈红色，而其他细菌则呈绿色。

猪布鲁氏菌的抵抗力比较强,在土壤、水中和皮毛上能生存较长时间,例如在布片上室温中可存活 5 天;在干燥的土壤中可生存 37 天;在冷暗处及胎儿体内能存活 6 个月。但本菌对消毒药的抵抗力较弱,常用消毒药能在数分钟内将其杀死,如 1% 甲酚皂或 2% 福尔马林或 5% 生石灰等溶液 15 分钟均可将其杀死。

(二)流行特点

本病呈地方性流行,以南方省份发病较多,无季节性。猪对本病的易感性随年龄的增长而增高。病猪及带菌猪是主要传染来源,母猪流产,胎儿、胎衣和羊水等含有大量猪布鲁氏菌,污染圈舍和周围环境也可引起传染。本病毒可通过交配、消化道、精液等途径传播,如公猪精液中有病原体,人工授精可引起传染。第一胎母猪发病率高,阉割后的公、母猪感染率较低。人可因接触病猪,如接产、助产、冲洗子宫等而感染。

(三)临床症状

母猪的主要症状是流产,多发生在怀孕后的 2~3 个月。但有的在妊娠的 2~3 周即流产;早期流产的胎儿和胎衣,多被母猪吃掉,常不被发现;流产前的症状也不明显;流产的胎儿多为死胎(图 3-5-2,图 3-5-3);胎衣不下的情况较少,少数母猪可发生胎衣不下及引起子宫炎症,影响其配种。重复流产较少见。新感染猪场,流产较多。公猪主要症状是睾丸发炎和附睾发炎,一侧或两侧无痛性肿大。有的症状较急,局部热痛,并伴有全身症状;有的病猪睾丸发生萎缩、硬化,甚至性欲减退或丧失,失去配种能力。

(四)病理特征

猪布鲁氏菌病特征性的剖检变化是化脓性子宫黏膜炎和胎膜炎,子宫黏膜和胎膜上出现弥漫性、粟粒大、灰白色结节;胎膜变薄,上面散布菜籽粒至绿豆大小的灰白色圆形硬颗粒,好似胎膜上镶着无数"珍珠",强行挤压可挤出黄白色的脓汁(图 3-5-4)。

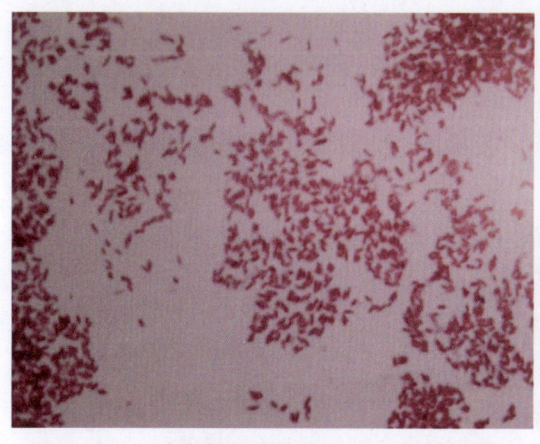

图 3-5-1 猪布鲁氏菌革兰氏染色呈阴性反应

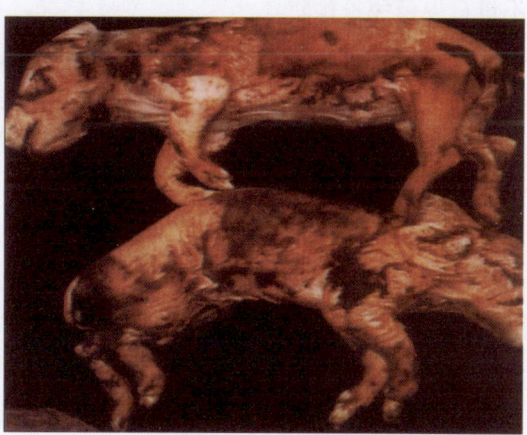

图 3-5-2 死胎

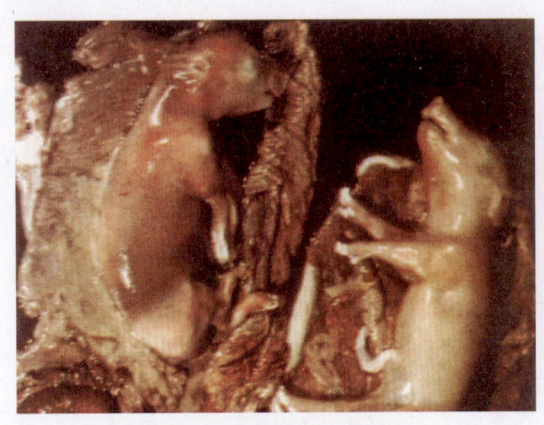
图 3-5-3　流产的胎儿多为死胎

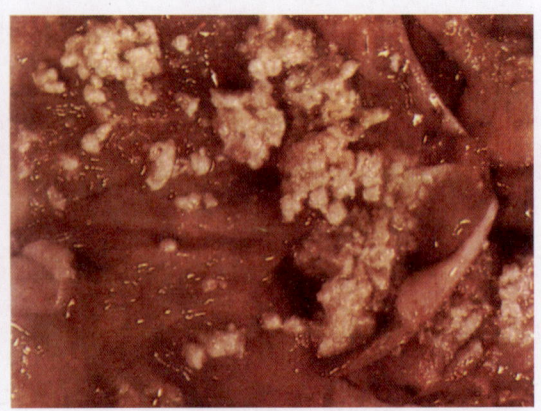
图 3-5-4　化脓性子宫黏膜炎和胎膜炎

（五）诊断要点

进行细菌检查，取病料（胎水、胎衣、胎儿）做成玻片，用柯兹洛夫斯基染色法染色、镜检，可见成丛的红色球状小杆菌，即可确诊。有条件时，可做细菌分离培养。

（六）类症鉴别

须与猪繁殖与呼吸综合征、猪细小病毒病、猪日本乙型脑炎、猪钩端螺旋体病、猪伪狂犬病、猪弓形体病等区别诊断。

（七）免疫预防与饲养管理

1. 免疫预防

猪布鲁氏菌病活疫苗适宜口服免疫，亦可肌内注射。怀孕母猪口服后不受影响，猪群每年口服1次，持续数年不会造成血清学反应长期不消失的现象。在猪布鲁氏菌病低发区不进行疫苗免疫预防。

注意事项：免疫有效期为12个月。注射法不能用于怀孕母猪。疫苗稀释后应当天用完。混于水饮服或灌服时，应注意用凉水，若拌入饲料中，应避免使用含有抗菌药物的饲料、发酵饲料或热饲料。免疫动物在服疫苗前后3天，应停止使用含抗菌药物添加剂的饲料和发酵饲料。本疫苗对人有一定的致病力，工作人员大量接触可引起感染，制疫苗人员应注意消毒和防护，使用疫苗时，也要注意个人的防护，用过的用具必须煮沸消毒，水、料槽可用日光消毒。冻干疫苗在0～8℃条件下保存，有效期为12个月。

2. 饲养管理

种猪场坚持自繁自养的原则。凡是病猪或阳性反应猪，应立即隔离，一律淘汰，以除后患。在发病猪场，对检疫证明阴性无病的猪，用猪布鲁氏杆菌2号弱毒冻干菌苗进行预防免疫，最好在配种前1～2个月进行，免疫期为1年。加强兽医卫生管理，特别要注意产房、用具及环境的彻底消毒。妥善处理流产胎儿、胎衣、胎水及阴道分泌物。

第四章
呼吸系统疾病

在集约化、工厂化养猪生产中由于饲养密度大、圈舍通风换气不良，为呼吸系统疫病的发生流行创造了条件。近年来猪支原体肺炎、猪传染性萎缩性鼻炎、副猪嗜血杆菌病、猪繁殖与呼吸综合征和猪流行性感冒等疫病，在各日龄的猪中发病率、死亡率都在增加，危害严重。

一、猪传染性胸膜肺炎

猪传染性胸膜肺炎（procine contagious pleuropneumonia）是由胸膜肺炎放线杆菌（actinobacillus pleuropneumoniae，APP）引起的以胸膜肺炎症状和病变为特征的高度接触性、传染性、致死性的一种猪呼吸道传染病。临床上和病理变化以纤维素性胸膜肺炎或慢性、局灶性、坏死性肺炎为特征。

（一）病原

胸膜肺炎放线杆菌曾被称为胸膜肺炎嗜血杆菌（haemophilus pleuropneumoniae），有12个血清型，部分血清型之间有交叉反应，因其与林氏放线杆菌的DNA具有同源性，故于1983年将之列入放线杆菌属，称为胸膜肺炎放线杆菌。APP为带荚膜的革兰氏阴性小杆菌，在显微镜下多呈球杆状，但有丝状、短杆状的多形性趋向（图4-1-1）。

APP的生长依赖V因子，在普通营养琼脂培养基中不能生长，而在含烟酰胺腺嘌呤二核苷酸（NAD）绵羊裂解血培养基中生长最旺盛，可见较大的闪光、灰白菌落，菌落中间隆起、边缘整齐（图4-1-2）；在含有NAD鲜血琼脂培养基上可见针尖大闪光、透明菌落，菌落周围可见溶血斑（图4-1-3）。本菌的抵抗力不强，一般常用的消毒药均可将之杀灭。

（二）流行特点

APP是一种呼吸道寄生菌，主要存在于患病动物的肺和扁桃体。病猪和带菌猪是主要的传染源。通过呼吸道传播，3～4周龄的仔猪最易感。猪传染性胸膜肺炎的发生受外界因素影响很大，温差过大、饲养密度过大、通风不良、转群应激等因素均可诱导本病的发生。

（三）临床症状

最急性型：一般于断奶到保育舍的猪群中突然发生，病猪体温升高，达41.5℃左右。发病猪最初表现不吃食，懒动，毛蓬松，皮肤苍白，有时发生短暂的呕吐和腹泻，末梢皮肤发绀，后期咳嗽，腹式呼吸明显（图4-1-4），临死前口鼻流出血色或白色泡沫状分泌物（图4-1-5，图4-1-6）。急性型：一般在同猪群或不同猪群中逐渐出现病猪，病猪体温在40.5～41℃，皮肤发红，精神沉郁，不愿站立，厌食，饮水减少。严重者呼吸困难、张口呼吸、咳嗽。该病暴发时怀孕母猪常发生流产。慢性型：多在急性型后或同时出现，病猪轻度发热或不发热，食欲减退，间歇性咳嗽，不愿活动，仅在喂食时很勉强地爬起。病猪症状常常被其他呼吸道疾病所掩盖或混淆。个别患病猪可发生关节炎及在不同部位出现肿胀，感染血清3型菌株时，就常出现这些症状。

第四章 呼吸系统疾病

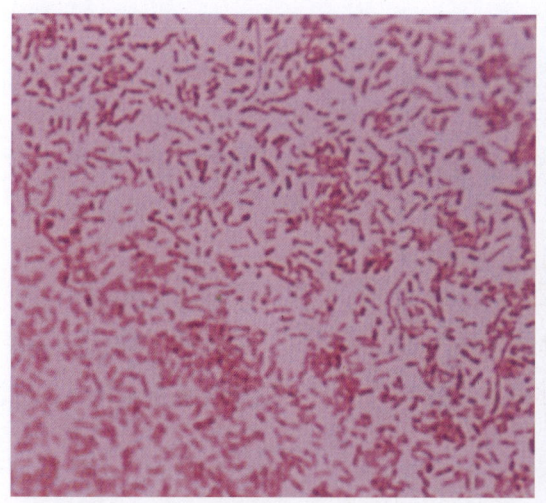
图 4-1-1 带荚膜的革兰氏阴性小杆菌

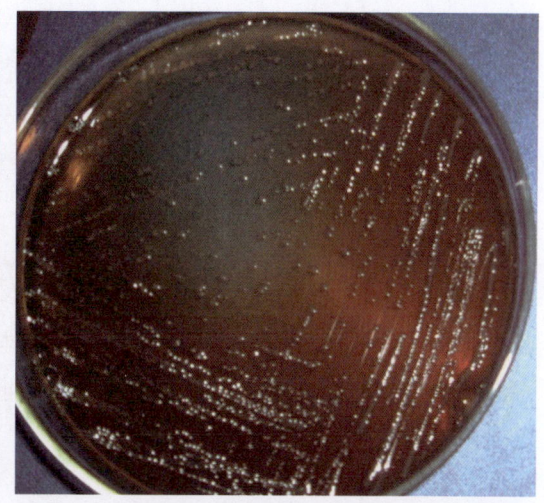
图 4-1-2 在含 NAD 绵羊裂解血培养基中生长的菌落

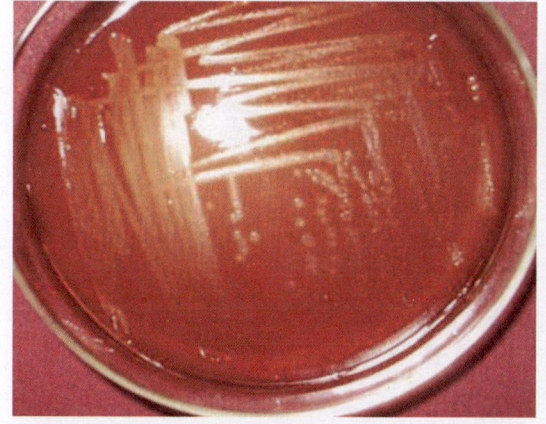
图 4-1-3 在含 NAD 鲜血琼脂培养基中生长的菌落

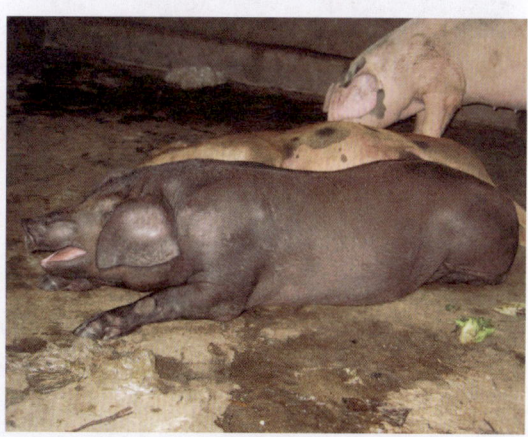
图 4-1-4 呼吸困难,张口呼吸

图 4-1-5 鼻孔流出黏脓性分泌物

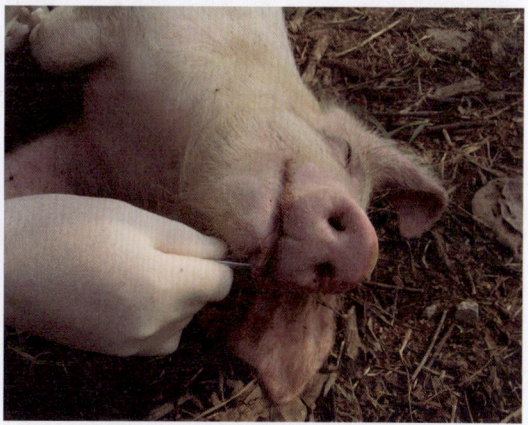
图 4-1-6 死前鼻孔流出血色分泌物

97

（四）病理特征

病理剖检，肉眼可见变化主要集中在胸腔和肺部，肺门淋巴结肿大、出血，气管和支气管黏膜肿胀，其内充满白色或血色泡沫状分泌物（图4-1-7，图4-1-8），胸腔含有粉红色液体、心包积液，可见纤维素性心包炎、纤维素性胸膜炎、肺炎、胸膜出血，肺脏、胸膜、心包膜、膈肌、胸壁等不同程度地粘连，剖检时很难分离，常常把肺组织撕破或残留在胸壁等处。肺脏病变部位出血、变硬，甚至出现脓肿样结节。镜检，可见肺的主要病变均为纤维素肺炎变化（图4-1-9至图4-1-25）。红色肝变期可见肺泡壁的毛细血管极度扩张，肺泡腔中充满红细胞（图4-1-26）、纤维蛋白和浆液。灰色肝变期肺泡内则有大量嗜中性粒细胞和纤维蛋白；此时的肺间质明显水肿、增宽，其中发生纤维素样坏死和形成淋巴栓。

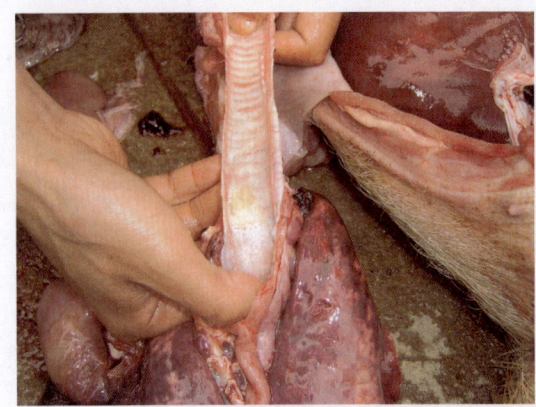

图4-1-7　气管有大量分泌物

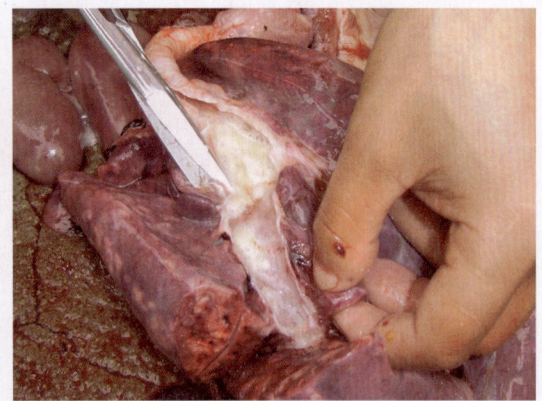

图4-1-8　支气管有大量分泌物

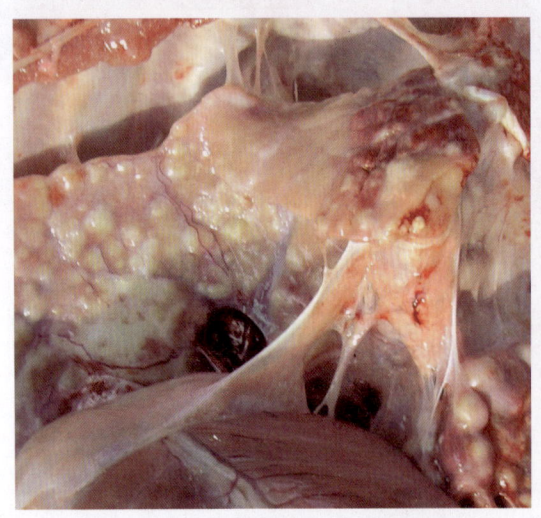

图4-1-9　心外膜与肺、肺与胸壁粘连

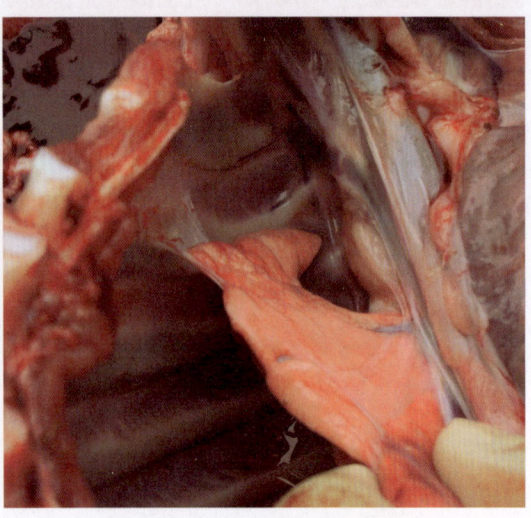

图4-1-10　肺脏和胸壁粘连

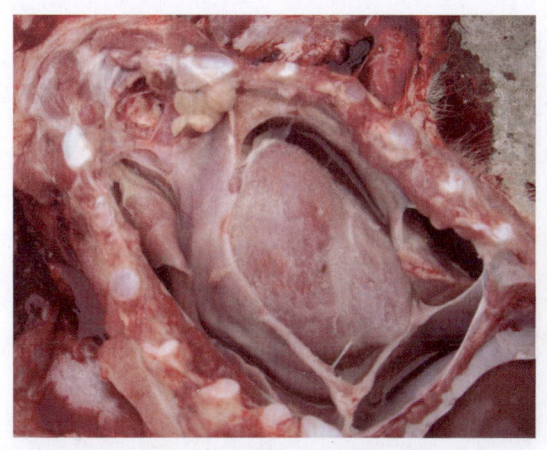
图 4-1-11 浆液性、纤维素性心包炎

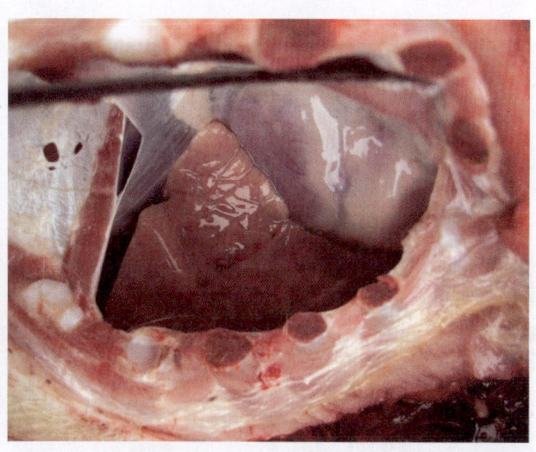
图 4-1-12 肺脏水肿、出血

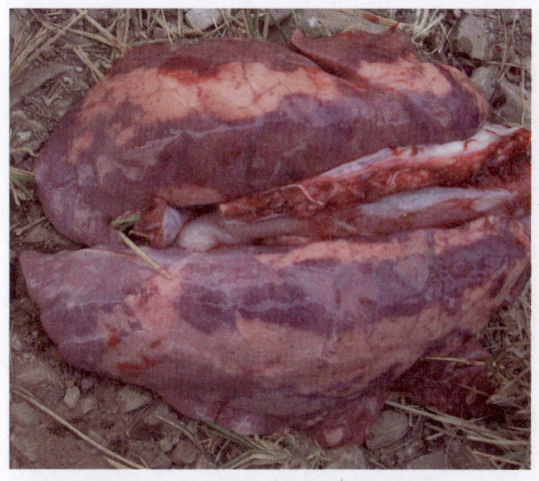
图 4-1-13 肺脏表面纤维素性渗出

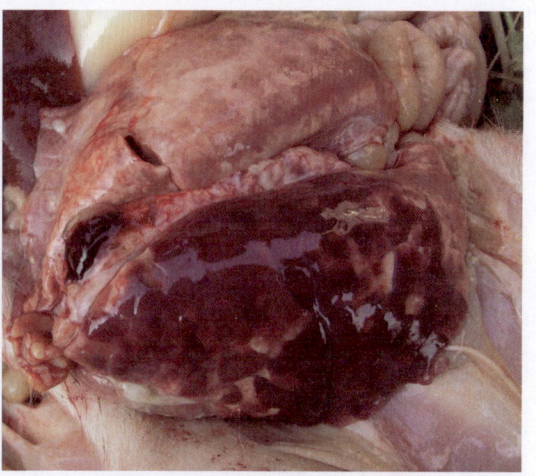
图 4-1-14 肺脏出血、坏死

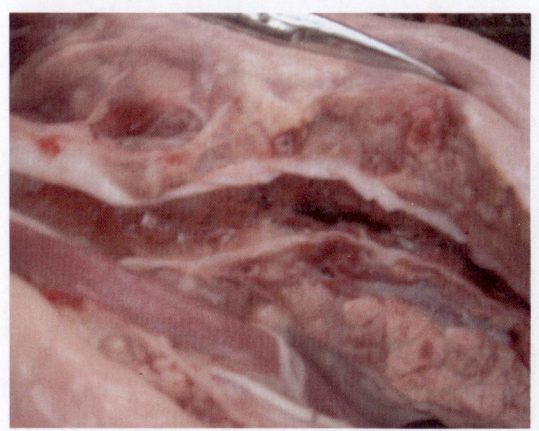
图 4-1-15 支气管出血

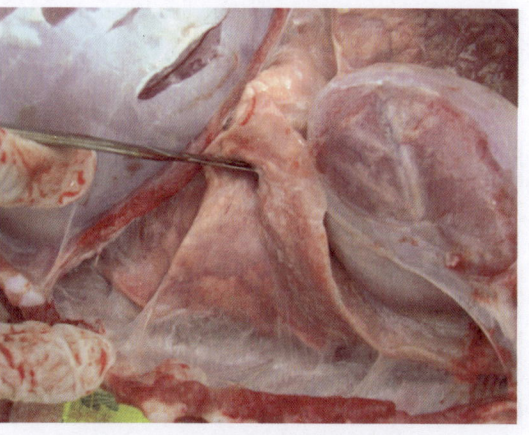
图 4-1-16 肺脏表面被覆纤维素

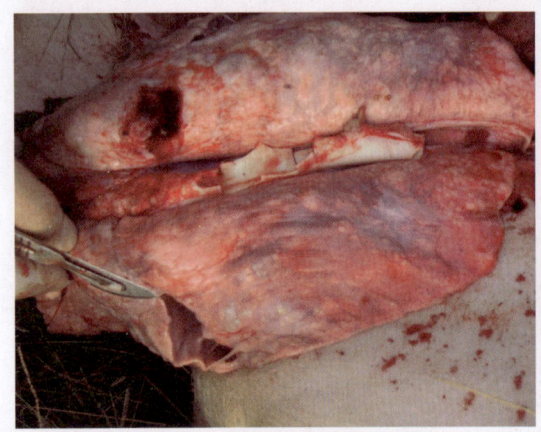
图 4-1-17　肺脏萎缩、溶解

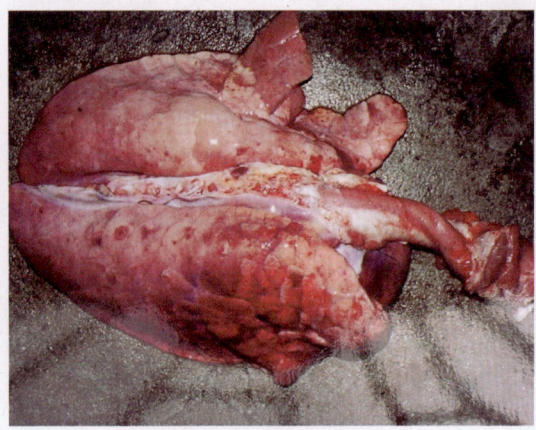
图 4-1-18　肺脏出血

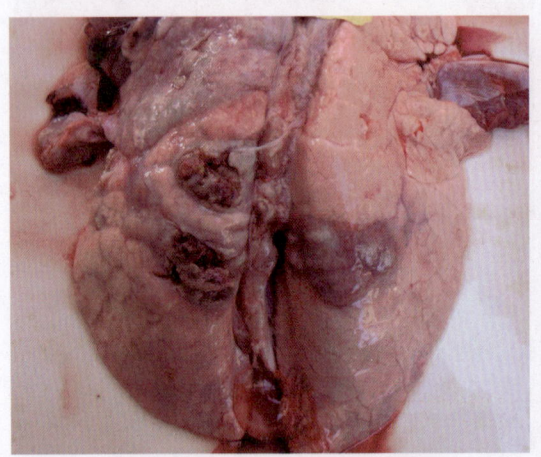
图 4-1-19　肺脏表面的坏死灶

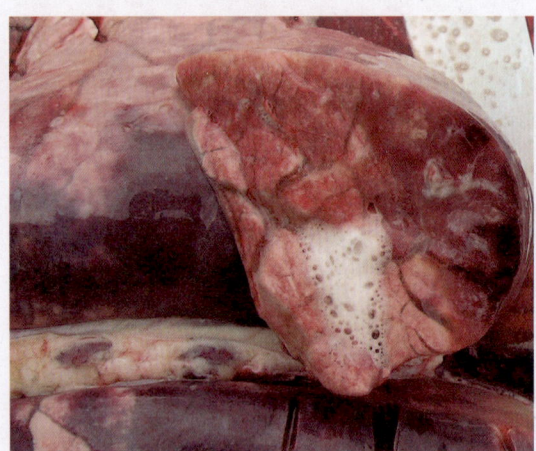
图 4-1-20　肺脏切面呈大理石样花纹

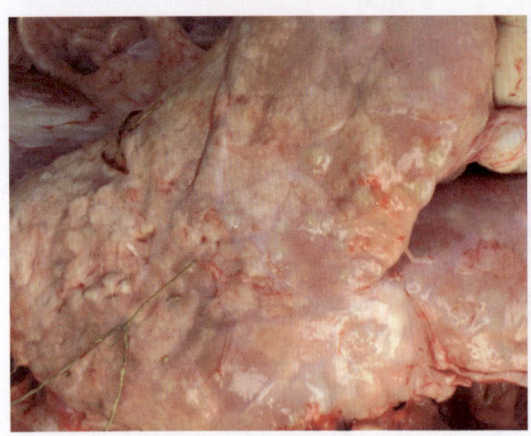
图 4-1-21　肺脏表面粗糙不平

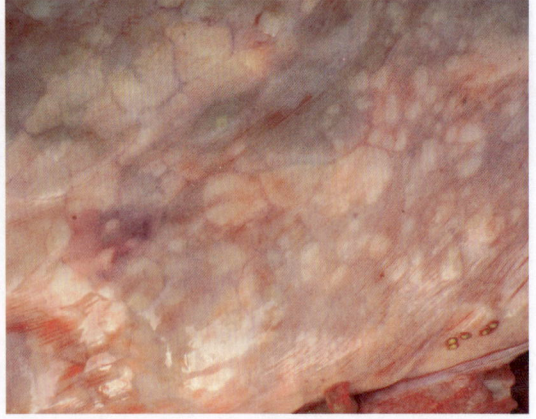
图 4-1-22　肺脏表面可见灰白色颗粒

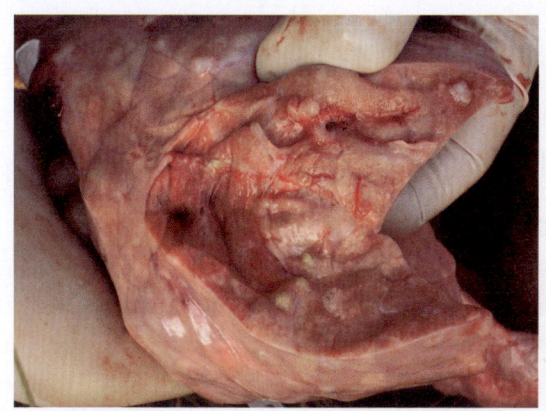
图 4-1-23　肺脏切面可见灰白色颗粒

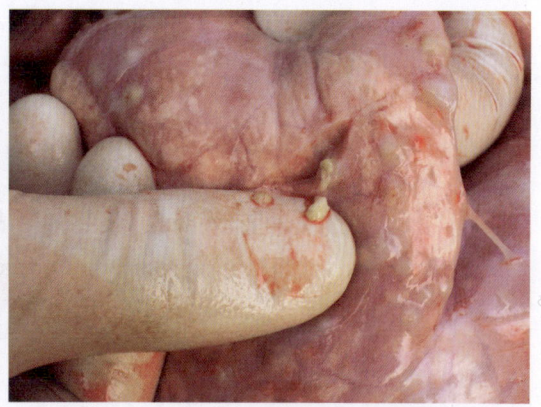
图 4-1-24　肺脏切面可见干酪样颗粒

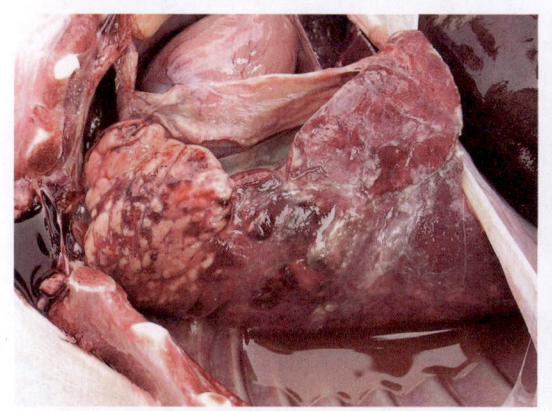
图 4-1-25　肺脏肉变、表面被覆纤维素

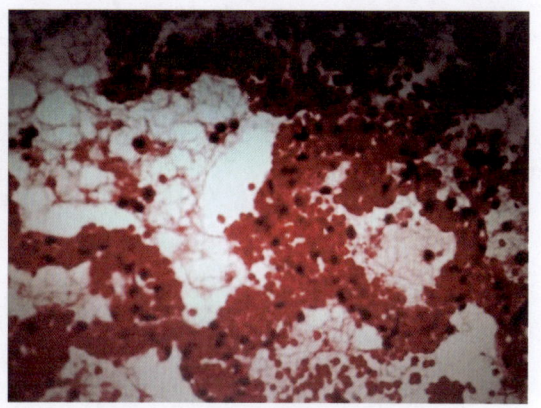
图 4-1-26　肺泡充血（HE 染色）

（五）诊断要点

根据临床症状和病理变化可作出初诊。确诊可通过细菌学检查或细菌分离培养和血清学试验。经镜检，可见革兰氏染色呈阴性球杆状的本病病原体即可确诊（图 4-1-27，图 4-1-28）。

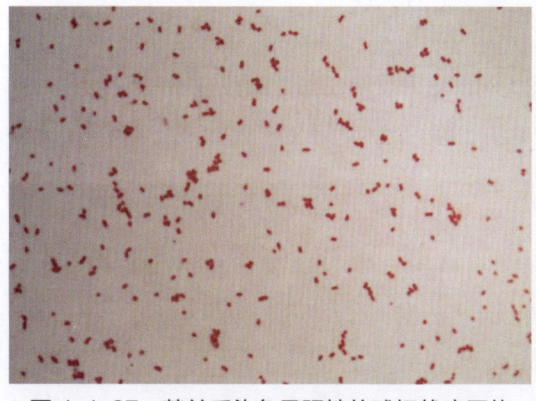
图 4-1-27　革兰氏染色呈阴性的球杆状病原体
（HE 1 000×）

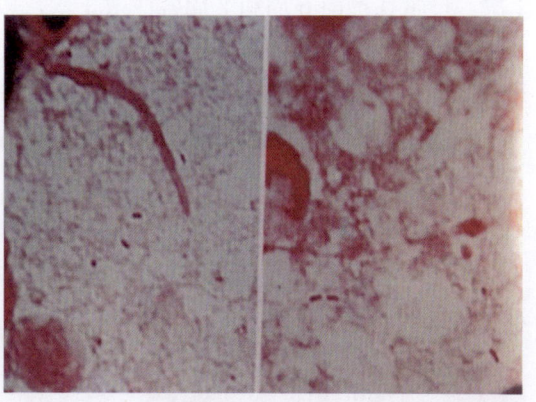
图 4-1-28　肺组织涂片中革兰氏染色阴性的病原体（HE 1 000×）

（六）治疗方法

1. 化学药物治疗

抗菌消炎、防继发感染，参考表 4-1-1 制订用药方案。

表 4-1-1 化学药物治疗猪传染性胸膜肺炎

名称	功用与主治	用量		使用方法
清开灵	清热解毒	每头猪 5~10 mL		肌内注射，连用 3~5 天
乙基环丙沙星	抗菌消炎	5~10 mg	千克体重	
强效阿莫西林	防继发感染	15 mg		
多种维生素	强化营养	500 mg	千克饲料	混料服，连用 3~5 天
氟必康（氟苯尼考）	防继发感染	500 mg		

2. 中药治疗

处方：知母、贝母、款冬花、葶苈子、百部、马兜铃、金银花、黄芩、白药子、黄药子各 10 g，杏仁 9 g，枇杷叶 15 g，栀子 12 g，大黄 6 g，甘草 5 g。

【作用】治疗猪传染性胸膜肺炎。

【用法与用量】按处方配药，水煎取汁，候温灌服。供体重 40 kg 左右猪只服用，每天 1 剂，连用 3~5 天。

（七）免疫预防与饲养管理

本病的预防必须采取饲养管理、免疫接种、药物保健相结合的综合措施。

1. 免疫预防

①免疫接种：国内已研制出猪传染性胸膜肺炎三价灭活疫苗，可用于预防 1 型、2 型和 7 型胸膜肺炎放线杆菌引起的猪传染性胸膜肺炎，免疫期为 6 个月。颈部肌内注射，每头份 2 mL。推荐免疫程序：仔猪 35~40 日龄进行第 1 次免疫接种，首免 4 周后加强免疫 1 次。母猪在产前 6 周和 2 周各注射 1 次，以后每 6 个月免疫 1 次。

②药物预防保健，母猪产前后的饲料或饮水中添加敏感药物，连用 5~7 天。常用药物及剂量：氟必康 400 mg/kg、复方替米先锋 800 mg/kg、阿莫西林 200 mg/kg。

③加强对猪繁殖与呼吸综合征、猪伪狂犬病、猪传染性萎缩性鼻炎和猪支原体肺炎的预防工作。

2. 饲养管理

做好保温、通风工作，保证猪舍卫生、干燥。推行全进全出、早期断奶、隔离饲养的管理模式，加强营养，做好环境消毒工作。降低饲养密度，减少应激因素。

二、猪支原体肺炎

猪支原体肺炎（mycoplasma pneumonia of swine）又叫猪地方流行性肺炎、猪气喘病，是由猪肺炎支原体引起的一种慢性接触性猪传染病。临床表现以干咳、气喘、腹式呼吸为主，病变特征是肺呈融合性支气管肺炎。

（一）病原

病原为支原体科支原体属的猪肺炎支原体。由于支原体无细胞壁，故呈多形态性，常见的形态为球状（图 4-2-1）、杆状、丝状及环状。本病原的染色性较差，革兰氏染色呈阴性，可用吉姆萨或瑞氏染色。猪肺炎支原体对外界环境的抵抗力不强。圈舍、用具上的支原体，一般在 2~3 天失活；病料悬浮液中的支原体在 15~20℃条件下放置 36 小时即丧失致病性。本病原对青霉素和磺胺类药物不敏感，但对土霉素、壮观霉素和卡那霉素较为敏感；常用的消毒药物都可迅速将其杀死。

（二）流行特点

不同品种、年龄、性别和用途的猪均能感染，其中以土种猪和纯种瘦肉型猪最易感。乳猪和断奶仔猪易感性、发病率和致死率都高；成年种公猪、母猪、育肥猪多呈慢性或隐性感染。病猪和带菌猪是主要的传染源，通过咳嗽、喘气排出病原，造成易感猪通过呼吸道感染。本病一年四季都有发生、流行，没有明显的季节性，多发于寒冷、潮湿、气候骤变的季节。饲养密度过高、通风不良等因素可加重病情。继发感染巴氏杆菌病、传染性胸膜肺炎、猪副嗜血杆菌病等导致病情加重，死亡率升高。

（三）临床症状

主要症状以弓背干咳、喘气、腹式呼吸，特别是早、晚、运动、驱赶时和气候突变时，表现明显。有黏性、脓性鼻液，严重时呼吸增数，出现呼吸困难、张口伸舌、口流白沫、发出喘鸣声、呈犬坐姿势（图 4-2-2）。病猪生长缓慢，消瘦。易继发其他细菌感染而加重病情。

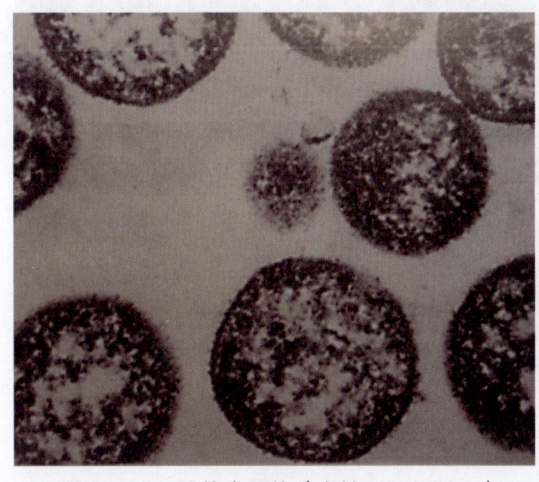

图 4-2-1 球状支原体（电镜，HE 60×）

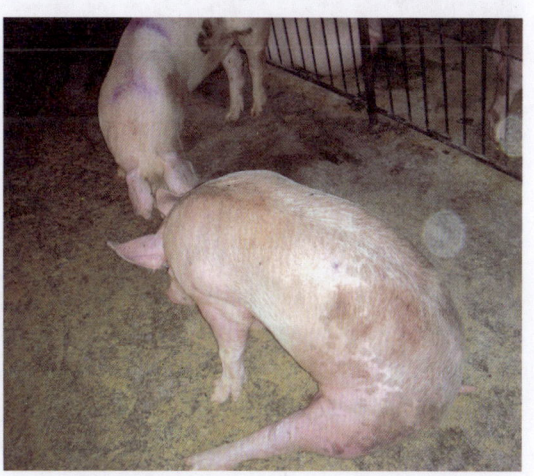

图 4-2-2 呼吸困难，呈犬坐式呼吸

（四）病理特征

剖检病理变化主要见于呼吸系统，特别在肺的膈叶、心叶、尖叶及中间叶等处。病初呈对称性出血性肺炎，出血被吸收后就成为渗出性或增生性的融合性支气管肺炎。其中又以心叶最为显著，尖叶和中间叶次之，肺膈叶病变多集中于下部。病变部位的颜色为淡红色或灰红色的半透明状，界线明显，像鲜嫩的肌肉样，俗称"肉变"（图4-2-3），病变部位切面湿润而致密。随病情的延长或病情加重，病变部位颜色加深，呈淡紫色或灰白色，半透明程度减轻，坚韧度增加，俗称"胰变"。部分病猪发生肺水肿、气肿（图4-2-4）。支气管和纵隔淋巴结肿大。镜检可见气泡壁明显增宽，肺泡腔有大量脱落的肺泡上皮、淋巴细胞，血管周围发生炎性病变（图4-2-5，图4-2-6）。

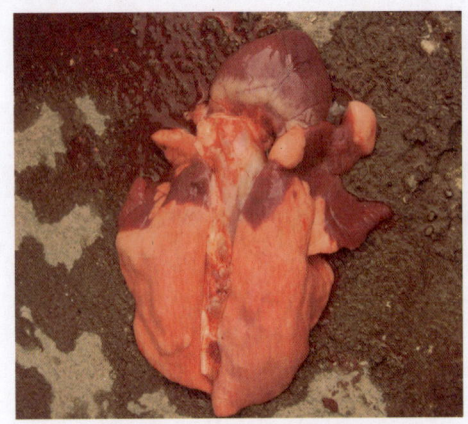

图4-2-3　肺脏对称性肉变

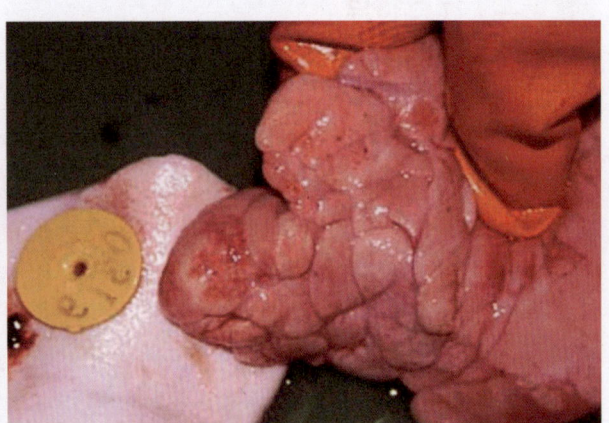

图4-2-4　肺脏发生气肿

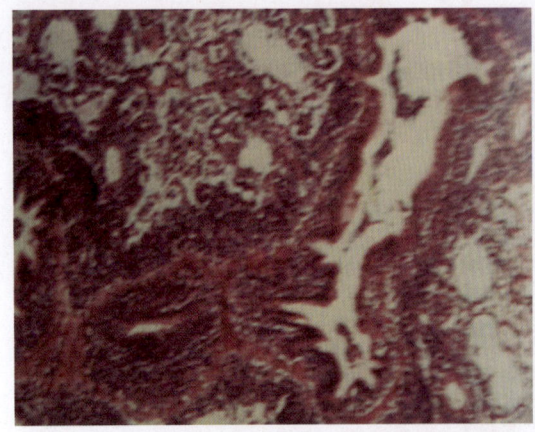

图4-2-5　对称性肺炎病变和大量淡粉色气肿灶

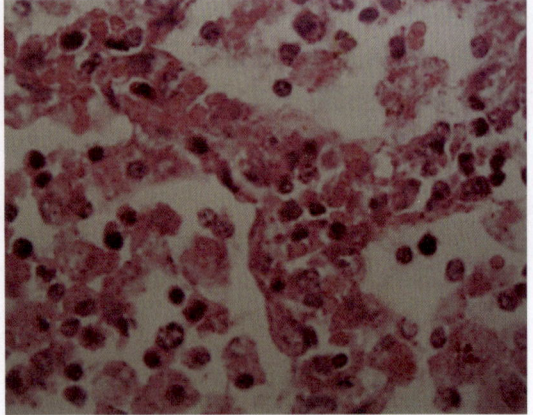

图4-2-6　肺泡腔中有大量脱落的肺泡上皮和淋巴细胞（HE 400×）

（五）诊断要点

根据流行病学、临床症状和病理变化可初诊。确诊可通过观察支原体形态、免疫ABC染色（图4-2-7）和微粒凝集反应等方法（图4-2-8）。

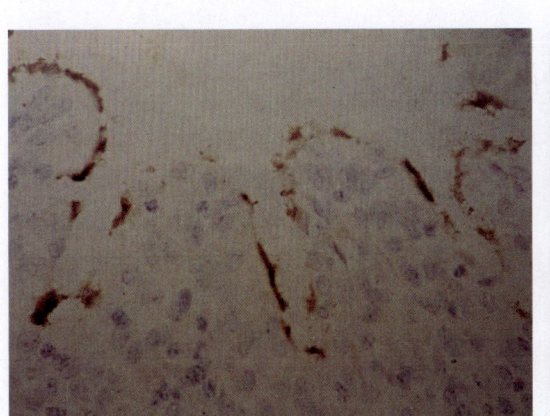 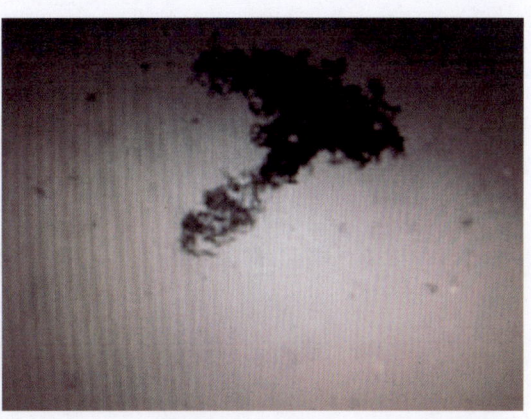

图 4-2-7　免疫 ABC 染色，在细支气管上皮内有大量阳性反应（400×）　　图 4-2-8　微粒凝集反应阳性，全部菌体凝聚

（六）类症鉴别

注意与猪传染性胸膜肺炎、猪肺丝虫和蛔虫引起的咳嗽相区分。

（七）治疗方法

1. 化学药物治疗

参考表 4-2-1 选药治疗，选 1～2 种抗菌消炎药配合中药使用。

表 4-2-1　化学药物治疗猪支原体肺炎

名称		千克体重用量	使用方法
硫酸卡那霉素	抗菌消炎	4 万 IU	用注射用水稀释好土霉素后再混入卡那霉素，混匀后肌内注射，每天 1 次，连用 3～5 天
盐酸土霉素		30 mg	
泰乐菌素		10 mg	肌内注射，每天 1 次，连用 5～7 天
盐酸多西环素		3～5 mg	肌内注射，每天 1 次直至痊愈
林可霉素		15～30 mg	肌内注射，每天 1 次，连用 5 天

2. 中药治疗

处方一：苏子 15 g，紫菀 10 g，荆芥 15 g，百部 10 g，陈皮 15 g，枳壳 15 g，杏仁 15 g，生姜 3 片。

【作用】治疗猪实喘型气喘病。

【用法与用量】共粉碎为细末，掺入饲料或稀饭内喂，10 kg 重的小猪每天喂 2 次，每次喂 15～25 g。如不能吃食的小猪，可煎水掺入奶中喂，或把喂奶器放在母猪乳头上，让小猪吮食。

处方二：桔梗、陈皮、连翘、苏子、金银花、黄芩各 150 g，百部 100 g。

【作用】治疗猪气喘病。

【用法与用量】共粉碎为末，大猪每次喂 30 g，中猪 20 g，小猪 15 g，每天服 1 次，连服 3～5 天。

处方三：党参 15 g，五味子 10 g，麦冬 20 g，麻黄 10 g，白术 15 g，茯苓 15 g，甘草 10 g，半夏 10 g，款冬花 15 g，白果 20 g。

【作用】治疗猪虚喘型气喘病。

【用法与用量】共粉碎为细末，掺入饲料里喂，体重 10 kg 的猪用 15 g，每天服 2 次，连用 2～3 天。

处方四：麻黄 10 g，桂枝 20 g，杏仁 25 g，石膏 25 g，甘草 15 g，生姜 25 g，浙贝母 15 g，苏子 15 g，陈皮 15 g，大枣 5 枚。

【作用】治疗猪实喘型气喘病。

【用法与用量】共粉碎为细末，掺入饲料或稀饭内喂，10 kg 重的小猪每天喂 2 次，每次喂 15～25 g。如不能吃食的小猪，可煎水掺入奶中喂，或把喂奶器放在母猪乳头上，让小猪吮食。

处方五：连翘、山栀、枳实、木通、滑石、粉葛、黄芩、天花粉、麦芽各 50 g，薄荷、川芎各 25 g，麦冬、金银花各 75 g。

【作用】治疗猪气喘病。

【用法与用量】铁马鞭为引，水煎取汁，候温灌服，体重 50 kg 的猪只，每天喂 1 剂，分 2～3 次服完，连服数剂，直到病好为止。

处方六：贝母 50 g，黄芩 100 g，厚朴 50 g，知母 50 g，槟榔 50 g，木通 25 g。

【作用】治疗猪气喘病。

【用法与用量】水煎取汁，候温灌服，供大猪 1 次服用，每天 1 次，连服 3～5 天。

处方七：麦冬、白果各 12 g，党参、白术、茯苓、款冬花各 9 g，五味子、麻黄、半夏、甘草各 6 g。

【作用】治疗猪气喘病。

【用法与用量】共粉碎为细末，拌料内服，仔猪用量为每次 9～15 g，每天 2～3 次，连用 3～5 天。

处方八：生大黄、生石膏、栀子各 9 g，芒硝、连翘、黄芩、知母、薄荷叶各 6 g，生甘草 5 g。

【作用】治疗猪气喘病。

【用法与用量】粳米 30 g 为引，共煎 15 分钟，再加大黄煎 10 分钟，滤出药液加入芒硝，供大猪 1 天服用，分 2 次内服或调入饲料让猪自食，连用 3～5 天。

处方九：麻黄、杏仁、甘草、黄芩、黄柏各 15～30 g，生石膏 60～100 g。

【作用】治疗猪气喘病。

【用法与用量】水煎取汁，候温灌服。若同时肌内注射 3% 盐酸麻黄素 2 支或 2.5% 氨茶碱 1 支，效果更好。

（八）免疫预防与饲养管理

1. 免疫预防

可选用猪气喘病弱毒疫苗、基因工程疫苗。按疫苗瓶标签注明的方法使用。

2. 饲养管理

推行自繁自养模式，平时注意加强饲养管理。圈舍要经常消毒，发现病猪及时治疗，并严格隔离。避免拥挤，圈舍通风良好，经常见日光。病猪治愈后，不能马上混入健康猪群中，应先隔离观察。

发病时的控制措施：

①通过听咳嗽、看呼吸早期发现，严格隔离病猪是控制好本病的重要环节，种猪场应将病猪淘汰；

②早期应用土霉素、卡那霉素治疗病猪有一定效果。加强对病猪的饲养管理，隔离病猪，放于安静、干燥、清洁、保温圈舍内，严防抓扑和骚扰；并按大小、强弱及习性分栏饲养，饲喂时要细心照料，少给勤添，定时、定量、定温；无治疗价值的病猪应尽早淘汰；

③病猪舍及管理用具应定期消毒，粪便集中堆积于一处发酵后做肥料；

④培育健康猪群，关键在于严格隔离饲养和坚决执行各项卫生防疫制度。母猪在严格隔离条件下单圈饲养，观察后代有无气喘病。如能做到"母猪不见面，小猪不窜圈"，连续观察3～5窝后代，到断奶时证明没有发生气喘病者，可认为该母猪是健康的。从仔猪中进行选育，逐渐扩大健康猪群。只要能够做到以上要求，结合较好的饲养条件，经过3～5年细致的观察和工作，就能够培育出无气喘病猪群。

三、猪传染性萎缩性鼻炎

猪传染性萎缩性鼻炎（swine infectious atrophic rhinitis，AR）是由Ⅰ相支气管败血波氏杆菌和产毒D型、产毒A型多杀性巴氏杆菌引起的以猪慢性鼻炎、颜面部变形、鼻甲骨尤其是鼻甲骨下卷曲发生萎缩和生长迟缓为特征的一种慢性呼吸道疾病。

（一）病原

本病的原发性病原体主要是Ⅰ相支气管败血波氏杆菌。用本菌对无特定病原体（SPF）的新生仔猪进行鼻内接种，可引起鼻黏膜发生严重卡他性炎，并导致鼻甲骨萎缩。现已证明，D型巴氏杆菌也是本病的病原体，因为它能产生与波氏杆菌相似的不耐热的坏死毒素。有证据表明，波氏杆菌在美国和日本是AR的主要病原；而D型巴氏杆菌和波氏杆菌在欧洲大陆则同是AR的重要病原。诱因在本病的发展中也有重要的作用，如营养成分缺乏（饲料中缺乏蛋白质、无机盐和维生素等）、密集饲养、过热、过冷、通风不良等都可诱导本病的发生；而且其他病原如绿脓杆菌、放线菌、疱疹病毒也参与致病过程，使病情加重。

支气管败血波氏杆菌为球杆菌，呈两极染色，革兰氏染色阴性，不产生芽孢，有的有荚膜，有周鞭毛，能运动。该菌为严格的需氧菌。多散在或成对排列，偶呈短链状。支气管败血波氏杆菌对外界环境的抵抗力不强，常用消毒药物均可将其杀死。

（二）流行特点

各种年龄的猪都易感，引进的猪种比本地猪更易感。随着猪龄增长，易感性下降。本病多散发，病猪和带菌猪是主要的传染源，通过飞沫传染给易感猪，仔猪的易感性最强。营养缺乏、密度过高、通风不良、饲喂粉料均可加重病情。

（三）临床症状

最先表现的症状是打喷嚏，呈连续性或间隔性。因为鼻炎，病猪表现不安，鼻部瘙痒、摇头、拱地、搔抓或摩擦鼻部，鼻孔流出浆性或脓性鼻液，严重时流鼻血（图4-3-1）。由于鼻炎导致鼻泪管阻塞而发生结膜炎，使眼泪不能从鼻泪管往内流，而是往外流眼泪，以致在内眼角下的皮肤上形成灰黑色泪斑，泪斑多为半月形（图4-3-2）。随着病情发展，大多数患病猪鼻甲骨发生萎缩变化，经过2～3个月，鼻和面部变形，鼻外观缩短，面部皮肤皱缩，两眼间隔变窄，或鼻子歪向一侧（图4-3-3，图4-3-4）。

图4-3-1　鼻孔流出血性鼻液，眼角形成泪斑

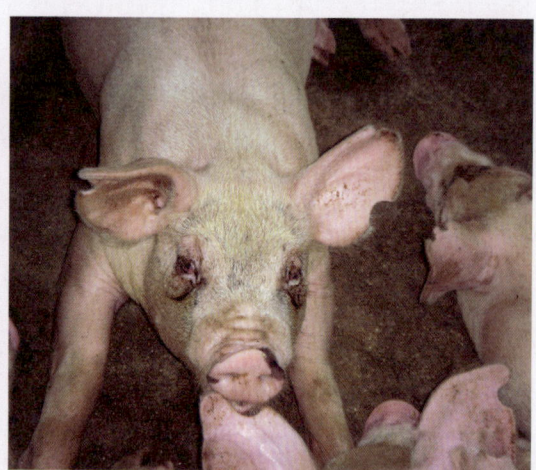

图4-3-2　鼻梁皮肤皱褶，眼角有泪斑

图4-3-3　颜面部变形，鼻萎缩

图4-3-4　左侧鼻甲骨萎缩，鼻子歪向左侧

(四)病理特征

病理变化主要见于鼻腔和相邻的组织,特别是鼻的软骨或鼻甲骨软化、萎缩(图4-3-5),尤其是鼻甲骨下卷曲萎缩最为常见。从两侧上颌第一、第二臼齿间横断鼻部,可见到鼻中隔弯曲、变性或消失,两侧鼻孔大小不一,鼻甲骨萎缩、卷曲,特别是下卷曲变小而钝直,甚至消失,使鼻腔变成一个鼻道,甚至形成空洞(图4-3-6)。

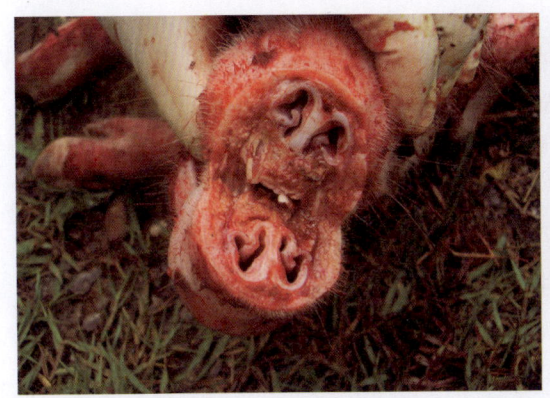

图4-3-5 鼻甲骨萎缩

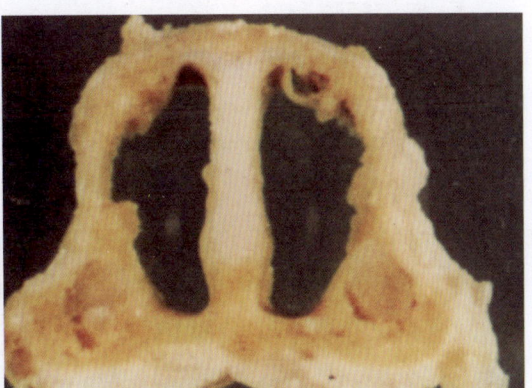

图4-3-6 鼻甲骨上下卷曲完全萎缩

(五)诊断要点

根据临床症状和病理变化可初诊。确诊可通过微生物学检查和血清学检查。

(六)治疗方法

1. 化学药物治疗

抗菌消炎,清热解毒,可参考表4-3-1制订治疗方案。

表4-3-1 化学药物治疗猪传染性萎缩性鼻炎

名称	功用与主治		用量		使用方法
庆大霉素	抗菌消炎	二选一	1~2 mg	千克体重	混合后肌内注射,每天2次,连用3天
硫酸卡那霉素			10~15 mg		
板蓝根注射液	清热解毒		0.1~0.2 mL		
复方磺胺类药	抗菌消炎	三选一	500 mg	千克饲料	混料服,连用5~7天
土霉素			700 mg		
林肯霉素			250 mg		

2. 中药治疗

处方一:当归、栀子、黄芩各15 g,知母、白鲜皮、麦冬、牛蒡子、射干、甘草、川芎各12 g,苍耳子18 g,辛夷9 g。

【作用】治疗猪传染性萎缩性鼻炎。

【用法与用量】水煎取汁,候温灌服,供体重30 kg左右猪只服用,每天1剂,连用3~5天。

处方二：防风、半夏、百合、贝母、大黄、白芷、薄荷各 16 g，桔梗、款冬花各 22 g，细辛 9 g，蜂蜜 60 g。

【作用】治疗猪传染性萎缩性鼻炎。

【用法与用量】共粉碎为细末或水煎，分 2 次喂服，每天 1 剂，连用 3～5 天。

（七）免疫预防与饲养管理

1. 免疫预防

①免疫接种，现有 Bb（Ⅰ相菌）灭活油苗和 Bb-Pm 二联灭活油苗两种疫苗，后者较常用。参考免疫程序为母猪产前 4～5 周，2 mL/头。

②药物预防保健，产前的母猪和 3～4 周龄的仔猪在饲料中添加敏感药物。

2. 饲养管理

①加强饲养，注意日粮中钙、磷比例的平衡，加强饲养管理，改善猪舍通风条件，降低猪群饲养密度，减少粉尘，多喂半干湿饲料。避免一次性引进大量的青年母猪。新引进种猪必须隔离检疫。做好保温工作，减少应激。加强灭鼠、消毒工作。有效的消毒剂有复合碘、复合醛、二氧化氯和氯己定等。

②要多种措施相结合才能有效地治疗猪传染性萎缩性鼻炎，如加强饲养管理，改善环境，疫苗接种，药物治疗，个别病重猪可肌内注射长效土霉素。

四、副猪嗜血杆菌病

副猪嗜血杆菌病（haemophilus parasuis，HP）是由副猪嗜血杆菌引起的主要危害断奶前后仔猪，并以关节炎和呼吸困难为特征的一种传染病。本病在集约化猪场发病率有上升的趋势，危害日趋严重。

（一）病原

本病的病原体为嗜血杆菌属的副猪嗜血杆菌，革兰氏阴性小杆菌，共有 15 个血清型。该菌为多形态的病原体，一般呈短小杆状，也有呈球形、杆状、短链或丝状等；无鞭毛，不形成芽孢，多无荚膜，但新分离的强毒株则带有荚膜；显微镜下可见革兰氏阴性短杆菌，偶见球状、杆状及长丝状，有多形态性趋向（图 4-4-1），亚甲蓝染色呈两极浓染，着色不均匀状。本菌由于酶系统不完备，副猪嗜血杆菌的生长依赖 V 因子，因此，在分离培养时，须供给加热的血液，故称之为嗜血菌。该菌在含 NAD 鲜血培养基上生长良好，但无溶血现象，菌落直径大约 0.3 mm，闪光、透明、灰白色（图 4-4-2）。另外，猪嗜血杆菌和副流感嗜血杆菌也可能与本病的发生有关。

本病原对外界环境的抵抗力不强，在干燥情况下易死亡，易被常用的消毒剂及较低温度的热力所杀灭，一般在 60℃条件下 5～20 分钟内即死亡，在 4℃条件下通常只能存活 7～10 天。本病原对结晶紫、杆菌肽、林肯霉素和壮观霉素等有一定的抵抗力；但对磺胺类药物、阿莫西林、阿米卡星、卡那霉素和青霉素等敏感。

（二）流行特点

副猪嗜血杆菌只感染猪，主要危害 2 周龄至 4 月龄的猪，仔猪最易感染，5～8 周龄的哺乳和保育阶段的仔猪多发病，其他年龄的猪也能感染。发病率一般为10%～15%，可以导致整窝仔猪感染发病，死亡率高达50%。病猪和带菌猪是主要的传染源。通过呼吸道、伤口传播。空气质量差、温差变化明显、寒冷等因素可诱导本病的发生。

（三）临床症状

临床症状的表现取决于病菌的血清型和炎性损伤的部位，健康猪感染后3～7天发病。在哺乳和保育阶段的仔猪，多发生浆膜炎和关节炎。急性病例，最早表现为发热，体温升高，精神沉郁，毛蓬松、苍白、消瘦（图4-4-3），皮肤发绀（图4-4-4），关节肿胀、跛行（图4-4-5），腹式呼吸明显。病情严重时，出现呼吸困难、气喘、腹式呼吸等症状，有的病猪出现震颤、共济失调，临死前呈角弓反张、四肢划水等症状。慢性病例呈非典型症状，母猪感染可发生流产。

（四）病理特征

病理剖检变化主要表现为多发性浆膜炎和多发性关节炎。关节肿大，皮下呈胶冻样变化，尤其是腕关节和跗关节，关节腔内含有清亮透明液体或黄色胶样浸润，四周也常呈胶冻样变化（图4-4-6至图4-4-11）。心腔、胸腔、腹腔多发生浆膜炎，腔内有大量炎性渗出液，心外膜、肺脏表面被覆纤维素蛋白或附着一层灰白色纤维素性渗出物（图4-4-12至图4-4-20）。常发生出血性肺炎或纤维素性胸膜肺炎。脑软膜充血、淤血和出血，脑回变得扁平（图4-4-21）。镜检可见脑膜血管扩张、充血并有出血性变化，脑膜内有大量嗜中性粒细胞浸润，多呈化脓性炎症变化（图4-4-22）。

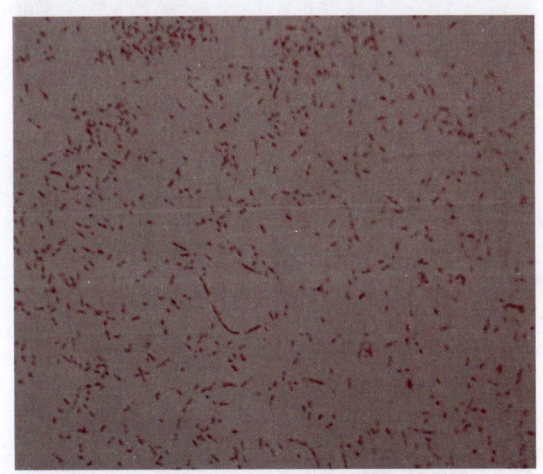

图4-4-1 革兰氏阴性的副猪嗜血杆菌（1000×）

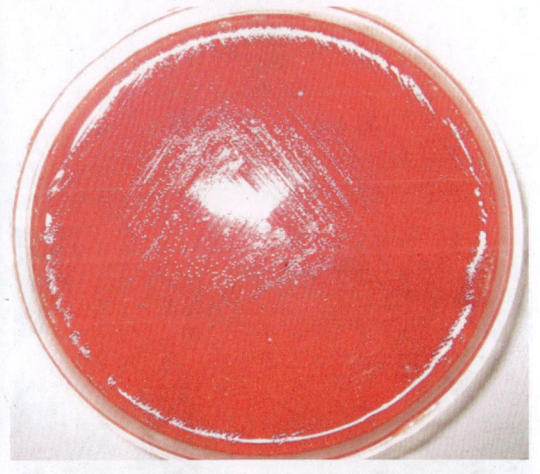

图4-4-2 在含NAD鲜血培养基中生长的菌落

图 4-4-3　被毛粗乱

图 4-4-4　四肢、耳朵及腹部皮肤呈紫红色

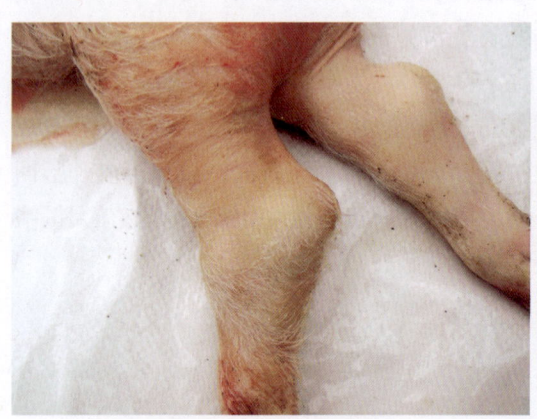

图 4-4-5　关节肿胀

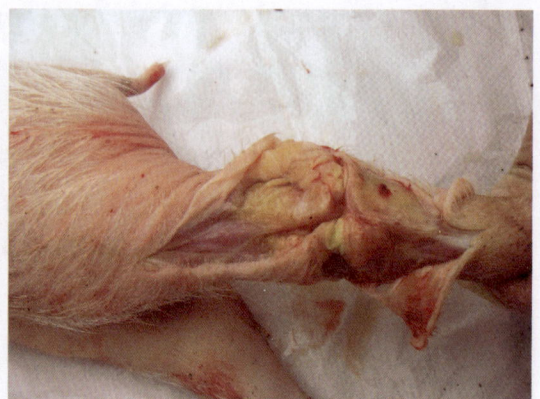

图 4-4-6　关节内渗出物钙化

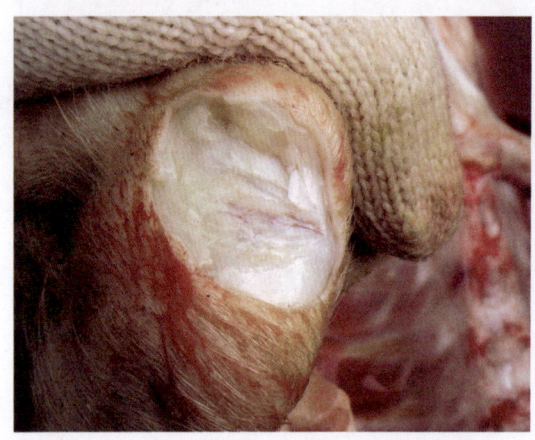

图 4-4-7　剖开关节，皮下有胶冻样物质渗出

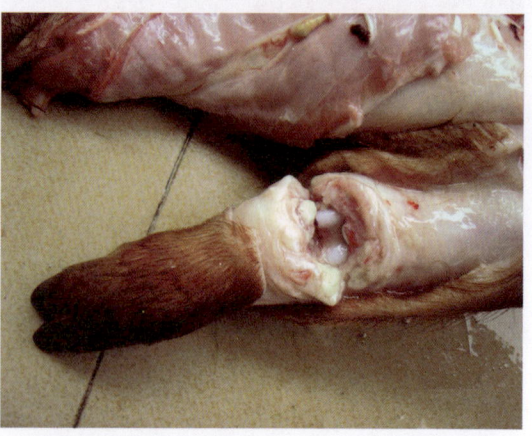

图 4-4-8　前肢关节皮下有胶冻样物质渗出

第四章 呼吸系统疾病

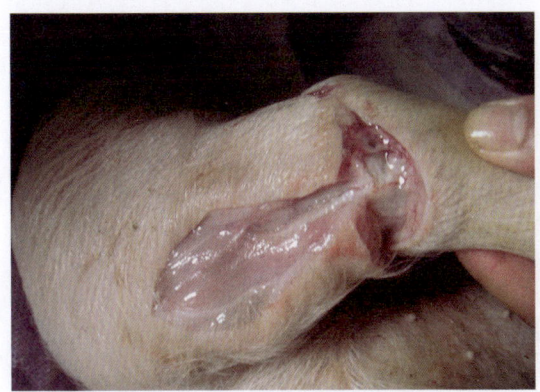

图 4-4-9 关节腔积黄色液体

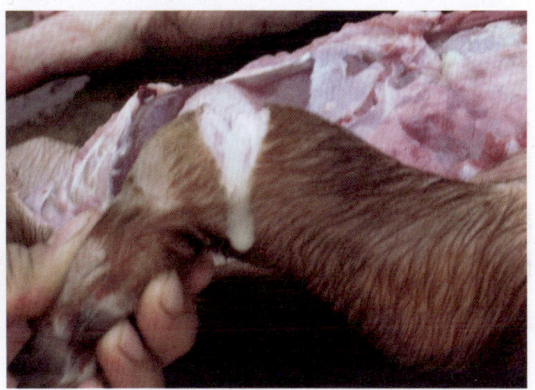

图 4-4-10 关节流出乳白色渗出物

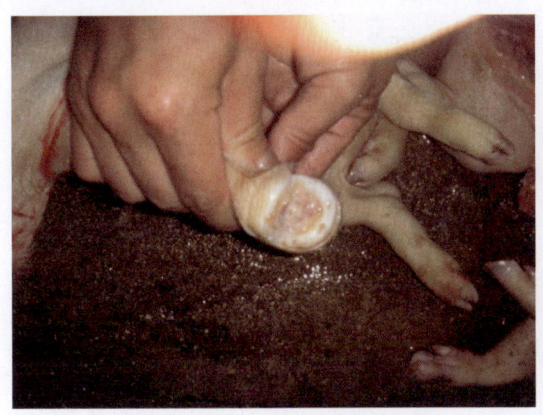

图 4-4-11 关节内干酪样变化

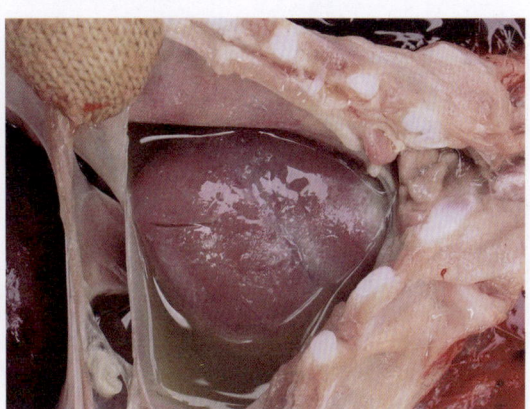

图 4-4-12 心包积液，心肌表面附熟淀粉粒样物质

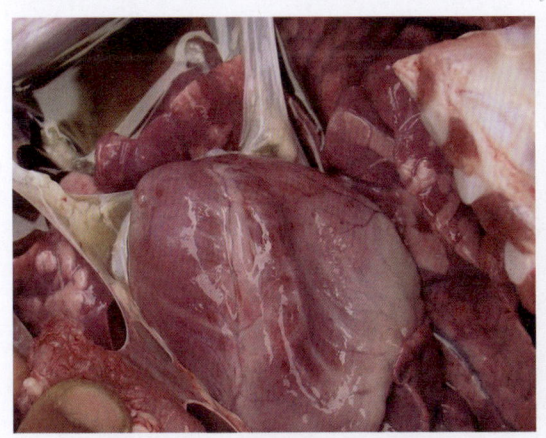

图 4-4-13 心外膜出血、胸腔积液

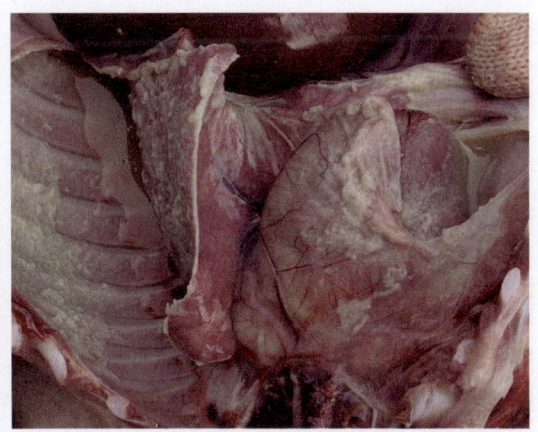

图 4-4-14 心脏、肺脏、肋膜表面被覆大量纤维蛋白

113

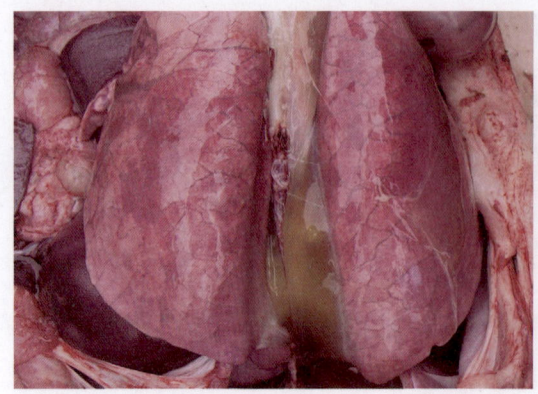
图 4-4-15 肺脏表面纤维素渗出、积胶冻样物质

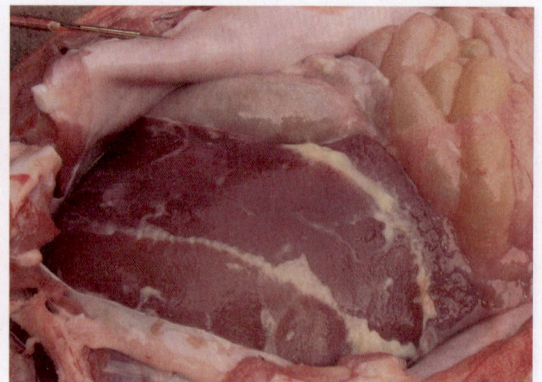
图 4-4-16 肝脏表面纤维素性渗出

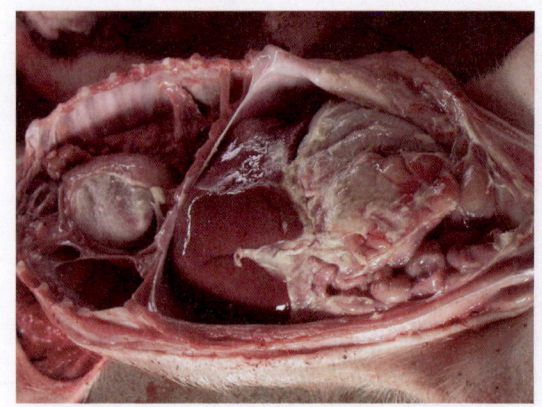
图 4-4-17 心外膜和肠浆膜表面纤维素渗出

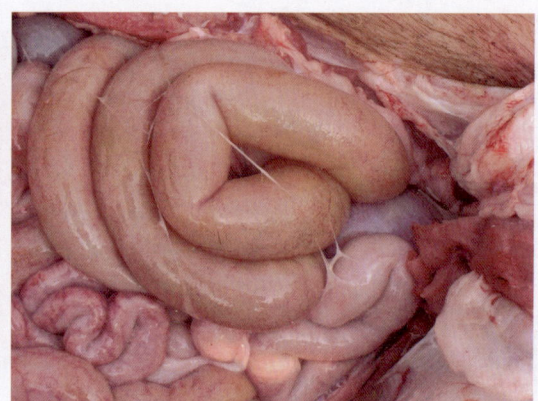
图 4-4-18 结肠表面纤维素性渗出

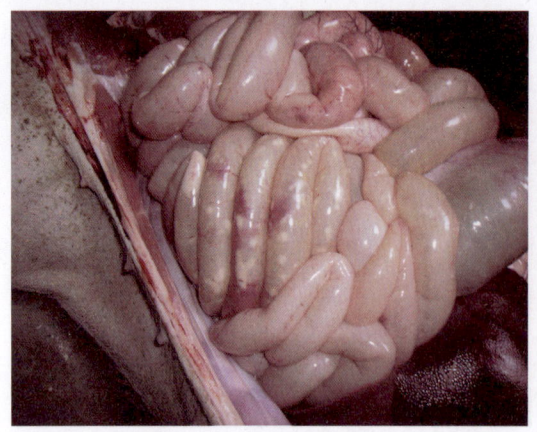
图 4-4-19 肠浆膜出血

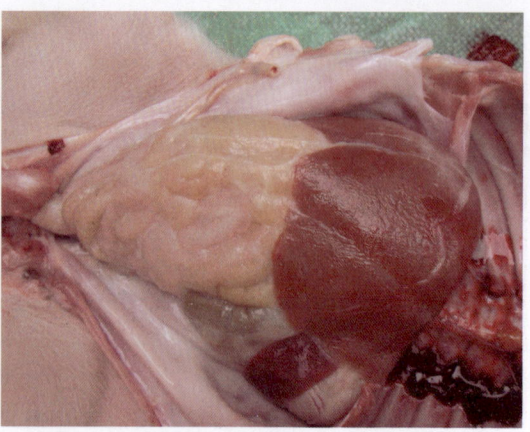
图 4-4-20 腹腔、肝脏表面纤维素性渗出

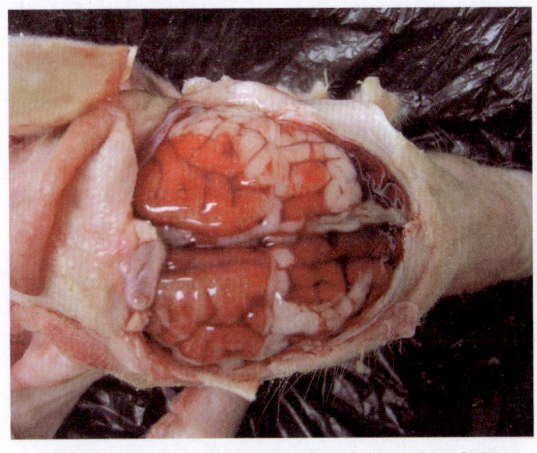
图 4-4-21 脑软膜充血、淤血，脑回变平

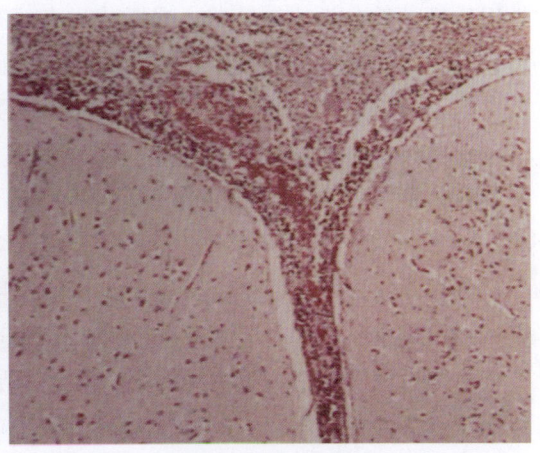
图 4-4-22 大脑呈化脓性炎症变化（HE 100×）

（五）免疫预防与饲养管理

1. 免疫预防

①对已发病的猪只，目前没有很好的治疗药物，管理工作的重点在于加强预防。目前美国、西班牙、荷兰等国已有猪副嗜血杆菌灭活苗。这些疫苗对血清型1、血清型4、血清型5、血清型6有较好的保护作用，但对血清型不吻合的猪群，免疫效果很差。另外，分离本场菌株制作自家灭活苗免疫对本病有较好的效果。

②做好猪繁殖与呼吸综合征、猪圆环病毒感染、猪伪狂犬病、猪流行性感冒、猪传染性萎缩性鼻炎和支原体肺炎的预防工作，对本病的控制也非常重要。

③在饲料或饮水中添加敏感抗生素，做好猪群的预防保健。常用的药物和使用剂量如下，复方替米先锋 1 000 mg/kg、环球之星预混剂（复方磺胺间甲氧嘧啶钠＋氟苯尼考）1 000 mg/kg、多种维生素 200 mg/kg，连用 3～5 天。

2. 饲养管理

推行全进全出的饲养模式，早期隔离（断奶）时注意减少应激，保持猪舍干净、干燥、通风。做好平时的卫生消毒工作，降低空气中有毒有害气体含量和降低猪群饲养密度等措施对控制本病非常重要。

五、猪巴氏杆菌病

猪巴氏杆菌病（swine pasteurellosis）又叫猪肺疫，俗称"锁喉风"或"肿脖子瘟"，是由多杀性巴氏杆菌引起的一种散发的急性猪传染病。急性病例以败血症和器官、组织出血性炎症为主要特征。

（一）病原

本病的病原体是巴氏杆菌属的多杀性巴氏杆菌，为两端钝圆、中央微凸的短杆菌，单个散在，无鞭毛、无芽孢、不能运动，产毒株则有明显的荚膜，革兰氏阴性，用碱性美蓝或瑞氏染色，着染在血片或脏器涂片的病菌具有明显的两极浓染的特性（图 4-5-1）。多杀性巴氏杆菌的分类比较复杂，根据菌落表面有无荧光及荧光的色彩，可将之分为3型，即蓝色荧光型（Fg）、橘红色荧光型（Fo）和无荧光型（Nf）。根据菌株荚膜抗原（K）结构的不同，可将之分为A、B、D、E和F5个群；根据菌体抗原（O）不同，可分为12个血清型，将K、O两种抗原互相组合，可构成15个常见血清型。Heddleston依巴氏杆菌的耐热性抗原的不同，将其分为16个血清型。本菌的致病力依菌型及动物而异，各种畜禽分别由不同的血清型所引起，而且各型之间多无交叉保护或保护力不强。但在一定的条件下，各种动物之间可发生交叉感染，如猪肺疫病猪可传染水牛；猪吃了患禽霍乱的死鸡，有的也可感染发病。不过交叉感染的一般为散发。

多杀性巴氏杆菌的抵抗力不强，在自然界中生长的时间不长，干燥后2～3天内死亡，在血液及粪便中能生存10天，在腐败的尸体中能生存1～3个月，在日光和高温下立即死亡，常用消毒剂如1%氢氧化钠及2%甲酚皂等溶液能迅速将其杀死。

（二）流行特点

本病一年四季均可发生，但多发于5—9月。发病猪无明显的性别和年龄差异，但4月龄以上的猪易感。病猪和带菌猪是主要的传染源。病原随分泌物和排泄物排出，污染环境，可通过呼吸道、消化道、皮肤黏膜伤口、蚊虫叮咬传播。温差过大、密度过高、空气质量差、长途运输、营养不良、潮湿、闷热等不利因素均可诱发内源性感染。

（三）临床症状

突然发病，体温升高达41～42℃，叫声嘶哑，常呈犬坐式呼吸（图4-5-2），咳嗽，鼻孔流出黏脓性鼻涕，甚至带血。颈部及咽部高热、红肿、坚硬（图4-5-3，图4-5-4）。皮肤出现紫斑，消瘦，生长缓慢，死前口鼻流血色或白色泡沫（图4-5-5，图4-5-6）。

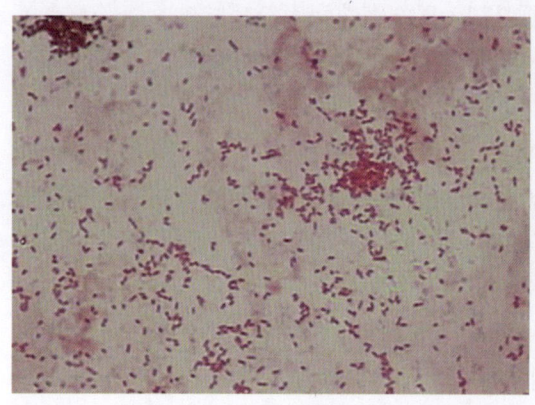

图4-5-1 多杀性巴氏杆菌具有明显的两极浓染的特性

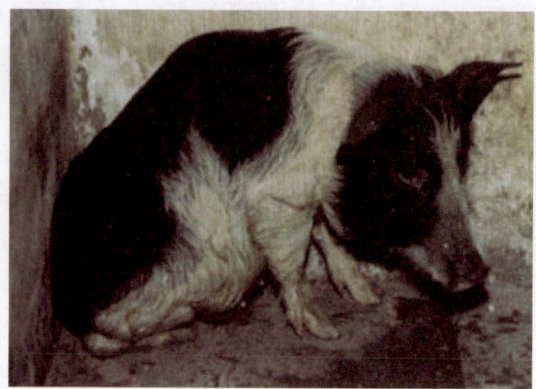

图4-5-2 呼吸困难，呈犬坐式呼吸

图4-5-3 咽喉部肿胀

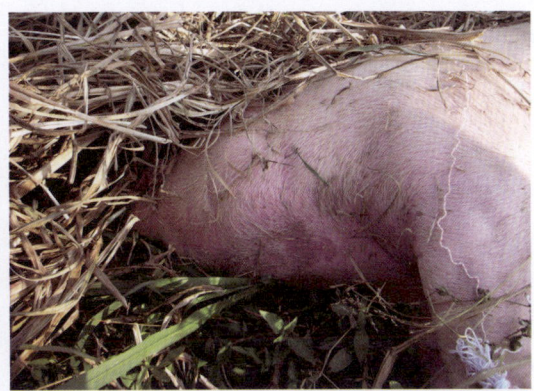
图4-5-4 颈部皮下水肿

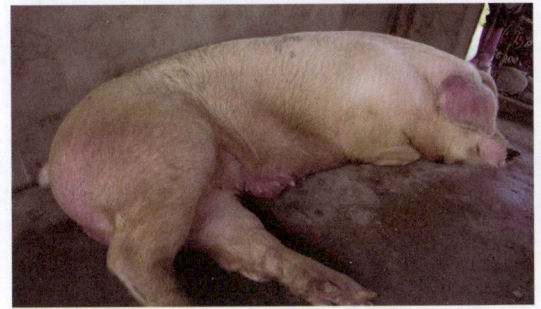
图4-5-5 后肢瘫痪，耳朵发绀

图4-5-6 慢性消瘦，成为僵猪

（四）病理特征

病理剖检变化主要表现为全身黏膜、浆膜、皮下组织出血，颈部皮下有胶冻样渗出物（图4-5-7），全身淋巴结肿大，切面多汁、出血（图4-5-8至图4-5-10）。心外膜、心包膜、冠状沟出血。肝脏肿大、出血（图4-5-11）。肺脏急性水肿、出血，有不同程度的肝变区（图4-5-12，图4-5-13），使肺切面如大理石样（图4-5-14），胸腔及心包积液，纤维素性胸膜炎，气管和支气管充满白色或血色泡沫。

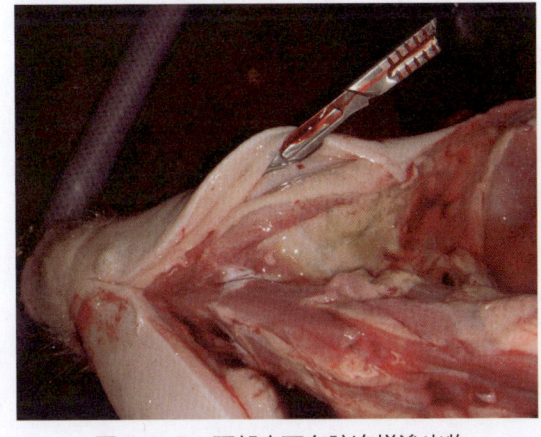
图4-5-7 颈部皮下有胶冻样渗出物

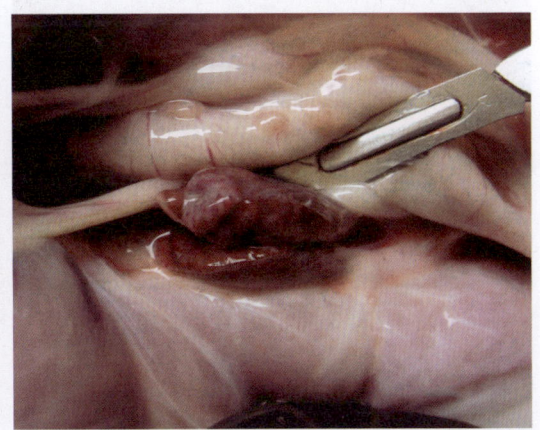
图4-5-8 淋巴结肿大、出血（1）

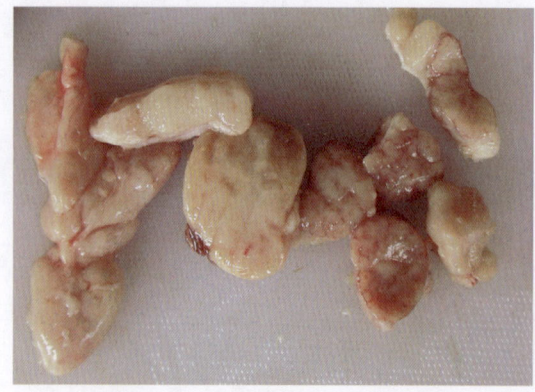
图 4-5-9　淋巴结肿大、出血（2）

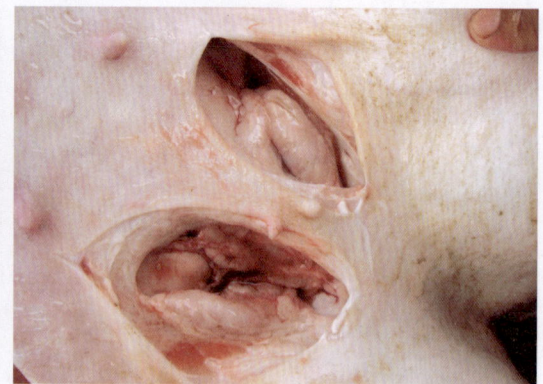
图 4-5-10　腹股沟淋巴结肿大

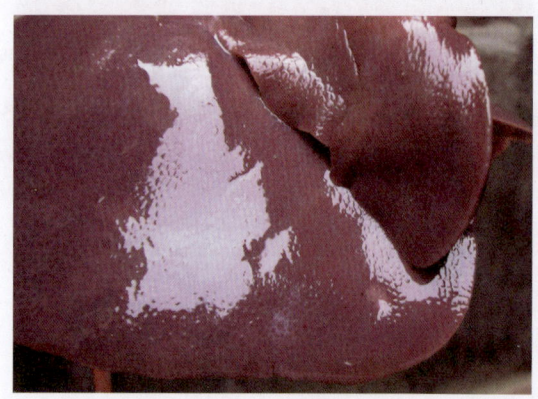
图 4-5-11　肝脏肿大、出血

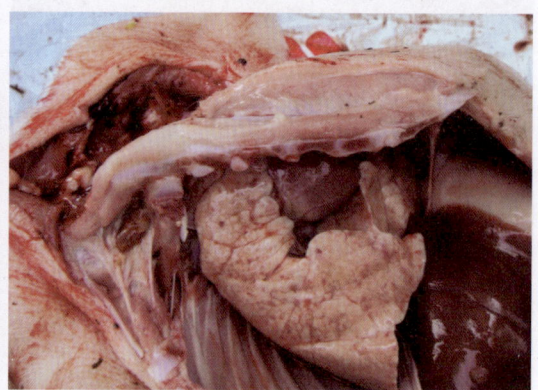
图 4-5-12　肺脏斑点状出血

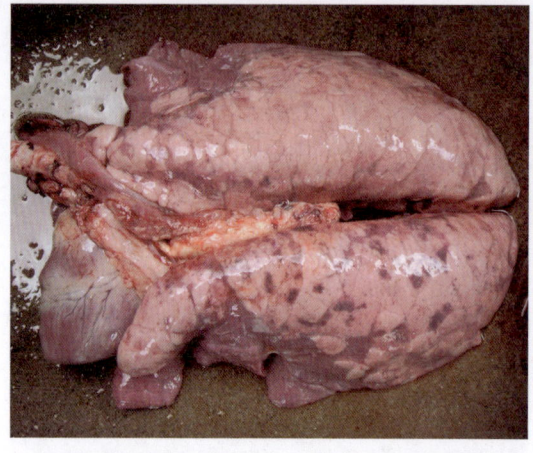
图 4-5-13　肺脏有斑点状出血斑

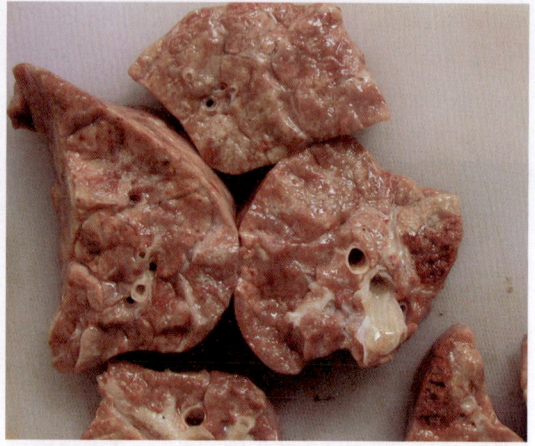
图 4-5-14　肺脏切面红色肝变，呈大理石样外观

（五）诊断要点

根据流行病学、临床症状和病理变化可初诊。通过细菌学检查或细菌分离鉴定可确诊（图4-5-15，图4-5-16）。

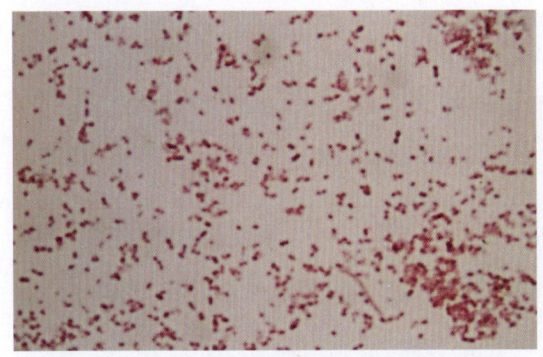

图4-5-15　革兰氏阴性的多杀性巴氏杆菌（1 000×）

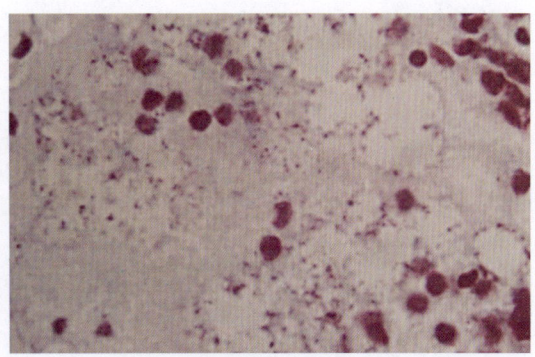

图4-5-16　革兰氏染色的肺组织中有大量阴性球杆菌（400×）

（六）治疗方法

1. 化学药物治疗

可按表4-5-1选药治疗，还可以选择盐酸多西环素、诺氟沙星、恩诺沙星代替青霉素和链霉素。

表4-5-1　化学药物治疗猪巴氏杆菌病

名称	功用与主治	千克体重用量	使用方法
抗血清	抗病原	0.5～1 mL	混合后肌内注射，每天2次，体温下降后的第二天停药（血清只用1次）
链霉素	抗菌消炎	20 mg	
青霉素		1万～4万 IU	
30%安乃近	退热镇痛	0.3～0.5 mL	
5%葡萄糖氯化钠	补液	5～10 mL	静脉注射

2. 中药治疗

以清热解毒、泻肺利咽为治则。争取早诊断、早治疗。

处方一：山豆根40 g，射干40 g，胆草40 g，黄芩25 g，黄柏30 g，栀子30 g，苦参25 g，甘草15 g，柴胡15 g，大黄30 g。

【作用】治疗猪肺疫。

【用法与用量】供体重50 kg猪只用。煎汤取汁，候温灌服。1天服完，连用2天。

处方二：金银花30 g，连翘25 g，黄芩25 g，黄连15 g，玄参30 g，桔梗25 g，枳实25 g，大黄5 g，杏仁30 g，葶仁30 g，百部30 g，山豆根30 g，天冬30 g，甘草15 g。

【作用】治疗猪肺疫。

【用法与用量】桑白皮、车前草为引,供体重 50 kg 猪只用。煎汤取汁,候温灌服,连用 2~3 天。

处方三:党参、五味子、炙甘草各 7 g,白术 10 g,茯苓 15 g,麦冬 10 g,生姜片 3 片,大枣 3 个。

【作用】治疗慢性猪肺疫。

【用法与用量】按处方配药,煎汤取汁,候温灌服,每天 1 剂,连服 3~5 剂。

处方四:金银花、连翘、知母、牛蒡子、黄连、山豆根、地丁各 10 g,射干、大黄、蝉蜕各 12 g,甘草 10 g。

【作用】治疗猪肺疫。

【用法与用量】按处方配药,粉碎为末,供体重 50 kg 猪只拌料喂服,或开水冲调,候温灌服。

处方五:金银花 20 g,连翘 20 g,射干 20 g,青黛 15 g,玄参 15 g,马勃 10 g,天冬 20 g,甘草 10 g,白糖 50 g。

【作用】治疗猪肺疫。

【用法与用量】蚯蚓 20 条为引,供体重 50 kg 猪只用。煎水内服,1 天服完,连用 2~3 天。

处方六:麻黄 10 g,杏仁 10 g,山豆根 10 g,桔梗 15 g,贝母 10 g,桑白皮 20 g,竹茹 20 g,麦冬 15 g,枇杷叶 9 g。

【作用】治疗猪肺疫。

【用法与用量】煎汤取汁,候温灌服,供体重 20~30 kg 左右猪只 1 次服完,每天 1 次,连服 3~5 天。

处方七:黄芩 20 g,黄连 10 g,栀子 20 g,杏仁 20 g,薄荷 25 g,茯苓 20 g,滑石 25 g,泽泻 20 g,天冬 15 g,紫菀 25 g,麦冬 25 g,尖贝 15 g,山豆根 20 g,胆草 40 g,橘红 20 g。

【作用】治疗猪肺疫。

【用法与用量】粉碎为细末,供成年猪分 4 次喂服,每天 1 次,连服 2~3 天。

(七)免疫预防与饲养管理

1. 免疫预防

每年春秋两季定期进行预防注射,目前我国使用两种菌苗,一种为猪肺疫氢氧化铝甲醛菌苗,断奶后的大小猪只一律皮下注射 5 mL,注射后 14 天产生免疫力,免疫期为 6 个月;另一种为口服猪肺疫弱毒冻干菌苗,按标签说明的头份,用冷开水稀释后,混入饲料或水中喂猪,口服 1 头份/头,免疫期 6 个月。有条件的猪场还可用抗血清预防。

2. 饲养管理

预防本病的根本办法必须贯彻"预防为主"的方针,消除或减少降低猪抵抗力的一切不良因素,加强饲养管理,做好兽医卫生工作,以增强猪体的抵抗力。一旦发病,病猪要隔离喂养,圈舍保持清洁卫生,给予青绿饲料和易消化的饲料。

第五章
严重危害仔猪的疾病

随着我国集约化、工厂化养猪业的发展,大量从国外引进种猪,生产规模扩大,仔猪、育肥猪及其产品流通频繁,渠道增多,长途贩运,给传染病的发生和传播提供了有利条件,造成养猪生产中传染病时有发生。而且疫病种类增多,新病较多,混合感染较多,疫情十分复杂,给防疫工作带来极大困难。

一、仔猪黄痢

仔猪黄痢（yellow scour of newborn piglet）又叫早发性大肠杆菌病，是由致病性的大肠杆菌引起的以初生仔猪剧烈腹泻、迅速死亡为特征的一种急性传染病。仔猪黄痢发病率高，死亡率也高，危害严重。

（一）病原

本病是由产肠毒素性大肠杆菌所引起，其为革兰氏阴性小杆菌，电镜下可见病菌细胞周围长出很多细长 F_6（987P）菌毛（图5-1-1）。目前已知的致病性血清型至少有 O_8（O为菌体抗原）、O_9、O_{45}、O_{60}、O_{64}、O_{101}、O_{115}、O_{138}、O_{139}、O_{140}、O_{147}、O_{149}、O_{157} 13个类型。这些菌株一般都具有 K_{88}、K_{99}、K_{987P}（K为表现抗原或称荚膜抗原）等黏着素抗原。来自猪的 K_{88} 菌株都能产生热敏肠毒素（LT），有的还能产生耐热肠毒素（ST），但 K_{99} 或 K_{987P} 菌株虽能产生ST，但一般不产生LT。本菌血清型多，无交叉保护性，易产生耐药性。

（二）流行特点

本病的发生无季节性，散养的较少见，多见于规模化养猪场，猪场内发生1次后，就延绵不断，严重的每窝发生、每头发病，危害很大。多发生于1~3日龄，对于初产母猪所产仔猪，由于缺乏母源抗体而下痢严重。病猪和带菌母猪是主要的传染源，通过粪便污染母猪皮肤和乳头，仔猪在吃乳和舐母猪皮肤时发生感染。饥饿、饲料品质差、气候骤变、密度过大、卫生较差等不良因素均可诱发本病。

（三）临床症状

出生12小时后，一窝仔猪中突然有1~2头仔猪发病，很快传开，同窝仔猪相继发病。病猪拉黄色糊状粪便（图5-1-2），混有乳凝块，腥臭，并沾满肛门、尾、臀部，严重的病猪肛门松弛、排粪失禁，不吃乳，很快消瘦、脱水、眼球下陷（图5-1-3，图5-1-4），肛门、阴门呈红色，站立不起，1~2天内死亡，个别窝病死率可高达100%。

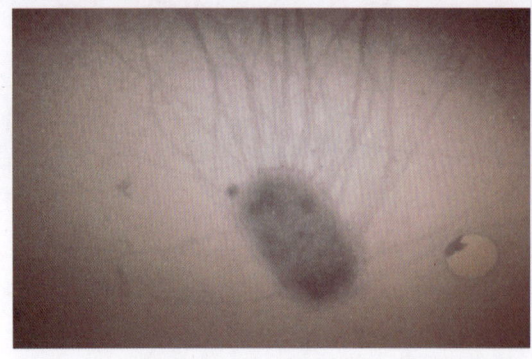

图5-1-1　病原菌周围长出很多细长的 F_6（987P）菌毛（电镜，磷钨酸负染 16 000×）

图5-1-2　黄色糊状稀便

（四）病理特征

病死仔猪，尸体严重脱水而干燥皱缩，眼窝下陷。腹腔器官表面和肠浆膜面有黄白色絮状纤维蛋白附着，严重充血，肠黏膜呈急性卡他性出血性炎症，腹股沟淋巴结和肠系膜淋巴结肿大、出血，肝脏淤血。肠道膨胀，肠壁变薄，胃、肠腔内有多量黄色或灰白色稀便（图5-1-5，图5-1-6）及气泡、气体，黏膜充血、出血。肾脏有小的出血点或坏死点。镜检可见胃肠黏膜上皮完全破坏、脱落，肠绒毛裸露，固有层水肿，并有一些炎性细胞浸润。实质器官变性，并在肝脏和肾脏常见有凝固性坏死灶（图5-1-7至图5-1-9）。

（五）诊断要点

根据临床的进行性下痢和病理剖检变化可作出诊断，必要时进行病原分离。

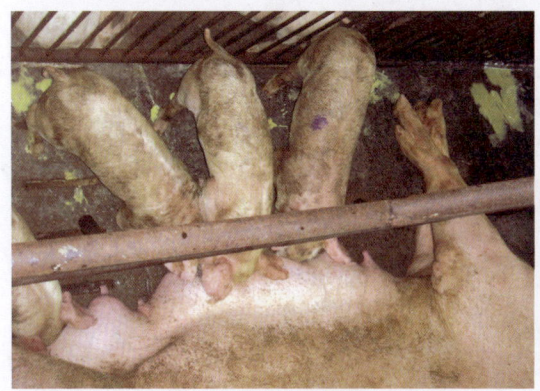

图5-1-3 仔猪拉稀

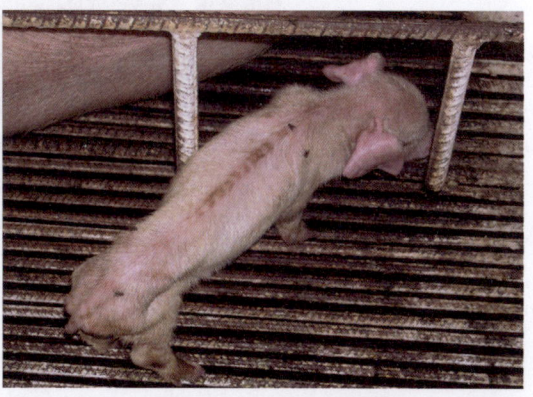

图5-1-4 仔猪严重脱水

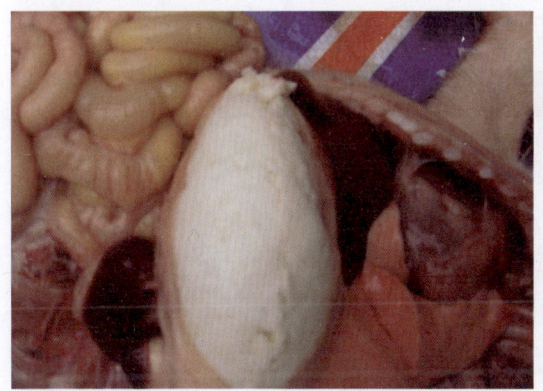

图5-1-5 胃内充满乳凝块

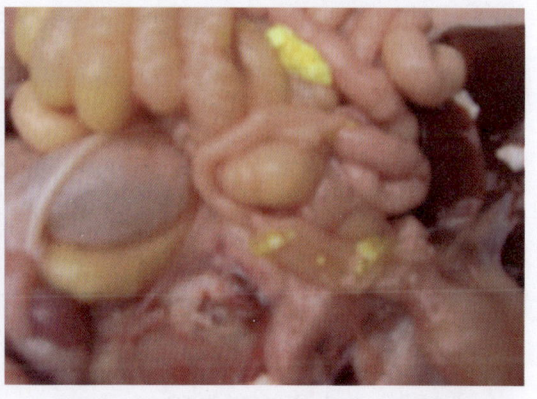

图5-1-6 肠腔充满黄色稀便、含乳凝块

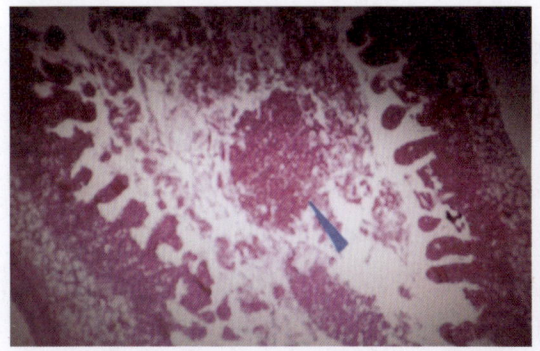

图5-1-7 十二指肠上皮脱落，肠腔内充满坏死脱落物质和大量细菌（箭头所指）（40×）

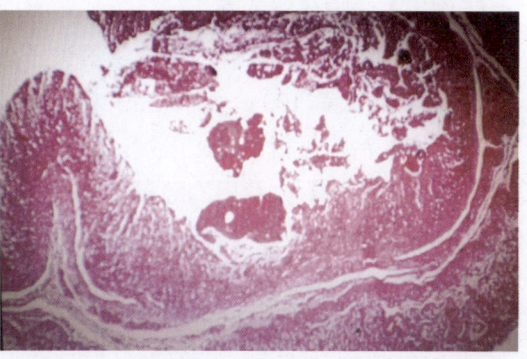

图5-1-8 胃黏膜上皮脱落，和未消化的食物混合；在胃腔内，固有层明显淤血肿胀

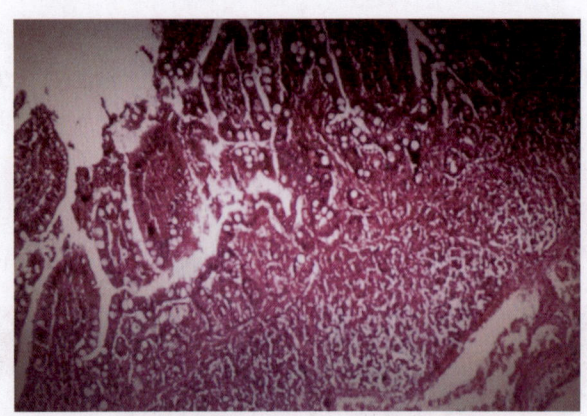

图 5-1-9　小肠黏膜上皮脱落，固有层明显淤血肿胀

（六）治疗方法

1. 化学药物治疗

饲料中按下列剂量添加药物：新霉素 200 mg/kg，复方替米先锋 1 000 mg/kg，环丙沙星 200 mg/kg 等，同时加入维生素 E 硒粉 200 mg/kg，饮水中添加补液盐、多种维生素。治疗病重猪时的选药方案参考表 5-1-1。

表 5-1-1　化学药物治疗仔猪黄痢

名称	功用与主治		千克体重用量	使用方法
阿米卡星注射液	抗菌消炎		0.1 mL	肌内注射，每天 2 次，连用 3～5 天
地塞米松注射液	抗炎、抗休克		4～12 mg	
磺胺嘧啶钠	抗菌消炎	二选一	100～200 mg	肌内注射，每天 1 次，连用 3～5 天
强效阿莫西林			10 mg	

2. 中药治疗

处方一：白头翁 2 g，龙胆末 1 g。

【作用】治疗仔猪黄痢。

【用法与用量】共粉碎为末，供 1 头仔猪喂服，每天 3 次，连用 3 天。

处方二：大蒜 100 g，95% 乙醇 100 mL，甘草 1 g。

【作用】治疗仔猪黄痢。

【用法与用量】大蒜用乙醇浸泡 15 天以后每次取汁 1 mL，加甘草末 1 g，调糊供 1 头仔猪 1 次喂服，每天 2 次直至痊愈。

处方三：黄连 5 g，黄柏 20 g，黄芩 20 g，金银花 20 g，诃子 20 g，乌梅 20 g，草豆蔻 20 g，泽泻 15 g，茯苓 15 g，神曲 10 g，山楂 10 g，甘草 5 g。

【作用】治疗仔猪黄痢。

【用法与用量】按处方配药，粉碎为末，分 2 次喂，早晚各 1 次，连用 2 天。

处方四：黄连、黄柏、黄芩、白头翁各 30 g，诃子肉、乌梅肉、山楂肉、山药各 15 g。

【作用】治疗仔猪黄痢。

【用法与用量】按处方配药，共粉碎为末，分 9 包，每次 1 包，用温水调匀灌服，每天 3 次，连服 3 天。

处方五：黄连 10 g，苍术 3 g，雄黄 0.3 g，百草霜或茶油饼炭末（煅炭）4.5 g，醋或酸菜水适量。

【作用】治疗仔猪黄痢（早发性大肠杆菌病）。

【用法与用量】先将黄连、苍术粉碎为末，再与雄黄、百草霜（或茶油饼炭末）混匀，密封装瓶。同时以醋或酸菜水将药粉调成糊状，用毛笔或小竹片取药涂于仔猪口内，每天 1 份，分 2 次服，连服 3～4 天。

处方六：秦皮 5 g，白头翁 3 g，地榆 3 g，老鹳草 3 g。

【作用】治疗仔猪黄痢。

【用法与用量】水煎浓汁喂服，每天 1 次，连用 3～5 天。

处方七：南瓜藤烧灰。

【作用】治疗仔猪黄痢（早发性大肠杆菌病）。

【用法与用量】调水喂服，每天 3 次，连用 3 天。

处方八：南瓜根自然汁

【作用】治疗仔猪黄痢（早发性大肠杆菌病）。

【用法与用量】每次取 1 酒杯喂服，每天 3 次，连用 2～3 天。

处方九：白头翁、秦皮各 20 g，黄连、黄柏、槐花、诃子各 15 g，乌梅 12 g，马齿苋适量为引。

【作用】治疗仔猪黄痢。

【用法与用量】按处方配药，混食喂母猪，每天 3 次，每次 500 mL，连服 3 天。重症仔猪可每头灌服 10～20 mL，每天 2 次。

（七）免疫预防与饲养管理

1. 免疫预防

①做好免疫接种工作，用 K_{88}、K_{99}、987P 三价基因工程苗或针对本场分离的大肠杆菌制备的灭活苗做好免疫接种工作，母猪产前 14～21 天接种。

②仔猪饲料中添加 CYC-100（活菌酶）、麦可食 A-MAX（酵母培养物）和活性酵母等活菌制剂，有明显的预防效果。

③母猪产仔前后，饲料中添加氟必康 400 mg/kg，以预防乳腺炎和产褥热，以保证泌乳量。

2. 饲养管理

①选用优质全价哺乳料，保证母猪泌乳量，初生仔猪尽早吮吸初乳。断奶期饲料品种的更换要逐渐过渡，在缺硒地区或使用缺硒地区生产的原材料时，要适当提高饲料中维生素 E 和硒的含量。

②加强猪舍卫生消毒工作,降低猪群饲养密度,做好保温工作。临产母猪进入产房时要淋浴消毒,接产时用安全的消毒药擦洗乳头。

二、仔猪白痢

仔猪白痢(white scour of piglet)是由致病性大肠杆菌引起的以初生仔猪排乳白色或灰白色带有腥臭的糊状稀便为特征的一种急性传染病。

(一)病原

病原体主要是致病性大肠杆菌。电镜下可见病菌细胞周围长出很多细长 F_6(987P)菌毛(图 5-2-1)。现已证明,从病猪分离的大肠杆菌的血清型与引起仔猪黄痢和仔猪水肿的大肠杆菌的血清型基本一致,在不同菌株中较常见的是 O_8、O_{78}、O_{101} 和 K_{88} 血清型。但这些菌株进行实验室感染时,其毒力和致病力也有很大的差异。因此有人提出异议,仔猪白痢的原发性病原不一定都是大肠杆菌。

(二)流行特点

病猪和带菌猪是主要的传染源。通过粪便排出病菌,经过消化道感染。仔猪对本病最易感,多发生于 10~20 日龄。临床和实验证明,没有及时给乳猪吃初乳,母猪奶量过多、过少,或奶脂过高,母猪饲料突然更换、配合不当,气候反常,受寒等都是本病的诱因或原发性病因。另外,在这些非特异性病因影响下,在胃肠道消化障碍基础上发生的肠道内菌群紊乱,是仔猪白痢发生的主要原因。实验证明,在仔猪白痢病猪肠内容物中正常肠道菌群特别是乳酸杆菌大幅度减少,而致病性大肠杆菌数量则明显增多。若给初生的乳猪服用有益菌群制剂则可以减少仔猪白痢的发生。饥饿、饲料品质差、饲养密度过大、卫生条件较差等不良因素也可诱发本病的发生。

(三)临床症状

发病猪体温常在 40℃左右,一般出现下痢后体温降至正常。病猪严重下痢,拉白色或黄白色混杂黏液的糊状粪便(图 5-2-2),少数带有血丝,有腥臭味。随着病情加重,病猪消瘦,眼结膜苍白,病程 2~3 天,较少死亡。

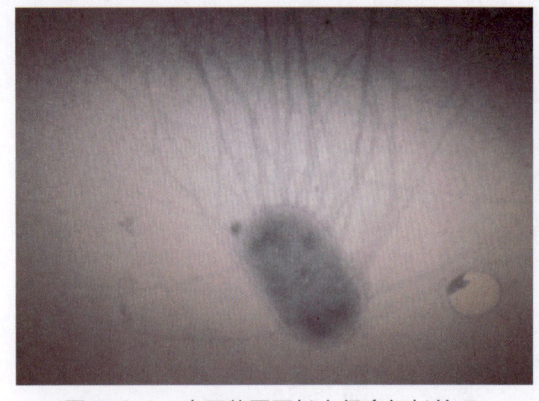

图 5-2-1 病原菌周围长出很多细长的 F_6(987P)菌毛(电镜,磷钨酸负染 16 000×)

图 5-2-2 白色糊状稀便

（四）病理特征

白痢病死猪无特征性病理变化，尸体脱水，腹腔内也常有纤维蛋白附着于脏器表面，肝脏、脾脏肿大，腹股沟淋巴结及肠系膜淋巴结肿大、出血。肠黏膜有卡他性出血性炎症。肠道膨胀，肠壁变得薄而透明，肠腔内有乳白色或灰白色稀便（图 5-2-3），有酸臭气。肾脏有小的出血点或坏死点。病程长者肝脏变土黄色、质地如泥，部分病例的胃黏膜有点状、条状溃疡。镜检可见小肠绒毛上皮细胞变性、坏死和脱落，固有层的血管充血、水肿，有较多的炎性细胞浸润（图 5-2-4）。

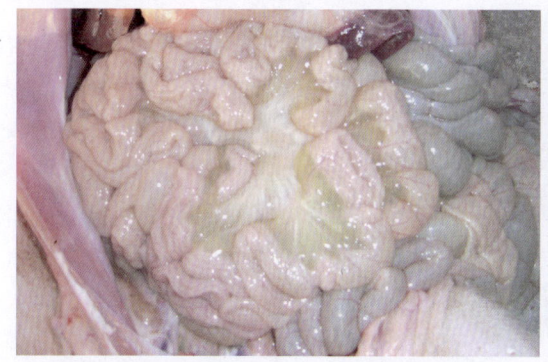

图 5-2-3　小肠壁变薄，表面被覆大量黏液

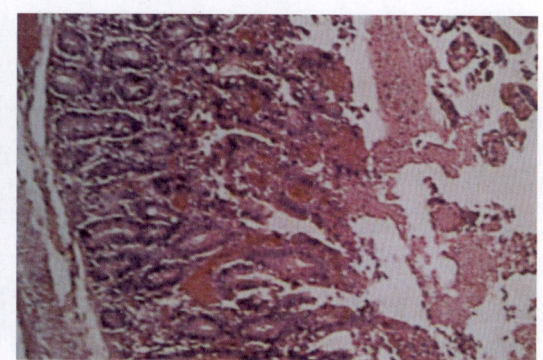

图 5-2-4　肠黏膜上皮变性、坏死和脱落固有层血管扩张充血（HE 100×）

（五）诊断要点

根据发病日龄和排出的粪便可作初步诊断，必要时进行病原分离。

（六）治疗方法

1. 化学药物治疗

饲料中按下列剂量添加药物：新霉素 200 mg/kg、复方替米先锋 1 000 mg/kg、环丙沙星 200 mg/kg 等，同时加入维生素 E 硒粉 200 mg/kg。饮用水中添加补液盐、多种维生素。治疗病重猪时的选药方案参考表 5-2-1。

表 5-2-1　化学药物治疗仔猪白痢

名称	功用与主治	千克体重用量	使用方法	
庆大霉素	抗菌消炎	3～5 mg	静脉注射	每天 1 次，连用 3～5 天
盐酸山莨菪碱	解毒止泻	3～5 mg	交巢穴注射	
盐酸小檗碱片	抗菌消炎	20～50 mg	每天喂 2 次，连用 1～2 天	
硅碳银	保护黏膜			
50% 高渗葡萄糖	补液	1～2 mL	腹腔注射，每天 1 次，连用 3～5 天	

2. 中药治疗

处方一：白头翁、秦皮各 20 g，黄连、黄柏、槐花、诃子各 15 g，乌梅 12 g，马齿苋适量为引。

【作用】治疗仔猪白痢。

【用法与用量】按处方配药，拌料喂母猪，每天3次，每次500 mL，连服3天；重症仔猪，可每头灌服10~20 mL，每天2次。

处方二：白头翁末2份，龙胆末1份。

【作用】治疗仔猪白痢。

【用法与用量】将两药混匀，每头每次9 g，每天1次，连服2~3天，药粉以常水调成糊状，涂于仔猪舌面。

处方三：山楂、麦芽、神曲、枳壳、陈皮、火麻仁、白头翁、龙胆各16 g。

【作用】治疗仔猪白痢。

【用法与用量】煎水喂母猪，连用4~5天。

处方四：黄连100 g，苦参200 g，白头翁160 g，白胡椒40 g。

【作用】治疗仔猪白痢。

【用法与用量】将以上药物焙焦粉碎为末混匀，每天2次喂母猪，每次5~10 g，连用3~5天。

处方五：仙鹤草干品25 g。

【作用】治疗仔猪白痢。

【用法与用量】煎水取汁，候温灌服，分2次喂仔猪，每天服2次，连用2~3天。

处方六：当归750 g。

【作用】预防仔猪白痢。

【用法与用量】水煎30分钟，捻碎再煎30分钟，使之成为药糊，混合1.5 kg米粥喂给怀孕3个月的母猪，只喂1次。

处方七：附子5 g，高良姜10 g，肉桂10 g，白术10 g，党参10 g，扁豆20 g，陈皮10 g，神曲15 g，茯苓15 g，甘草5 g，木香10 g。

【作用】治疗仔猪白痢。

【用法与用量】共粉碎为细末，能吃食的掺饲料喂，不能吃食的掺入奶粉用奶瓶喂，体重5 kg的小猪，每天喂3次，每次喂5~10 g，也可用炒黄的大麦面加红糖，再掺药末喂食小猪。

处方八：党参10 g，茯苓10 g，白术15 g，扁豆15 g，肉豆蔻5 g，木香5 g，石榴皮15 g，砂仁10 g，肉桂10 g，山药15 g，瞿麦15 g。

【作用】治疗仔猪白痢。

【用法与用量】共粉碎为细末，能吃食的掺饲料喂，不能吃食的掺入奶粉用奶瓶喂，体重5 kg的小猪，每天喂3次，每次喂5~10 g，连用2~3天。

（七）免疫预防与饲养管理

1. 免疫预防

①做好免疫接种工作，用 K_{88}、K_{99}、987P 三价基因工程苗或针对本场分离的大肠杆菌

制备的灭活苗在母猪产前 14～21 天接种。

②仔猪饲料中添加 CYC–100（活菌酶）、麦可食 A–MAX（酵母培养物）和活性酵母等活菌制剂，有明显的预防效果。

③母猪产仔前后，饲料中按下列剂量添加氟必康 400 mg/kg 或环球之星 800 mg/kg，以预防乳腺炎和产褥热，保证正常泌乳。

2. 饲养管理

①选用优质全价哺乳料，保证母猪泌乳量，初生仔猪尽早吮吸初乳。断奶期饲料品种的更换要逐渐过渡，在缺硒地区或使用缺硒地区生产的原材料时，要适当提高饲料中维生素 E 和硒的含量。

②加强猪舍卫生消毒工作，降低猪群饲养密度，做好保温工作。临产母猪进入产房时要淋浴消毒，接产时用安全的消毒药擦洗乳头。

三、猪水肿病

猪水肿病（edema disease of pig）是由溶血性大肠杆菌引起的一种急性、致死性初生仔猪传染病。特征是头部、胃壁水肿，共济失调和麻痹。

（一）病原

本病的病原体主要为溶血性大肠杆菌（图 5-3-1 至图 5-3-3），虽然各地分离到的血清型并不完全相同，但主要是 O_{138}、O_{139} 和 O_{141}。这些菌株也是引起仔猪黄痢的大肠杆菌血清型。另外，还有一些血清型如 O_{106}、O_{86} 和 O_{119} 等也可引起本病。据研究，溶血性大肠杆菌所产生的内毒素是导致本病的主要因素。当溶血性大肠杆菌侵入肠黏膜上皮后，即在此繁殖，并产生和释放一种有抗原性的水肿病因子（EDF，又称大肠杆菌神经毒素），EDF 被吸收后，即对肠外组织呈现出致病作用，导致水肿的发生。本菌为革兰氏阴性小杆菌，血清型多，无交叉保护性，易产生耐药性。

另外，一些学者认为，大肠杆菌内毒素性休克在本病的发病学中具有重要的作用，实验证明，大肠杆菌的裂解物可以引起类似的症状和病变。

（二）流行特点

本病常发生于断奶前后的仔猪，多发生于断奶后 1～2 周，最小的发病猪见于 3 日龄，大者 3～5 月龄。春季和秋季多发，呈地方流行性，但常局限于某些猪群，发病率 10%～35%，有时整窝猪突然发病，且死亡率高，有时仅 1～2 头发病。健壮和生长快的仔猪先发病、发病多。病猪和带菌母猪是主要的传染源。通过粪便排出病菌，经过消化道感染。饥饿、饲料品质差、气候骤变、饲养密度过大、卫生条件较差等不良因素均可诱发本病。

（三）临床症状

体格健壮、生长快的仔猪最常见，突然发病，精神沉郁，头部水肿，共济失调，惊厥，局部或全身麻痹。多数病猪先在脸部、眼睑、颈部、肛门四周和腹部出现皮下水肿（图 5-3-4，图 5-3-5）。病猪前肢跪地（图 5-3-6），后肢站立，口吐白沫，步态不稳或转圈，倒地后四肢呈划水状。病程长短不一，从几小时到几天不等，病死率可高达 90%。

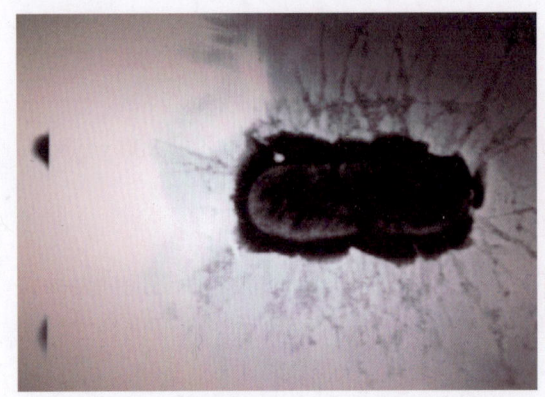

图 5-3-1 病原菌的周围长出很多细长的 F_{18}（F_{107}）菌毛（电镜，磷钨酸负染 30 000×）

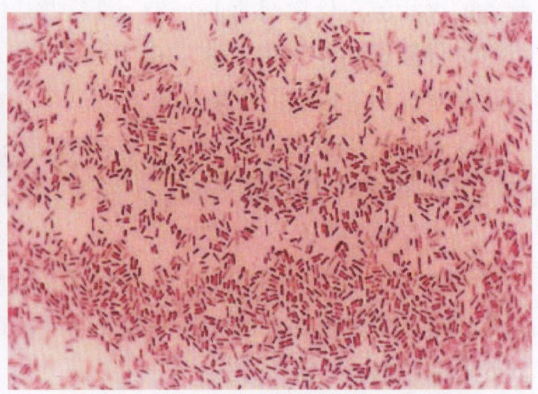

图 5-3-2 革兰氏阴性中等大小病原菌

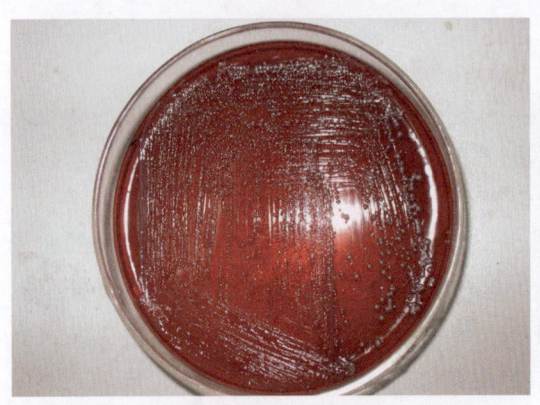

图 5-3-3 大肠杆菌在鲜血平板上长出的菌落

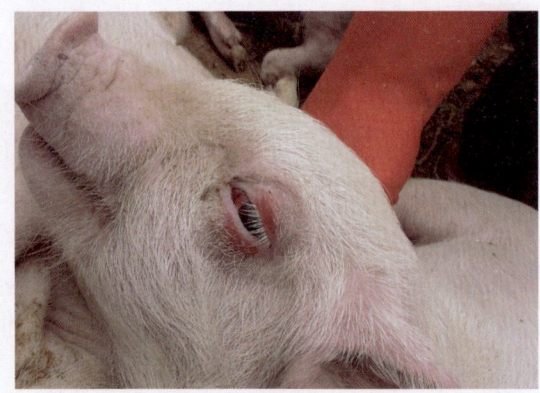

图 5-3-4 眼淤血、水肿

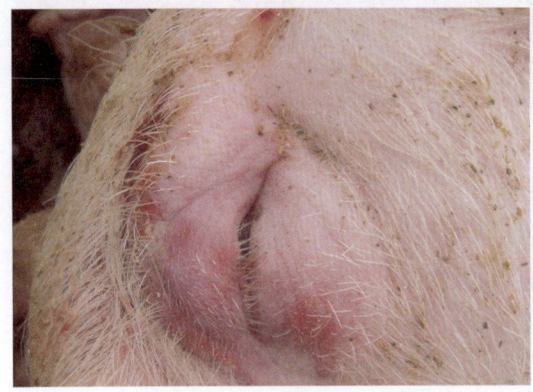

图 5-3-5 眼水肿、淤血

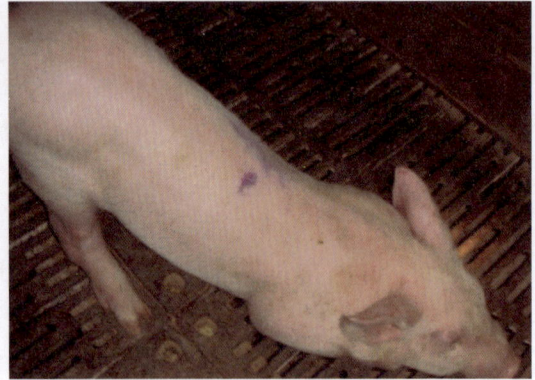

图 5-3-6 前肢跪地，眼水肿

（四）病理特征

剖检所见的主要病变是患病猪眼睑水肿，头颈部皮下水肿，面部皮下和眼睑皮下有淡黄色胶冻样病变（图 5-3-7）；肠系膜淋巴结肿大、出血（图 5-3-8）；肠壁水肿、肿胀变厚且透亮，切面呈胶冻样（图 5-3-9 至图 5-3-11）；胃大弯部和贲门部胃壁水肿，在胃的黏膜层和肌层之间有一层胶冻样浸润，严重的厚达 2～3 cm，胃底黏膜常有弥漫性出血，胃内充满凝乳块（图 5-3-12，图 5-3-13）；全身淋巴结充血、水肿，肺脏水肿。脑膜充血，脑回水肿（图 5-3-14）。镜检可见胃肠壁表现水肿变化（图 5-3-15，图 5-3-16）；血管发生纤维素样坏死；肠系膜淋巴结淤血、肿胀；多发非化脓性脑膜炎、水肿和出现局灶性软化灶（图 5-3-17 至图 5-3-20）。

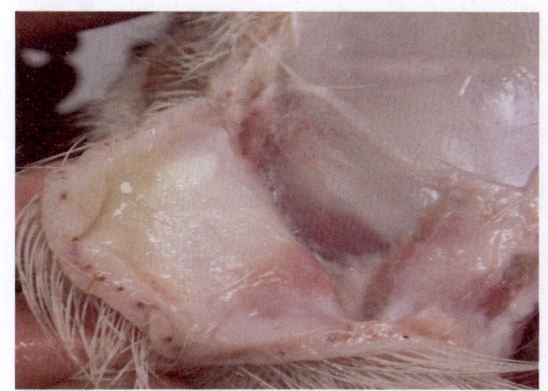

图 5-3-7　头部皮下胶冻样渗出物

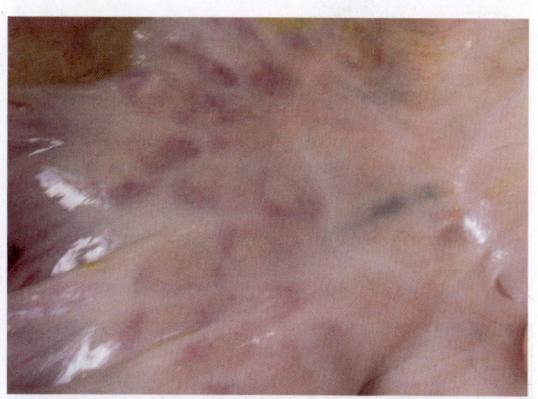

图 5-3-8　肠系膜淋巴结肿大、出血

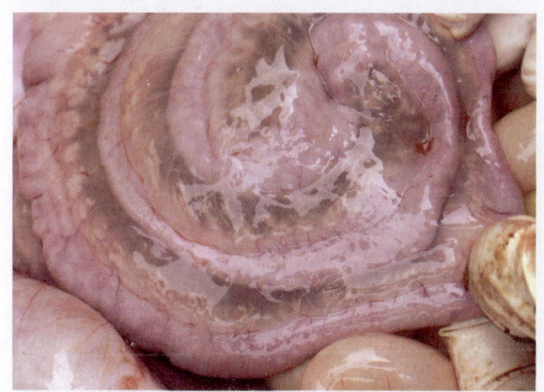

图 5-3-9　肠盘部明显淤血，水肿，系膜内有多量浆液

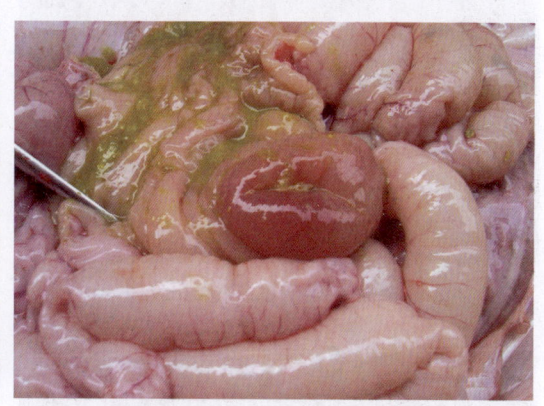

图 5-3-10　小肠水肿，出血

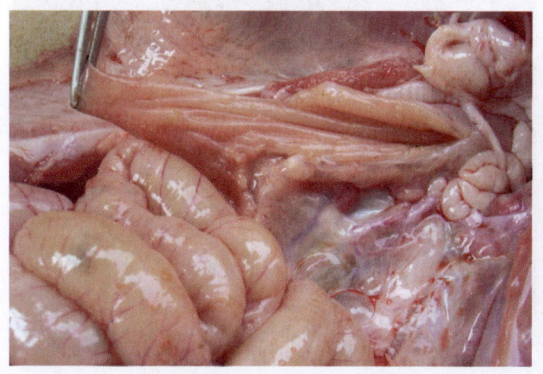

图 5-3-11　肠壁水肿、增厚，内有胶冻样渗出物

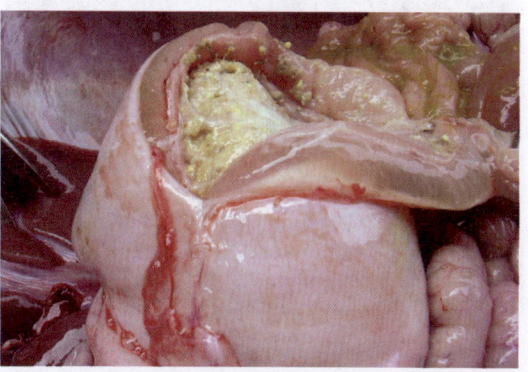

图 5-3-12　胃壁明显增厚，质地柔软，有胶冻样感，切开胃壁，有多量浆液流出

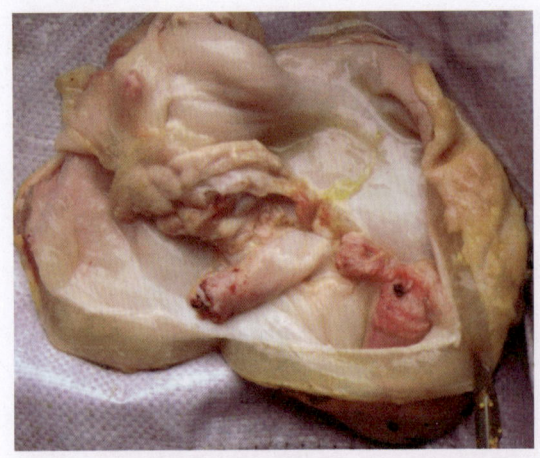

图 5-3-13 胃壁水肿、增厚，内有胶冻样渗出物

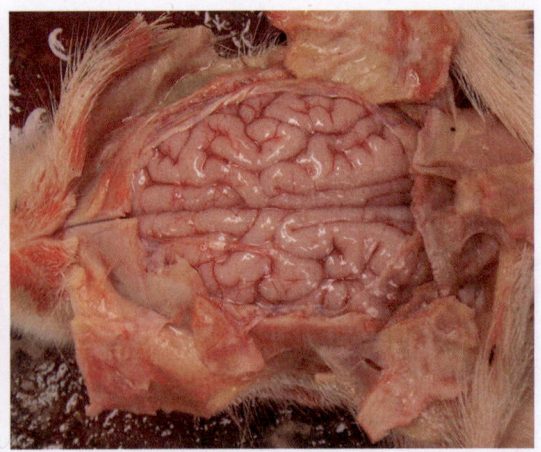

图 5-3-14 脑回水肿

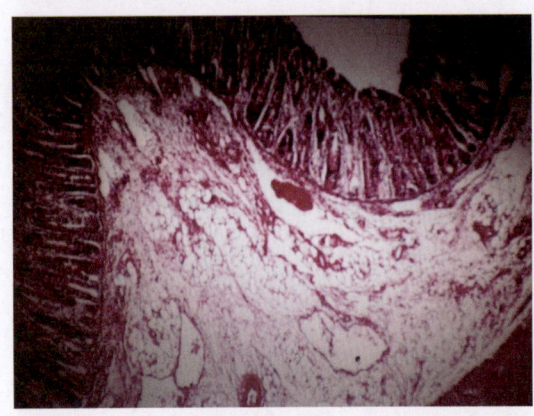

图 5-3-15 结肠固有层水肿，淋巴管扩张（HE 100×）

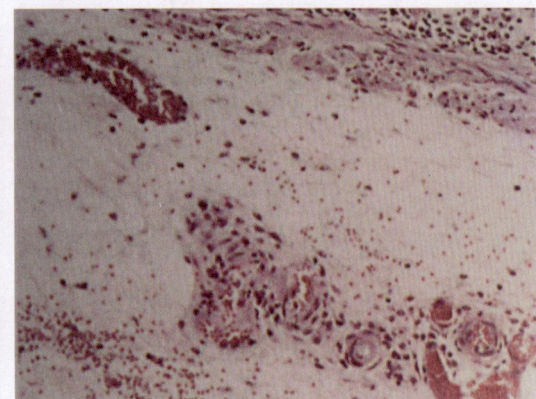

图 5-3-16 胃黏膜下层淤血，轻度出血，明显水肿，增厚（HE 100×）

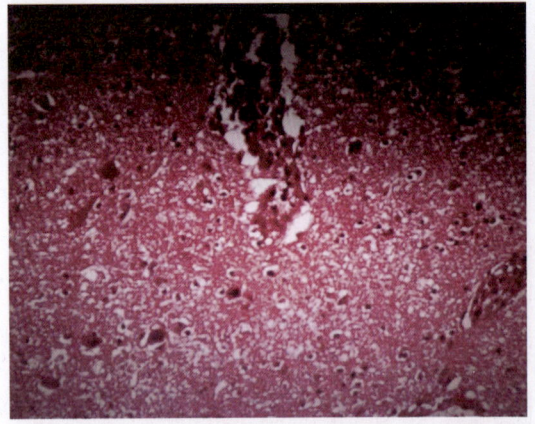

图 5-3-17 大脑出现非化脓性脑膜炎，血管壁增厚，结构模糊，表面血管壁受损伤，血管内淋巴细胞增多（HE 100×）

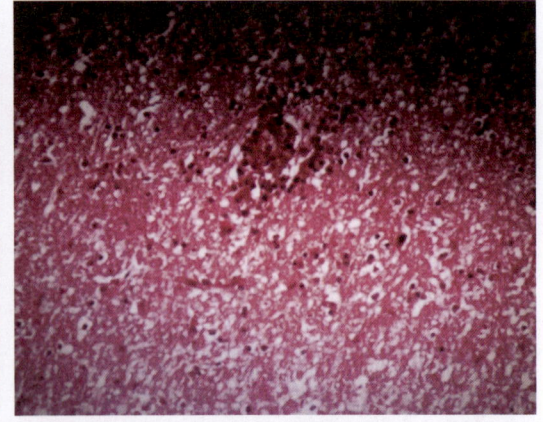

图 5-3-18 大脑出现非化脓性脑膜炎，有时出现胶质细胞结构，有脑软化病灶存在（HE 100×）

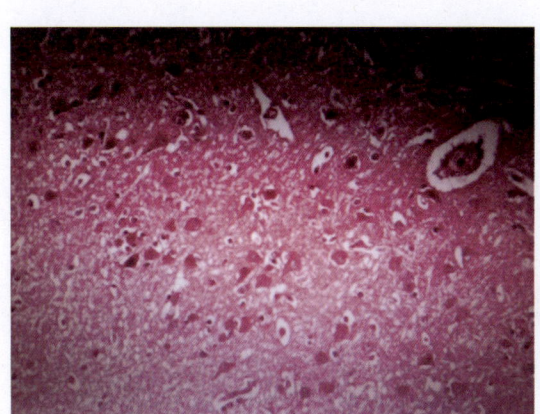
图 5-3-19 非化脓性脑膜炎，血管淤血，噬神经元现象普遍（HE 100×）

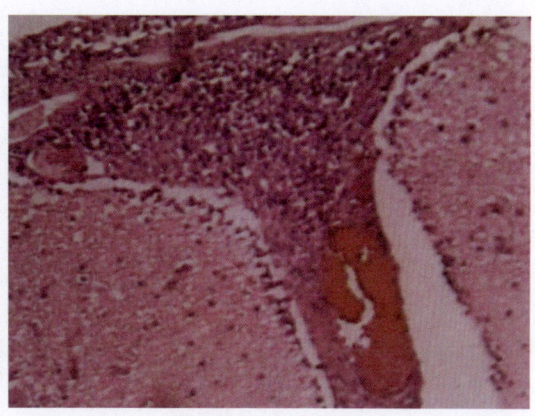
图 5-3-20 小脑膜的血管扩张充血，有大量嗜中性粒细胞浸润（HE 100×）

（五）诊断要点

根据流行特点、临床症状和病理剖检变化特征可作出初步诊断。确诊需分离病原性大肠杆菌并做血清型鉴定和小鼠毒性试验（图 5-3-21）。

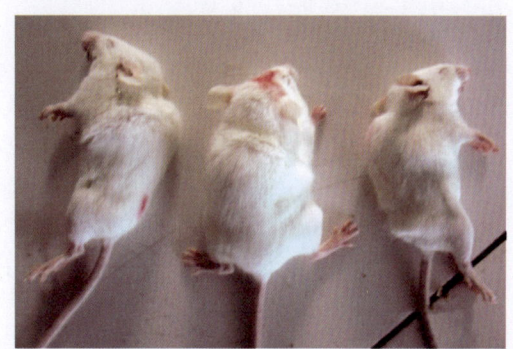
图 5-3-21 小鼠在注射 SL-ⅡE 后 36 小时左右出现后肢瘫痪、行走时后肢拖地的特征性中毒症状

（六）治疗方法

1. 化学药物治疗

饲料中按下列剂量添加药物：新霉素 200 mg/kg、复方替米先锋 1 000 mg/kg、环丙沙星 200 mg/kg 等，同时加入维生素 E 硒粉 200 mg/kg。饮用水中添加补液盐、多种维生素。治疗病重猪时的选药方案参考表 5-3-1。

表 5-3-1 化学药物治疗猪水肿病

名称	功用与主治		千克体重用量	使用方法
大力士（阿米卡星）	抗菌消炎		0.1 mL	肌内注射，每天 2 次，连用 3~5 天
地塞米松注射液	抗炎、抗休克		4~12 mg	
磺胺嘧啶钠	抗菌消炎	二选一	100~200 mg	肌内注射，每天 1 次，连用 3~5 天
强效阿莫西林			10 mg	

2. 中药治疗

处方一：白头翁、秦皮各 20 g，黄连、黄柏、槐花、诃子各 15 g，乌梅 12 g，马齿苋适量。

【作用】治疗仔猪水肿病。

【用法与用量】按处方配药，马齿苋为引，拌料喂母猪，每天 3 次，每次 500 mL，连用 3 天；重症仔猪，可每头灌服 10～20 mL，每天 2 次。

处方二：白术 9 g，木通 6 g，茯苓 9 g，陈皮 6 g，石斛 6 g，冬瓜皮 9 g，猪苓 5 g，泽泻 6 g。

【作用】治疗猪水肿病。

【用法与用量】水煎，分 2 次喂服，每天 1 剂，连用 2 天。

处方三：茯苓皮、牵牛子、木通各 10 g，石斛、苍术各 12 g，泽泻、大腹皮、猪苓、陈皮、红花各 6 g，雄黄粉 30 g。

【作用】治疗猪水肿病。

【用法与用量】以上药除雄黄外，水煎取汁，候温加雄黄粉灌服，每天 1 次，连用 3～5 天。

处方四：黄芩、黄柏、大黄、泽泻、茯苓各等量。

【作用】治疗猪水肿病。

【用法与用量】共粉碎细末，每天灌服 20～60 g，连用 3～5 天。

处方五：金银花、贯众、山楂各 25 g，木香、槟榔、陈皮、枳壳、红花各 10 g，神曲、当归、甘草各 16 g，生地黄、竹叶各 31 g，连翘 13 g。

【作用】治疗猪水肿病。

【用法与用量】适于体重 20 kg 的猪只，水煎取汁，供患病猪 1 天分 2 次灌服，连用 2～3 天。

处方六：仙鹤草、龙胆草、泽泻、茯苓、车前子、木通各 9 g，焦白术、何首乌、当归各 15 g，蝼蛄 7 个，甘草 15 g。

【作用】治疗猪水肿病。

【用法与用量】水煎取汁，候温灌服，供体重 30～50 kg 的猪只 1 次服用，每天 1 次，连用 3～5 天。

处方七：桉树叶（生品）45 g，五加皮 19 g，大腹皮 15 g，地骨皮 10 g，茯苓皮 15 g。

【作用】治疗猪水肿病。

【用法与用量】煎水取汁，候温喂服，供患病猪 1 次服完，每天 1 次，连用 3～5 天。

（七）免疫预防与饲养管理

1. 免疫预防

①做好免疫接种工作，用 K_{88}、K_{99}、987P 三价基因工程苗或针对本场分离的大肠杆菌制备的灭活苗在母猪产前 14～21 天接种。

②仔猪饲料中添加 CYC-100（活菌酶）、麦可食 A-MAX（酵母培养物）和活性酵母等活菌制剂，有明显的预防效果。

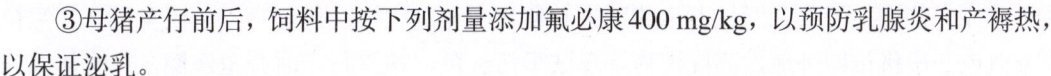

③母猪产仔前后，饲料中按下列剂量添加氟必康 400 mg/kg，以预防乳腺炎和产褥热，以保证泌乳。

2. 饲养管理

①选用优质全价哺乳料，保证母猪泌乳量，初生仔猪尽早吮吸初乳。断奶期饲料品种的更换要逐渐过渡，在缺硒地区或使用缺硒地区生产的原材料时，要适当提高饲料中维生素 E 和硒的含量。

②加强猪舍卫生消毒工作，降低猪群饲养密度，做好保温工作。临产母猪进入产房时要淋浴消毒，接产时用安全的消毒药擦洗乳头。

四、仔猪副伤寒

仔猪副伤寒（swine paratyphoid）主要是由猪霍乱和猪伤寒沙门氏菌引起的一种仔猪传染病，又称猪沙门氏菌病。主要以出现肠炎和持续下痢为症状特征。

（一）病原

沙门氏菌为两端钝圆、中等大小的直杆菌，革兰氏染色阴性，无荚膜，不形成芽孢，有周身鞭毛，能运动。本菌有菌体抗原（O 抗原）、鞭毛抗原（H 抗原）、表面抗原（荚膜和菌毛抗原，称为Ⅵ抗原）和 K 抗原；虽不产生外毒素，但可产生毒力较强的内毒素，引起发热、白细胞数量变化及中毒性休克，有的还可产生与大肠杆菌肠毒素性质相同的毒素。

引起猪副伤寒的沙门氏菌的血清型较为复杂，各国所分离到的菌株有较大的差异且致病性很不一致。其中猪霍乱沙门氏菌及其孔成道夫变种是主要的病原体，可引起败血症和肠炎；鼠伤寒沙门氏菌和德尔俾沙门氏菌能引起急性或慢性肠炎；都柏林沙门氏菌可引起散发性败血症和脑膜炎；猪伤寒沙门氏菌则以引起溃疡性小肠结肠炎及坏死性扁桃体炎和淋巴结炎为主要病变特征。

沙门氏菌对外界环境的抵抗力较强，在粪中可活 1～2 个月，在垫草上可活 8～20 周，在冻土中可以过冬，在 10%～19% 食盐腌肉中能生存 75 天以上；但对消毒药的抵抗力不强，3% 甲酚皂、3% 福尔马林等常用消毒液均能将其杀死。本菌易产生耐药性。

（二）流行特点

本病一年四季均可发生，又以冬春季节多发。本病可感染各种年龄的猪只，3～4 月龄仔猪最易感，6 月龄以上的猪发病少，1 月龄以内的仔猪发病更少。多为散发，有时呈地方性流行。病猪和带菌猪是主要的传染源，病菌通过粪便、尿液、流产物排出，经消化道感染易感猪。环境潮湿、长途运输、卫生条件较差、营养缺乏等外界不良因素可造成内源性感染。

（三）临床症状

急性病例体温高达 40～42℃，毛蓬松、精神沉郁（图 5-4-1），呕吐和腹泻，拉黄绿色、恶臭、粥样稀便。耳根、胸前、腹下、四肢等肢体远端皮肤发绀，有紫色斑点和斑块（图 5-4-2 至图 5-4-4），多数病例 2～4 天死亡，耐过猪发育不良，转为僵猪。慢性病例较为常见，开始发病不易察觉，一般到精神不振、寒战、出现下痢时才被发现。病猪喜钻垫草或者挤堆。严重者恶性下痢或下痢和便秘交替进行，粪便恶臭，呈淡黄色、灰绿色或灰白色。病猪长期卧地，高度消瘦，皮肤呈污红色，站立行走时歪歪倒倒，有时体温升高，继而又降至常温。一般于数周后死亡，少数康复的猪变为长期带菌的僵猪。

图 5-4-1　毛蓬松，精神沉郁

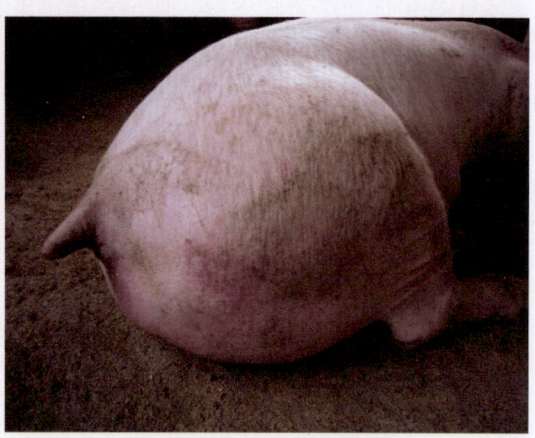

图 5-4-2　臀部皮肤发绀

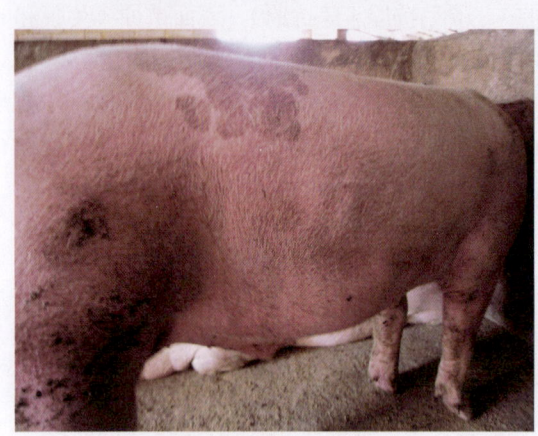

图 5-4-3　皮肤发绀

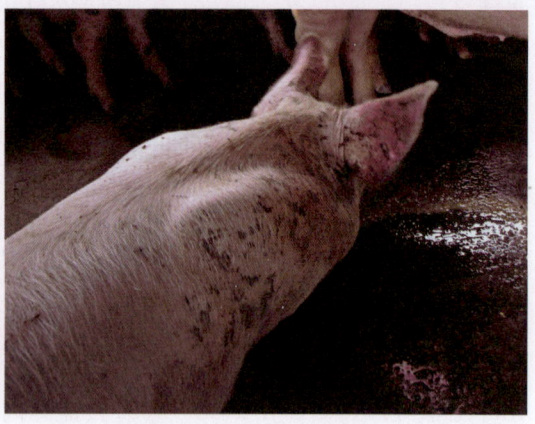

图 5-4-4　耳尖发绀

（四）病理特征

本病特征性的病变是大肠黏膜有局灶性或弥漫性伪膜和溃疡，周围呈堤状隆起。急性病例主要表现败血症变化，腹腔脏器表面附着黄白色纤维蛋白状物，胃肠浆膜充血、出血。肝脏肿大、黄色样变或表面有散在米粒大小的黄白色坏死点（图5-4-5，图5-4-6）。脾脏肿大，暗蓝色，坚硬似橡皮（图5-4-7）。全身淋巴结肿大、出血（图5-4-8，图5-4-9），肺脏水肿、出血或实变（图5-4-10，图5-4-11）。盲肠、结肠发生坏死性炎症，肠壁增厚，表面附有一层假膜，胆囊黏膜坏死。慢性病例主要病变在盲肠、结肠和回肠，特征性病变为坏死性肠炎，肠壁增厚，黏膜上覆盖一层灰白色和黄绿色麸皮样假膜（图5-4-12至图5-4-14）。镜检可见肝细胞变性坏死，形成坏死性副伤寒结节（图5-4-15，图5-4-16），肺间质水肿、增宽，呈支气管炎变化（图5-4-17），淋巴小结呈坏死性变化（图5-4-18）。

第五章　严重危害仔猪的疾病

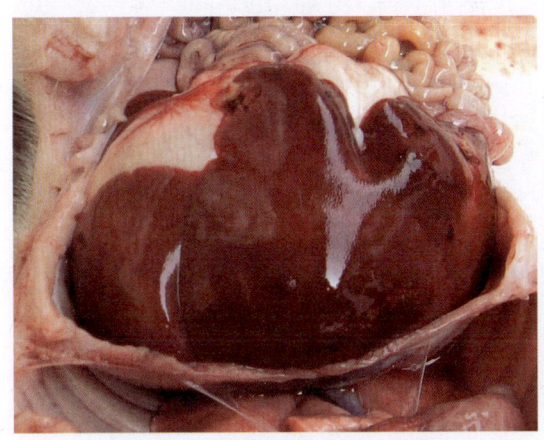

图 5-4-5　肝脏表面有黄色坏死点

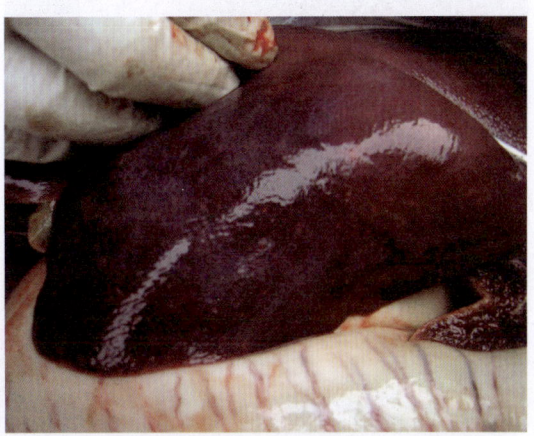

图 5-4-6　肝脏肿大，表面有黄白色坏死点

图 5-4-7　脾脏肿大，坚硬似橡皮样

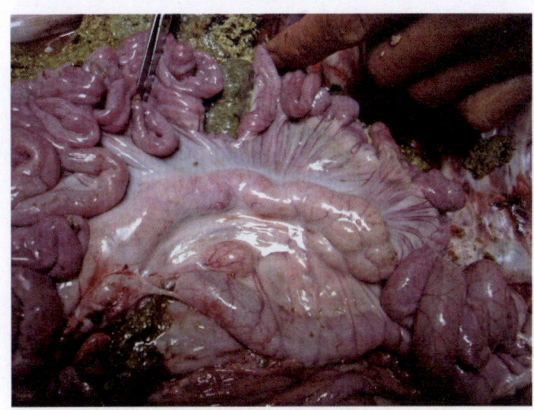

图 5-4-8　肠系膜淋巴结肿大、出血

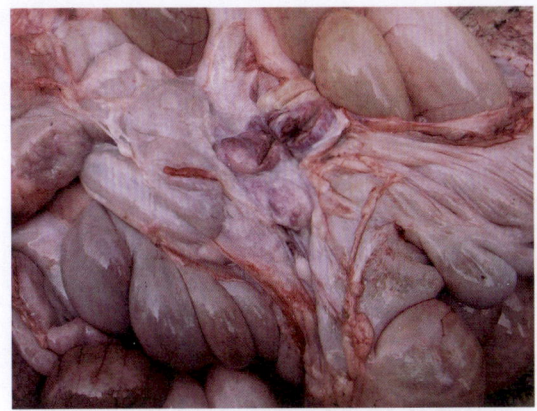

图 5-4-9　肠系膜淋巴结充血、出血

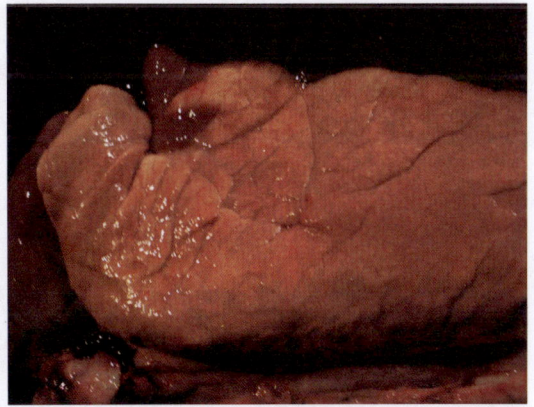

图 5-4-10　肺尖叶实变

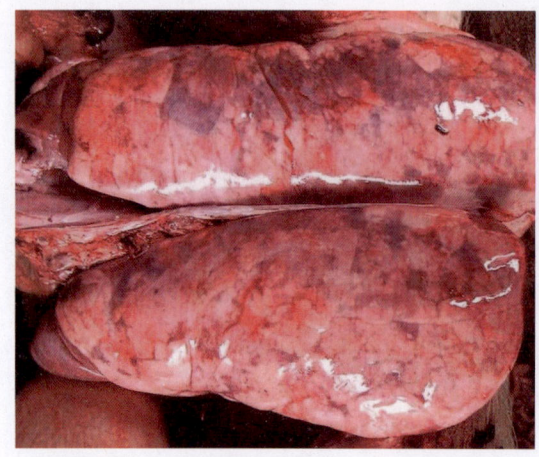

图 5-4-11 肺脏淤血水肿并伴发点状出血

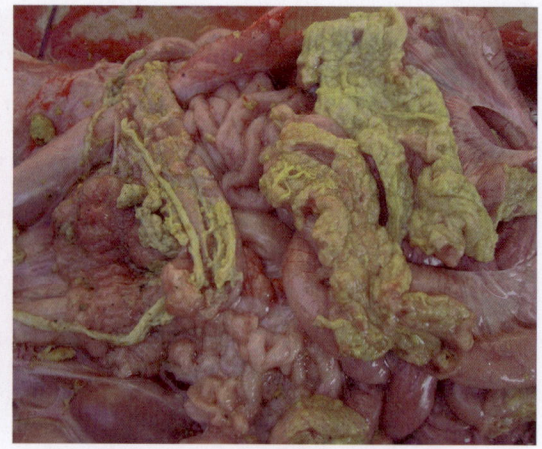

图 5-4-12 肠黏膜形成麸皮样假膜

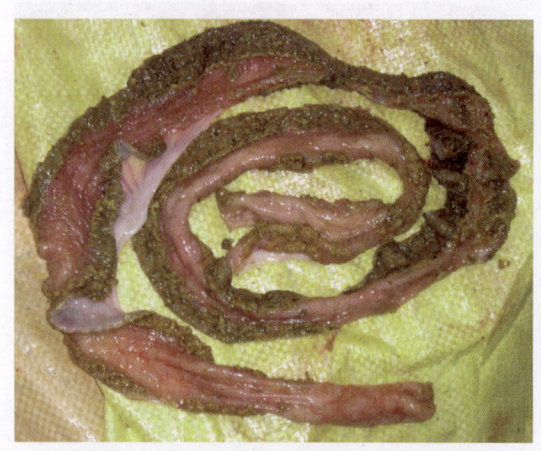

图 5-4-13 回肠形成假膜,肠壁增厚

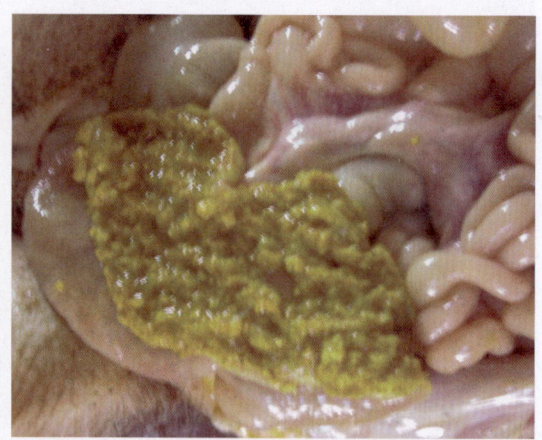

图 5-4-14 结肠形成假膜,肠壁增厚

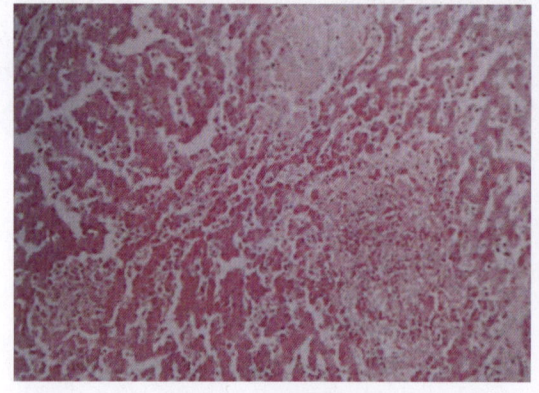

图 5-4-15 肝脏坏死性副伤寒结节(HE 100×)

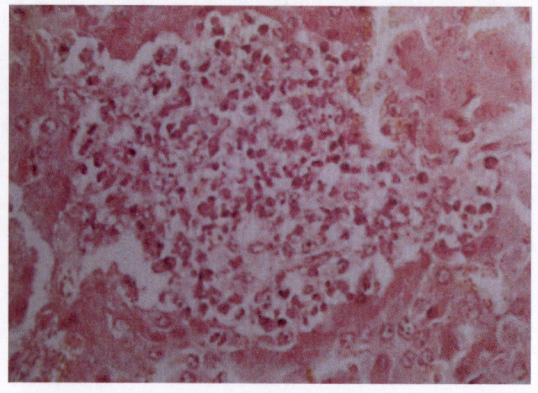

图 5-4-16 肝脏增生性副伤寒结节(HE 400×)

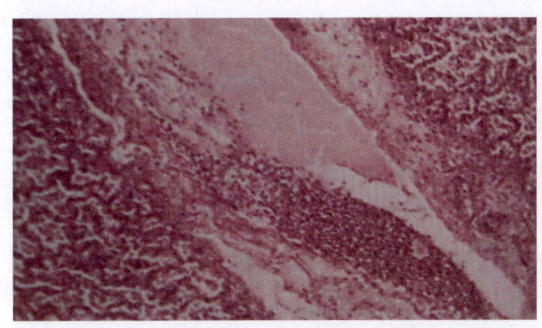
图 5-4-17 肺间质水肿、增宽的肺泡腔中有大量炎性细胞

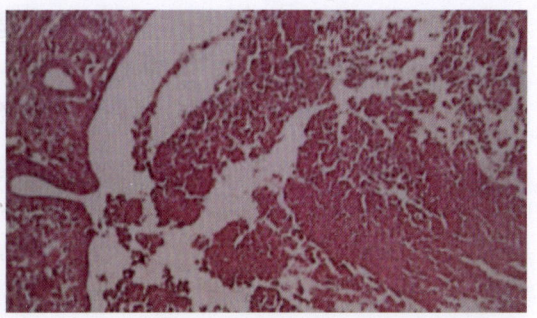
图 5-4-18 肠淋巴小结坏死，与坏死的肠黏膜和渗出物一起脱入肠腔（HE 100×）

（五）诊断要点

根据流行病学、临床症状和病理变化可初诊。确诊可通过细菌学检查、分离培养和 ELISA 等试验。急性病例可从实质器官分离出病原菌，慢性病例不易分离出。如已分离到沙门氏菌，必须综合其他症状、病理特征及流行特点进行分析，方可作出结论。

（六）类症鉴别

临床上经常和猪瘟混合感染。

（七）治疗方法

1. 化学药物治疗

使用敏感药物，按一定的周期进行替换使用。选药方案可参考表 5-4-1，还可选择盐酸多西环素、盐酸土霉素、诺氟沙星代替磺胺类药物。

表 5-4-1　化学药物治疗仔猪副伤寒

名称	功用与主治		千克体重用量	使用方法
磺胺嘧啶	抗菌消炎	配合使用	20～40 mg	混合后，分 2 次喂服，连用 1 周
甲氧苄氨嘧啶			4～8 mg	
10% 磺胺嘧啶钠注射液	抗菌消炎		5 mL	混合后，1 次静脉注射，每天 1 次，连用 3～5 天
25% 葡萄糖注射液	补液		5～10 mL	
盐酸山莨菪碱	解毒		1～2 mg	肌内注射，每天 2 次，连用 5 天

2. 中药治疗

以清热解毒，扶正健脾为治则，最好与化学药物配合使用，以巩固其疗效。

处方一：黄芩 500 g，黄柏 500 g，杜仲 500 g，贯众 500 g，生半夏 500 g，明矾 250 g，雄黄 250 g，五味子 500 g，胡椒 200 g，油皂 250 g，使君子 250 g，麝香 25 g。

【作用】治疗仔猪副伤寒。

【用法与用量】共粉碎为细末，开水冲调，候温灌服。体重 5～15 kg 的小猪 3～5 g，20～30 kg 的中猪 4～10 g，40～60 kg 的大猪 6～20 g。

处方二：黄芪 50 g，桂枝 30 g，升麻 30 g，生地 35 g，麦冬 50 g，金银花 50 g，枇杷

叶30 g，桑叶50 g，知母35 g，黄柏50 g，秦皮35 g，陈皮40 g，木香50 g（另包后下），滑石50 g，车前子45 g，甘草50 g。

【作用】益气养阴，清热除湿，治疗仔猪副伤寒。

【用法与用量】按处方配药，水煎取汁，候温分2次内服，每次供5头仔猪（体重15～20 kg）服用，每天1次，连用3～5天。

处方三：连翘10 g，桑叶10 g，杏仁10 g，薄荷10 g，桔梗15 g，陈皮15 g，竹叶15 g，通草10 g，桑白皮10 g。

【作用】治疗仔猪副伤寒。

【用法与用量】如咽喉肿加射干、山豆根、大力子各15 g，用水煎服，每天2～3次，连用3～5天。

处方四：苍术25 g，北辛5 g，防风25 g，白芷25 g，苓皮25 g，贯众25 g，麻黄15 g，甘草5 g。

【作用】治疗仔猪副伤寒。

【用法与用量】苏根、石菖蒲、茅草根、臭草根为引，煎汤取汁，候温灌服，每天2次，连用2～3天。

处方五：黄连10 g，黄柏15 g，白头翁25 g，金银花20 g，煨葛根30 g，茯苓20 g，枳实10 g，槟榔15 g。

【作用】治疗仔猪副伤寒。

【用法与用量】煎水去渣，供体重15～25 kg的猪只1天分2次灌服，连用2～3天。

处方六：黄芩、荆芥、桂枝各20 g，杏仁、麻黄各15 g，桔梗、防风各25 g，川芎、大枣各12 g，生姜、甘草各10 g。

【作用】治疗仔猪副伤寒。

【用法与用量】按处方配药，水煎取汁，候温内服。或研细末，开水冲调灌服。每天1次，连用3～5天。

处方七：黄连须30～60 g，栀子23 g，木通20 g，大黄23 g，石膏30～60 g，黄芩20 g，黄柏20 g，麻黄10 g，淡豆豉20 g，姜黄20 g，牛蒡子15 g，甘草6 g。

【作用】治疗仔猪副伤寒。

【用法与用量】煎汤取汁，候温，供大猪1天用量，分3次灌服。

（八）免疫预防与饲养管理

1. 免疫预防

在本病常发地区，可对1月龄以上哺乳或断奶仔猪，用猪沙门氏菌病冻干弱毒菌苗预防，20%氢氧化铝生理盐水稀释，肌内注射1 mL，免疫期9个月；口服时，按标签说明使用，服前用冷开水稀释成每头份5～10 mL，掺入饲料中喂服；或按每头猪1头份疫苗稀释于5～10 mL冷开水中给猪灌服。

2. 饲养管理

平时保持圈舍清洁干燥，改善饲养管理和卫生条件，消除引起发病的应激因素，增强仔猪抵抗力。搞好清洁卫生，定期消毒，以防传染。病猪应尽早隔离治疗，选用磺胺类药物及时治疗，病死猪应深埋。圈舍应彻底清扫、消毒，特别是饲槽要刷洗干净。粪便堆积发酵后再利用，必要时，对假定健康猪用抗生素拌料投喂进行预防。

五、猪传染性胃肠炎

猪传染性胃肠炎（transmissible gastroenteritis of pigs，TGE）是由猪传染性胃肠炎病毒（TGEV）引起，以腹泻、呕吐和脱水为特征的一种急性、高度接触性的猪传染病。该病可发生于不同年龄的猪，10 日龄以内的仔猪死亡率可高达 100%；5 周龄以上的猪死亡率较低，更大的或成年猪几乎不死亡。

（一）病原

TGEV 属于冠状病毒科冠状病毒属，单股 RNA 病毒。该病毒的粒子呈球形、椭圆形或多边形，直径为 80~120 nm，核心含单股 RNA，有囊膜，表面有一层长 12~28 nm 的棒状纤突。用磷钨酸负染扫描电镜观察，可在病毒粒子的周围见有花冠样突起；在透射电镜下观察，病毒多呈圆形，位于内质网腔内（图 5-5-1）。病毒主要存在于病猪的十二指肠、空肠及回肠的黏膜上和肠内容物及肠系膜淋巴结中；在鼻腔、气管、肺脏、脾脏、肝脏、血液中也能查出病毒，但含病毒量较低。据报道，本病毒也可能是猪慢性肺炎的一种病原体，在流行间歇期，隐藏在大猪的肺脏中而成为仔猪的传染来源。

研究证明，TGEV 只有 1 个血清型，与猪流行性腹泻病毒无抗原相关性，但与犬冠状病毒和猫传染性腹膜炎病毒之间有抗原交叉关系。犬和猫被认为是 TGEV 的携带者。

病毒对日光和热敏感，在阳光下暴晒 6 小时可以灭活；加热至 56℃持续 45 分钟或 65℃持续 10 分钟即可灭活。病毒对胰蛋白酶和猪胆汁有抵抗力，对低温也有较强的抵抗力，在内脏和肠内容物中于 -20℃条件下可存活 8 个月。TGEV 对酸有一定的抵抗力，pH 为 3~4 仍可保持活性。

（二）流行特点

本病可发生于各种品种、年龄、性别的猪，主要在仔猪中流行，年龄越小，发病率和死亡率越高。病猪和带毒猪是主要传染源，可通过粪便、呕吐物、乳汁、鼻分泌物及呼出的气体排出病毒。易感猪通过消化道或呼吸道感染。本病多发生于冬春两季，发病高峰为 12 月至翌年 2 月。哺乳仔猪感染后死亡率很高，可达 100%。

（三）临床症状

仔猪典型的临床表现是突然呕吐，接着出现急剧的水样腹泻，粪水呈黄色、淡绿色或淡绿发白色（图 5-5-2 至图 5-5-6）。病猪脱水，体重下降，精神萎靡，被毛粗乱无光（图 5-5-7，图 5-5-8）。吃奶减少或停止吃奶，颤抖、口渴、消瘦，严重者 2~5 天死亡，1 周龄以下哺乳仔猪死亡率可达 50%~100%，随着日龄增加，死亡率降低；病愈仔猪增重缓慢，生长发育受阻，甚至成为僵猪；架子猪、育肥猪及成年猪主要是食欲减退或消失，水样腹泻，粪水呈黄绿色、淡灰色或褐色，混有气泡；哺乳母猪泌乳减少或停止，3~7 天病情好转随即恢复，极少发生死亡。

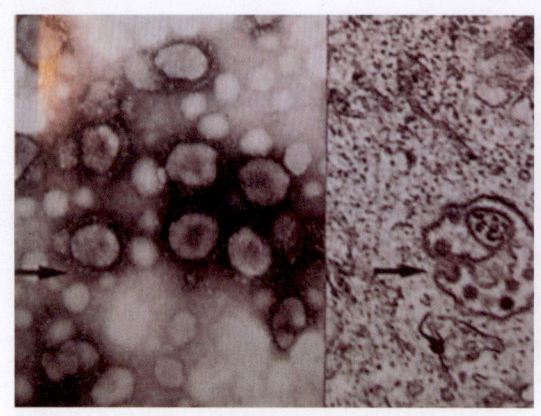

图 5-5-1 TGEV 病毒粒子外周有花冠样突出（左图箭头）；超薄切片中 TGEV 位于粗面内质网腔内（右图箭头）

图 5-5-2 生长猪排黄色水样稀便

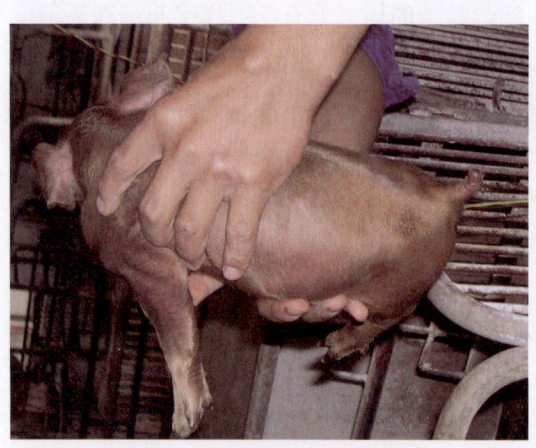

图 5-5-3 新生仔猪水样腹泻

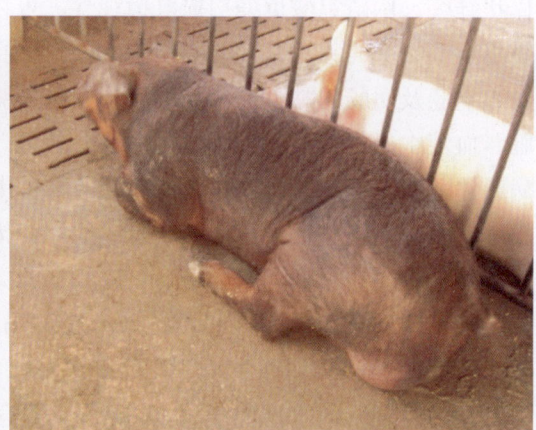

图 5-5-4 公猪水样腹泻

图 5-5-5 母猪排出黄绿色水样稀便

图 5-5-6 排出黄色水样稀便

图 5-5-7 保育猪脱水、消瘦

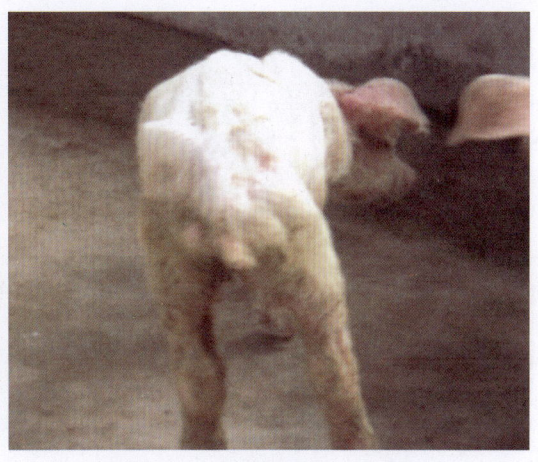
图 5-5-8 生长猪脱水、消瘦

(四)病理特征

特征性病理变化主要见小肠的绒毛变短,小肠呈气性肿胀,伴有卡他性肠炎,脾脏、肠系膜淋巴结充血。主要病变为:尸体脱水明显,非常消瘦,肠系膜充血,淋巴结肿胀(图5-5-9),胃内充满乳凝块,胃底黏膜充血、出血(图5-5-10)。肠内充满蓝色水样粪便,肠壁变得很薄,呈半透明状(图5-5-11,图5-5-12)。组织学观察,可见病猪小肠上皮细胞空泡化和坏死(图5-5-13);抗TGE荧光抗体染色,在小肠上皮中出现阳性反应(图5-5-14);电镜扫描小肠组织,可观察到小肠黏膜的绒毛明显缩短的变化(图5-5-15)。

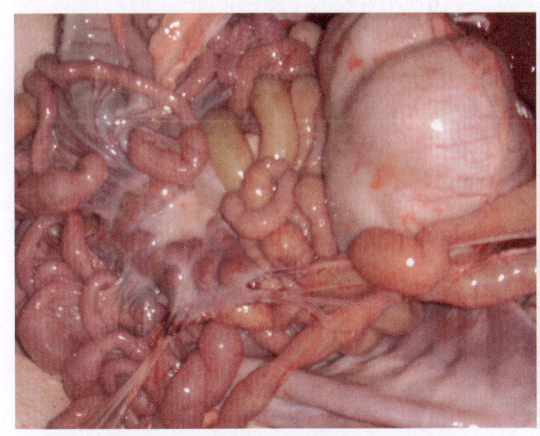
图 5-5-9 肠系膜淋巴结肿大、出血

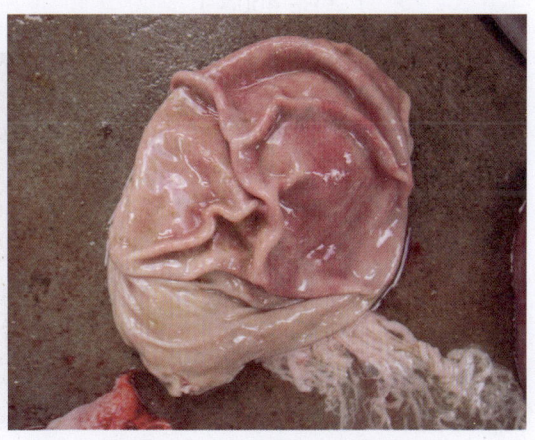
图 5-5-10 胃黏膜弥漫性出血

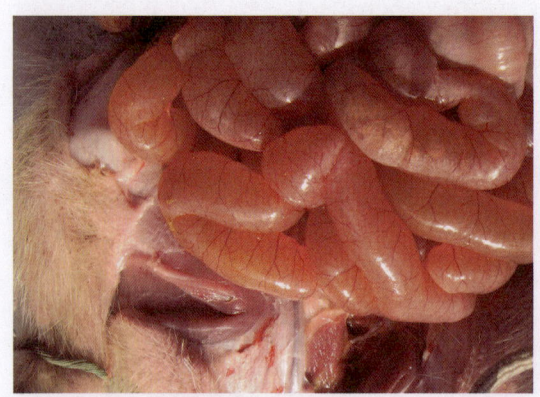

图 5-5-11　肠壁变薄、透明，肠腔充满水样稀便

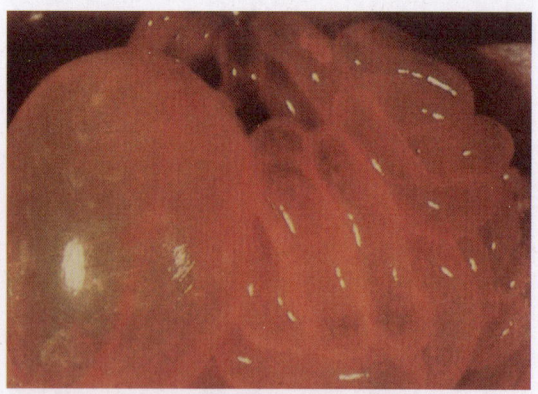

图 5-5-12　肠壁变薄、透明，充满气体

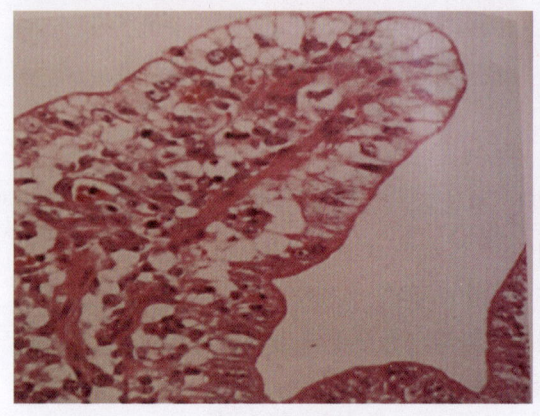

图 5-5-13　小肠上皮细胞空泡化和坏死（HE 400×）

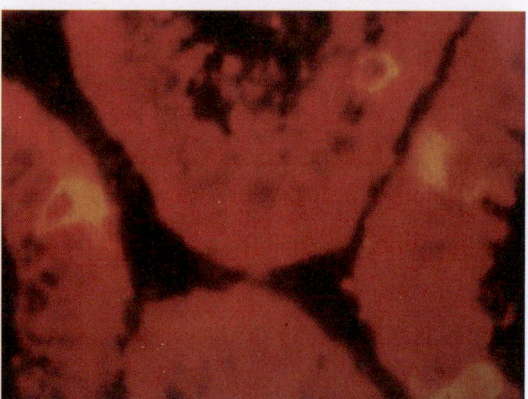

图 5-5-14　用抗 TGE 荧光抗体染色，小肠上皮中出现阳性反应（黄色，HE 400×）

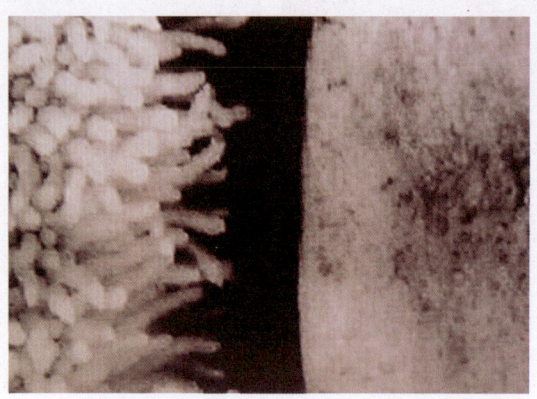

图 5-5-15　小肠黏膜上皮细胞的绒毛明显缩短（左图为正常对照）

（五）诊断要点

临床上可依据一群猪中较多猪只发生水泻样腹泻、哺乳仔猪（5 日龄内）病死率高、大猪感染经过 3～7 天能恢复等特点而作出初步诊断。确诊可通过病毒的分离鉴定、FA 试验和 ELISA 试验进行。

（六）治疗方法

1. 化学药物治疗

止泻、补液，选药时可参考表 5-5-1。

表 5-5-1 化学药物治疗猪传染性胃肠炎

名称	功用与主治	千克体重用量	使用方法
痢菌净	抗菌消炎	20 mg	肌内注射，每天 2 次，连用 3～5 天
0.1% 高锰酸钾溶液	清理胃肠	4 mL	喂服
硫酸庆大霉素	抗菌消炎	3～5 mg	混合后静脉注射
25% 葡萄糖注射液	补液	1～2 mL	
山莨菪碱	解毒止泻	3～5 mg	混合，三里穴注射，每天 1 次，连用 3 天
维生素 B_1	补液	10～20 mg	

2. 中药治疗

处方一：黄连 40 g，三颗针 40 g，白头翁 40 g，苦参 40 g，胡黄连 40 g，白芍 30 g，地榆炭 30 g，乌梅 30 g，诃子 30 g，大黄 30 g，车前子 30 g，棕榈炭 30 g，甘草 30 g。

【作用】防治猪传染性胃肠炎。

【用法与用量】按处方配药，粉碎为末后混匀，分 6 次灌服，每天 3 次，连用 2 天以上。

处方二：苍术 20 g，白术 20 g，川朴 20 g，桂枝 15 g，陈皮 20 g，泽泻 20 g，猪苓 20 g，茯苓 20 g，甘草 15 g。

【作用】防治猪传染性胃肠炎。

【用法与用量】水煎取汁，候温灌服，每天 2 次，连用 2 天。粪干者加大黄或人工盐；腹胀者加木香、莱菔子；体弱者加党参、当归、肉苁蓉；体温偏低者加附子、肉桂、小茴香；胃寒者加干姜或生姜；有表证加重桂枝；水泻不止加补骨脂、豆蔻、吴茱萸、五味子。

处方三：白头翁 30 g，黄连 10 g，秦皮、白芍各 25 g，黄柏 30 g，泽泻、茯苓各 15 g，苍术、陈皮、厚朴各 20 g，木香 15 g，大黄炭、金银花炭各 25 g，甘草 5 g。

【作用】防治猪传染性胃肠炎。

【用法与用量】水煎取汁，每天灌服 2～3 次，连用 2 天。病初可辅以龙胆苏打粉（片）、大黄苏打片、碳酸氢钠及中成药健胃散等，腹泻出现后可酌情灌服诺氟沙星等，对虚脱者须行补液或对症治疗。

处方四：黄连 10 g，白头翁、乌梅、诃子各 15 g，白芍、地榆炭、车前子、甘草各 12 g，大黄 9 g。

【作用】治疗猪传染性胃肠炎。

【用法】水煎取汁，候温灌服。

处方五：藿香、紫苏梗、厚朴、半夏、苍术、陈皮各 10～20 g，茯苓 20 g，甘草、豆蔻、佩兰各 10 g。

【作用】治疗猪传染性胃肠炎。

【用法与用量】水煎取汁,候温灌服,供体重 25 kg 左右病猪服用,每天 1～2 次,连用 3～5 天。

处方六:葛根 20 g,扁豆、连翘、黄连、黄芩各 10～15 g,半夏、佩兰、藿香、车前子各 10 g,甘草 6 g。

【作用】适用于湿热秽浊症、暴泻和发病急骤的猪传染性胃肠炎。

【用法与用量】水煎取汁,候温灌服。供体重 25 kg 左右猪只服用,每天 1 剂,连用 2～3 天。

处方七:鲜枫树二层皮 300 g,鲜樟树皮 200 g,杉木炭末 50 g,地榆 30 g,红糖 100 g。

【作用】治疗猪传染性胃肠炎。

【用法与用量】将枫树皮、樟树皮、地榆炒炭存性,加杉木炭末、红糖炒片刻,加水煮沸内服。供成年猪 1 天分 2 次服完,连用 2～3 天。

(七)预防措施

目前尚无特效的药物可供治疗。停食或减食的,多给清洁饮水或易消化饲料,对小猪进行补液,给口服补液盐等,有一定作用。由于此病发病率很高、传播快,一旦发病,采取隔离、消毒等措施效果不明显。康复猪可产生一定免疫力,病愈猪只一般不会再感染。在规模较大的猪场发生疫情,如有必要,可对未分娩母猪及年龄较大猪只进行人工感染,使之短期内发病,快速结束疫情。还可使哺乳仔猪从免疫母猪初乳中获得免疫力,从而保护仔猪免受感染;可使用猪传染性胃肠炎弱毒疫苗预防。

六、仔猪梭菌性肠炎

仔猪梭菌性肠炎(clostridial enteritis of piglet)是由魏氏梭菌引起的以腹泻、排血样粪便、肠黏膜坏死为特征的一种仔猪急性肠道传染病,又叫仔猪红痢或仔猪传染性坏死性肠炎。

(一)病原

病原为魏氏梭菌,又称产气荚膜梭菌。该菌是革兰氏阳性、两端钝圆的大杆菌(图 5-6-1),能形成芽孢,有荚膜,单个、成双或短链排列,为专性厌氧菌。培养基上菌落呈勋章状(图 5-6-2)。周边双环状溶血(图 5-6-3)。该菌广泛存在于外界环境中,根据其产生的毒素分为 A、B、C、D、E 5 个血清型,其中 C 型和 A 型魏氏梭菌引起仔猪梭菌性肠炎。该菌能产生内毒素和外毒素,引起仔猪肠毒血症和坏死性肠炎。一般消毒药能杀死该菌繁殖体,但芽孢抵抗力较强。

(二)流行特点

魏氏梭菌主要侵害 1～3 日龄仔猪,死亡率高,1 周龄以上仔猪很少发病,偶尔见 2～4 周龄及断奶仔猪发病。在同一群猪中,各窝仔猪的发病率不一样,可高达 100%,病死率为 20%～70%。本菌存在于母猪的肠道中,通过粪—口途径感染初生仔猪。

(三)临床症状

最急性型:常于出生后 1～2 天内仔猪突然拉出血样稀便(图 5-6-4 至图 5-6-6)或

黄色稀便，很快死亡。急性型：患病仔猪排出红褐色液状粪便，粪中混有灰色坏死组织碎片，猪体虚弱，一般3日龄死亡。亚急性型：患病猪食欲不振，呈现持续的非出血性腹泻，初排黄色软粪，以后粪便如淘米水样，内含灰色坏死组织碎片，消瘦脱水，一般5~7日龄死亡。慢性型：呈间歇性或持续性腹泻，粪便呈灰黄色黏液状，生长缓慢，数周后死亡。

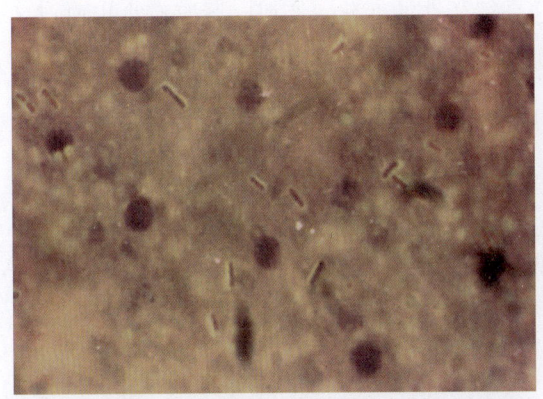

图5-6-1　病原为革兰氏阳性杆菌

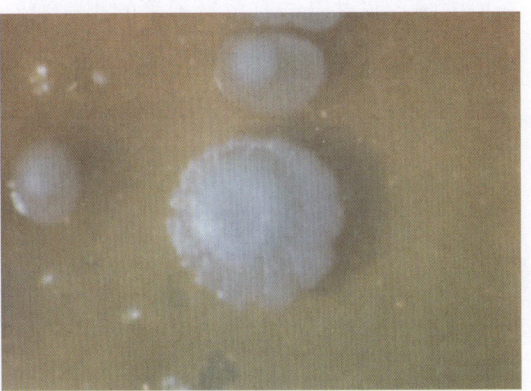

图5-6-2　培养基上长出勋章状菌落

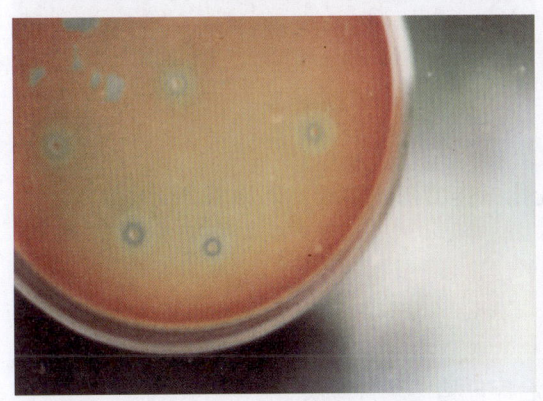

图5-6-3　培养基上菌落周边双环状溶血

图5-6-4　拉血样粪便

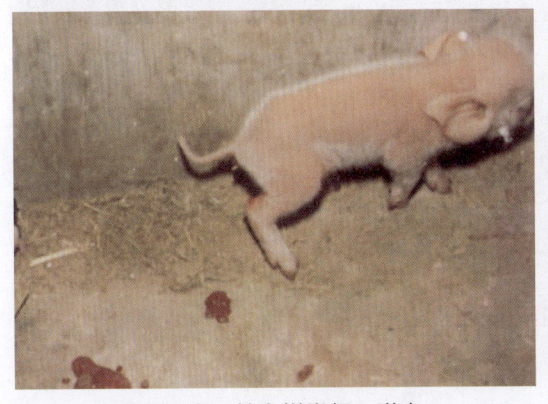

图5-6-5　拉血样粪便，脱水

图5-6-6　拉血样粪便，带脓汁

（四）病理特征

病变主要局限于空肠，呈暗红色，肠腔内充满血性内容物（图 5-6-7），绒毛坏死，黏膜层和黏膜下层弥漫性出血、坏死，甚至出现假膜。肠系膜淋巴结肿大呈鲜红色。慢性病例的肠道出血不明显，而以坏死性炎症为主，肠壁变厚，黏膜呈黄色或灰色坏死性假膜，易剥离。在坏死性炎症肠段的浆膜下有很多密集的小气泡，肠系膜也有大小不一的气泡，充血的肠系膜淋巴结有数量不等的小气泡，这是特征性的变化。心脏、肾脏有小出血点。镜检肠组织切片，可见肠黏膜坏死脱落，固有层和黏膜下层淤血、出血和水肿（图 5-6-8）。

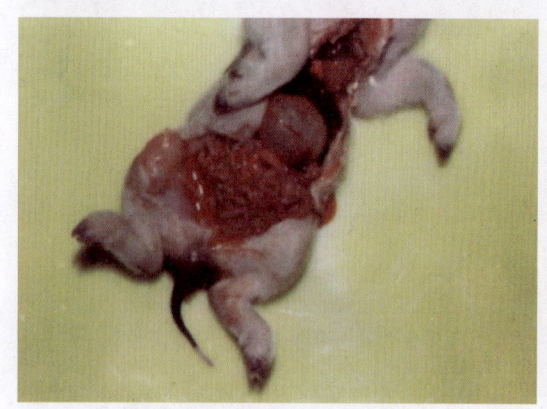

图 5-6-7　肠腔内的血样粪便

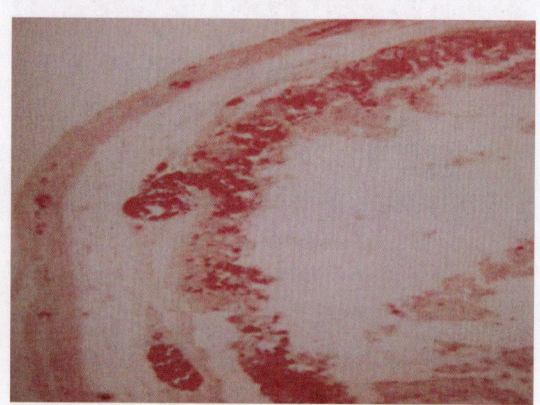

图 5-6-8　肠黏膜坏死脱落，固有层和黏膜下层淤血、出血和水肿（HE 40×）

（五）诊断要点

根据本病的流行特点、临床症状、病理变化可作出初步诊断，确诊需分离病原菌。

（六）治疗方法

1. 化学药物治疗

抗菌消炎、补液，选药时可参考表 5-6-1。

表 5-6-1　化学药物治疗仔猪梭菌性肠炎

名称	功用与主治	每头猪用量	使用方法
庆大霉素	抗菌消炎	8 万 IU	混合后，肌内注射，每天 2 次，连用 3～5 天
硫酸阿托品		4 mg	
地塞米松注射液	抗炎、抗休克	12 mg	
5% 葡萄糖	补液	20 mL	

2. 中药治疗

处方：黄连、槐米各 70 g，乌梅、柿干各 100 g，姜黄 60 g，车前子、仙鹤草、泽泻各 90 g，猪苓 80 g。

【作用】治疗仔猪梭菌性肠炎。

【用法与用量】按处方配药，加水 3 000 mL，煎汁 500 mL，每头仔猪灌服 10 mL，每天2次。

（七）免疫预防与饲养管理

1. 免疫预防

做好免疫接种工作，母猪产前30天、15天分别注射C型魏氏梭菌疫苗。

2. 饲养管理

①加强产房的消毒、保温工作，保持产房通风干燥；母猪喂初乳前做好乳头的消毒。

②新生仔猪发病往往来不及治疗。给常发病猪场的新生仔猪灌服杆菌肽或痢菌净等药物有一定的预防作用。

七、仔猪渗出性皮炎

仔猪渗出性皮炎（swine exudative epidermitis，SEE）又称猪油皮病，是哺乳仔猪和刚断奶仔猪感染表皮葡萄球菌而引起的一种急性传染病。该病传染极快，患病猪以全身油脂样渗出性皮炎为特征，可导致腹水和死亡。

（一）病原

本病的病原体为表皮（白色）葡萄球菌，为圆形或卵圆形，革兰氏染色阳性，但当衰老、死亡或被白细胞吞噬后常为阴性。本菌无鞭毛，不形成芽孢和荚膜，常呈葡萄串状排列，但在脓汁、乳汁或液体培养基中则呈双链状或短链状（图5-7-1），有时易误认为链球菌。本菌可产生溶血毒素、致死毒素、皮肤坏死毒素、剥脱毒素、杀白细胞素、肠毒素等和血浆凝固酶、透明质酸酶及耐热核酸酶类、卵磷脂酶、磷酸酶、脂酶等多种酶类，使其有较大的致病性，引起的病变较重。如表皮葡萄球菌产生的凝固酶，可使血液和血浆中的纤维蛋白沉积于菌体表面，阻碍吞噬细胞的吞噬，即使被吞噬亦不被杀死，从而使感染局限化，易于其在皮肤表面形成毛疮、粉刺、疖、痈和肿胀等。

本菌对不良环境有较强的抵抗力，在70℃条件下经1小时方能杀死；加热至80℃持续30分钟才能将之杀死；在干燥的脓汁和血液中可生存数月；反复冷冻30次仍能存活。表皮葡萄球菌易产生耐药性。

（二）流行特点

世界上大多数国家的哺乳仔猪和断奶仔猪都有渗出性皮炎，发病率为10%～90%，死亡率在5%～90%。葡萄球菌广泛存在于空气、污水等自然环境中。主要通过破损的皮肤黏膜感染，初生仔猪未剪针状牙，互相打斗造成皮肤损伤，产床、保育笼上尖锐物擦伤皮肤，打耳缺时的损伤均可引起仔猪渗出性皮炎。本病的发生与环境因素、空气、湿度等因素有密切关系，主要为接触感染，只要有一头仔猪发病，同一窝仔猪可在短时间内相继发病，传播迅速。

（三）临床症状

仔猪易感染本病，最早见于2日龄，1～4周龄最易感，多见于5～6日龄仔猪。首先在眼睛、耳郭、面部、腹部等处出现红斑、水疱。3～5天后扩散到全身各处并形成痂皮（图5-7-2至图5-7-6）。痂皮脱落后露出鲜红色创面。皮肤无论发生何种程度的炎症，一般无瘙痒表现，无高热是其特征。病猪食欲下降，脱水。镜检病变皮肤组织，早期表现为浅表性毛囊炎，后期炎症形成脓疮性皮炎（图5-7-7至图5-7-9）。

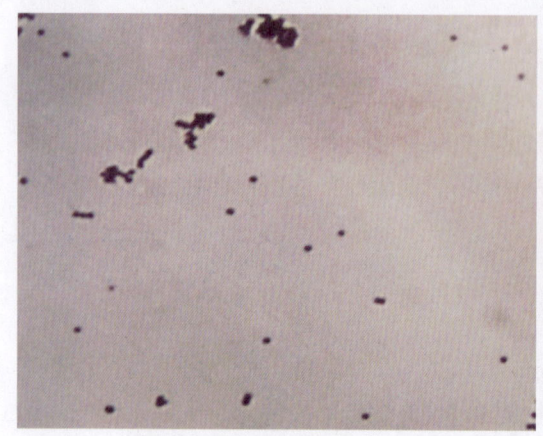

图5-7-1 革兰氏染色呈葡萄串状、短链状或双链状的病原体（HE 1 000×）

图5-7-2 鼻部皮肤发炎

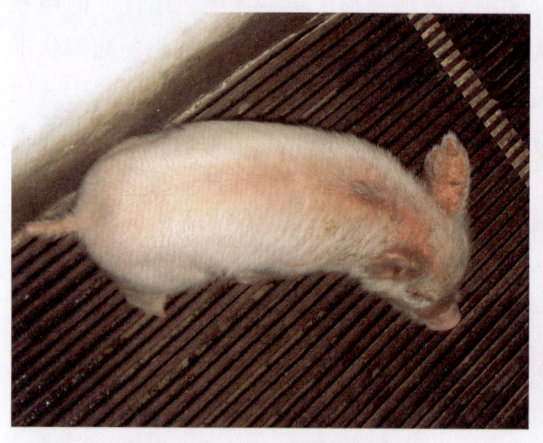

图5-7-3 头、背部皮肤发炎

图5-7-4 全身皮肤结痂

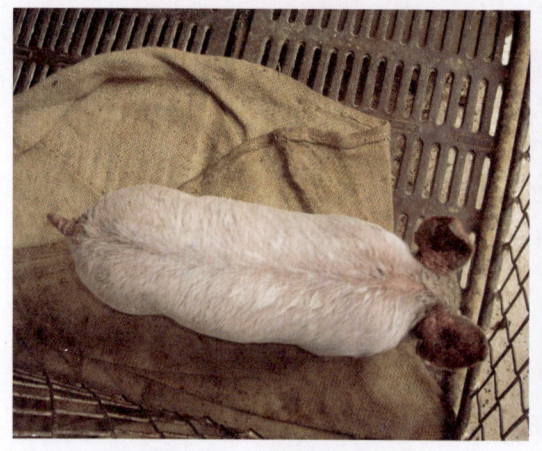

图5-7-5 耳部皮肤脱皮

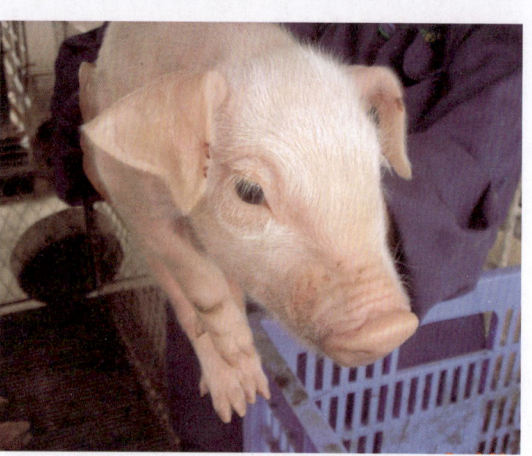

图5-7-6 （早期）面部皮肤发炎

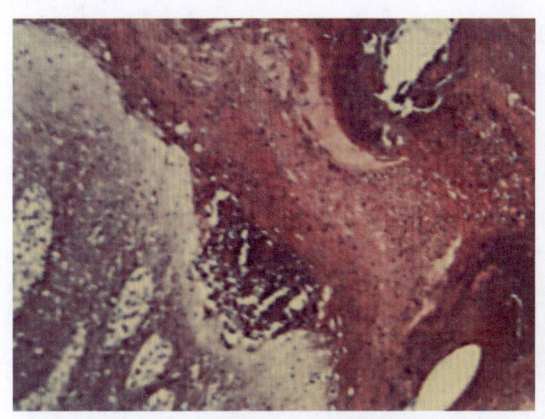 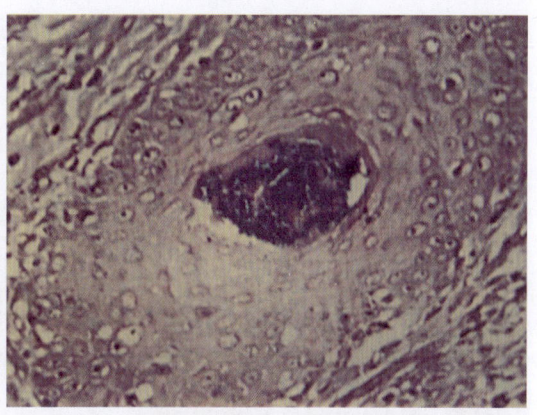

图 5-7-7　毛囊扩张，内有大量细菌团块（HE 100×）　　图 5-7-8　毛囊上皮增生，毛乳头部有蓝染的细菌团块（HE 400×）

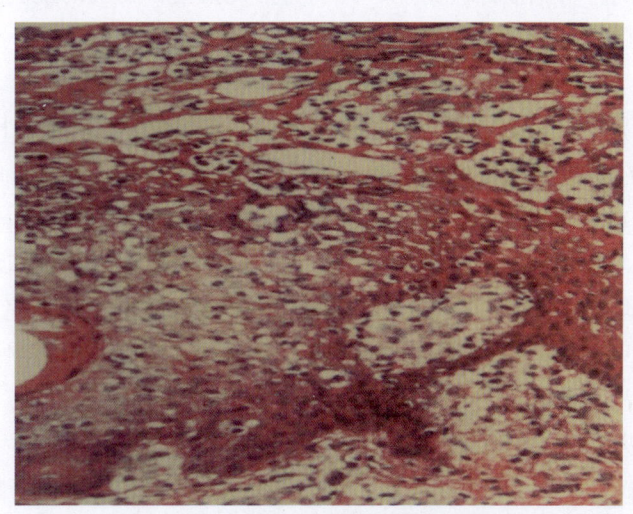

图 5-7-9　表皮和毛囊外根鞘有海绵样微脓疱形成（HE 330×）

（四）病理特征

主要病变为皮炎，皮肤发红，表皮和皮下出现清亮的渗出物，刮皮肤可剥离一层薄薄的皮，外周淋巴结通常水肿、切面多汁。肾脏的髓质切面和肾盂中有尿酸盐沉积。

（五）诊断要点

通常依据临床症状，特别是全身油脂样渗出性皮炎、不发痒、不发高热的特点可作出诊断。必要时取患部皮肤刮取物（刮至见血）涂片，染色镜检可发现葡萄球菌，还能见到中性分叶核吞噬菌体，即可确诊。

（六）治疗方法

仔猪渗出性皮炎的治疗，关键在一个"早"字，如果在个别猪感染，感染面积小时发现，给予清洁饮用水，按每千克体重肌内注射阿莫西林或氨苄西林 15 mg 或饲料中添加敏感抗生素，并于局部涂擦消炎药膏加速外伤愈合，有一定的疗效。加强空气消毒，可选用二氧化氯、复合醛等安全高效的消毒剂。

（七）免疫预防与饲养管理

1. 免疫预防

用本场分离的葡萄球菌制作的自家灭活苗作免疫接种，母猪产前 20～30 天免疫。

2. 饲养管理

加强产房环境卫生消毒工作，保持产房干燥、通风。剪牙、断脐、断尾和阉割过程要严格消毒，防止皮肤外伤。母猪进入产房前要清洁消毒。

八、猪流行性腹泻

猪流行性腹泻（porcine epidemic diarrhea，PED）是由冠状病毒引起，以排水样稀便、呕吐、脱水为特征的一种猪肠道传染病。此病与猪传染性胃肠炎的发病机理、流行特点、临床症状和病理剖检等特征极为相似，很难鉴别。

（一）病原

猪流行性腹泻病毒（PEDV）属于冠状病毒科，为 RNA 型病毒。目前只有一个血清型。PEDV 主要存在于小肠上皮细胞及粪便中，粪便中病毒粒子是多形的，但趋于圆形。其大小（包括纤突）平均直径 130 nm，变动范围 95～190 nm，内含一个直径 40～70 nm 的核心；外有囊膜，囊膜表面有放射状棒状突起，长 18～23 nm。本病毒主要在患病猪小肠绒毛上皮细胞内增殖，以出芽方式通过细胞质内膜（内质网等）而完成装配。PEDV 如果不做特殊处理，只在病猪小肠绒毛上皮细胞内复制。各种血清学检测证明，本病毒与已知的畜禽冠状病毒没有共同的抗原特性。本病毒的抵抗力不强，对乙醚、三氯甲烷敏感，常用碱性消毒药可以杀灭。

（二）流行特点

本病可发生于各种品种、年龄、性别的猪，但主要在仔猪中发生和流行，年龄越小，发病率和死亡率越高，哺乳仔猪感染后死亡率可达 100%；3 周龄以上仔猪发病率与死亡率低，且症状较轻。病猪和带毒猪是主要传染源，可通过粪便、呕吐物或乳汁、鼻分泌物及呼出的气体排出病毒。易感猪通过消化道或呼吸道感染。本病多发生于冬春季节，发病高峰为 12 月至翌年 2 月。

（三）临床症状

潜伏期一般为 15～30 小时，有时延长至 2～3 天。仔猪突然发病，先呕吐后水样腹泻，粪便呈黄色、绿色或白色，带有乳凝块或脱落的肠黏膜碎片（图 5-8-1）。粪便呈油污状。病猪严重脱水、消瘦，10 天内仔猪病死率高达 100%。随着仔猪日龄增加，病死率降低。

（四）病理特征

主要病变为尸体脱水明显，非常消瘦，胃内充满乳凝块，胃底黏膜充血、出血，肠管内充满黄色水样粪便，肠壁变得很薄，呈半透明状（图 5-8-2 至图 5-8-5），肠系膜充血，淋巴结肿胀。镜检肠道组织，肠绒毛缩短；用免疫 ABC 法在黏膜上皮细胞中可检出大量抗原阳性细胞（图 5-8-6）。

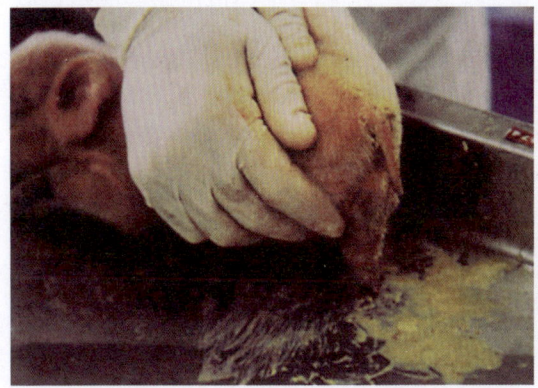

图 5-8-1 新生仔猪水样腹泻

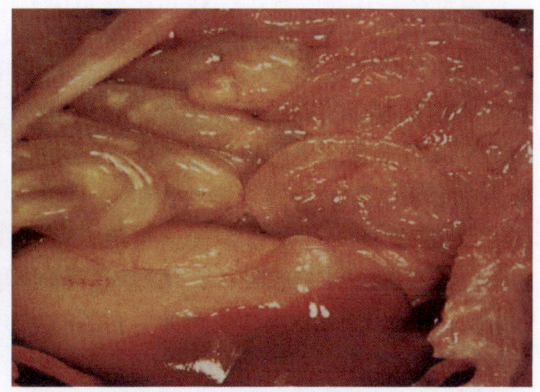

图 5-8-2 肠壁变薄，肠腔充满黄色水样稀便和黄色凝乳块

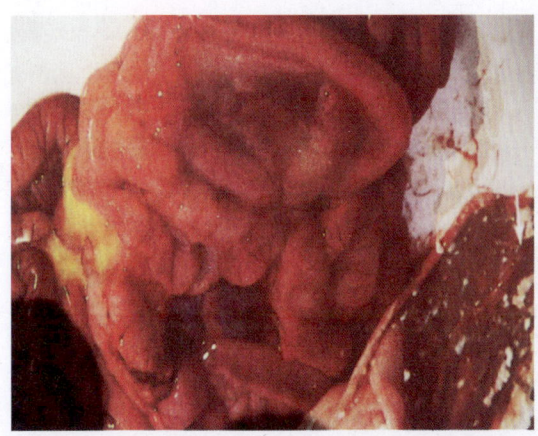

图 5-8-3 小肠淤血，充满肠液和淡黄色凝乳块

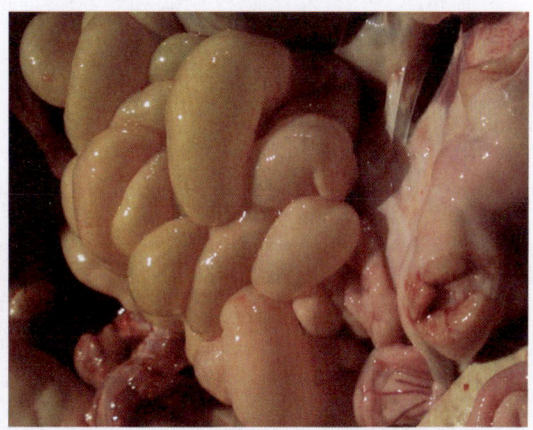

图 5-8-4 肠壁变薄，充满透明液体

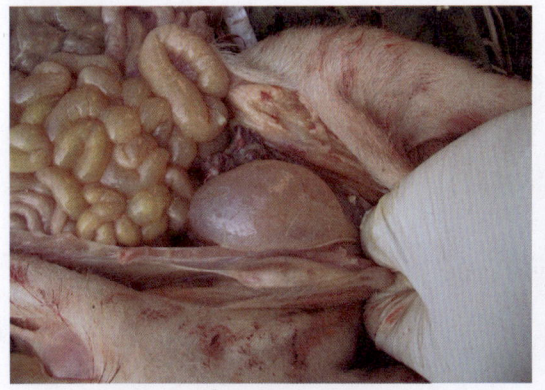

图 5-8-5 肠壁变薄，充满水样稀便

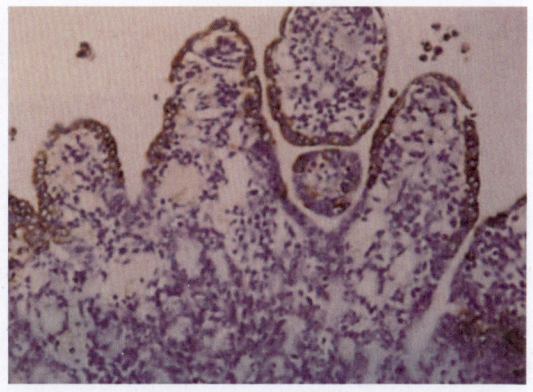

图 5-8-6 用免疫 ABC 法在黏膜上皮细胞中检出大量抗原阳性细胞（HE 400×）

（五）诊断要点

根据流行病学、临床症状和病理变化可作出初步诊断，实验室确诊可用病毒的分离鉴定、FA 试验和 ELISA 试验。

（六）类症鉴别

本病的发病特点、临床症状和病理变化与猪传染性胃肠炎十分相似，本病的病死率略低，在猪群中的传播也比较缓慢一些，要确切区分开，必须进行实验室诊断。常用方法有：

①免疫荧光染色检查：取病猪小肠做冰冻切片或小肠黏膜抹片，风干后用丙酮固定，加荧光抗体染色，水洗后盖片、镜检。腹泻后 6 小时空肠和回肠的荧光细胞检出率达 90%～100%。

②免疫电镜检查。

③酶联免疫吸附试验（ELISA）。

④人工感染试验。

另外还要与仔猪大肠杆菌病和轮状病毒感染区分。

（七）治疗方法

1. 化学药物治疗

止泻、补液，选药时可参考表 5-8-1。

表 5-8-1　化学药物治疗猪流行性腹泻

名称	功用与主治	千克体重用量	使用方法
痢菌净	抗菌消炎	20 mg	肌内注射，每天 2 次，连用 3～5 天
0.1% 高锰酸钾溶液	清理胃肠	4 mL	喂服
硫酸庆大霉素	抗菌消炎	3～5 mg	混合后，静脉注射
25% 葡萄糖注射液	补液	1～2 mL	
山莨菪碱	解毒止泻	3～5 mg	混合后，三里穴注射，每天 1 次，连用 3 天
维生素 B_1	补液	10～20 mg	

2. 中药治疗

处方一：常山 60 g，马齿苋 250 g，鹅不食草 30 g。

【作用】治疗猪流行性腹泻。

【用法与用量】水煎取汁，候温灌服。供体重 25 kg 的猪只服用，每天 1 剂，连用 3～5 天。

处方二：黄连 8 g，黄芩 10 g，黄柏 10 g，白头翁 15 g，枳壳 8 g，猪苓 10 g，泽泻 10 g，连翘 10 g，木香 8 g，甘草 5 g。

【作用】治疗猪流行性腹泻。

【用法与用量】按处方配药，用清水 800 mL 浸泡 30 分钟，水煎取汁 500 mL，去渣，候温内服，每天 1 剂，连用 3～5 天。

处方三：单方黄柏 100 g。

【作用】治疗母猪流行性腹泻。

【用法与用量】按处方配药，水煎取汁，用人工授精管肛门灌注，每天1次，连用3~5天。

处方四：藿香、扁豆、黄芩、金银花各200 g，生姜、白术、凤尾草、甘草各100 g。

【作用】治疗猪流行性腹泻。

【用法与用量】按处方配药，加清水10 000 mL，文火水煎取汁2 000 mL浓药液，过滤2次，经沉淀，取上清液，经高压灭菌后，按每1 000 mL药液加入95%乙醇50 mL，混匀，装瓶备用。用时按每千克体重1次灌服2 mL，每天3次，连用2天。

处方五：黄芩100 g，半夏50 g，板蓝根150 g，栀子70 g，枳壳70 g，黄连50 g，栗壳20 g，甘草30 g。

【作用】治疗仔猪流行性腹泻。

【用法与用量】按处方配药，水煎2次取汁，合并两次煎液约600 mL，30日龄以内仔猪每头灌服10~20 mL，30日龄以上仔猪每头灌服20~30 mL，每天1~2次，连用3~5天。同时用浓度为1 g/L的高锰酸钾溶液适量，供猪自由饮服；每头仔猪用氨苄西林250 mg，30%安乃近5 mL，混合后肌内注射；硫酸卡那霉素每头50万~100万 IU，山莨菪碱每头10~20 mg，分别肌内注射，每天1次，严重者每天2次，连用3~5天。

处方六：黄连8 g，黄芩10 g，黄柏10 g，白头翁15 g，枳壳8 g，猪苓10 g，泽泻10 g，连翘10 g，木香8 g，甘草5 g。

【作用】治疗猪流行性腹泻。

【用法与用量】按处方配药，加清水800 mL泡30分钟，煎至约500 mL取汁灌服，每天服1剂，3剂为1个疗程。

处方七：白头翁30 g，黄连10 g，秦皮、白芍各25 g，黄柏30 g，泽泻、茯苓各15 g，苍术、陈皮、厚朴各20 g，木香15 g，大黄炭、金银花炭各25 g，甘草5 g。

【作用】治疗猪流行性腹泻。

【用法与用量】水煎取汁，每天灌服3~5次，连用2天。病初可辅以龙胆苏打粉（片）、大黄苏打片、碳酸氢钠及中成药健胃散等，腹泻出现后可酌情灌服诺氟沙星等，对虚脱者须行补液或对症治疗。

处方八：苍术20 g，白术20 g，川厚朴20 g，桂枝15 g，陈皮20 g，泽泻20 g，猪苓20 g，茯苓20 g，甘草15 g。

【作用】治疗猪流行性腹泻。

【用法与用量】水煎取汁，候温灌服。粪干者加大黄或人工盐，腹胀者加木香、莱菔子，体弱者加党参、当归、肉苁蓉，体温偏低时加附子、肉桂、小茴香，胃寒者加干姜或生姜，有表证者加重桂枝，水泻不止者加补骨脂、豆蔻、吴茱萸、五味子。

（八）免疫预防与饲养管理
1. 免疫预防

可使用猪传染性胃肠炎弱毒疫苗预防。对妊娠母猪于产前45天和15天左右进行肌内注射、鼻内接种各 1 mL，被动免疫的保护率达 95%，接种母猪对胎儿无侵袭力。或对未接种猪传染性胃肠炎疫苗，受本病威胁猪群的 1~2 天初生仔猪可做主动免疫，口服接种 0.5 mL 该疫苗，4~5 天后即可产生免疫力。

2. 饲养管理

①康复猪可产生一定免疫力，猪只发病流行后即可停止。在规模较大的猪场一旦发病，经研究可行后，可对未分娩母猪及年龄较大猪只进行人工感染，使之短期内发病，快速终止疫情。还可使哺乳仔猪从免疫母猪初乳中获得免疫力，从而保护仔猪免受感染。

②发病猪只停食或减食，多给清洁饮水或易消化饲料，对小猪进行补液、给"口服补液盐"等措施，有一定作用；由于此病发病率很高，传播快，一旦发病，采取隔离、消毒等措施效果不大。

第六章
多发病

由于我国集约化、工厂化养猪规模越来越大，密度很高，但养猪技术水平还不能与之适应，存在管理不善、卫生防疫不严、猪舍通风换气不良、猪场及周边环境污染严重等问题。加之各种应激、不良因素增多，导致猪群对病原微生物的易感性增高。随着易感性增高、猪只流动频繁等情况出现，加之检疫、诊断与检测手段相对落后，使一些疫病随着引种进入我国，在猪群中发生，并随着猪只流动在我国传开。

一、猪圆环病毒感染

猪圆环病毒感染（porcine circovirus infection，PCI）是由猪圆环病毒 2 型（PCV-2）引起的以多系统进行性功能衰竭、间质性肺炎、母猪繁殖障碍为特征的一种猪传染病。

（一）病原

猪圆环病毒属于圆环病毒科圆环病毒属单股 DNA 病毒，是一种很小的病毒，由衣壳蛋白和基因组组成，病毒无囊膜、直径 17 nm，呈二十面体对称。对外界环境有较强的抵抗力，在酸性环境和氯仿溶液中可存活较长时间，在温热环境（72℃）也能存活一段时间。

（二）流行特点

病猪和带毒猪是主要传染源，仔猪多在 11～13 周龄内受感染。本病毒可经口腔、呼吸道途径感染不同年龄的猪，少数怀孕母猪感染圆环病毒后，可经胎盘垂直感染仔猪。公猪可通过带毒基因（精液）传播，也应引起重视。感染病猪可从鼻液、粪便等排出病毒，是本病的主要传播途径。

（三）临床症状

PCI 主要引起多个系统进行性功能衰竭，主要症状为精神不振、食欲减低、生长发育不良、渐行性消瘦、皮肤苍白且缺少光泽（图 6-1-1）。部分病猪出现黄疸，生长猪拉黄色、血色稀便（图 6-1-2）。经常与猪繁殖与呼吸综合征混合感染。生长猪常出现皮炎，皮肤形成红色丘疹（图 6-1-3，图 6-1-4）。

（四）病理特征

主要病变为全身淋巴结肿大 4～5 倍，呈土黄色，切面均质（图 6-1-5 至图 6-1-7），心冠脂肪呈黄色胶冻样浸润（图 6-1-8），肺体积缩小，表面有散在隆起的橡皮状硬块（图 6-1-9 至图 6-1-11），脾肿大变黑，特别是脾头肿大非常明显（图 6-1-12，图 6-1-13）。肝脏黄染、变硬、质脆（图 6-1-14，图 6-1-15）。肾肿大、苍白、有白色坏死灶，肾髓质周围组织水肿（图 6-1-16，图 6-1-17）。胃在靠近食管区有大面积溃疡灶或出血，严重的病例可造成胃黏膜出血、溃疡（图 6-1-18）。镜检可见肾和肺表现为慢性间质性炎症，淋巴结和肺可见包涵体（图 6-1-19 至图 6-1-22）。

图 6-1-1　精神沉郁，皮肤苍白，消瘦

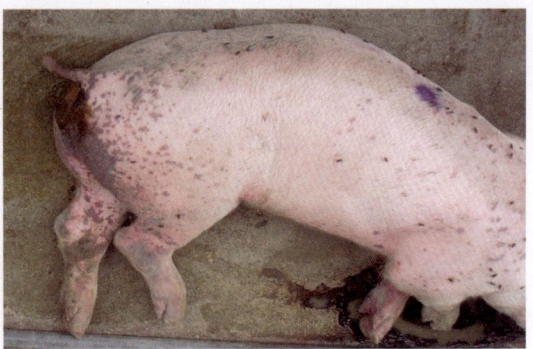

图 6-1-2　拉黄色、血色稀便

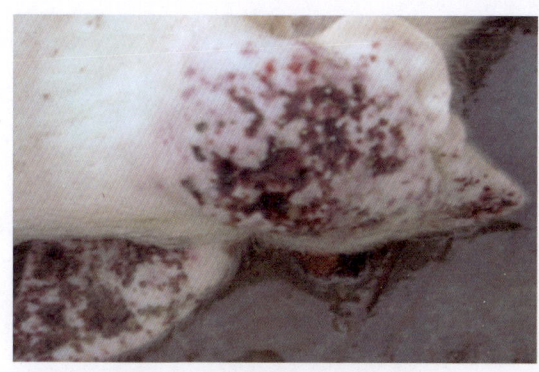
图6-1-3 耳部形成红色丘疹

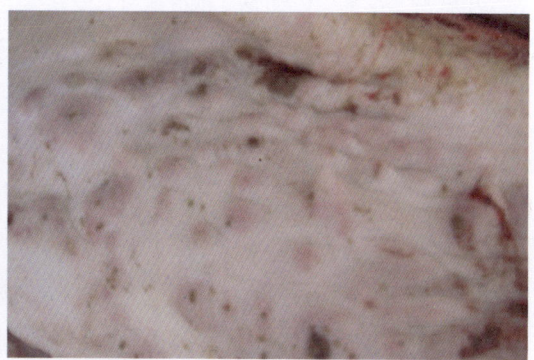
图6-1-4 皮肤形成红色丘疹

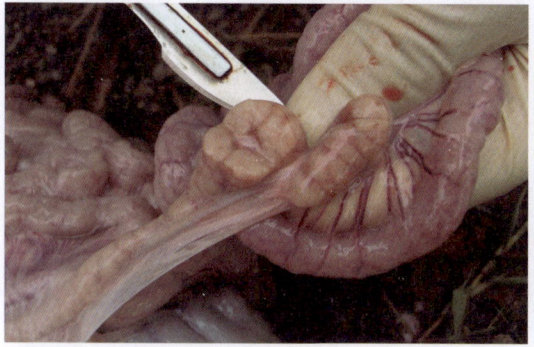
图6-1-5 肠系膜淋巴结肿大

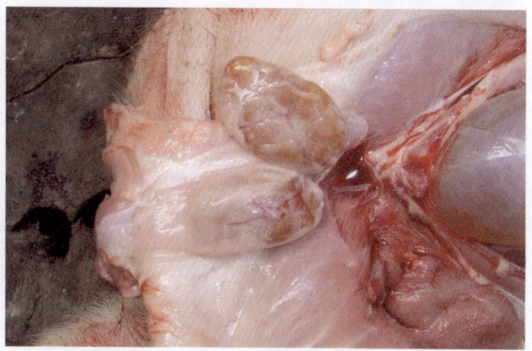
图6-1-6 腹股沟淋巴结肿大、黄染

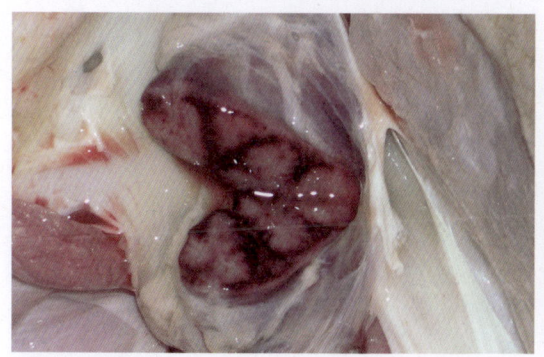
图6-1-7 腹股沟淋巴结肿大、出血

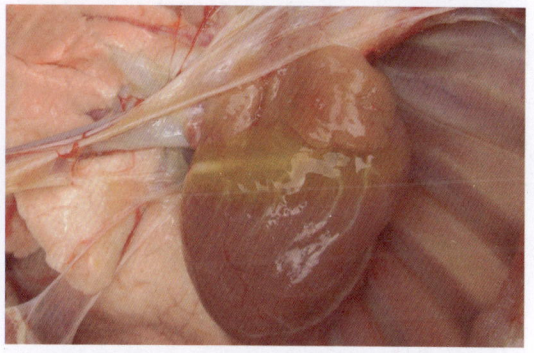
图6-1-8 心冠脂肪呈黄色胶冻样浸润

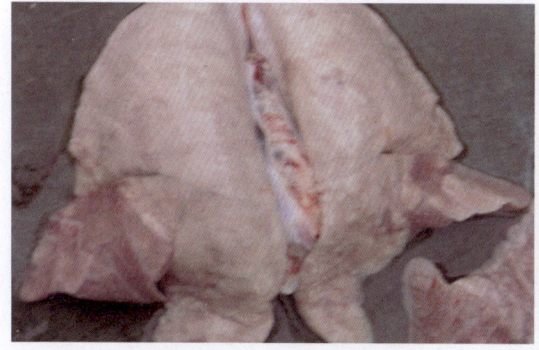
图6-1-9 大叶性肺炎

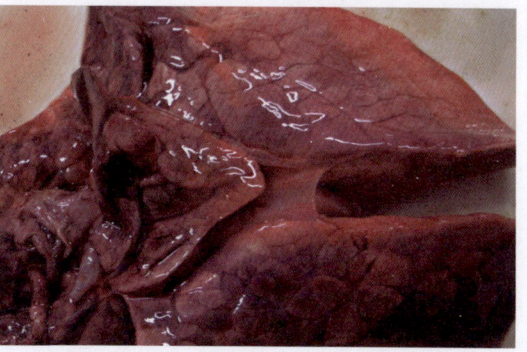
图6-1-10 肺脏淤血、出血、间质变宽

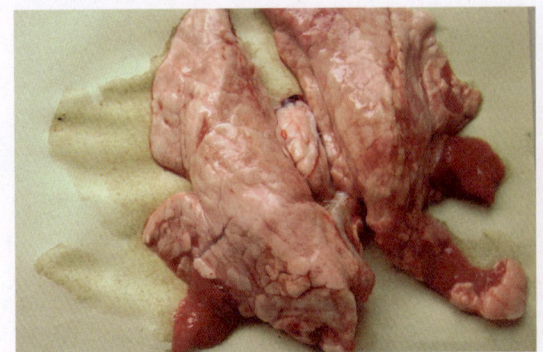
图6-1-11 肺脏萎缩变形

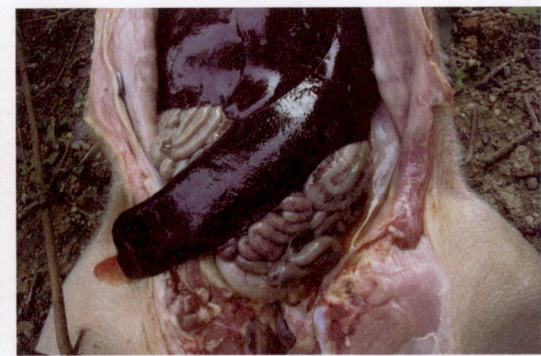
图6-1-12 脾脏极度肿大，坏死

图6-1-13 脾脏肿大、坏死

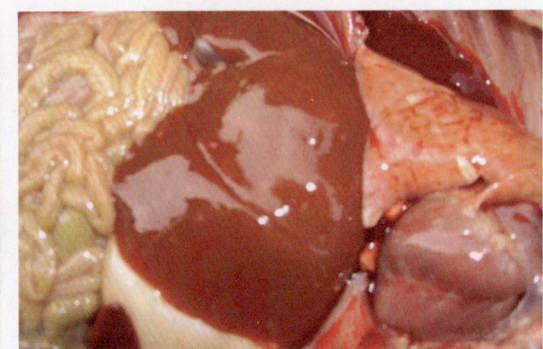
图6-1-14 肝脏黄染

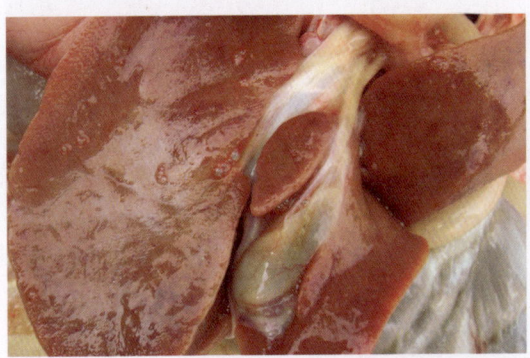
图6-1-15 肝脏黄染、变硬、质脆

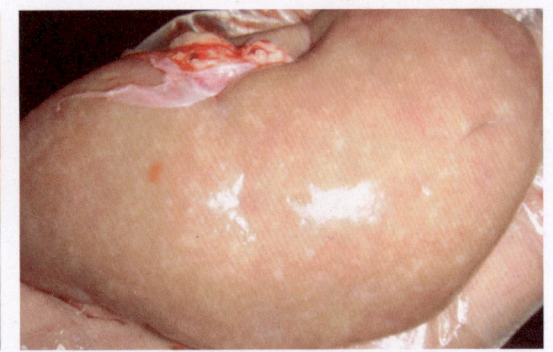
图6-1-16 肾脏肿大、苍白，有白色坏死点

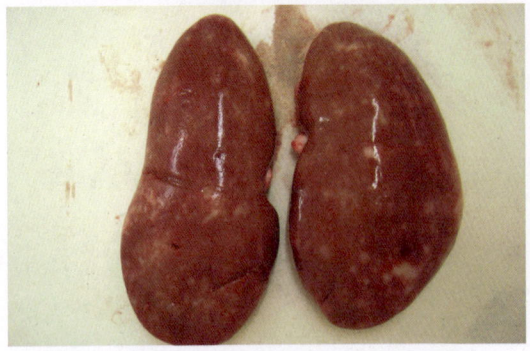
图6-1-17 肾脏肿大、黄染，有白色坏死点

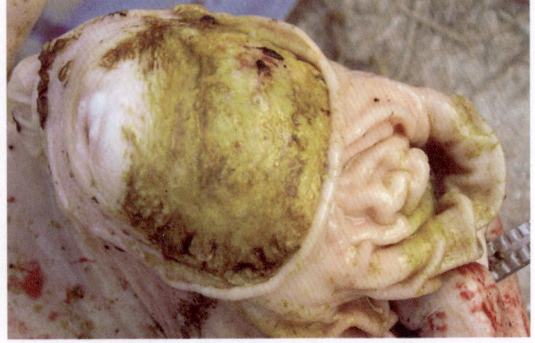
图6-1-18 胃黏膜出血、溃疡

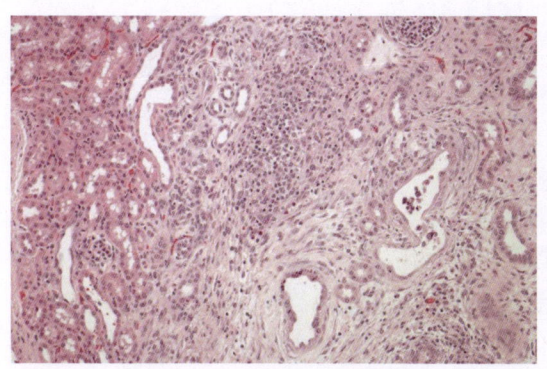
图 6-1-19 慢性间质性肾炎

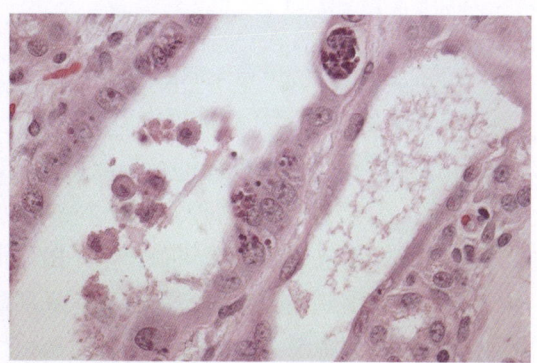
图 6-1-20 肺包涵体

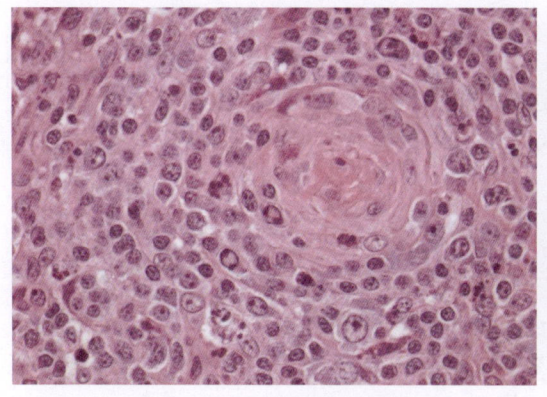
图 6-1-21 淋巴结包涵体

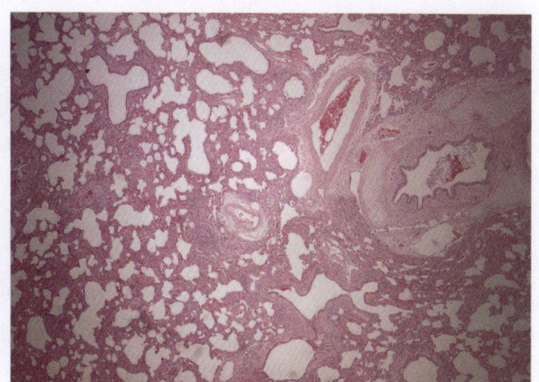
图 6-1-22 肺间质增生

（五）诊断要点

根据流行病学、临床症状和病理变化可作出初步诊断，确诊可通过病毒分离或 PCR 技术。

（六）治疗方法

1. 化学药物治疗

局部消炎，预防感染，选药时可参考表 6-1-1。

表 6-1-1 化学药物治疗猪圆环病毒感染

名称	功用与主治	用量		使用方法
清开灵	清热解毒	每头猪 5～10 mL		肌内注射，连用 3～5 天
多种维生素	强化营养	500 mg	千克饲料	混料服，连用 3～5 天
小苏打		500 mg		
阿莫西林	防继发感染	300 mg		

2. 中药治疗

处方一：单方板蓝根。

【作用】治疗猪圆环病毒感染。

【用法与用量】母猪产前和产后各 1 周；仔猪断奶前 7 天和断奶后 30 天，按 1.5% 拌料喂服。

处方二：单方益母草 150 g。

【作用】治疗猪圆环病毒感染。

【用法与用量】供 50 kg 的猪只煎汤灌服或拌料服。

（七）免疫预防与饲养管理

平时做好猪只饲养管理和圈舍、环境的消毒卫生工作；严防引入病猪；消灭猪血虱和杀灭蚊、蝇有重要预防作用；发病后应隔离病猪，皮肤上的痂块等污物堆积在一起销毁消毒，猪圈彻底清洗消毒，保持干燥，对病猪作局部对症治疗，防止继发感染。康复猪可获得坚强的免疫力。

二、猪链球菌病

猪链球菌病是由 C、D、E、L 等血清型链球菌引起的猪的败血型疾病和出现神经症状疾病的总称。链球菌病是人畜共患病，此病的防治工作具有重要的公共卫生意义。

（一）病原

链球菌的种类繁多，在自然界分布很广，其中部分有致病作用。本菌革兰氏染色阳性，有荚膜，但不形成芽孢，多数无鞭毛，不能运动。链球菌为需氧或兼性厌氧菌，在普通琼脂上生长不良，而在加有血清或血液的培养基上生长良好。在含血的培养基上于菌落的周围形成 β-溶血环（图 6-2-1）。本菌为球形菌，直径 0.5～1 μm，呈单链、双链和短链排列，链的长短不一，短者仅由 4～8 个菌体组成，长者菌体为数十个甚至上百个，在液体培养物中可见长链排列（图 6-2-2）。本菌的致病因子主要有溶血毒素、红斑毒素（致热外毒素）、肽聚糖多糖复合物内毒素、透明质酸酶、蛋白酶、链激酶、DNA酶（有扩散感染作用）和NAD酶等。

链球菌的细胞壁中含有一种群特异性抗原"C"物质。兰斯菲尔德（Lancefield）应用这种抗原，根据血清学分类，将其分为 A、B、C、D、E、F 等 20 个血清群，其中 C 群中的兽医链球菌可引起猪发生急性、亚急性败血症、脑膜炎、关节炎、心内膜炎、心包炎及肺炎等；E 群可引起猪颈部淋巴结脓肿、化脓性支气管炎、脑膜炎和关节炎等；D 群偶尔可引起仔猪心内膜炎、脑膜炎、关节炎和肺炎等。

本菌对热和普通消毒药抵抗力不强，大多数以 60 ℃加热 30 分钟即可致死，煮沸则立即死亡。常用的消毒药如 2% 石炭酸、0.1% 新洁尔灭、1% 甲酚皂等溶液均可在 3～5 分钟内将之杀死。

（二）流行特点

各种年龄的猪均可感染，表现出不同类型的症状，其中哺乳仔猪发病率和死亡率较高。本病的流行无明显的季节性，一年四季均可发生，但以夏、秋季即 5～10 月发病较多，潮湿闷热天气多发。病猪和带菌猪是主要传染源。主要通过呼吸道和受损皮肤黏膜传播。本病易发生于密集饲养，通风不良的猪场。

（三）临床症状

败血型常呈暴发性流行，3～4 周龄仔猪突然死亡，体温高达 41～42 ℃；呼吸困难，间有咳嗽。鼻镜干燥，口流浆液性分泌物（图6-2-3）。颈部、腹下、四肢皮肤紫红色并有出血点（图6-2-4）。体表形成脓肿（图6-2-5，图6-2-6）。

关节炎型仔猪表现为多发性关节炎，一个或多个关节肿胀，肿胀部位先硬，后在局部发生小点状破溃，流出血性、脓性渗出物，甚至形成深入关节腔的瘘管（图6-2-7，图6-2-8）。

脑膜炎型多发生于哺乳仔猪，发病率和病死率高。病初出现体温升高，湿热性病证，继而出现神经症状，出现四肢不协调，划水状，角弓反张及抽搐或突然倒地（图6-2-9），口吐白沫。

（四）病理特征

败血型：主要表现为败血症变化和全身浆膜炎变化，皮肤潮红，肺脏水肿，心包积液，心肌柔软、色淡，心外膜与心包膜粘连，心外膜斑点状出血（图6-2-10）。胸腔和腹腔有大量的纤维素性渗出物，胸腔积液、腹水增多（图6-2-11）。淋巴结肿大（图6-2-12，图6-2-13）。脾脏肿大明显，色暗红。肝大、质脆，呈蓝色（图6-2-14），肾肿大，胃肠黏膜、浆膜有散在出血点。脑膜脑炎型：病猪主要表现为脑膜充血、出血（图6-2-15）。关节炎型：关节瘘管坏死，个别病猪可见到心内膜炎。镜检可见脑膜血管淤血，有大量嗜中性粒细胞浸润（图6-2-16）。

（五）诊断要点

根据流行病学、临床症状和病理变化可初诊。实验室可通过细菌学检查、分离培养和病原血清型鉴定等方法确诊。

细菌学检查：

①将病料接种于绵羊鲜血琼脂平板，在37℃条件下培养18～24小时可见溶血的细小菌落（图6-2-1），进行生化试验和生长特性鉴定。

②病料或培养物涂片、染色、镜检，可见革兰氏染色呈阳性，有单个、成对和链状排列的球菌（图6-2-17，图6-2-18）。

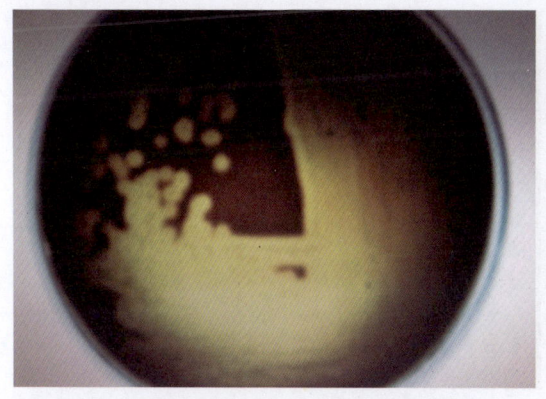

图6-2-1　C群马腺疫链球菌兽疫亚种培养物在绵羊鲜血琼脂平板上画线，在37℃条件下培养18小时的菌落，隆起湿润，中央透明，形成β-溶血环

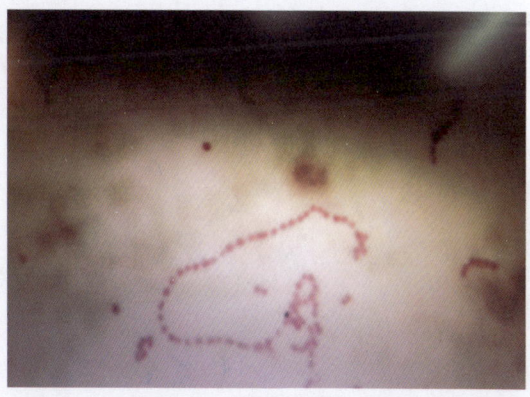

图6-2-2　病料马丁肉汤在37.5℃条件下培养18小时沉淀物涂片，革兰氏染色，可见单个、成对、短链或长链状排列的球菌，周围有紫红色荚膜

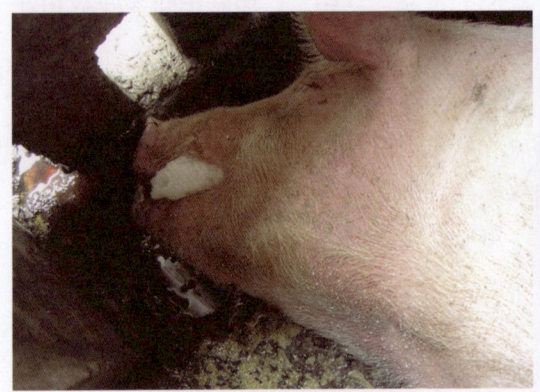
图 6-2-3　口吐白沫

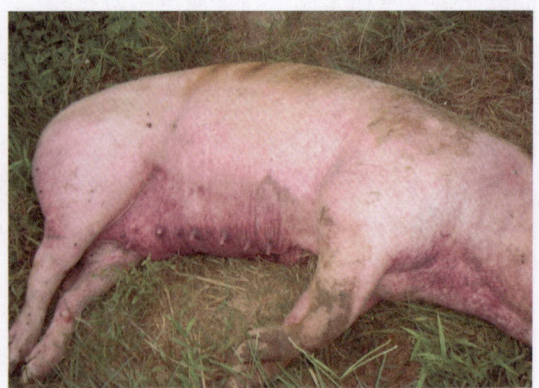
图 6-2-4　皮肤发绀、呈紫色

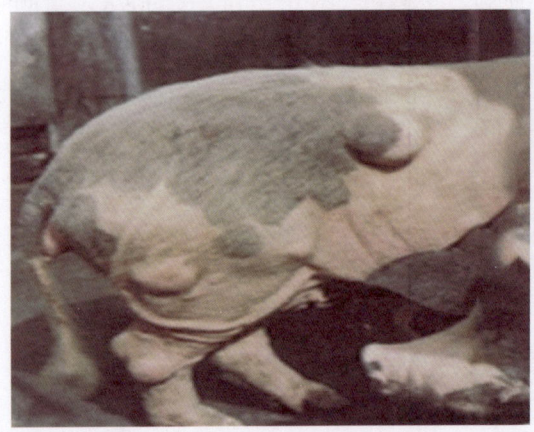
图 6-2-5　母猪浅表淋巴结肿胀

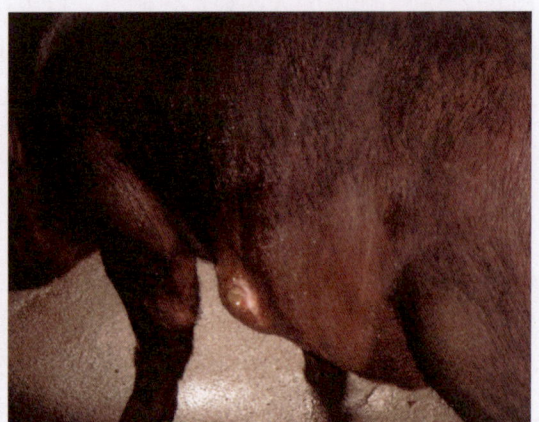
图 6-2-6　公猪体表皮肤脓肿

图 6-2-7　后肢化脓性关节炎

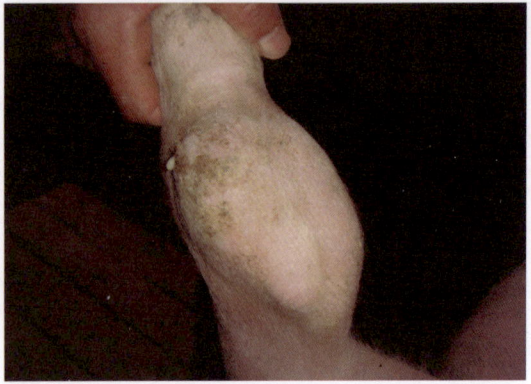
图 6-2-8　后肢化脓性关节炎，关节肿大、流脓

图 6-2-9 出现神经症状,呈"划水状"

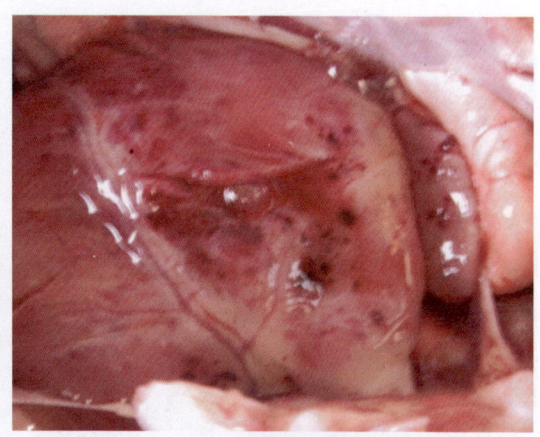
图 6-2-10 心外膜斑点状出血

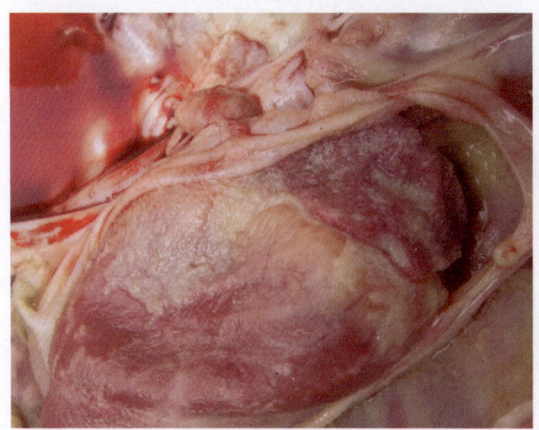
图 6-2-11 心外膜纤维素性渗出物

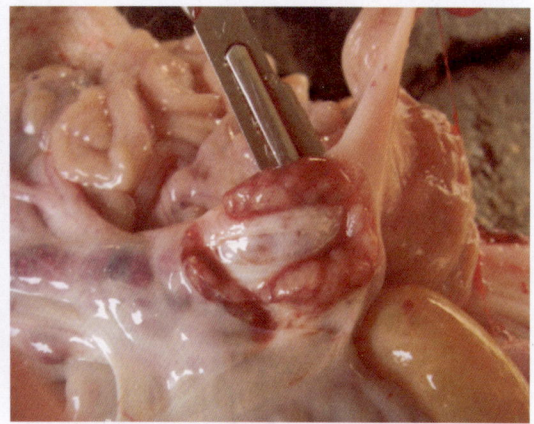
图 6-2-12 肠系膜淋巴结肿大、出血

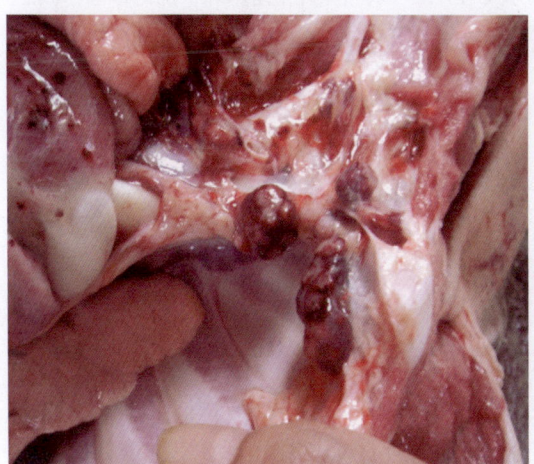
图 6-2-13 淋巴结呈大理石样变化

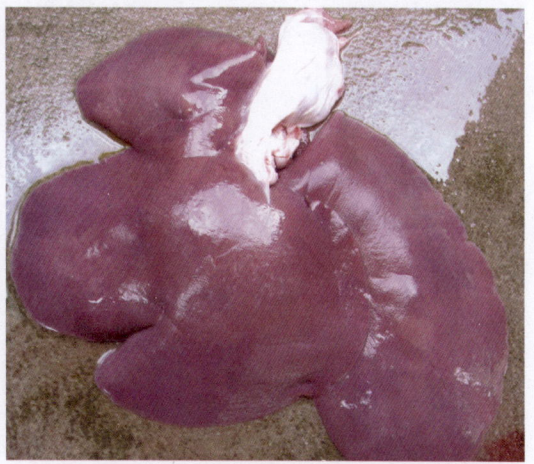
图 6-2-14 肝脏质脆、易碎,呈蓝紫色

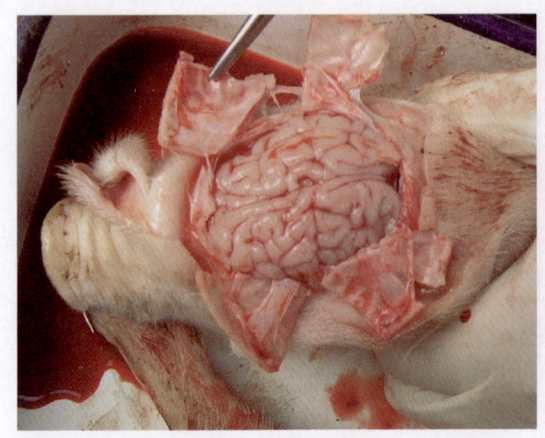

图6-2-15 脑膜充血，脑积液增多，脑回变扁平

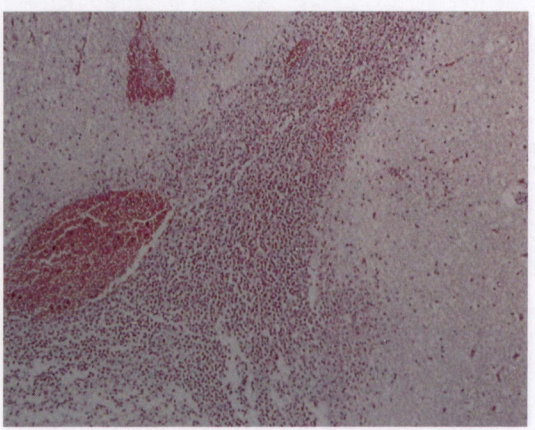

图6-2-16 脑膜血管淤血，有大量嗜中性粒细胞浸润（HE 60×）

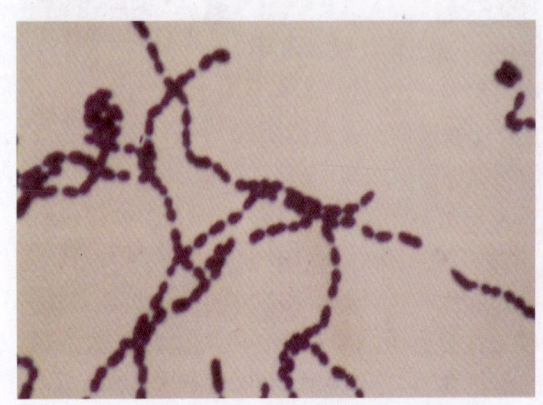

图6-2-17 培养物涂片中呈串珠状的链球菌，革兰氏染色（1 000×）

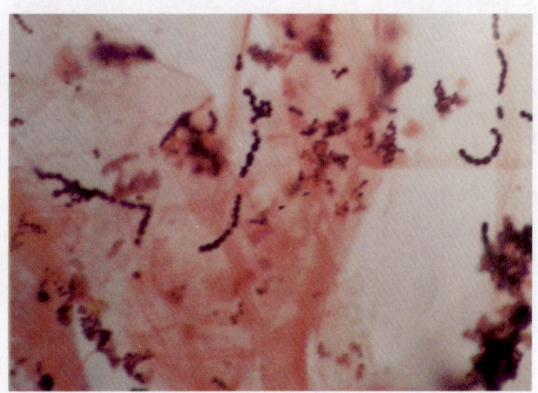

图6-2-18 病料涂片中呈串珠状的链球菌，革兰氏染色（1 000×）

（六）类症鉴别

败血型猪链球菌病易与急性猪丹毒、猪瘟相混淆，脑膜炎型猪链球菌病易与猪李氏杆菌病相混淆，应注意区别。

（七）治疗方法

1. 化学药物治疗

如有条件分离致病菌株，进行药敏试验选用敏感药物。在饲料中添加的常用药物和剂量如下：阿莫西林 250 mg/kg、复方磺胺类药 500 mg/kg、复方替米先锋 1 000 mg/kg、10% 氟苯尼考 500 mg/kg、复合维生素 B 粉 200 mg/kg，连用 5～7 天。治疗病重猪时可参考表 6-2-1 制订用药方案。

表 6-2-1　化学药物治疗猪链球菌病

名称	功用与主治		千克体重用量	使用方法
青霉素	抗菌消炎		1 万～4 万 IU	混合后，肌内注射，每天 2 次，连用 3～5 天
链霉素			20 mg	
地塞米松注射液	抗炎、抗休克		4～12 mg	
磺胺嘧啶钠注射液	抗菌消炎	二选一	100～200 mg	肌内注射，每天 1 次，连用 3～5 天
强效阿莫西林			10 mg	

2. 中药治疗

处方一：蒲公英 30 g，紫花地丁 30 g。

【作用】治疗猪链球菌病。

【用法与用量】水煎拌料喂服，每天 2 次，连服 3 天。

处方二：野菊花 60 g，忍冬藤 60 g，紫花地丁 30 g，白毛夏枯草 60 g，七叶一枝花 15 g。

【作用】治疗猪链球菌病。

【用法】水煎取汁，拌料喂服。

处方三：单方钩吻藤。

【作用】治疗败血型猪链球菌病。

【用法与用量】以去皮干藤计算，大猪 20～30 g，中猪 10～20 g，小猪 5～10 g，加水煎 1～2 小时，候温灌服，每天 2 次，连服 3 天。此药对人畜均有毒性，须慎用！

处方四：金银花 15 g，麦冬 15 g，连翘、蒲公英、地丁、大黄、山豆根、射干、甘草各 10 g。

【作用】治疗猪链球菌病。

【用法与用量】煎汤取汁，候温灌服。供体重 30 kg 的猪只服用，每天 1～2 次，连服 3～5 天。

（八）免疫预防与饲养管理

1. 免疫预防

①免疫预防：现在常用的疫苗有猪链球菌灭活疫苗和猪链球菌弱毒疫苗（如 ST171）。参考免疫程序：母猪产前 14～21 天，3～5 mL/头，断奶后仔猪 3 mL/头。另外，可采用本场分离菌灭活制备成自家苗，有很好的预防保护效果。

②药物预防：在常发病日龄期提前在饲料或饮水中添加敏感药物。常用药物及混料剂量如下：阿莫西林 200 mg/kg、复方替米先锋 800 mg/kg、10% 氟苯尼考 400 mg/kg、复方磺胺类药 500 mg/kg。

2. 饲养管理

实行全进全出，做好平时的卫生消毒工作，保持猪舍干燥、通风。做好猪舍保温工作，降低猪群饲养密度，加强营养，减少应激。

三、猪附红细胞体病

猪附红细胞体病（swine eperythrozoonosis）是附红细胞体寄生于红细胞或存在于血浆中，引起猪及牛、羊、犬、猫共患的一种热性、溶血性传染病。因其可引起患畜发生黄疸性贫血等症状，又称红皮病。

（一）病原

猪附红细胞体属支原体目边虫科附红细胞体属。该病原寄生于红细胞表面，也可游离在血浆中。附红细胞体具有很强的宿主特异性，不同动物所感染的附红细胞体也不一样。猪的附红细胞体病是由猪附红细胞体和小附红细胞体所引起的。血液涂片经吉姆萨染色后，猪附红细胞体呈淡紫红色，多在红细胞表面单个或成团寄生，呈链状或鳞片状，也可在血浆中呈游离状态。其形状多呈环形，也有呈球形、杆形、卵圆形、哑铃形和网球拍形等，直径为 0.8~2.5 μm；小附红细胞体较小，多呈环形，直径平均为 0.5 μm。附红细胞体以二分裂或出芽方式进行增殖。电镜下可见附红细胞体呈卵圆形的圆盘状，分凹凸两面，以凹面附于红细胞表面。

附红细胞体对干燥环境和化学药品的抵抗力很低，但耐低温；0.5% 石炭酸溶液于 37℃ 条件下经 3 小时可将其杀死；常用消毒药一般在几分钟内即可将之杀灭；但在加入 15% 甘油的血液中，于 -79℃ 条件下可保存 80 天；长期冷冻可存活数年。

（二）流行特点

不同年龄和品种的猪均有易感性，但仔猪（特别是去势后的仔猪）、保育猪发病率和病死率高。本病多发生于夏季，可能与猪虱等吸血昆虫传播病原有关。病猪和带虫猪是主要的传染源。主要通过咬斗或饮入含带虫血液的尿液直接传播，或通过媒介蚊、虱、蜱、螨、针头、剪刀、手术刀等媒介间接传播，母猪还可经子宫感染胎儿。当猪群密度过高，卫生较差，皮肤病较严重，或应激过强，都可诱导本病的发生。

（三）临床症状

体温升高，有的高达 42℃，皮肤发红或苍白，毛色干枯，缺少光泽（图 6-3-1，图 6-3-2），呼吸困难，采食量减少。皮肤充血，有针尖大出血点，皮肤黏膜严重黄染（图 6-3-3）。起初便秘，排羊粪状粪便（图 6-3-4），后出现腹泻，排黄色水样稀便。浅表淋巴结肿大、出血（图 6-3-5）。怀孕母猪流产，产死胎、弱仔，哺乳母猪泌乳量下降，断奶母猪不发情，反复发情比例提高。病猪常继发其他细菌感染。

（四）病理特征

病理剖检主要见血液稀薄，凝固不良，可视黏膜和皮肤苍白、弥漫性出血（图 6-3-6），全身淋巴结肿大、出血（图 6-3-7），皮下网膜黄染，严重者全身黏膜、浆膜和肌肉黄染（图 6-3-8，图 6-3-9）。肺脏衰竭、黄染、弹性降低（图 6-3-10），肝脏肿大、黄染，肝脏切面呈斑驳状（图 6-3-11，图 6-3-12），胆汁浓稠或呈浓茶样颜色（图 6-3-13，图 6-3-14），肾脏切面黄疸（图 6-3-15），心肌衰竭、心包积液，肠黏膜出血。镜检可见肝脏轻度淤血，肝细胞有局灶性坏死，并伴有炎性细胞浸润（图 6-3-16）；脾窦中见有大量含铁血黄素细胞（图6-3-17）。

（五）诊断要点

临床疑似猪附红细胞体病时，应采血涂片，瑞氏染色或吉姆萨染色，镜检红细胞内的附红细胞体（图6-3-18至图6-3-20），以进一步诊断。

涂片时应注意：

①在发热时采集的血液在血膜上会出现明显的微凝血，以血红蛋白正常、红细胞计数正常为特征性贫血是本病的特征。

②在制备血膜片时必须将血液加温至38℃，否则由于冷凝素的作用红细胞会发生凝集，很难推出一个好血膜，会使附红细胞体的辨认变得困难。正确的方法是先将载玻片在火焰上稍稍加热，再滴血推片，或者将血液先放入30℃的抗凝血剂中与抗凝血剂混合后再用来推片，效果会好一点。

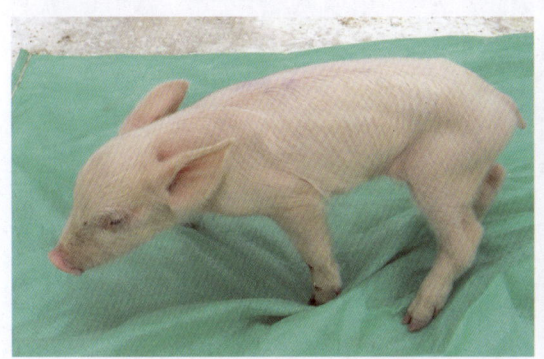

图6-3-1　皮肤苍白，消瘦

图6-3-2　皮肤发红

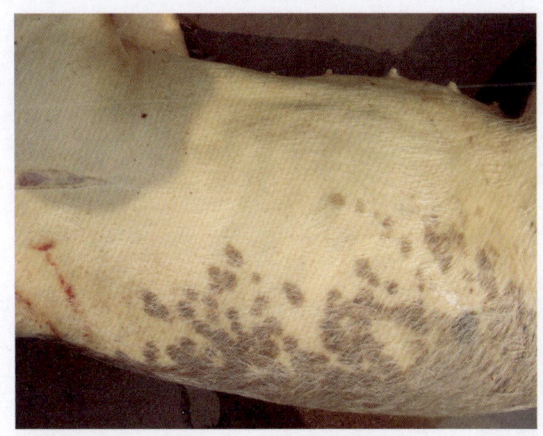

图6-3-3　全身皮肤黄染

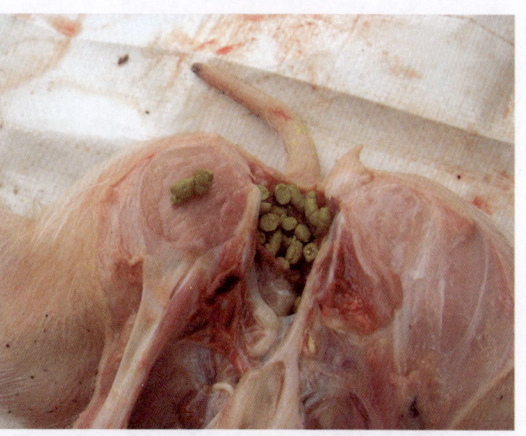

图6-3-4　排羊粪状粪便

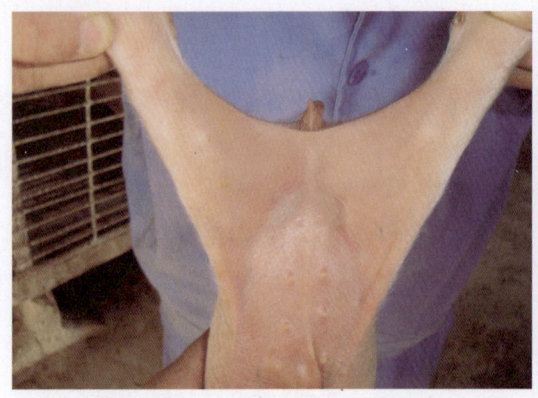

图 6-3-5　腹股沟淋巴结严重出血

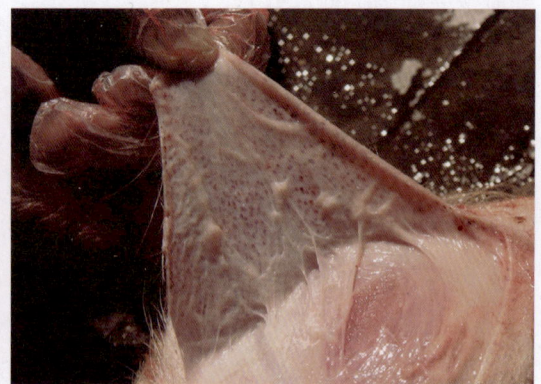

图 6-3-6　皮肤毛孔处弥漫性出血

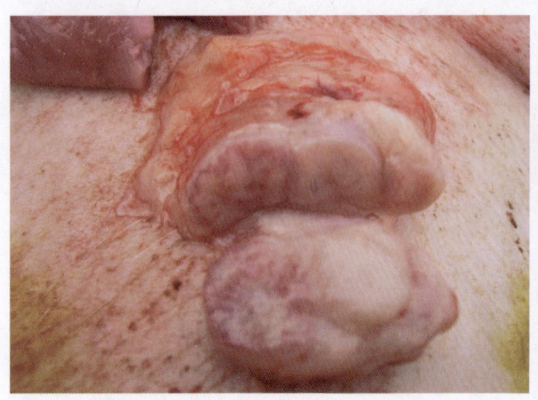

图 6-3-7　淋巴结肿大、出血

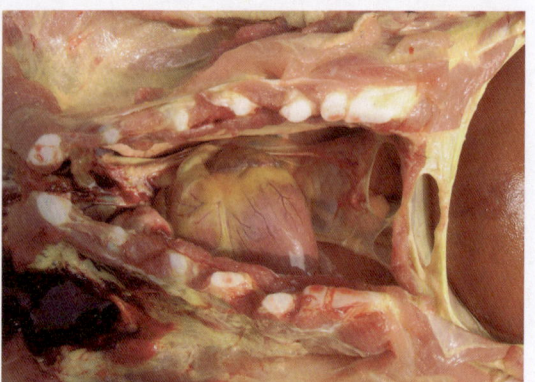

图 6-3-8　肌肉黄染，心冠脂肪黄染

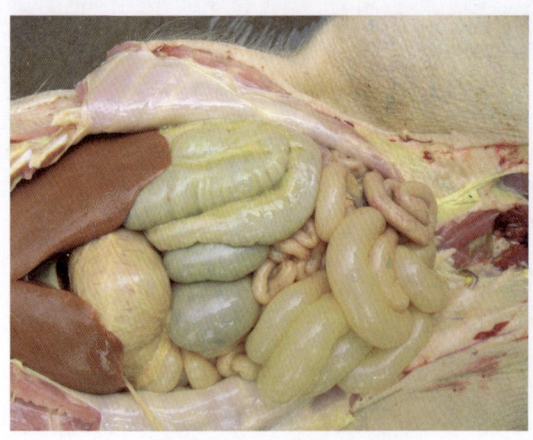

图 6-3-9　肠浆膜黄染

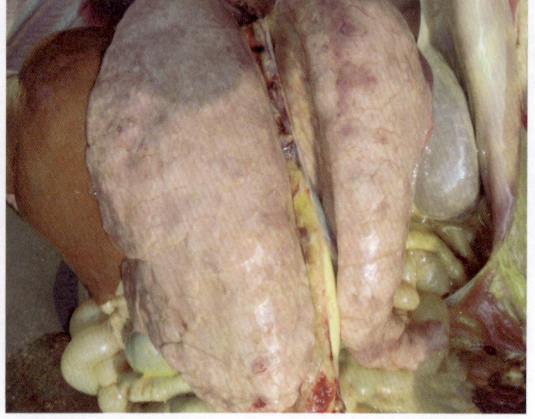

图 6-3-10　肺脏弹性降低、黄染

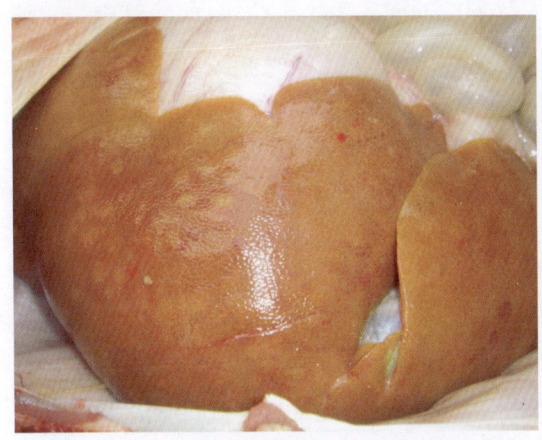

图 6-3-11　肝脏肿大、黄染，质地变脆使肝切面呈斑驳状

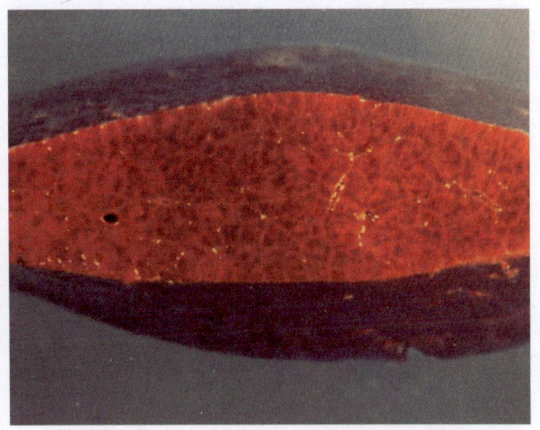

图 6-3-12　肝脏小叶间结缔组织增生

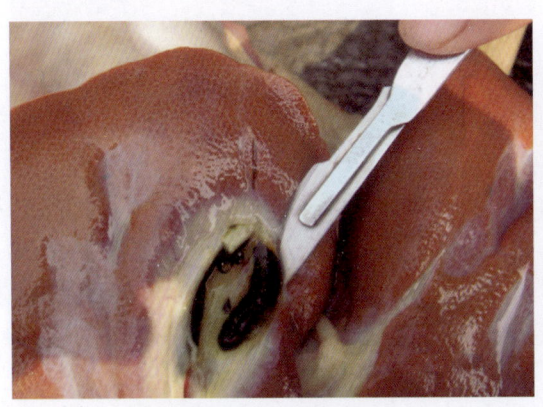

图 6-3-13　胆汁浓稠

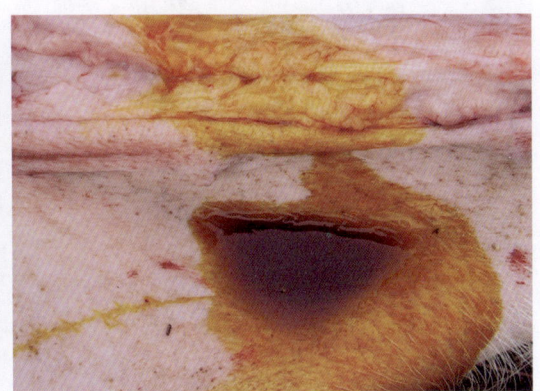

图 6-3-14　胆汁颜色似浓茶

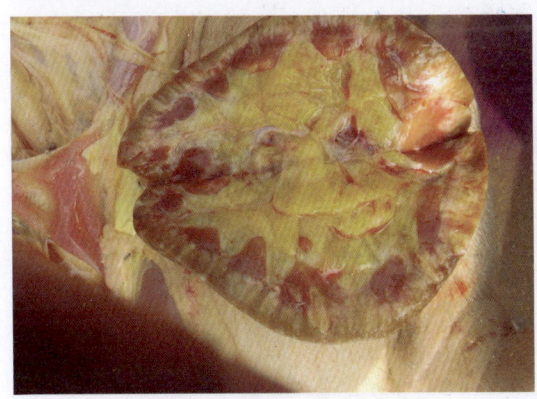

图 6-3-15　肾脏切面黄疸

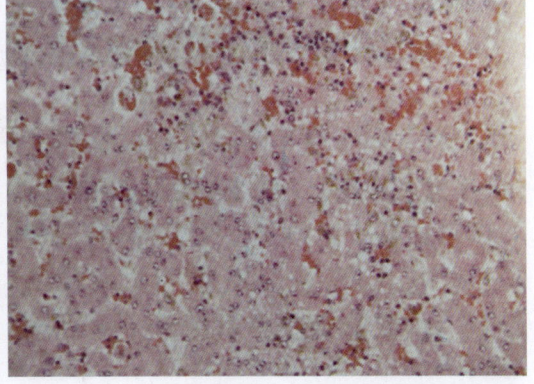

图 6-3-16　肝脏轻度淤血，肝细胞有局灶性坏死，并伴有炎性细胞浸润

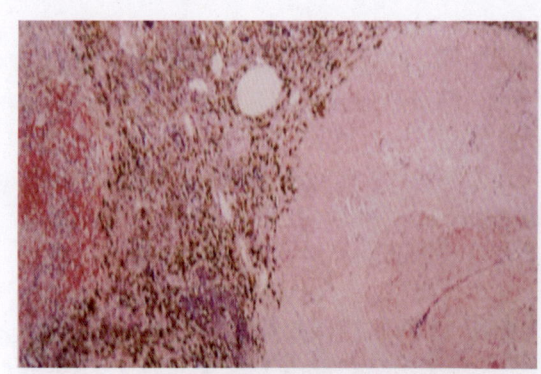

图 6-3-17　脾窦中见有大量含铁血黄素细胞（HE 100×）

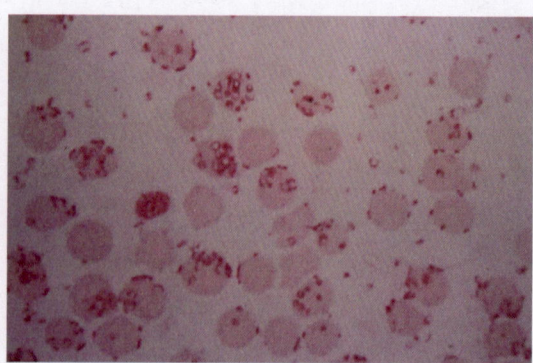

图 6-3-18　实验室病例的红细胞表面和血浆中有大量的附红细胞体（600×）

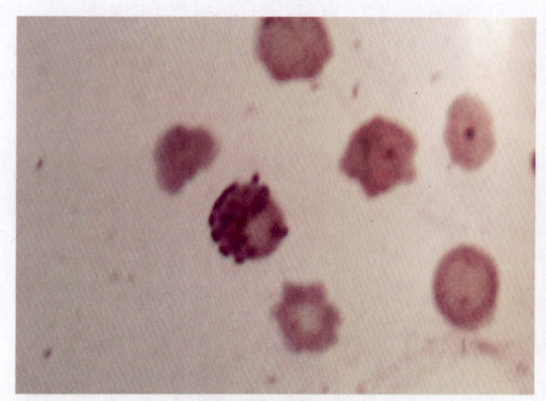

图 6-3-19　自然感染病例检出的附红细胞体（1 000×）

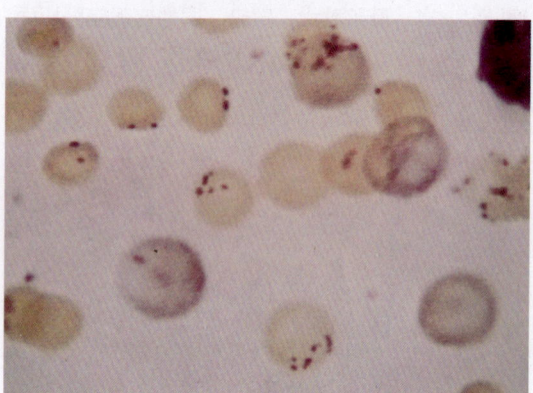

图 6-3-20　自然感染病例血液中红细胞内的附红细胞体（1 000×）

（六）治疗方法

1. 化学药物治疗

肌内注射或饲料中投抗菌消炎药，可参考表 6-3-1。

表 6-3-1　化学药物治疗猪附红细胞体病

名称	功用与主治	用量		使用方法
氨基比林	抗菌消炎	每头猪 3~5 mL	千克体重	混合后，肌内注射，每天 2 次，连用 3~5 天
长效土霉素		0.1 mL		
牲血素	补血	1 mL		
原虫清	杀虫	1 000~1 500 mg	千克饲料	混料全群饲喂
泰乐菌素或四环素	抗菌消炎	2 000 mg		

2. 中药治疗

清热营血，解热透邪。

处方：柴胡 30 g，细辛 25 g，桔梗 15 g，青蒿 20 g，槟榔 20 g，常山 20 g，甘草 15 g。

【作用】治疗猪附红细胞体病。

【用法与用量】按处方配药，常山、槟榔先用文火水煎 20 分钟再加入余药煎煮 20 分钟取汁，候温用胃管投服。每天使用剂量：种猪（公、母）每头 1 剂，育肥猪每 2 头 1 剂，小猪视体重情况 8～12 头 1 剂。若病情严重，每天服药 2 剂，每剂可合并头煎、二煎，1 次投服，连用 3～4 天，同时按每千克体重肌内注射青霉素 G 4 万 IU，防继发感染，每天 2 次，连用 3～5 天。

（七）免疫预防与饲养管理

1. 免疫预防

①驱除动物机体内外寄生虫，特别是疥螨。加强灭蝇、灭虫工作。做好针头、外科器械的消毒工作，做到一窝仔猪使用一套外科器械。

②做好药物预防保健工作，公猪、母猪、保育猪饲料中定期按 800 mg/kg 添加原虫清，每天 1 次，连用 5～7 天。

2. 饲养管理

降低饲养密度，减少应激，严禁饲喂发霉变质饲料。

四、猪丹毒

猪丹毒（swine erysipelas）是由猪丹毒丝菌引起的一种急性、败血性猪传染病。临床主要表现为急性败血型和亚急性疹块型，转为慢性的病猪常表现为心内膜炎和关节炎。本病多在 30 日龄至 6 月龄的架子猪中发生，呈散发或地方性流行。人也能感染。

（一）病原

本病的病原体为丹毒杆菌属的红斑丹毒丝菌，俗称丹毒杆菌。本菌为细长的小杆菌，革兰氏染色阳性（紫色），不形成芽孢和荚膜，不能运动。在病料内的细菌常单在、成对或呈丛状排列（图 6-4-1）；在慢性病猪的心内膜疣状物上，多呈长丝状（图 6-4-2）。猪丹毒杆菌所形成的菌落依其外形可分为光滑型（S）、粗糙型（R）和中间型（I）3 种。其中光滑型是由急性病例所分离的病菌所形成，菌体短小，毒力很强；粗糙型是由慢性或带菌猪分离的病菌形成，菌体大，呈长丝状，毒力很低；中间型则介于以上两者之间。猪丹毒杆菌的血清型很复杂，目前发现的已有 28 个之多，即 1、1a、2、2a、2b、3～24 及 N 型等。猪丹毒杆菌的血清型分类，主要与病菌细胞壁上特殊的可溶性肽葡聚糖有关，不同血清型猪丹毒杆菌的抗原结构、免疫原性和致病性均有不同程度的差异。

猪丹毒杆菌对外界环境的抵抗力很强，在盐腌或熏制的肉内能存活 3～4 个月；在掩埋的尸体内能活 7 个多月；在土壤内能存活 35 天；暴露于日光下可存活 10 天。但对消毒药的抵抗力较低，2% 福尔马林、3% 甲酚皂、1% 火碱、1% 漂白粉等溶液都能很快将其杀死。

（二）流行特点

本病一年四季都有发生，但以气候暖和的季节多发，多在架子猪中发生，呈散发或地方性流行。病猪和带菌猪、鼠是主要的传染源。通过粪便、尿液、分泌物排出细菌。经消化道、皮肤黏膜伤口或蚊虫叮咬传染给易感猪。环境应激、霉菌毒素均可诱导猪丹毒的发生。

（三）临床症状

本病自然感染的潜伏期为3~5天，有时可缩短至24小时。因为猪的不同个体免疫力不同，受伤害的轻重不同，故表现也不一样。急性型：病猪突然高热不退，可达42~43℃，精神倦怠，食欲废绝，口色鲜红，脉洪数，病猪很快死亡，死亡率高。疹块型：以皮肤上出现疹块为主证，在全身皮肤表面出现菱形、方形、圆形疹块（图6-4-3，图6-4-4）。慢性型：表现四肢关节肿胀（图6-4-5），肢蹄步行僵硬，跛行，体瘦气弱，食欲减退，生长缓慢，严重者可发生死亡。

（四）病理特征

全身皮肤充血、出血。淋巴结肿大，切面多汁，呈紫红色；纤维素性关节炎、心内膜炎，心内膜形成菜花样赘生物（图6-4-6），胃和十二指肠充血肿大；脾脏呈急性充血肿大（图6-4-7）；肾脏淤血肿大，呈紫红色，俗称"大红肾"（图6-4-8）。镜检可见脾窦淤血、出血，极度扩张，内含大量红细胞，而白髓则萎缩，被数层红细胞紧紧包裹（图6-4-9），肾小球内有红色的透明血栓形成，肾小管上皮坏死（图6-4-10）。急性型心肌、脾脏、小肠、肝脏、肺泡壁毛细血管会发生弥漫性血管内凝血。

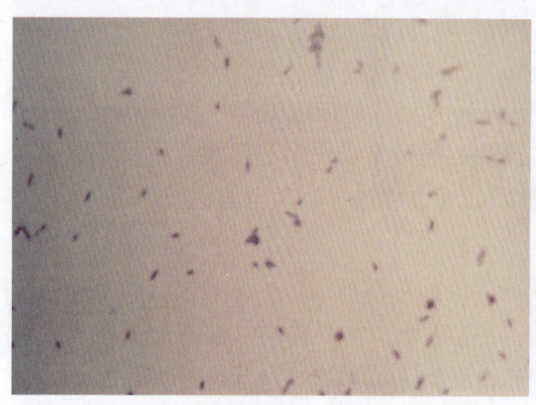

图6-4-1 病原为革兰氏阳性小杆菌，常单在，成对或呈丛状排列（1 000×）

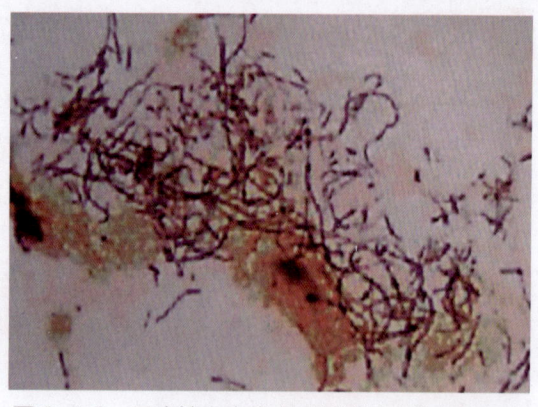

图6-4-2 用疣性心内膜炎病料涂片所获得的丹毒杆菌（1 000×）

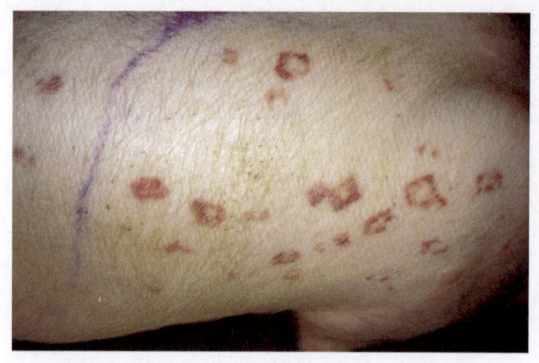

图6-4-3 架子猪皮肤的菱形、方形瘀块

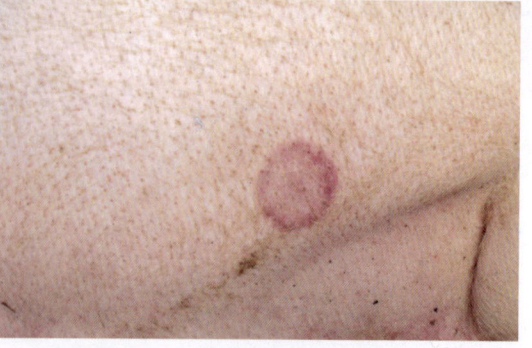

图6-4-4 母猪皮肤的圆形疹块

第六章 多发病

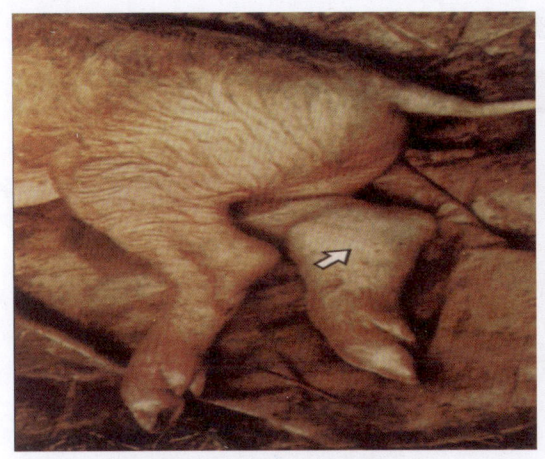

图6-4-5 右后肢关节肿胀

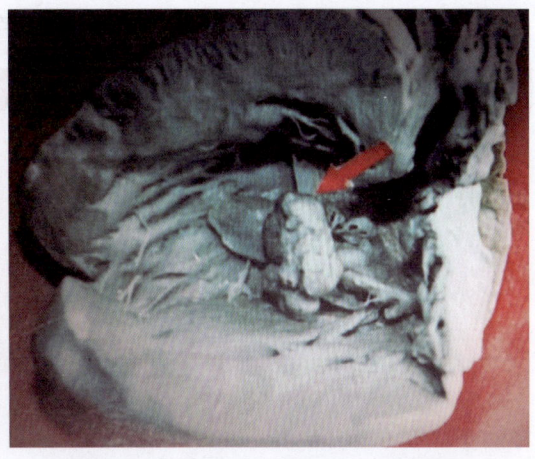

图6-4-6 慢性型二尖瓣疣状心内膜炎

图6-4-7 脾脏充血肿大

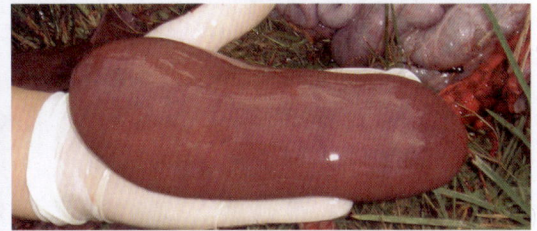

图6-4-8 肾脏肿大、出血，呈"大红肾"

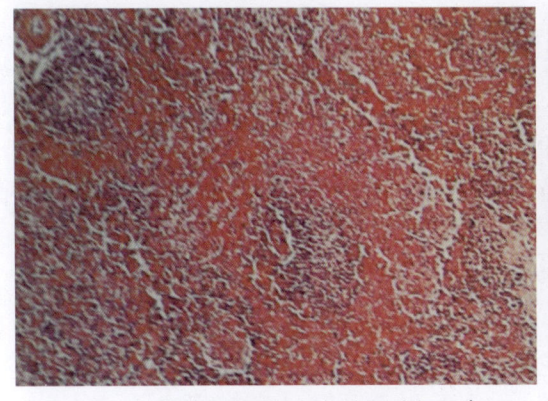

图6-4-9 脾脏白髓周围红细胞形成红晕（HE 100×）

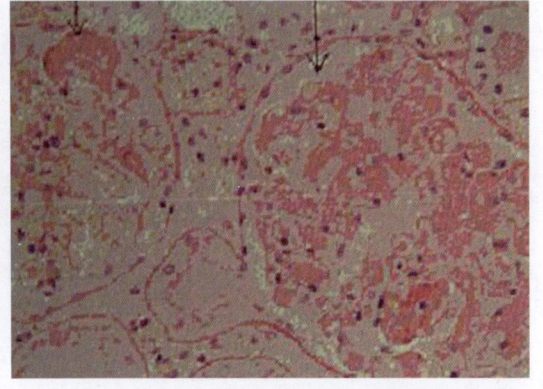

图6-4-10 肾小球内有红色的透明血栓形成（箭头），肾小管上皮坏死（HE 400×）

（五）诊断要点

根据流行病学、临床症状、病理变化可初诊。进行细菌学检查，见到单个或成堆的特征性长丝状菌体，即可初步确诊。

（六）治疗方法

1. 化学药物治疗

以抗菌消炎为原则。制订选药方案可参考表6-4-1。

表 6-4-1　化学药物治疗猪丹毒

名称	功用与主治	千克体重用量	使用方法
抗血清	抑制病原	1 mL	静脉或皮下注射
青霉素	抗菌消炎选一种使用	1万～4万 IU	肌内注射
氨苄西林		20 mg	
链霉素			
20% 复方磺胺嘧啶钠		20～40 mg	
复方氨基比林	退热止痛	0.5～1 mL	

2. 中药治疗

以清热解毒或宣毒发表、透疹外出为治则。

处方一：荆芥 20 g，防风 15 g，川芎 30 g，升麻 15 g，薄荷 15 g，金银花 15 g，连翘 20 g，栀子 25 g，木通 20 g，麻仁 15 g，酒大黄 15 g，雄黄 15 g，青皮 20 g，贯众 15 g。

【作用】治疗无疹块的猪丹毒。

【用法与用量】车前草、蜂蜜为引。煎水取汁，候温内服，每天 1 剂，分 2 次服完，连用 2～3 天。

处方二：知母 20 g，麻仁 50 g，葶苈子 30 g，贯众 20 g，玄参 20 g，天冬 20 g，广桔梗 15 g，石膏 50 g，生大黄 20 g，明矾 10 g，麦芽 50 g，甘草 20 g。

【作用】治疗有疹块的猪丹毒。

【用法与用量】熬水调蜂蜜 200 mL，供体重 35～50 kg 的猪只服用。每天 1 剂，分 3～4 次喂服，连用 3～5 天。

处方三：金银花 40 g，连翘 30 g，黄连 30 g，栀子 25 g，黄芩 35 g，黄柏 35 g，大黄 40 g，青皮 40 g，枳实 40 g，天花粉 35 g，木通 50 g，明雄 20 g（另包），姜虫 30 g，甘草 15 g。

【作用】治疗猪丹毒。

【用法与用量】水煎取汁，候温灌服。每天 1 剂，供体重 35～50 kg 的猪只分 2～3 次服用，连用 2～3 天。

处方四：枳实、粉葛、栀子、黄芩、天花粉、木通、滑石、连翘、黄柏各 50 g，薄荷 20 g，川芎、麦芽各 15 g，铁马鞭 10 g。

【作用】治疗猪丹毒。

【用法与用量】金银花藤 20 g 为引。煎水取汁，候温灌服，供成年猪分 3～5 次服完，连用 3～5 天。

处方五：大黄、黄芩、黄柏、栀子各 40 g，金银花、菊花、连翘、知母、天花粉、食盐各 30 g，赤小豆、甘草各 10 g，黄连 6 g，苦参 24 g，井水 2.5 kg。

【作用】治疗猪丹毒。

【用法与用量】加水泡 24 小时，煎成药液，浓缩至原药液的 2/3，用四层纱布过滤 5 次，装入瓶内，煮沸消毒，冷却备用。灌胃。每天 1 次，大猪每次 10～20 mL，中猪

5～10 mL，小猪 5 mL，连用 3～5 天。

（七）免疫预防与饲养管理

1. 免疫预防

加强饲养管理，增强猪抗病力。平时做好疫苗预防注射或用抗血清进行预防。猪丹毒菌苗为冻干苗，用 20% 氢氧化铝生理盐水稀释，大小猪一律皮下注射 1 mL，注苗后 7 天产生免疫力，免疫期 6 个月。口服时，每头 2 mL，服后 9 天产生免疫力，免疫期 6 个月。

2. 饲养管理

①发病后应早期确诊，隔离病猪，及时治疗。青霉素为首选抗生素，用量为每千克体重 1 万～4 万 IU，每天 3～5 次，肌内注射。经过治疗后，体温下降，食欲和精神好转时，仍需继续注射 3～5 次，以巩固疗效，防止复发或转为慢性。

②病猪放于清静凉爽猪栏内，隔离饲养，喂给易消化饲料，勤给饮水。搞好清洁卫生，猪场环境及饲养管理用具应进行定期消毒；猪粪及垫草集中堆肥，发酵腐熟后做肥料用。病死猪或屠宰猪可高温处理，血液、内脏等深埋。屠宰和解剖人员应加强防护工作，免受猪丹毒丝菌感染，如有发病，立即就医。

五、猪痢疾

猪痢疾（swine dysentery）又称血痢，是由猪痢疾密螺旋体引起的一种严重肠道传染病。特点是大肠黏膜发生卡他性出血性炎症，临床表现为出血性黏液性下痢。

（一）病原

本病的原发性病原体为密螺旋体属的猪痢疾密螺旋体，而肠道内其他固有的病原微生物也参与本病的形成。猪痢疾密螺旋体有 4～6 个弯曲，两端尖锐，呈缓慢旋转的螺丝线状（图 6-5-1）；革兰氏染色呈阴性反应，用苯胺染料或吉姆萨染色时着染良好，将组织切片用镀银染色后效果更好。在暗视野显微镜下新鲜病料可见到活泼的蛇形运动或以长轴为中心的旋转运动（图 6-5-2）。在透射电子显微镜下，其形成与细菌不同，胞壁与胞膜之间有 7～9 条轴丝。此轴丝为密螺旋体的运动器官。用扫描电镜观察，病原的两端较细，钝圆，呈蛇形（图 6-5-3）。猪痢疾密螺旋体为严格的厌氧菌，对培养基的要求十分严格，分离培养较为困难。

猪痢疾密螺旋体对外界环境有较强的抵抗力，在 25℃粪便内能存活 7 天，在 5℃粪便中能存活 61 天，在 4℃土壤中能存活 18 天；对消毒药的抵抗力不强，常用消毒药如过氧乙酸、甲酚皂和氢氧化钠溶液均能迅速将其杀死。

（二）流行特点

本病仅见于猪，不同品种、年龄的猪均易感，常发生于 7～12 周龄的仔猪，且日龄小的猪比日龄大的猪发病率和死亡率高。病猪和带菌猪是主要的传染源。通过粪便排出病原，易感猪经口感染。密度过高、寒冷、温度过高、卫生条件太差均是本病的诱导因素。

（三）临床症状

本病的潜伏期为 7～14 天，主要症状为下痢，排黄色、灰色糊状稀便或带有黏液血色稀便（图6-5-4），体温升高达40～41℃。严重者排出灰白色或血色带有坏死组织碎片的水样稀粪（图6-5-5，图6-5-6），死亡不多，但病猪生长速度缓慢。

（四）病理特征

本病的典型病变局限于大肠（盲肠、结肠和直肠），而小肠无病变，其明显界线在回肠和盲肠交界处（图6-5-7，图6-5-8）。大肠壁充血水肿、淋巴滤泡增大呈明显的白色颗粒状。大肠黏膜上覆盖着带血块和纤维素的黏液。病情进一步发展，肠壁水肿减轻，肠黏膜病变加重，表层坏死形成麸皮状或豆腐渣样假膜。肠系膜水肿、充血。镜检可见黏膜和黏膜下层显著水肿、淤血、出血、增厚，黏膜上皮坏死、脱落。

（五）诊断要点

根据流行病学、临床症状和病理变化可初诊。确诊可通过实验室镜检，取病猪新鲜粪便或大肠黏膜涂片，用吉姆萨、草酸铵结晶紫染色液或复红染色液染色、镜检，高倍镜下每个视野见3个以上具有3～4个弯曲的较大螺旋体（图6-5-9，图6-5-10），即可怀疑为此病。

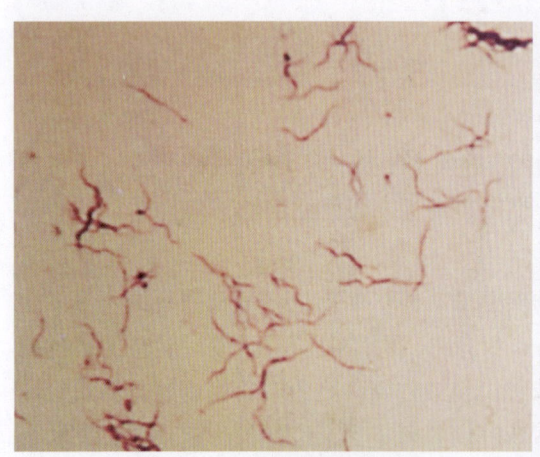

图6-5-1 双雁翼形密螺旋体

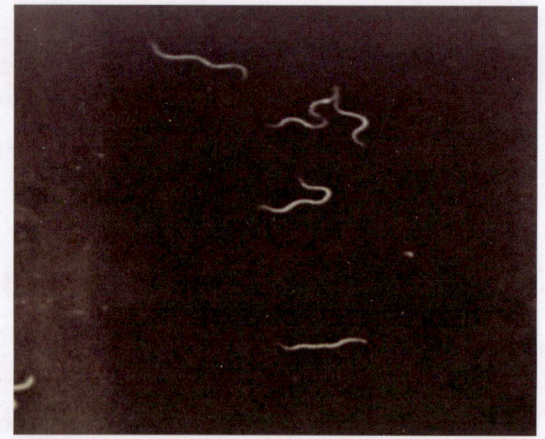

图6-5-2 在暗视野显微镜下呈蛇形运动的病原体（1 000×）

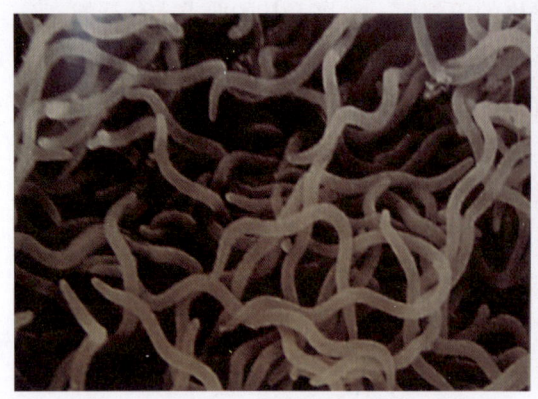

图6-5-3 在扫描电镜下的蛇形螺旋体

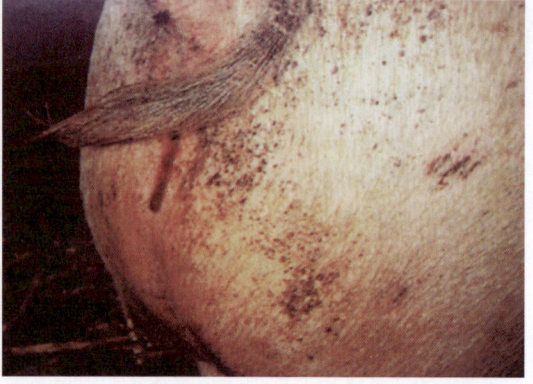

图6-5-4 后躯被稀便污染，肛门处有血色的稀便流出

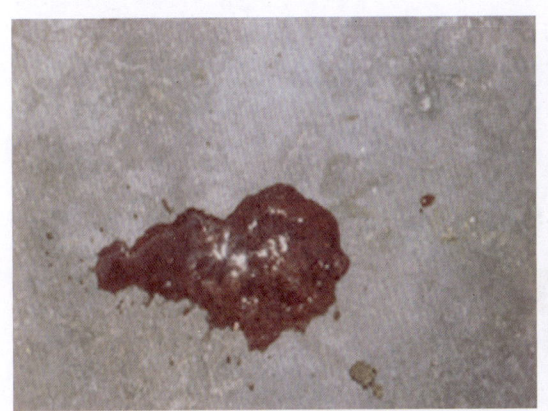

图6-5-5 带有黏液及脱落肠黏膜的血色稀粪

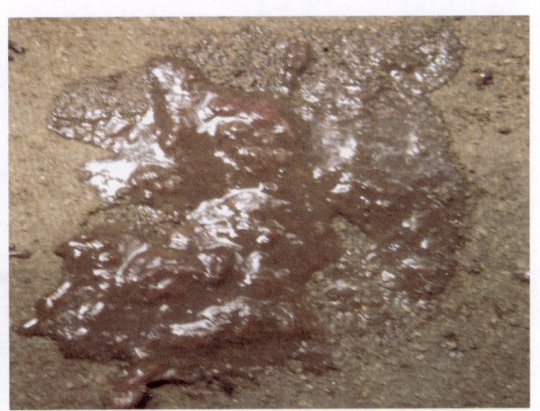

图6-5-6 带有脱落肠黏膜的血色稀粪

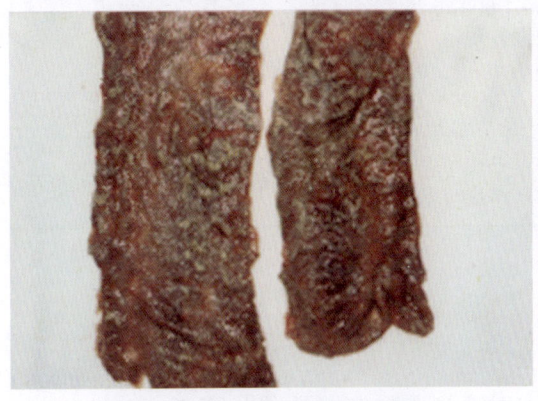

图6-5-7 盲肠壁水肿、溃疡

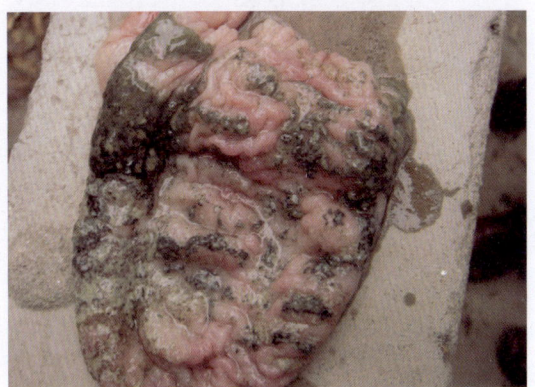

图6-5-8 固膜性结肠炎

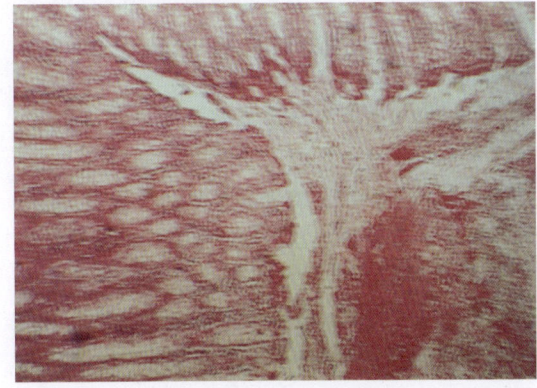

图6-5-9 用复红染色液染色病料涂片所检出的红色病原体（1 000×）

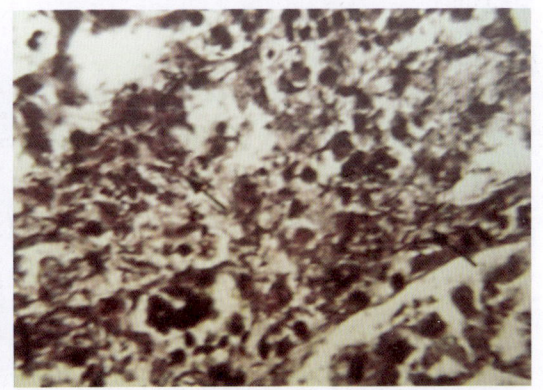

图6-5-10 坏死组织中有大量染成黑色的螺旋体（箭头）（硝酸银染色400×）

（六）类症鉴别

要与仔猪副伤寒、猪传染性胃肠炎、猪流行性腹泻进行区别。

（七）治疗方法

对病猪及时治疗常有一定效果。投喂痢菌净，按每千克体重5 mg内服，每天2次，连服3天为1个疗程,或用0.5%痢菌净注射液,每千克体重0.5 mL,肌内注射;另外,使用硫酸新霉素、林可霉素、四环素类抗生素等多种抗菌药物都有一定疗效。

1. 化学药物治疗

治疗宜消炎、止泻。选药时可参考表6-5-1,抗菌消炎类药物只选其中1~2种使用。

表6-5-1 化学药物治疗猪痢疾

药 名	功用与主治		用 量		使用方法
0.5%痢菌净	抗菌消炎		0.5 mL	千克体重	肌内注射,每天2次,连用3~5天
土霉素碱			100~150 g	每1 000 kg饲料用量	混料,连用3~5天
硫酸新霉素			300 g		
泰乐菌素			100 g		混料,连用3~10天
林可霉素			100 g		混料,连用3周
四环素			100~120 g		混料,连用3~5天
磺胺脒	抑菌	合用	150 mg	千克体重	混合内服,每天2次,连用3~5天
甲氧苄啶			30 mg		

注:抗菌消炎类药物只选其中1~2种使用。

2. 中药治疗

处方一:当归注射液2支×2 mL,黄芪注射液2支×2 mL,维生素B_{12} 2支×1 mL(0.5 mg)。

【作用】治疗仔猪慢性痢疾。

【用法与用量】按处方配药,混合后一次颈静脉注射,每天2次,连用3~5天。

处方二:木炭末30 g,山楂炭30 g,石榴皮(烧炭)25 g。

【作用】治疗猪肠炎痢疾。

【用法与用量】共粉碎为细末,开水冲服。

处方三:黄柏20 g,黄连15 g,苦参20 g,白头翁15 g,秦皮20 g,诃子20 g,乌梅20 g,甘草15 g。

【作用】治疗猪痢疾。

【用法与用量】煎汤胃管投服,每天1次,连服5天。

处方四:白头翁10 g,炒槐米5 g,鸦胆子5 g,黄连3 g,黄芩5 g,黄柏3 g,苦参5 g,罂粟壳3 g,马齿苋3 g,甘草2 g。

【作用】治疗猪痢疾。

【用法与用量】加温水500 g,浸泡24小时,煮沸后用纱布过滤,另取大蒜10 g,捣烂,加白酒30 mL,猪每次口服25~50 mL,每天2次,连服3~5天。

处方五:乌梅15 g,黄连10 g,黄柏10 g,当归9 g,桂枝10 g,蜀椒8 g,党参8 g,

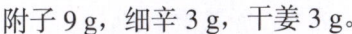

附子9g,细辛3g,干姜3g。

【作用】治疗猪痢疾。

【用法与用量】共粉碎为细末,开水冲调,候温供大猪1次服用,每天1次,连服3天。

处方六:蟾蜍1只。

【作用】治疗猪痢疾。

【用法与用量】烧灰粉碎为末,拌料喂服,连服3～5天。

处方七:生葛根35g,党参4g,藿香5g,木香2g,茯苓5g,炙甘草3g。

【作用】治疗猪痢疾。

【用法与用量】煎水取汁,候温喂服,供大猪1次服用,每天1次,连用3～5天。

(八)免疫预防与饲养管理

防止从发病猪场购入带菌种猪,如果引入种猪,必须隔离观察和检疫,健康者方可混群饲养。需要注意,该病治疗后易复发,必须坚持一定的疗程并积极改善饲养管理,方能收到好的效果。做好猪舍、环境的清洁卫生和消毒工作,处理好粪便;病猪最好淘汰;坚持药物、管理和卫生措施相结合的净化措施,可收到较好的净化效果。

六、猪李氏杆菌病

猪李氏杆菌病(swine listeriosis)是由李氏杆菌引起多种动物和人共患的传染病。病猪主要表现为脑膜脑炎、败血症和流产。

(一)病原

本病的病原体为产单核细胞增多性李氏杆菌,为革兰氏阳性小杆菌,在血液涂片中常单在或呈"V"形或"Y"形排列(图6-6-1),血平板上长出露珠状菌落(图6-6-2)。共有7个血清型,猪见于Ⅰ型李氏杆菌。本菌对热的耐受性强,常规巴氏消毒法不能杀灭,在65℃条件下30～40分钟才能杀灭,对酸敏感,常用消毒药都易使它灭活。

(二)流行特点

本病多散发,发病率低,死亡率较高,冬、春季多发,气温剧变等因素可诱导发病。不同年龄猪均可感染,病猪和带菌猪是主要的传染源。通过消化道、呼吸道、皮肤黏膜、伤口感染,仔猪和怀孕母猪最易感。

(三)临床症状

本病的典型症状是脑炎症状,表现为兴奋不安、对刺激非常警惕、运动失常、做圆圈运动,颈后仰,呈"观星状",做划水动作,口吐白沫,前肢跪地或后肢麻痹,不能站立(图6-6-3至图6-6-5)。病程一般1～4天,长者可达7～9天,多以死亡为转归。仔猪发病多产生败血症,体温升高到39.5～40.5℃,先便秘,后腹泻,粪便带血。怀孕母猪流产,产弱仔。

(四)病理特征

败血症死亡的仔猪特征性病变是局灶性坏死,在脾、淋巴、脑组织等中也可出现小的坏死灶,肝有白色坏死点(图6-6-6)。有神经症状的病猪可见脑充血、水肿、出血,脑积液增多或有渗出性炎症（图6-6-7，图6-6-8）。淋巴结肿大、坏死，肠黏膜出血。

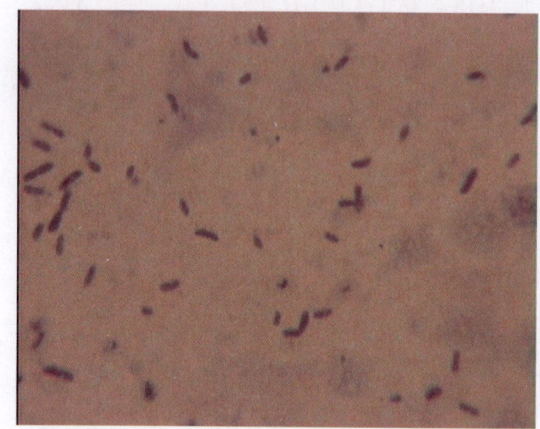

图6-6-1 "V"形革兰氏阳性小杆菌

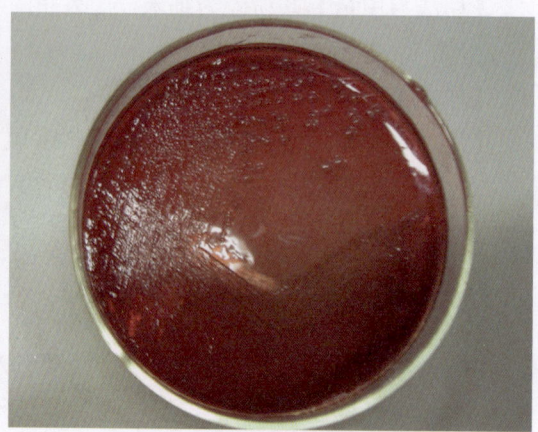

图6-6-2 李氏杆菌菌落

图6-6-3 出现前腿跪地的神经症状

图6-6-4 后肢麻痹，对刺激敏感

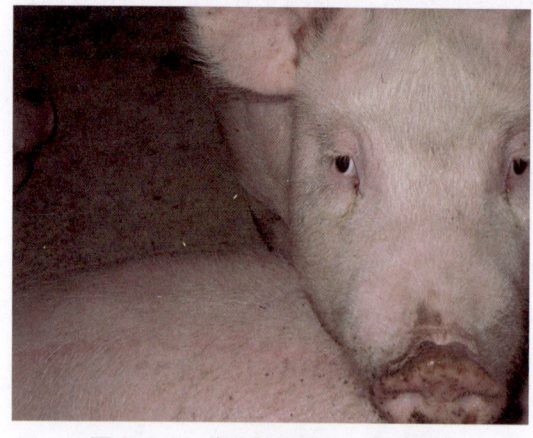

图6-6-5 表现神经症状，双眼警惕

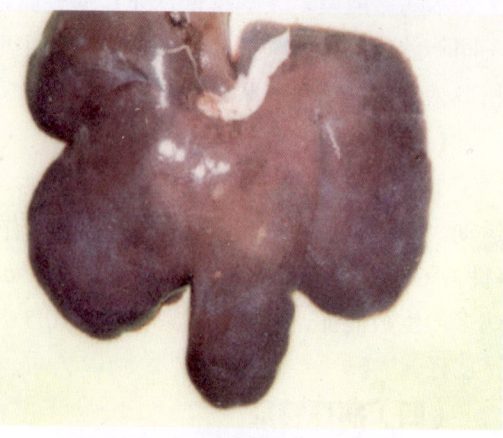

图6-6-6 肝脏表面白色坏死点

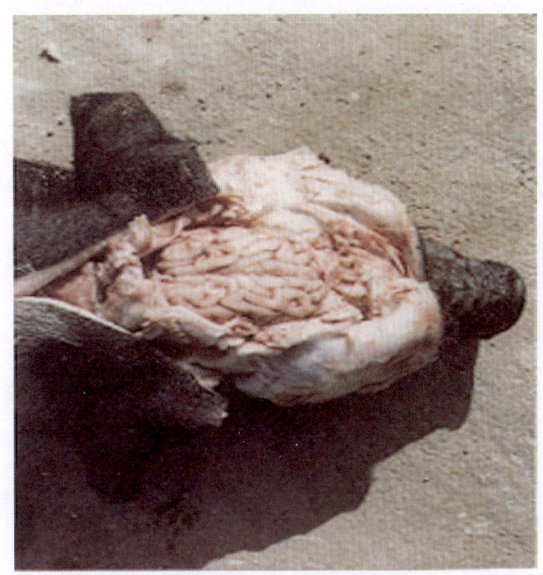
图 6-6-7 化脓性脑炎

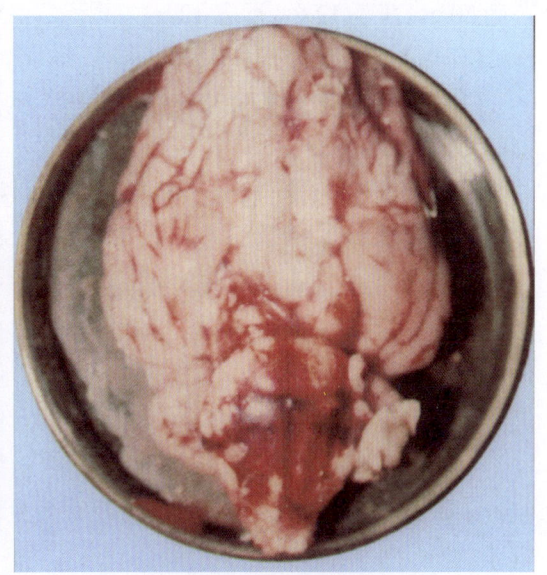
图 6-6-8 脑膜水肿、出血

（五）诊断要点
根据临床症状和病理变化可初诊。可通过细菌学检查或细菌分离鉴定确诊。

（六）类症鉴别
应与猪伪狂犬病、猪日本乙型脑炎、猪瘟、猪链球菌病等鉴别。

（七）治疗方法
1. 化学药物治疗

抗菌消炎，对症治疗，参考表6-6-1选药，制订用药方案。

表 6-6-1 化学药物治疗猪李氏杆菌病

名称	功用与主治	千克体重用量	使用方法
青霉素	抗菌消炎	1万～4万 IU	混合后，肌内注射，每天2次，连用3～5天
链霉素		20 mg	
地塞米松注射液	抗炎、抗休克	4～12 mg	
安钠咖注射液	强心	0.05～0.1 mL	
水合氯醛	镇静	1 mg	
磺胺嘧啶钠注射液	抗菌消炎（三选一）	100～200 mg	肌内注射，每天1次，连用3～5天
强效阿莫西林		10 mg	
庆大霉素		1～2 mg	

2. 中药治疗

处方一：栀子12 g，黄芩12 g，琥珀1.5 g，生地16 g，菊花12 g，木通9 g，大黄12 g，

芒硝 30 g，茯苓 12 g，远志 12 g。

【作用】治疗猪李氏杆菌病。

【用法与用量】水煎取汁，候温灌服。供体重 30 kg 以上猪只服用，小猪酌减，每天 1 剂，连用 3～5 天。

处方二：丹皮、生地黄、黄芩、栀子各 30 g，蝉蜕、茯神、远志、赤小豆各 15 g，天竺黄、钩藤各 10 g，甘草 5 g。

【作用】清热凉血，息风安神，化痰利湿。主治猪李氏杆菌病。

【用法与用量】水煎 2 次，合并药液，体重 50 kg 以上猪分 3 次灌服，可按病猪大小、体质和精神状态适当增减。加减法：头嘴着地、眼睛红肿者加菊花、决明子各 15 g；粪便燥结者加大黄 30 g，芒硝 15 g，木通 20 g；怀孕者加杜仲 20 g，艾叶 10 g。

（八）免疫预防与饲养管理

①做好灭鼠工作，驱除猪体内外寄生虫。加强消毒卫生工作，做好粪便消毒，加强营养。

②发病猪应隔离治疗，病死猪要做好无害化处理。全群猪的饲料中添加阿莫西林 200 mg/kg，连用 3～5 天，有较好效果。

七、猪增生性肠炎

猪增生性肠炎（porcine proliferative enteritis，PPE）是由胞内劳森菌（lawsonia intracellularis，LI）引起的，以腹泻和肠黏膜增生性炎症为特征的一种肠道疾病。

（一）病原

LI 为革兰氏染色呈阴性反应的小杆菌（图 6-7-1），为微需氧菌，在含 10% 二氧化碳的环境中生长良好，于培养基内添加血液、血清，有利于该菌的初代培养。在老龄培养物中呈螺旋状长丝或圆球形，运动活泼，对 1% 牛胆汁有耐受性。根据这一特点可用于纯菌培养。用透视电镜检查病变肠管时，在上皮细胞的细胞质中能检出圆形或椭圆形病原体片段（图 6-7-2）。该菌对外界的抵抗力较强，但对季铵盐类、碘类消毒剂敏感。

（二）流行特点

病猪和带菌猪是主要的传染源。通过粪便排出病原体，易感猪经口感染，白色品种猪只易感性较高。温差变化过大、湿度过高和卫生条件太差均可诱导本病的发生。

（三）临床症状

主要症状以腹泻为主，发病保育猪排黄色或灰色消化不良的稀粪（图 6-7-3），生长缓慢，消瘦（图 6-7-4）；生长猪排出黑色酱油色稀粪或血样稀粪，带有黏液、坏死组织碎片。

（四）病理特征

回肠、结肠肠壁增厚（图 6-7-5），结肠有胶冻样渗出（图 6-7-6），回肠黏膜呈脑回样皱褶（图 6-7-7，图 6-7-8），肠腔充满未消化的饲料，肠黏膜出血（图 6-7-9）。严重病例肠壁覆盖有一层假膜（图 6-7-10），形成溃疡，肠系膜水肿、肠系膜淋巴结肿大、出血（图 6-7-11，图 6-7-12）。肠管变脆，肠管内容物含有血液（图 6-7-13 至图 6-7-16）。镜检可见回肠黏膜因上皮细胞和腺体细胞增生而增厚（图 6-7-17）。

（五）诊断要点

本病的临床症状不典型，依其作出诊断有困难，因此主要靠病原的分离鉴定和病理剖检来确诊。病理学诊断时，可根据眼观的病理和组织学变化，对疾病作出病理分型，并经沃森-斯塔里（Warthin-Starry）银染色在切片中可发现特异性病原体（图6-7-18）而确诊。

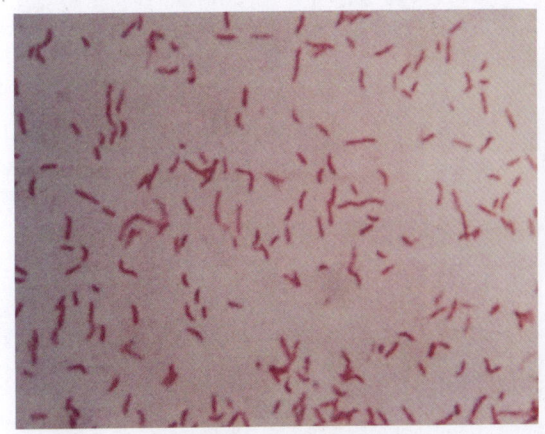

图 6-7-1　革兰氏染色呈阴性的病原体（1 000×）

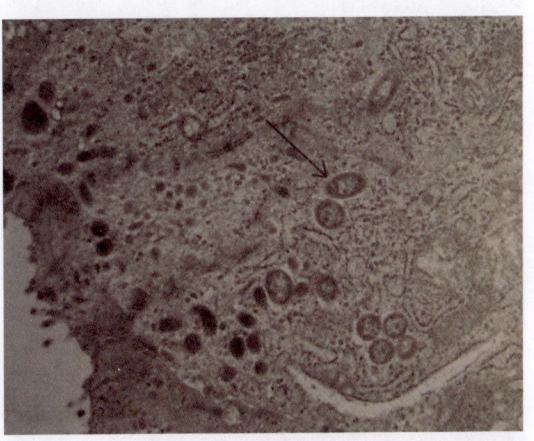

图 6-7-2　透射电镜下上皮细胞的细胞质中有病原体的片段（箭头所示）

图 6-7-3　消化不良的稀便

图 6-7-4　保育猪营养不良

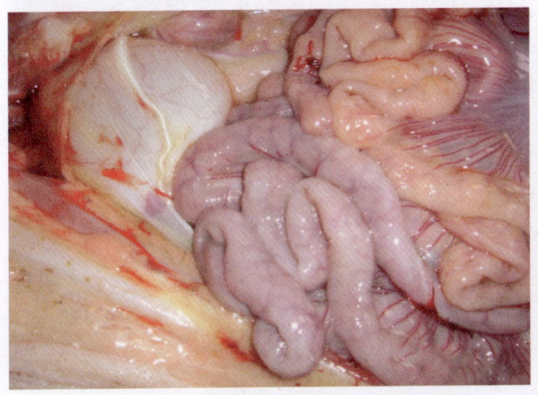

图 6-7-5　回肠肠管变粗，肠壁增厚

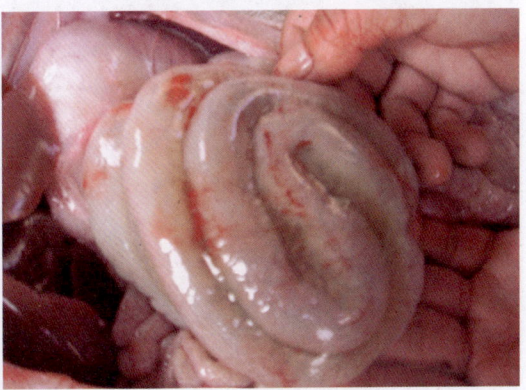

图 6-7-6　结肠有胶冻样渗出

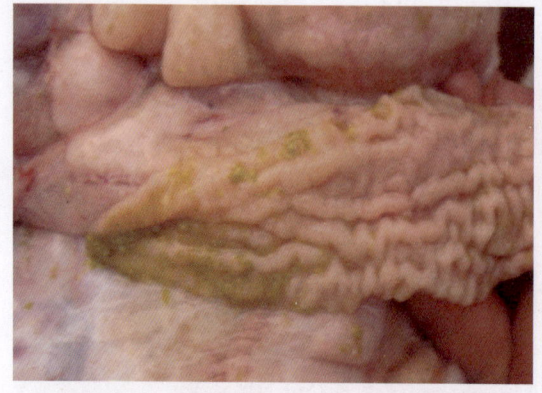
图 6-7-7　回肠黏膜呈脑回样皱褶（纵向）

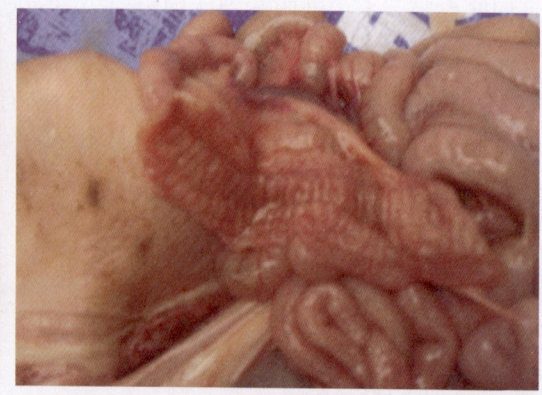
图 6-7-8　回肠黏膜呈脑回样皱褶（横向）

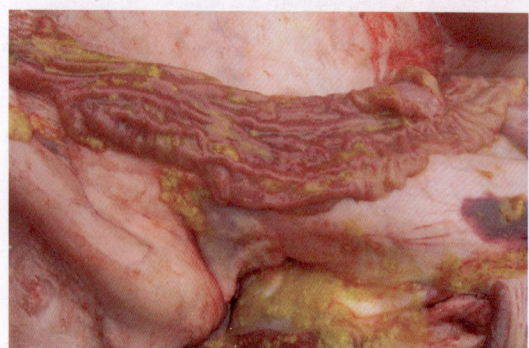
图 6-7-9　结肠黏膜充血、出血

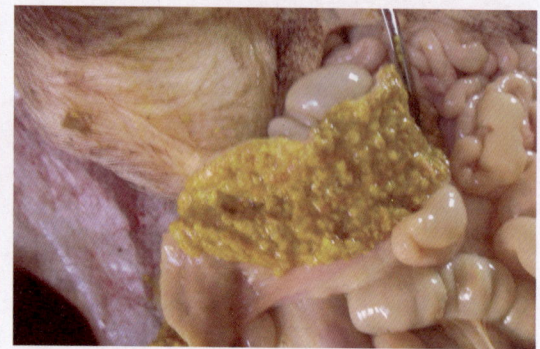
图 6-7-10　结肠形成假膜，肠壁增厚

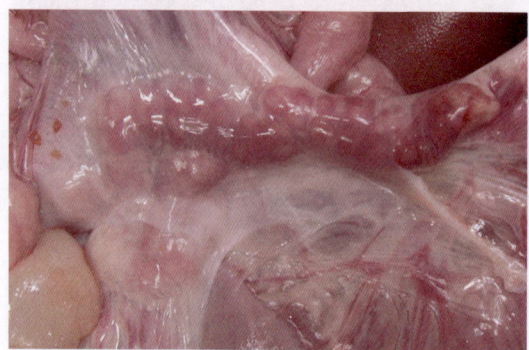
图 6-7-11　肠系膜淋巴结肿大、出血

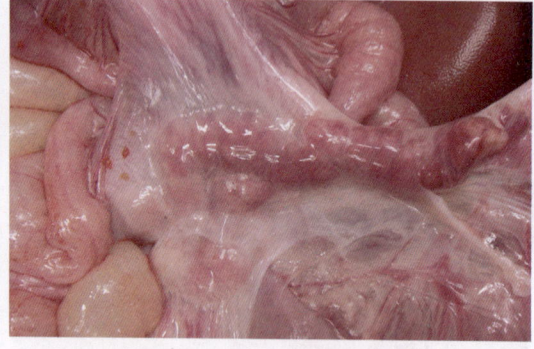
图 6-7-12　肠系膜淋巴结肿大

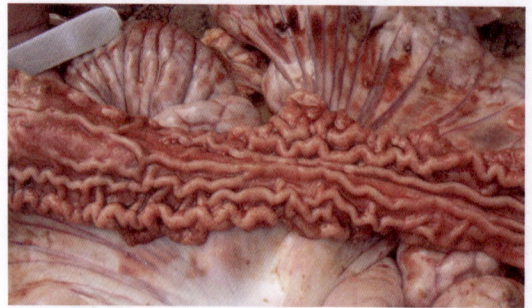
图 6-7-13　回肠黏膜增生、出血

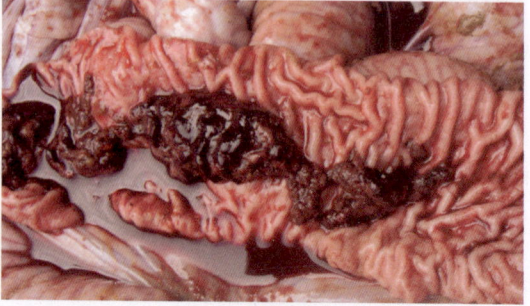
图 6-7-14　肠腔内充满血性粪便

第六章　多发病

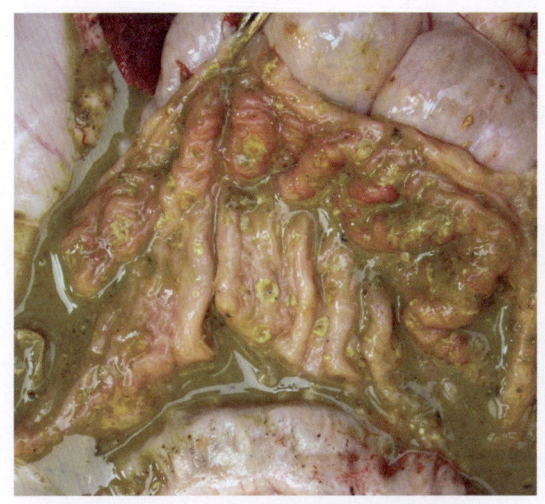

图 6-7-15　结肠形成假膜，肠壁增厚

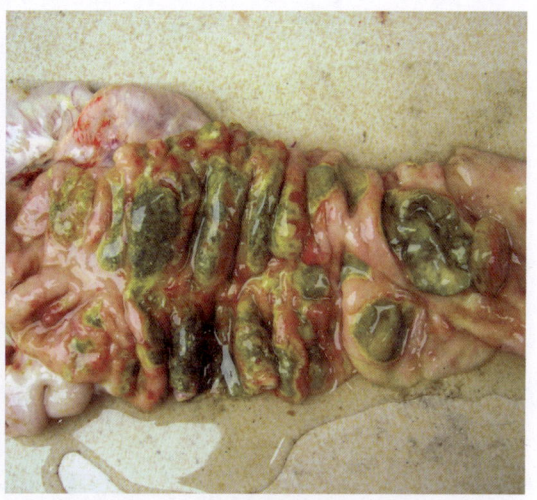

图 6-7-16　肠黏膜增生、出血

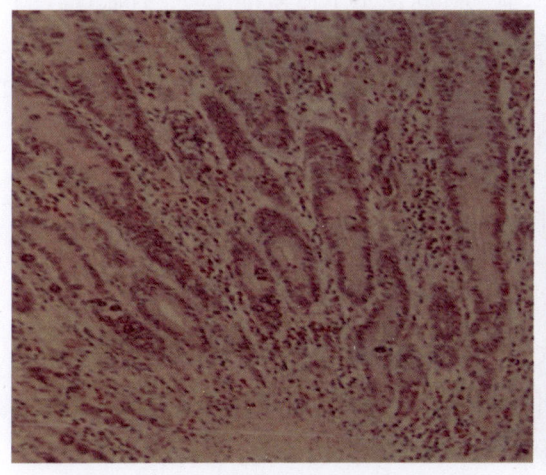

图 6-7-17　固有层中肠腺呈肿瘤样增生
（HE 100×）

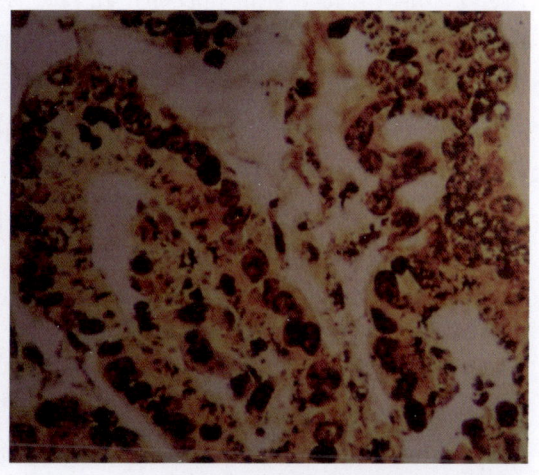

图 6-7-18　回肠隐窝上皮细胞的细胞质中被染成
黑色的病原（镀银染色 400×）

（六）治疗方法

抗菌消炎，对症治疗，参考表 6-7-1 选药，制订用药方案。

表 6-7-1　化学药物治疗猪增生性肠炎

名称	功用与主治	用量		使用方法
泰乐菌素	抗菌消炎	200 mg	千克饲料	全群发病猪饲料中添加，连用 5~7 天
土霉素钙		500 mg		
土霉素片		20~50 mg	千克体重	内服，首次加倍，连用 3~5 天

187

（七）免疫预防与饲养管理

1. 免疫预防

①白种猪易感染，引进时要做好预防保健工作。已有 PPE 活苗，能获得该疫苗的发病猪场可进行口服免疫。

②做好药物预防保健工作，全群公猪、母猪和仔猪断奶后在饲料中添加泰乐菌素 200 mg/kg、原虫清 800 mg/kg，连用 5～7 天。

2. 饲养管理

推行全进全出的管理模式。加强环境卫生工作，保证猪舍干净、干燥，做好保温工作，减少温差应激。加强消毒，敏感消毒药有复合碘、百毒杀、二氧化氯等。

八、猪水疱病

猪水疱病（swine vesicular disease，SVD）是由肠道病毒属的猪水疱病病毒（SVDV）引起以蹄部、口部、鼻镜和腹部、乳头周围皮肤和黏膜发生水疱为特征的一种急性、热性、接触性传染病，又称猪传染性水疱病。本病流行快，发病率高。

（一）病原

SVDV 属于小 RNA 病毒科肠道病毒属的单股 RNA 病毒，与人的肠道病毒柯萨奇 B 有抗原关系。病毒粒子呈球形，在超薄切片上的直径为 22～23 nm；而用磷钨酸负染时其直径较大，为 28～30 nm。病毒由裸露的二十面体对称的衣壳和含有单股 RNA 的核心组成。病毒粒子在细胞质内呈晶格状排列（图 6-8-1），而在病变的细胞质中则呈环形或串珠状排列。

该病毒对环境和消毒药有较强的抵抗力，在 50℃ 条件下经 30 分钟仍不失活，在低温中可长期保存。病毒在粪便和污染的猪舍内可存活 8 周以上；将病猪的肉、皮肤和肾脏等组织保存于 -20℃ 条件下，11 个月后病毒的滴度仍未见显著的下降；将病猪的肉腌制 3 个月后仍能检出存活病毒。用 3% 氢氧化钠溶液在 33℃ 条件下经 24 小时才能杀死病毒；1% 过氧乙酸溶液 60 分钟方可杀死病毒。

（二）流行特点

在自然条件下，本病只发生于猪，不同品种、年龄的猪均可感染发病，而其他动物不感染。病猪和带毒猪是主要传染源，通过粪便、尿液、水疱液、乳汁排出病毒，通过消化道或皮肤黏膜的伤口感染。

（三）临床症状

本病的潜伏期为 2～4 天。开始时体温 40～42℃，病猪精神沉郁，食欲减退或不食，早期表现为皮肤苍白肿胀。特征性的临床症状是猪的蹄冠部皮肤发生水疱，水疱破裂后形成溃疡（图 6-8-2，图 6-8-3）。严重者蹄甲脱落，跛行。有时水疱也会在鼻镜、舌面、乳房皮肤上形成（图 6-8-4 至图 6-8-6）。更严重的可造成初生仔猪死亡。

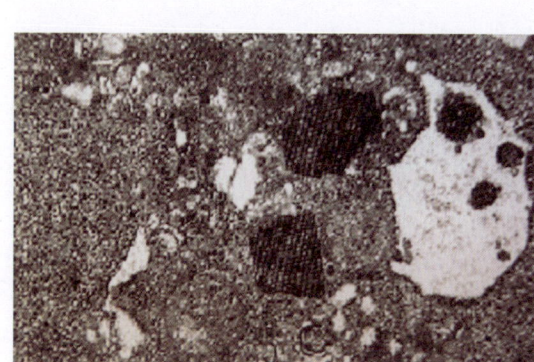
图 6-8-1　电镜下呈晶格状排列的病毒粒子

图 6-8-2　蹄部皮肤形成水疱，溃疡

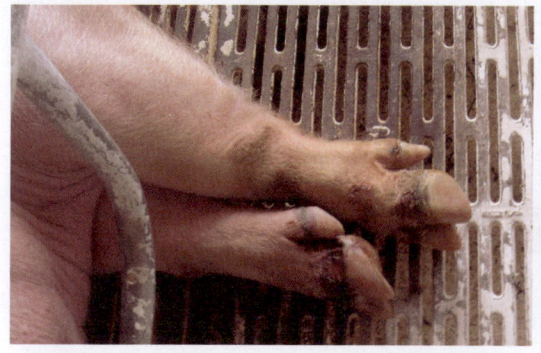
图 6-8-3　蹄部皮肤水疱破裂，形成溃疡

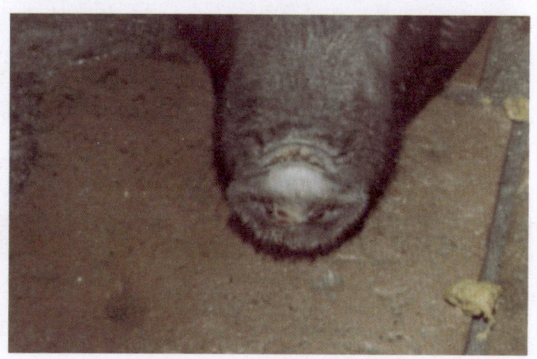
图 6-8-4　鼻镜形成水疱

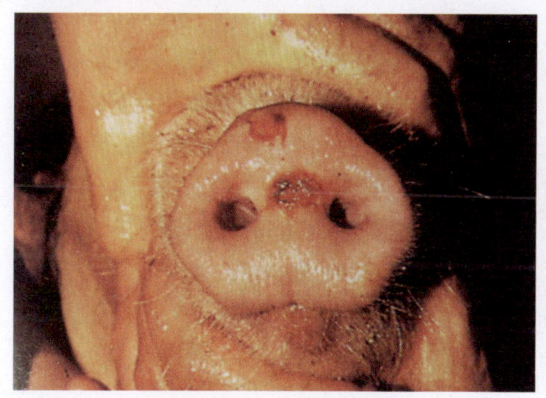
图 6-8-5　鼻镜水疱破裂

图 6-8-6　鼻镜水疱破裂，形成溃疡

（四）病理特征

特征性病变主要在蹄部，有的在鼻镜、口唇、舌面和乳头部出现水疱和溃疡。镜检可见蹄部皮肤的表皮鳞状上皮发生空泡变性、坏死和形成水疱；真皮乳头层小血管扩张、充血、出血和水肿，血管周围有炎性细胞浸润。

（五）诊断要点

本病在临诊上与口蹄疫、水疱性口炎及水疱疹极为相似。所不同者，口蹄疫还能引起牛、羊、骆驼等其他偶蹄动物发病；水疱性口炎除传染牛、羊、猪外，尚能传染马；水疱疹及本病只传染猪。因此，该病的确诊，还必须进行实验室检查。主要方法如下。

①动物接种，将病料分别接种 1～2 日龄小鼠和 7～9 日龄小鼠，如果两组小鼠均发病死亡，可诊断为口蹄疫；如果 1～2 日龄小鼠死亡，而 7～9 日龄小鼠不死，则可诊断为猪水疱病。病料在 pH 为 3～5 缓冲液中处理 30 分钟后，接种 1～2 日龄小鼠，小鼠死亡者为猪水疱病，反之则为口蹄疫。

②病毒分离培养与鉴定。

③血清学诊断，常用的有补体结合试验、反向间接血凝试验和免疫荧光试验。

（六）治疗方法

1. 化学药物治疗

选用优质饲料，饲喂软食，把猪只从水泥地面移出，地面铺以松软的稻草或木屑，在稻草或木屑中喷洒消毒药水。口腔涂洒硼酸或碘甘油。肌内注射抗病毒药物，饲料中添加维生素和防继发感染药物，可参考表 6-8-1 制订用药方案。

表 6-8-1　化学药物治疗猪水疱病

名称	功用与主治	用量		使用方法
高免血清	抗病毒、消炎	0.1～0.3 mL	千克体重	混合后，肌内注射，每天 2 次，连用 3～5 天
黄芪多糖注射液		0.1～0.2 mL		
复合维生素 B 粉	加强营养	500 mg	千克饲料	混入饲料中添加

2. 中药治疗

处方：青黛 3 份，黄连 2 份，黄柏 3 份，薄荷 1 份，桔梗 2 份，儿茶 2 份。

【作用】治疗猪水疱病。

【用法与用量】将各药粉碎为末，患部用消毒药清洗后撒布。

（七）免疫预防和饲养管理

1. 免疫预防

①严禁引进病猪或带毒猪，新引进猪必须严格检疫。

②病猪及屠宰猪肉、下脚料应严格执行无害化处理。

2. 饲养管理

降低饲养密度，减少应激。加强卫生消毒工作，对环境、运输工具及粪、尿、空气要严格消毒，常用的敏感消毒剂有复合醛、二氧化氯和过氧乙酸等。

第七章
寄生虫病

寄生虫病是目前危害人类和动物最严重的疾病之一，其中很多寄生虫病属于人畜共患病。猪的体内外寄生虫也是危害养猪业、降低养殖效益的一个因素，必须引起重视并纳入养殖模式化操作规程中去，定期进行驱灭。

一、猪弓形体病

弓形体病（toxoplasmosis）是由刚地弓形虫引起的人与多种动物共患的原虫病，又称弓浆虫病和毒浆原虫病。猪常出现急性感染，危害严重。

（一）病原

弓形虫的全部生活史分为5个时期：滋养体期、包囊期、裂殖体期、配子体期和卵囊期。前两期为无性生殖期，出现于中间宿主和终末宿主体内；后三期为有性生殖期，只出现于终末宿主体内。

游离于宿主细胞外的滋养体通常呈弓形或月牙形，寄生于细胞内的滋养体呈梭形。滋养体的一端锐尖，另一端钝圆，核位于虫体的中央或略偏于钝圆端。滋养体主要发现于急性病例，在腹水中常可见到游离的（细胞外的）单个虫体；在有核细胞内（单核细胞、内皮细胞和淋巴细胞等）还可见到正在繁殖的虫体，其形态不一，有柠檬状、圆形、卵圆形，还有正在出芽的不规则形状等；有时在宿主细胞的细胞质内许多滋养体聚集在一个囊内，称为假囊（pseudocyst），囊内含有数个、数十个或数百个速殖子（tachyzoite）。慢性病例，由于宿主的免疫力增强，大部分滋养体和假囊被消灭，仅在脑、骨骼肌和眼内存留部分虫体。这些虫体分泌一些物质形成包囊，其中圆形或椭圆形的虫体称为慢殖子（bradyzoite）。包囊能在宿主体内存活长达数月或数年，甚至终生。

猫是弓形虫的终末宿主，在猫小肠上皮细胞内进行类似于球虫发育的裂体增殖和配子生殖，最后形成卵囊，随猫粪排出体外。在外界环境中，卵囊经过孢子生殖，发育为含有2个孢子囊的感染性卵囊。

弓形虫的各个阶段对外界环境的抵抗力是不同的，在常温下卵囊可以保持感染力达1~1.5年；一般常用消毒药对卵囊没有影响；混在土壤和尘埃中的卵囊能长期地存活。包囊在冰冻和干燥条件下不易存活，但在4℃条件下尚能存活68天。包囊还有抵抗胃液的作用，可保护其内的虫体不被胃液杀死。滋养体的抵抗力最差，在生理盐水中几小时后便失去感染力。各种消毒药均能将之杀死，1%的甲酚皂溶液1分钟内即可杀死滋养体。

（二）流行特点

其终末宿主是猫，中间宿主包括45种哺乳动物、70种鸟类和5种冷血动物。当弓形虫进入终末宿主猫体内后，便在其肠壁细胞内开始裂殖生殖，其中有一部分虫体经肠系膜淋巴结到达全身，并发育为滋养体和包囊体。另一部分虫体在小肠内进行大量繁殖，最后变为大配子体和小配子体，大配子体产生雌配子，小配子体产生雄配子，雌配子和雄配子结合为合子，合子再发育为卵囊。随猫的粪便排出的卵囊数量很大。当猪或其他动物吃进这些卵囊后，就可引起弓形虫病，3月龄左右的猪多见。人也可感染弓形虫病，是一种严重的人畜共患病。

（三）临床症状

突然暴发、高稽留热（体温40~42℃）、呼吸困难、咳嗽、腹式呼吸（图7-1-1）；病猪精神沉郁，结膜发绀，皮肤出现紫红色瘀斑，浅表淋巴结特别是腹股沟淋巴结明显肿大，身体下部及耳部有出血斑，或有较大面积发绀（图7-1-2至图7-1-4）；有时出现肠炎及神经症状；怀孕母猪可发生早产或产出发育不全的仔猪或死胎。

（四）病理特征

猪弓形体病的病理剖检变化主要是肺水肿，肺小叶间质增宽，其中充满半透明胶冻样渗出物，气管和支气管内有大量黏性泡沫，有的并发肺炎（图7-1-5）；胃弥漫性出血（图7-1-6）；肝脏稍肿，呈灰暗色，有散在灰白色小点坏死灶（图7-1-7）；脾脏肿大，呈棕红色（图7-1-8）；肾脏肿大，呈暗红色，肾髓质弥漫性出血（图7-1-9）；全身淋巴结肿大，切面湿润，有粟粒大小灰白色或黄色坏死灶，其中，肠系膜淋巴结成束状肿胀（图7-1-10）。镜检可见肺脏多以增生性肺泡隔炎和间质性肺炎为主（图7-1-11至图7-1-13），淋巴结发生坏死性炎症（图7-1-14），肝脏有大小不一的坏死灶（图7-1-15），肾小球囊腔内出现红色蛋白质滴状物，胸腺皮质有大量的嗜酸性粒细胞浸润。

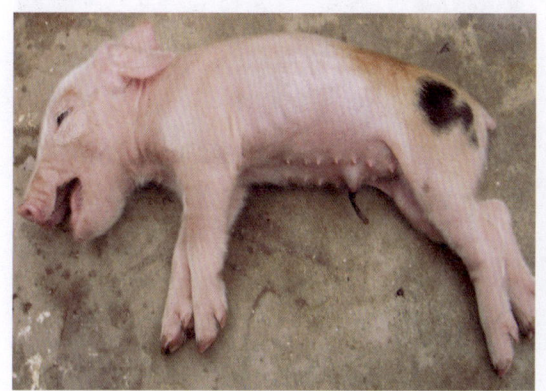

图7-1-1　仔猪张口呼吸（呼吸困难）

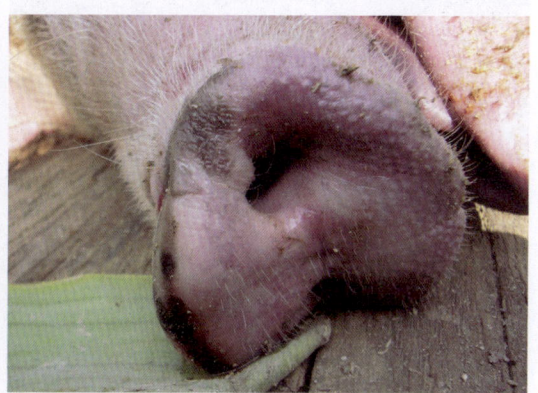

图7-1-2　吻突发绀

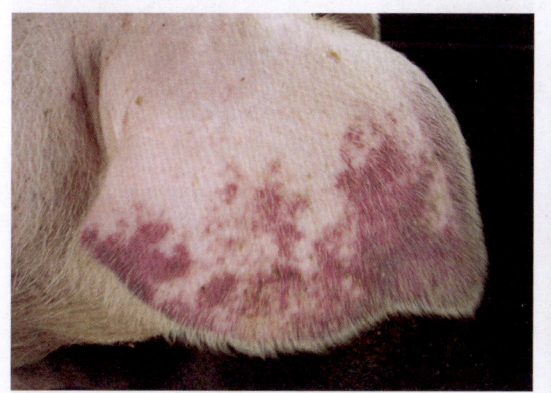

图7-1-3　耳部发绀

图7-1-4　四肢、腹部、颈部皮肤形成出血斑

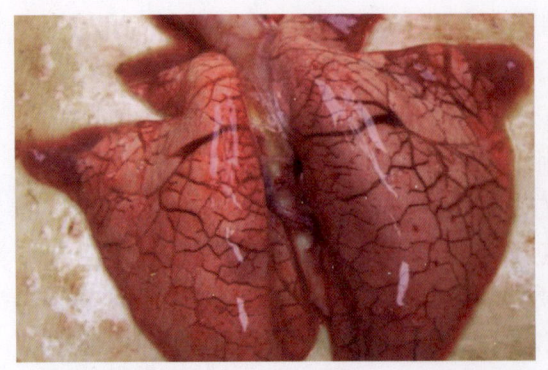

图 7-1-5　间质性肺炎（肺肿大、间质增宽）

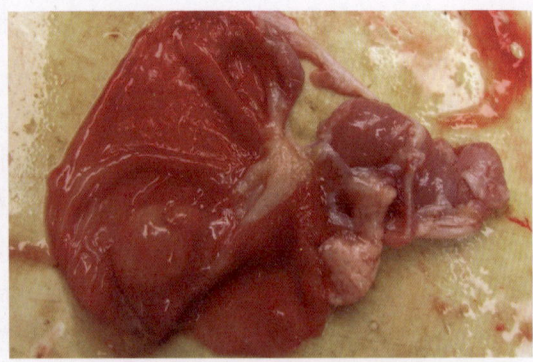

图 7-1-6　胃底弥漫性出血

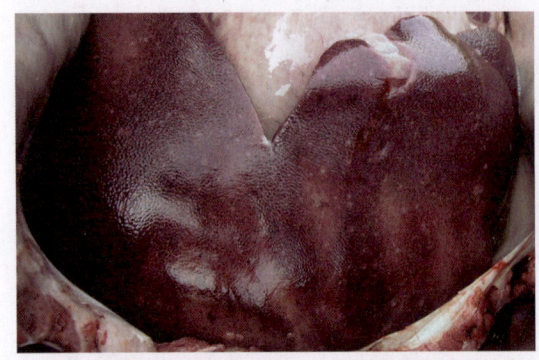

图 7-1-7　肝脏表面暗红，布满灰白色坏死点

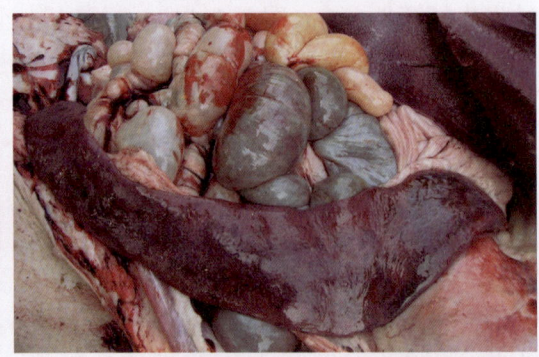

图 7-1-8　脾表面暗红，有散在坏死灶

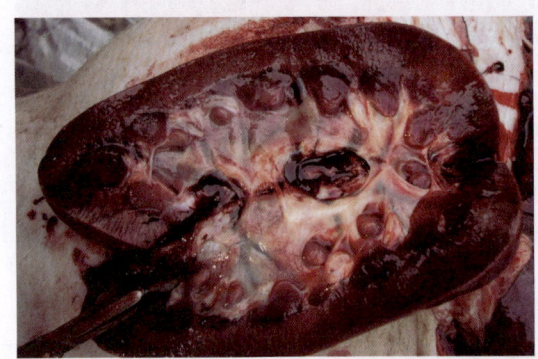

图 7-1-9　肾髓质弥漫性出血

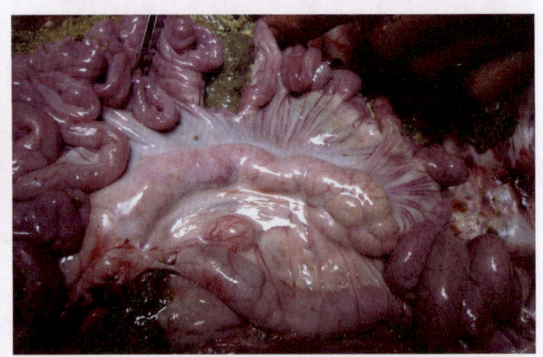

图 7-1-10　肠系膜淋巴结肿大出血

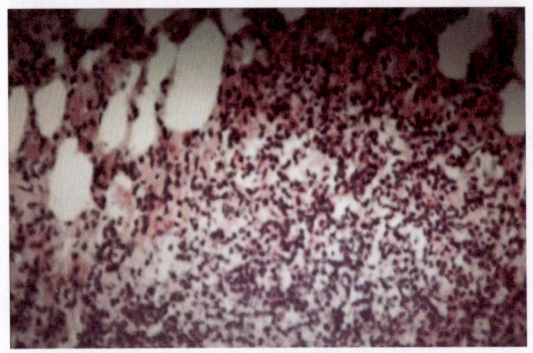

图 7-1-11　肺脏坏死及炎性浸润灶

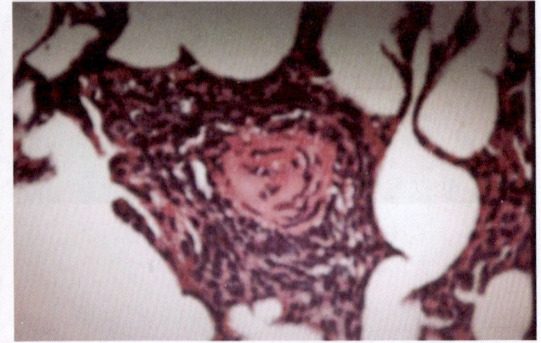

图 7-1-12　肺脏血管周围炎及管腔闭合

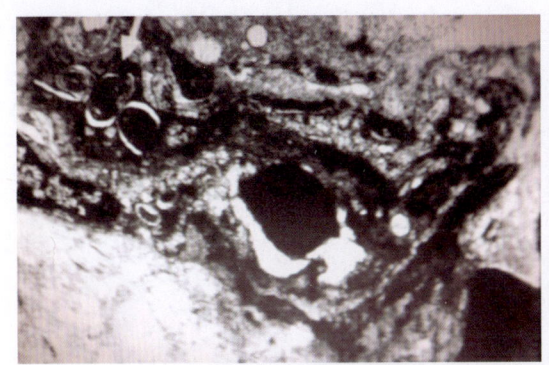
图 7-1-13 肺泡壁上皮细胞内髓样小体形成

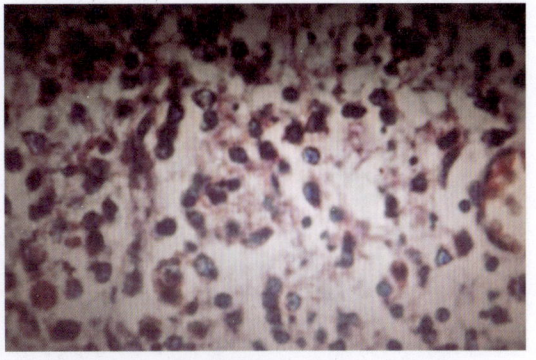
图 7-1-14 淋巴结淋巴细胞坏死崩解

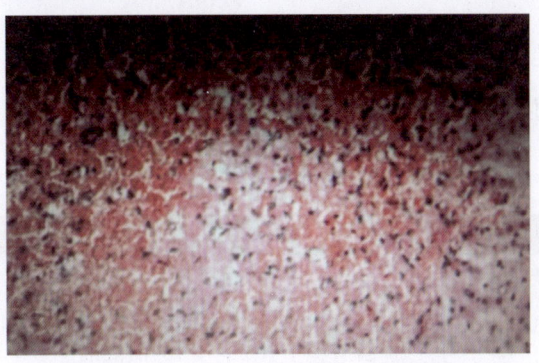
图 7-1-15 肝小叶内的出血性坏死灶

（五）诊断要点

可采集病猪肺、淋巴结或腹水等制成薄片，经瑞氏或吉姆萨染色、镜检，可见弓形体（滋养体）；同时采集病猪肺、淋巴结或腹水等，按 1∶10 稀释，腹腔接种的小白鼠，经 10~20 天发病，取小白鼠腹水抹片镜检，可发现大量滋养体；在猪只发病初期的高温期，有时在血液中也可发现滋养体。在剖检时取肝、脾、肺和淋巴结等做成抹片，用吉姆萨或瑞氏染色，于油镜下可见月牙形或梭形的虫体，核为红色，细胞质为蓝色，即为弓形虫（图 7-1-16 至图 7-1-19）。

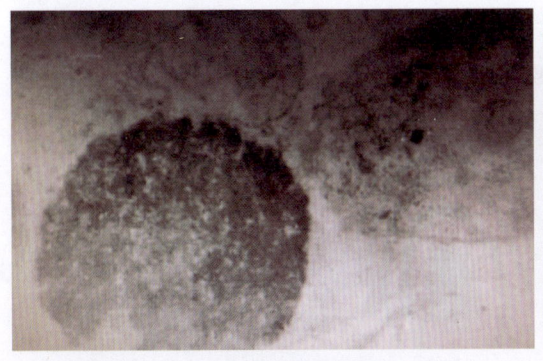
图 7-1-16 淋巴细胞核聚集、溶解

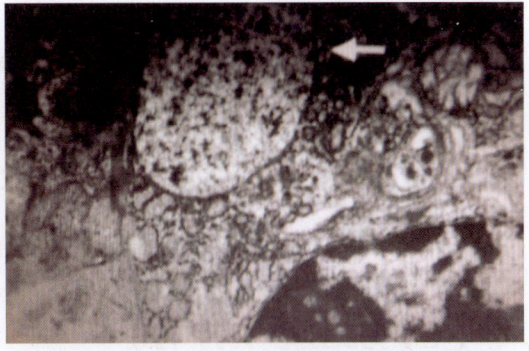
图 7-1-17 肝细胞内的虫体（箭头所指）

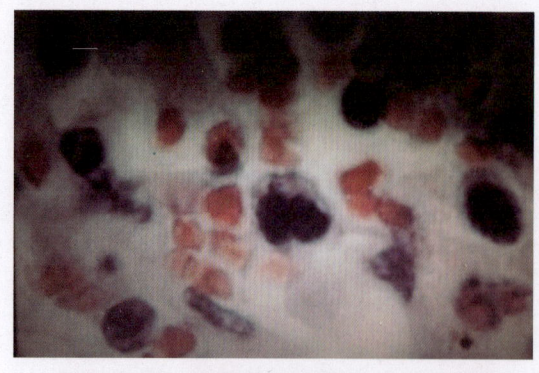
图 7-1-18 脾窦巨噬细胞内的虫体二分裂

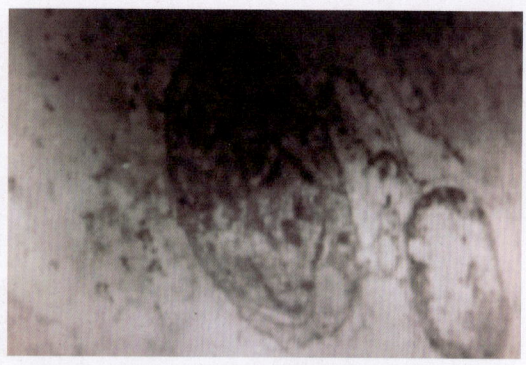
图 7-1-19 脾脏巨噬细胞内的弓形虫体

（六）治疗方法

1. 化学药物治疗

抗菌消炎、补充维生素，参考表 7-1-1 制订用药方案。

表 7-1-1　化学药物治疗猪弓形体病

名称	功用与主治	每千克体重用量	使用方法
磺胺-6-甲氧嘧啶钠	抑菌杀虫	60～80 mg	肌内注射，每天 1 次，连用 3～5 天
磺胺甲基异恶唑（SMZ）		100 mg	
卡那霉素	抑菌消炎	10～15 mg	
增效磺胺-5-甲氧嘧啶	抑菌杀虫	0.2 mg	
维生素 C	补充维生素	5～10 mg	灌服
乙胺嘧啶片	杀虫	25 mg	

注：选 1～2 种药物使用。另外用绿豆、大米各 500 g，水浸泡，鱼腥草 500 g，鲜韭菜 1 kg，切碎与绿豆、大米共捣烂，再加食盐、葡萄糖各 200 g，供 10 头仔猪 1 次服用，加开水约 3 000 mL 冲服，每天 2 次，连用 3 天。

2. 中药治疗

处方一：蟾蜍 3～5 只（干品，大者 3 只，小者 5 只），苦参、大青叶、连翘各 20 g，蒲公英、金银花各 40 g，甘草 15 g。

【作用】治疗猪弓形体病。

【用法与用量】按处方配药，供体重 50 kg 猪只 1 次服用，水煎喂服。

处方二：槟榔 12 g，黄常山 20 g，柴胡、桔梗、麻黄、甘草各 8 g。

【作用】治疗猪弓形体病。

【用法与用量】按处方配药，供体重 35～45 kg 的猪只 1 次服用。先用文火煎煮槟榔、黄常山 20 分钟，然后将柴胡、桔梗、甘草加入同煎 15 分钟，最后加入麻黄煎 5 分钟，过滤去渣，灌服。每天 2 剂，连用 3 天。

（七）免疫预防与饲养管理

1. 免疫预防

在疫区应对猪群加强检疫，发现病猪应及早隔离治疗或有计划地淘汰，以消除感染来源。猪场一旦发生本病，各种器物用开水消毒；病猪舍、场地用3%火碱液或20%石灰乳液或火焰等进行消毒。发病猪场或受威胁的猪，可用磺胺间甲氧嘧啶（SMM）+甲氧嘧啶（TMP），连用7天进行药物预防。

2. 饲养管理

猪场严禁养猫，禁止猫接近猪舍，饲养人员也应避免与猫接触。加强饲料和饮水管理。严禁用未经煮熟的屠宰废弃物喂猪，消灭老鼠等啮齿类动物。

二、猪蛔虫病

猪蛔虫病（ascariosis）是猪蛔虫寄生于猪小肠所引起的一种线虫病。不同生长阶段的猪均可感染猪蛔虫，但主要危害仔猪，使仔猪发育不良，甚至成为僵猪或死亡。

（一）病原

本病的病原体为蛔科的猪蛔虫。该虫为黄白色或淡红色的大型线虫。虫体呈中间较粗，两端较细的圆柱状（图7-2-1，图7-2-2）；体表有横纹，体两侧纵线明显。口位于顶端，有3个唇瓣，内缘具细齿，还有感觉乳突和头感受器。虫卵多为椭圆形，呈棕黄色，卵壳表面凹凸不平（图7-2-3，图7-2-4）；受精卵大小为（45～75）μm×（35～50）μm，内含1个圆形卵细胞；未受精卵较狭长，大小为（88～94）μm×（39～44）μm，内为大小不等的卵黄颗粒和空泡。

猪蛔虫卵对不利的外界环境和化学药品的抵抗力非常强，这可能与其卵膜较厚有直接的关系。例如，虫卵在55℃时，可存活15分钟；在60～65℃时，还能存活5分钟；在-70～-20℃条件下，感染性虫卵仍能存活3周；在疏松湿润的耕地或园土中可以生存2～5年。常用的消毒药不能将虫卵杀死，例如，在2%福尔马林溶液中，虫卵不仅可以生存，而且还能正常发育；10%漂白粉溶液、3%克辽林溶液、15%硫酸与硝酸溶液和2%苛性钠溶液均不能将虫卵杀死。在5%～10%高锰酸钾溶液和3%甲酚皂溶液中经10小时到7天，仅有一部分虫卵死亡。一般要杀死蛔虫卵必须用60℃以上的3%～5%热碱水、20%～30%热草木灰水或新制备的石灰乳才有效。

（二）流行特点

本病一年四季均可发生，在全世界广泛流行。主要危害3～6月龄仔猪。猪蛔虫卵随粪便排至体外后，在适宜的温度、湿度和充足氧气的环境中发育为含幼虫的感染性虫卵，猪吞食了感染性虫卵而被感染。在小肠内幼虫逸出，钻入肠壁毛细血管；先经门静脉到达肝脏后，通过血液循环再经后腔静脉流到左心，并通过肺动脉毛细血管进入肺泡。幼虫在肺脏中停留发育，蜕皮生长后，随黏液一起到达咽喉，进入口腔，再次被咽下，从而在小肠内发育为成虫。自吞食感染性虫卵到发育为成虫，需2～2.5个月；猪蛔虫在宿主体内的寄生期限为7～10个月。当卫生条件差，猪只拥挤，饲料不足，饲料品质差，缺乏微量元素或维生素时，猪的感染尤为严重。

（三）临床症状

仔猪感染蛔虫病症状明显，主要表现为咳嗽，呼吸和心跳加快，食欲减少，营养不良，消瘦，贫血，被毛粗糙，磨牙，异嗜，有些变为"僵猪"，少数出现全身黄疸。蛔虫数量多时可引起肠阻塞及肠穿孔，或进入胆管时表现为疝痛。有的猪出现阵发性、强直性痉挛和表现兴奋等神经症状。成年猪一般无明显症状。

（四）病理特征

剖检病猪，可见幼虫在猪体内移行时引起损伤的路径。有的在肠或胆管中可见数量不等的蛔虫（图7-2-5）；肝组织出血、变性和坏死，发生致密性变化，肝表面有幼虫移行的遗迹、出血点、坏死灶（图7-2-6）；蛔虫性肺炎（图7-2-7）。镜检可见侵入肝组织内的幼虫，引起侵入部位周围有大量嗜酸性粒细胞浸润，肝细胞变性、坏死（图7-2-8）。

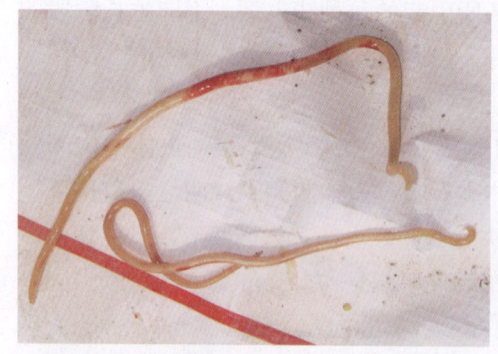

图7-2-1　寄生于十二指肠的两条蛔虫

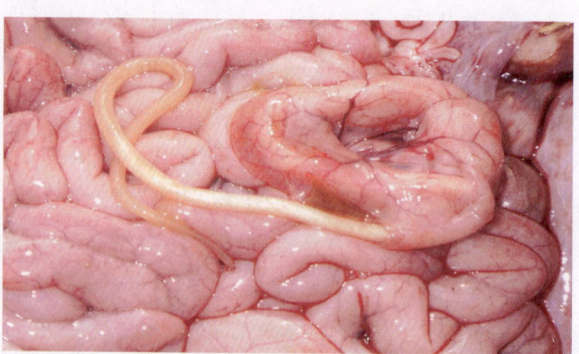

图7-2-2　蛔虫寄生于十二指肠使肠壁变薄，透明

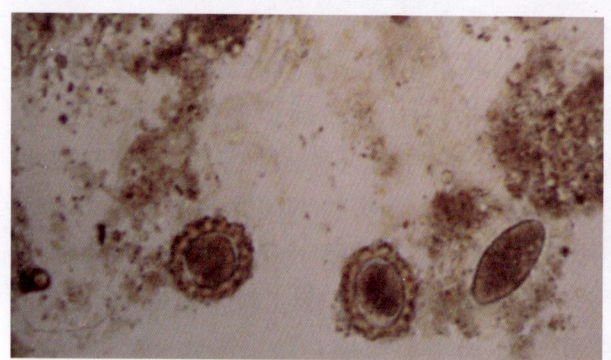

图7-2-3　猪蛔虫的虫卵

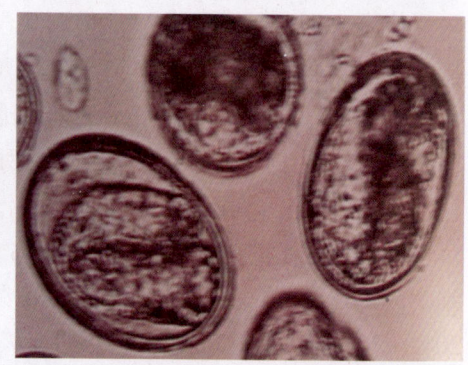

图7-2-4　直接涂片检出的猪蛔虫虫卵

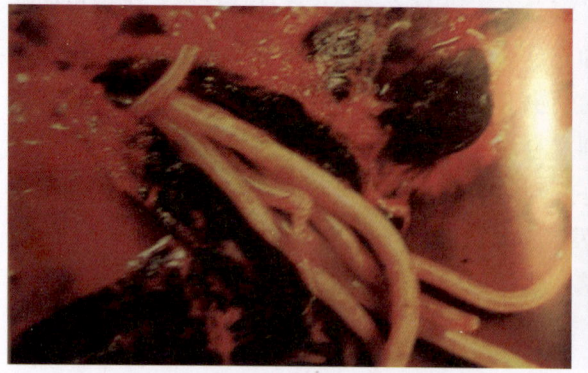

图7-2-5　蛔虫进入胆管，引起胆道阻塞

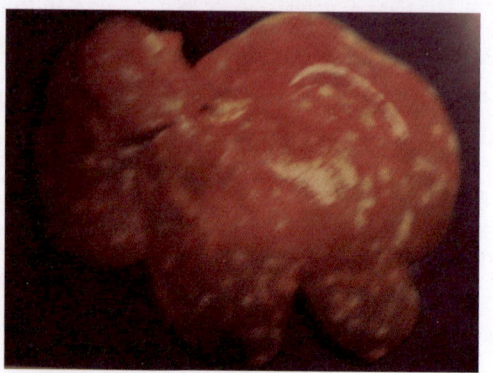

图7-2-6　蛔虫的幼虫引起的多发性间质性肝炎，俗称"乳斑肝"

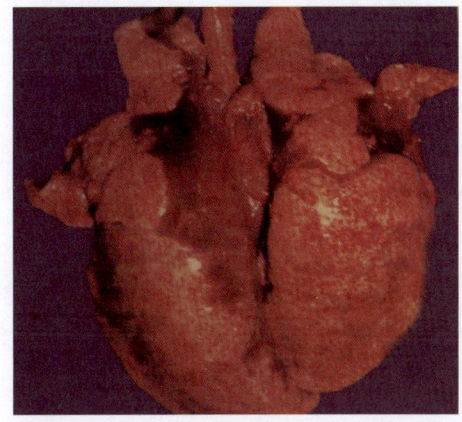
图7-2-7 肺脏充血，膨胀不全和点状出血

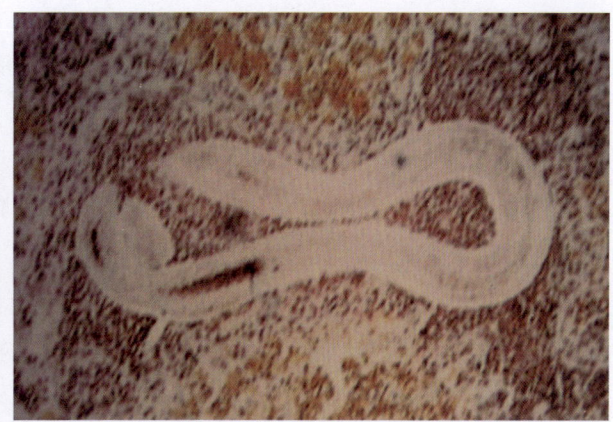
图7-2-8 侵入肝组织内的幼虫，周围有大量嗜酸性粒细胞浸润，肝细胞变性、坏死

（五）治疗方法

1. 化学药物治疗

选择驱杀蛔虫的药物，参考表7-2-1选药。

表7-2-1 化学药物治疗猪蛔虫病

名称	功用与主治	每千克体重用量	使用方法
盐酸左旋咪唑	驱杀蛔虫	10 mg	肌内或皮下注射
敌百虫		100 mg	拌料内服
阿苯达唑		10～20 mg	拌料内服
枸橼酸哌嗪片		10 mg	内服，患肝肾病猪慎用
磷酸哌嗪片		5～10 mg	
伊维菌素		0.3 mL	皮下注射

注：选择一种药物使用。

2. 中药治疗

处方一：使君子、槟榔、当归、麦芽各200 g，百部、苍术、甘草各100 g，大黄50 g。

【作用】治疗猪蛔虫病。

【用法与用量】按处方配药，共研细末，过100目筛2次，分装备用。按每千克体重1次内服0.5 g，每天3次，连用2天。

处方二：甘松500 g，大黄250 g，槟榔90 g，贯众250 g。

【作用】杀虫消积，行气通便，主治猪蛔虫病。

【用法与用量】按处方配药，粉碎为细末，小猪5～6 g，加水灌服，每天服1次，连服3天。

处方三：百部10 g，苦楝树二层皮10 g。

【作用】治疗猪蛔虫病。

【用法与用量】煎汤，供体重约50 kg的猪只服用，候温灌服。

处方四：石榴皮、使君子各15 g，乌梅3个，槟榔13 g。

【作用】治疗猪蛔虫病。
【用法与用量】煎汤，供体重 25 kg 的猪只用，空腹 1 次灌服。

（六）免疫预防与饲养管理

1. 免疫预防

仔猪断奶后驱虫 1 次，每年春、秋两季分别对猪群作预防性驱虫 1 次。在规模化猪场应对公猪和母猪做全群驱虫。

2. 饲养管理

猪舍应经常清扫，保持栏舍和饮水的清洁卫生。猪粪集中处理，堆积发酵，利用发酵的温度杀死虫卵。

三、猪球虫病

猪球虫病（coccidiosis of swine）是由猪等孢球虫或艾美耳球虫所引起的哺乳期及断奶仔猪的一种肠道寄生原虫病。主要危害 7～21 日龄仔猪，其特征是腹泻，呈急性或慢性肠炎症状，多呈良性经过；成年猪感染后不出现任何临床症状，成为隐性带虫者。

（一）病原

本病的病原体为孢子虫纲真球虫目艾美耳科等孢属或艾美耳属的猪球虫等。据记载，猪球虫不下 10 种，比较常见的有 6 种，都寄生于小肠，均系细胞内寄生虫，其中以蒂氏艾美耳球虫和粗糙艾美耳球虫的致病力最强。猪艾美耳球虫的特点是卵囊内形成 4 个孢子囊，每个孢子囊内包含 2 个子孢子。猪艾美耳球虫的生活史，主要经过裂体生殖、配子生殖和孢子生殖三个阶段。裂体生殖和配子生殖是在动物体内进行的，称为内生性发育；孢子生殖是在外界进行的，则称为外生性发育。如果卵囊不发生再感染，会自行死亡。

猪球虫的卵囊随种类不同而有圆形、椭圆形、卵圆形等不同的形状；色泽由黄褐色、淡黄色到无色。囊壁有两层膜，外膜为保护膜，结实，有较大的弹性，化学成分类似角蛋白；内膜是由大配子在发育过程中形成的小颗粒构成的，化学成分属类脂质；原生质呈颗粒状。某些种的卵囊有卵膜孔，有的卵囊内膜突出于卵膜孔外而形成极帽。

（二）流行特点

本病在高密度饲养的条件下比较容易发生，病死率不高，但康复猪多因生长不良而成为僵猪。成年猪一般不呈现临床症状而成为带虫者。本病一年四季均可发生，以 8～10 月多发，卫生条件差、拥挤、突然改变饲料等因素易诱发此病。

（三）临床症状

常见的临床症状为食欲不振、消瘦、下痢，一般持续 4～6 天。下痢的病猪粪便呈液状或糊状，黄白色，偶尔可见血便。重病患畜可能因严重脱水而死亡。

（四）病理特征

剖检病猪可见肠道水肿、充血、卡他性或出血性肠炎（图 7-3-1，图 7-3-2），有的表现为坏死性肠炎，以空肠和回肠病变明显，肠壁增厚，小肠绒毛萎缩。镜检可见肠黏膜上皮细胞坏死、脱落，多数肠腔上皮细胞含有不同发育期的球虫（图 7-3-3 至图 7-3-8）。

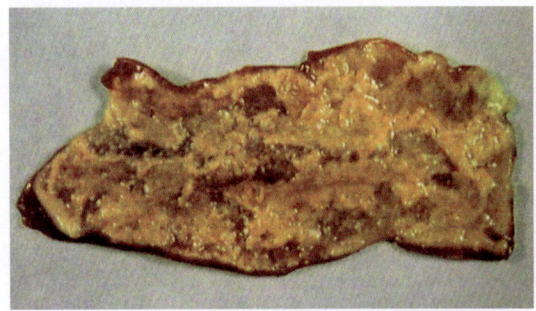

图 7-3-1 小肠黏膜出血坏死，被覆厚层假膜

图 7-3-2 肠壁肥厚，充血而呈红褐色，黏膜面上有大量出血斑点

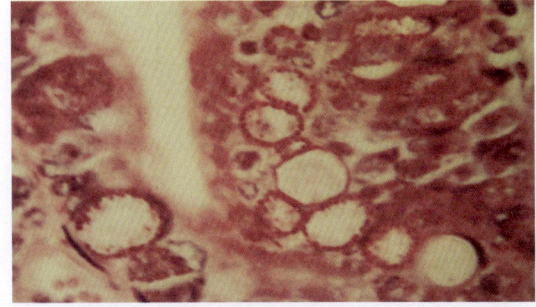

图 7-3-3 小肠黏膜上皮细胞内处于不同发育阶段的球虫（HE 400×）

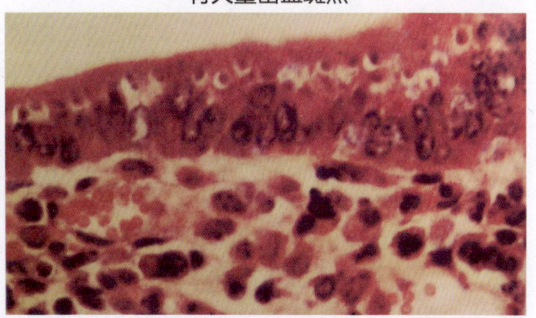

图 7-3-4 小肠黏膜上皮细胞内见不同阶段的球虫：裂殖子、裂殖体和滋养体（HE 800×）

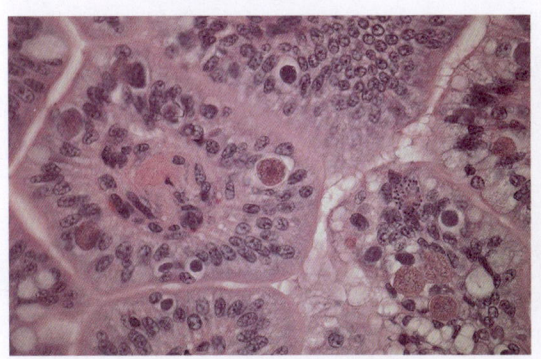

图 7-3-5 小肠上皮细胞内的等孢球虫（1）

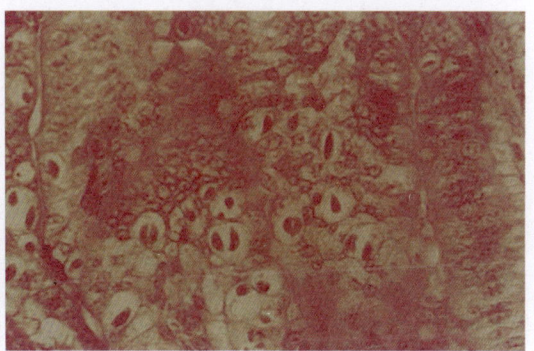

图 7-3-6 小肠上皮细胞内的等孢球虫（2）

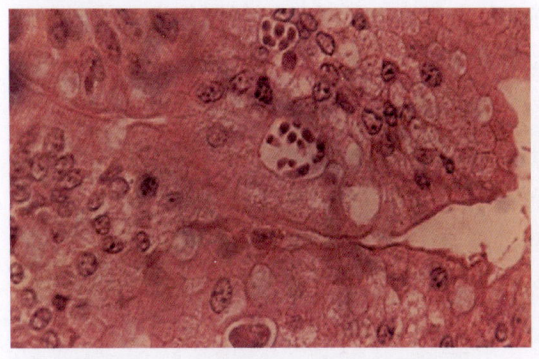

图 7-3-7 小肠肠腺上皮细胞内的裂殖体（HE 200×）

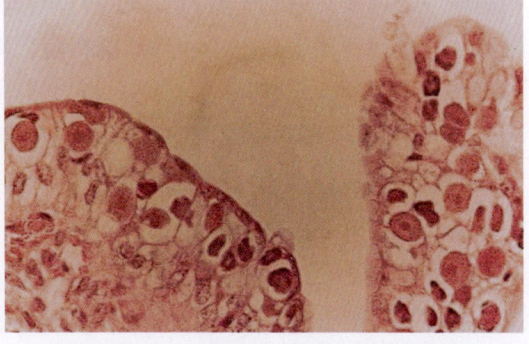

图 7-3-8 小肠绒毛上皮细胞内的裂殖体（HE 200×）

(五)治疗方法

1. 化学药物治疗

选择驱虫药治疗球虫病,参考表 7-3-1 选药。

表 7-3-1　化学药物治疗猪球虫病

名称	功用与主治		每千克体重用量	使用方法
氨丙啉	驱杀球虫	三选一	25～65 mg	拌料服,每天 1 次,连用 3～5 天
磺胺脒			20 mg	
氯苯胍			20 mg	拌料服,每天 1 次,连用 3～5 天。氯苯胍会使肉带异味,慎用

2. 中药治疗

处方:鸭跖草、地锦草、败酱草、墨旱莲、翻白草各等份。

【作用】治疗猪球虫病。

【用法与用量】按处方配药,每头猪每次 50～100 g,水煎灌服,每天 1 剂,连用 3～5 天。

(六)免疫预防与饲养管理

1. 免疫预防

消除环境中的卵囊和避免卵囊污染猪舍是防止本病发生的有效措施。应创造良好的卫生环境,防止母猪带虫排出球虫卵囊。可在母猪分娩前一周和产后的哺乳期给予氨丙啉预防。

2. 饲养管理

加强环境卫生管理,保持猪舍清洁干燥,并经常用 5% 的氨水进行喷洒(不可带猪喷洒)。因一般消毒药不能杀死卵囊,可用蒸气杀灭卵囊。粪便及时清扫并堆积发酵处理。

四、猪疥癣

猪疥癣(sarcoptidosis)俗称猪癞,是由疥螨寄生在猪皮肤内引起以瘙痒、脱毛、皮肤粗糙增厚为主要症状的一种慢性皮肤病。猪疥癣分布很广,几乎所有猪场都有,能引起猪剧痒及皮炎,使猪生长缓慢和降低饲料转化率。

(一)病原

本病的病原体为疥螨属的猪疥螨,又称穿孔疥虫。猪疥螨的虫体很小,肉眼不易看见,大小为 0.2～0.5 mm,呈淡黄色,呈龟状,背面隆起,腹面扁平。躯体可分为两部:前面称为背胸部,有第 1 和第 2 对足(图 7-4-1,这两对足大,超出虫体的边缘,每个足的末端有 2 个爪和 1 个吸盘);后面叫作背腹部,有第 3 和第 4 对足(这两对足较小,除有爪外,雌虫的末端只有刚毛;而雄虫的第 3 对足为刚毛而第 4 对足则为吸盘)。体背面有细横纹、锥突、圆锥形鳞片和刚毛。假头呈圆形,后方有 1 对粗短的垂直刚毛。口器位于虫体的前端,为咀嚼型,由 1 对有齿的螯肢和 1 对圆锥形的须肢组成。背胸上有 1 块长方形的胸甲。肛门位于背腹部后端的边缘上。疥螨的卵为椭圆形,平均为 150 μm×100 μm(图 7-4-2)。

疥螨为不完全变态的节肢动物,其全部发育过程都在宿主体内,包括卵、幼虫、若虫、成虫 4 个阶段。当虫体附着于动物皮肤后,利用其口器切开表皮钻入皮肤,挖凿隧道,其深度可达皮肤的乳头层,长可达 5~15 mm。虫体以宿主表皮深层的上皮细胞和组织液为营养。成虫在隧道内生长繁殖,雌虫在其中产卵和孵育幼虫。从卵孵育出幼虫后,经脱皮变为若虫直至发育到性成熟成虫的整个周期需 2~3 周。一般正在产卵的雌虫寄生于皮肤深层,而幼虫和雄虫寄生于皮肤表层。虫体离开宿主体,一般仅能存活 3 周左右。

(二)流行特点

本病多发生于仔猪,病情也较成年猪重。猪疥螨在仔猪的皮肤内繁殖较在成年猪的皮肤内快。健康猪与病猪直接接触、共用饲具,以及猪舍阴湿、栏圈不洁、猪体脏污都有利于猪疥螨繁殖寄生,从而引起发病。本病多发生于阴湿寒冷的冬季,尤其是在饲养密度大、拥挤和卫生条件不良的猪场发病特别严重。猪疥螨多寄生在猪的耳、眼睑、背和体侧的皮肤内,以上皮细胞和淋巴液为营养来源,破坏上皮细胞并排出排泄物。

(三)临床症状

猪疥癣发生通常起始于头部、颊及耳部,以后蔓延到背部、躯干两侧及后肢内侧。病猪局部发痒,常见以肢搔痒或就墙角、柱栏等处摩擦(图 7-4-3,图 7-4-4)。数日后,患部皮肤上出现针头大小的结节,随后形成水疱或脓疮。当水疱或脓疮破溃后,结成痂皮(图 7-4-5 至图 7-4-8)。病情严重时体毛脱落(图 7-4-9)。皮肤的角质化程度增强,干枯,出现皱纹或龟裂,食欲减退,生长停滞,逐渐消瘦,甚至死亡,对养猪生产的危害十分严重。幼猪因皮肤较嫩,适合疥螨寄生,发病多而重,有的变成僵猪。镜检可见表皮角化增厚,真皮增生肥厚,其中有较多的嗜酸性粒细胞浸润(图 7-4-10)。

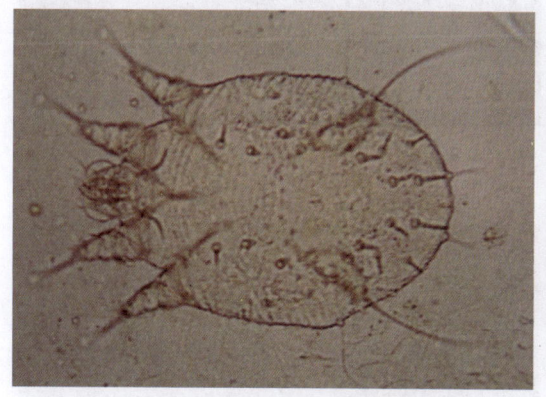

图 7-4-1 第 1、第 2 对足前端有吸盘的螨虫

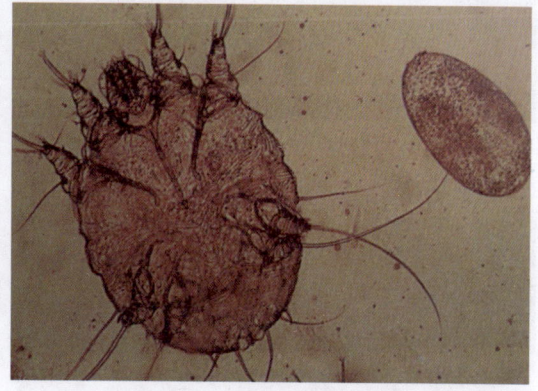

图 7-4-2 雌性螨虫及其虫卵

图 7-4-3 擦痒

图 7-4-4 瘙痒难忍，在门栏和饲槽上摩擦

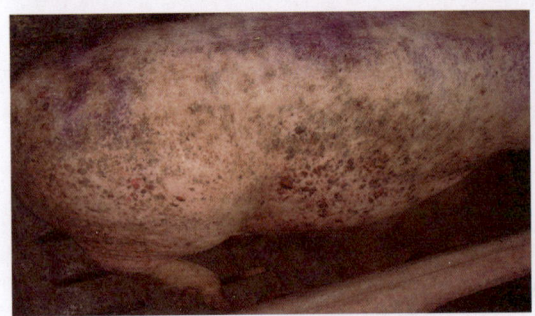

图 7-4-5 母猪皮肤粗糙、结痂

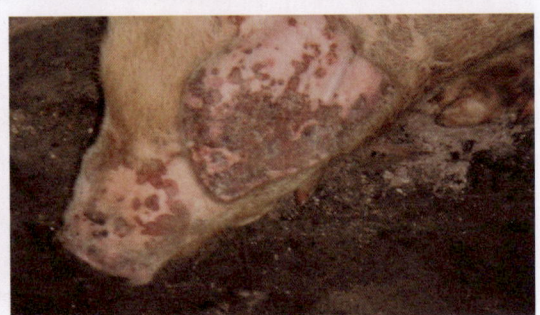

图 7-4-6 耳部皮肤大片结痂

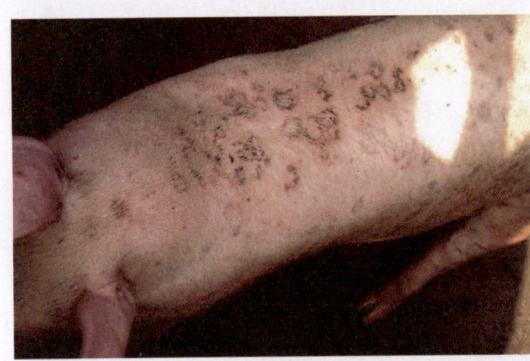

图 7-4-7 背部皮肤水疱破裂后形成的结痂

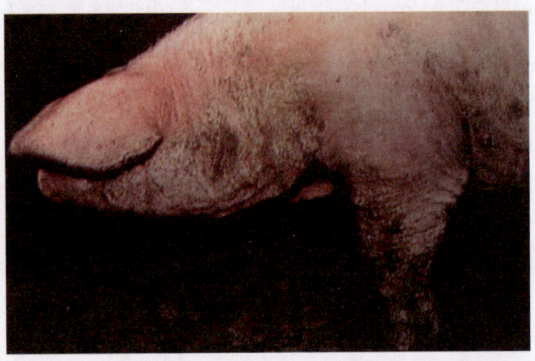

图 7-4-8 表皮内因疥螨寄生而过度角化、粗糙并形成痂皮

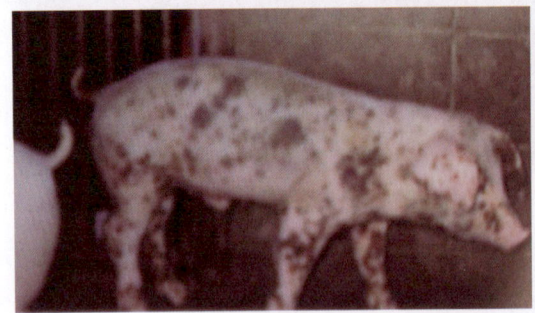

图 7-4-9 严重感染时全身皮肤均有病变

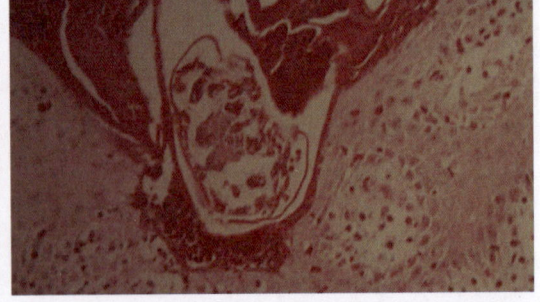

图 7-4-10 真皮增生，有大量嗜酸性粒细胞浸润（HE 100×）

（四）诊断要点

可在病变区的边缘刮取皮屑（要刮得深，直到见血为止），放在载玻片上，滴加少量的甘油与水的等量混合液或液体石蜡，用低倍镜检查，可发现活动的螨。也可将刮取的皮屑放入试管中，加入5%～10%的氢氧化钠（或氢氧化钾）溶液，浸泡2小时，或煮沸数分钟，然后离心沉淀，取沉渣镜检是否有虫体。也可将这些沉渣加饱和盐水进行漂浮法检查。最简单的方法是刮取耳道里的虫体镜检，此法检出率高。

（五）治疗方法

用药局部涂抹或喷洒治疗时，为使药物充分接触虫体，宜先用肥皂水或清洁水洗刷患部、清除痂壳和污物。

1. 化学药物治疗

参考表7-4-1选择杀螨除癣药。

表7-4-1　化学药物治疗猪疥癣病

名称	功用与主治		每千克体重用量	使用方法
0.5%～1%敌百虫溶液	杀螨除癣	三选一	适量	阳光下喷洒猪体
阿维菌素			0.3 mg	颈部皮下注射
伊维菌素			0.3 mg	

2. 中药治疗

处方一：蛇床子、白鲜皮、当归、百倍各15 g，地肤子、紫草、荆芥、狼毒各12 g。

【作用】治疗仔猪疥癣。

【用法与用量】按处方配药，共制为细末，另用硫黄20 g，冰片12 g，棉油或猪脂500 mL，将前八味药放油内炸3分钟，候温再将硫黄、冰片加入拌匀即可。用时先用温肥皂水洗净，待干后分次将药涂擦患处，每次面积不可过大，以免中毒。

处方二：棉油500 g，巴豆、红娘子、斑蝥各10 g，硫黄末120 g。

【作用】治疗顽固性猪疥癣。

【用法与用量】按处方配药，棉油微火烧开，放入预先打碎的巴豆、红娘子、斑蝥，微火煮3～5分钟，将巴豆等炸枯，停火20分钟，待温时再放入硫黄末，搅匀，装瓶备用，将猪患部皮肤用温肥皂水洗净晾干，用上述药油涂抹体表1/4，隔2天后再涂1/4，全身体表分4次涂完。

注意事项：方中各药均为剧毒药，因此调成的药油不能内服，外涂也应慎用。

处方三：硫黄30 g，大枫子9 g，蛇床子12 g，木鳖子9 g，花椒子25 g，五倍子15 g，麻油200 mL。

【作用】治疗猪疥螨病。

【用法与用量】按处方配药，粉碎为细末，用麻油调匀涂于患部，直至痊愈。

处方四：硫黄30 g，雄黄15 g，枯矾45 g，花椒25 g，蛇床子25 g。

【作用】杀虫灭疥，主治猪疥癣。

【用法与用量】粉碎为细末，油调涂搽患处。使用时注意防止猪互相舔食，以免中毒。

（六）预防与饲养管理

1. 预防

加强清洁卫生，建立检疫制度，发现病猪及时隔离并加以治疗，将治疗后的病猪安置到已消过毒的猪舍内饲养。在治疗病猪的同时，应用杀螨药彻底消毒猪舍和用具，圈舍可用2%～3%热氢氧化钠溶液进行消毒。定期对全群猪用阿维菌素等药物进行驱虫。

2. 饲养管理

用新鲜辣蓼草或新鲜樟树叶垫栏，可预防或减少本病发生。购买猪时要仔细检查，先做好预防处理，再混入健康群。

五、虱病

虱病（haematopinosis）是由猪血虱寄生于猪的体表而引起的一种体外寄生虫侵袭病。猪血虱多寄生于猪的耳基部周围、颈部、腹下、四肢内侧。其机械性的运动和毒素的刺激作用，常使病猪瘙痒不安，影响病猪的采食、正常活动和休息，导致病猪渐进性消瘦和发育不良。本病普遍存在于各地猪场，对养猪业的危害较大。

（一）病原

本病的病原体为昆虫纲虱目血虱科血虱属的猪血虱（简称猪虱）。猪虱的个体较大，体长4～5 mm，背腹扁平，表皮为革状，呈灰白色或灰黑色。虫体分头、胸、腹三部分，头部较胸部窄，呈圆锥形，有1对短触角，1对高度退化的复眼。口器为刺吸式，有1个短小的吸柱，尖端为口，四周有15～16个口前齿，吸血时用以固着在猪的皮肤上；胸部3节融合，生有3对粗短的足，足的末端为发达的爪，成为握毛的有力工具；腹部由9节组成，雄虱末端圆形，雌虱末端分叉（图7-5-1）。

猪虱为不完全变态，整个发育过程包括卵、若虫和成虫3个阶段，终生不离开猪体，若虫和成虫都以吸食血液为生。雌雄交配后，雄虱死亡，雌虱经2～3天后开始产卵，每昼夜可产1～4个卵，每个猪虱一生能产50～80个卵。猪虱产卵时，可分泌一种胶状物，使虫卵黏着于猪毛或鬃上（图7-5-2）；产完卵后死亡。卵呈长椭圆形，黄白色，大小为（0.8～1）mm×0.3 mm，有卵盖，上有颗粒状的小突起（图7-5-3）。卵经9～20天孵出若虫；若虫分3龄，每隔4～6天蜕化1次，经3次蜕化后变为成虫。自卵发育到成虫需30～40天，每年能繁殖6～15个世代。猪虱离开猪体后，通常在1～10天内死亡。猪虱对低温的抵抗力较强，在0～6℃条件下可存活10天；而对高温和湿热的抵抗力则较弱，在35～38℃条件下经一昼夜即死亡。

（二）流行特点

猪虱整个生长发育过程均在猪体表完成，除吸血外还能传播疾病。通过健康猪和带虱病猪接触可直接感染，也可通过褥草和用具等间接感染。猪虱繁殖快，又善爬行，一旦有猪感染，可迅速波及全群。

（三）临床症状

猪虱常寄生于猪的腹部、四肢内侧、颈部和耳郭后方。猪虱在吸食血液的同时分泌唾液，分泌物中含有的毒素能刺激神经末梢引起痒感。故见病猪到处擦痒，导致皮肤粗糙、被毛脱落或皮肤皲裂（图 7-5-4 至图 7-5-6）。严重感染病猪消瘦、贫血、食欲减退，仔猪发育不良、生长缓慢。

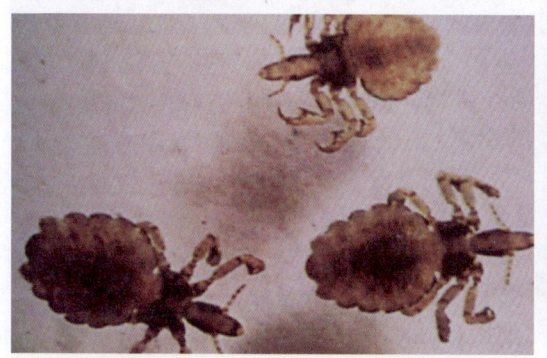

图 7-5-1　雄性猪虱比雌性小

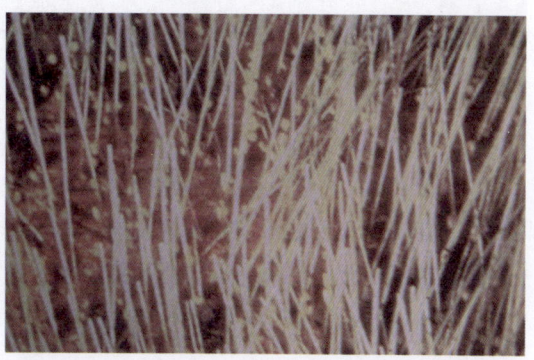

图 7-5-2　被毛上有大量灰白色猪虱卵附着

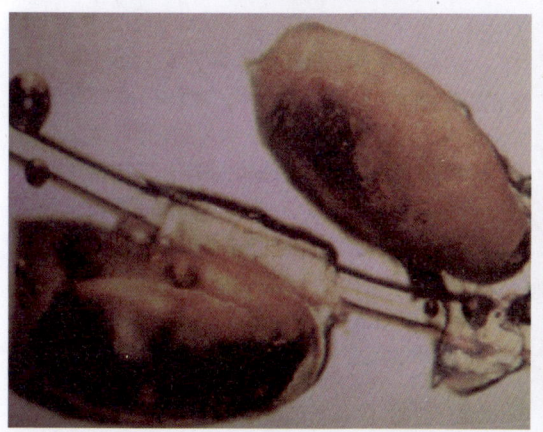

图 7-5-3　猪虱卵的放大图像

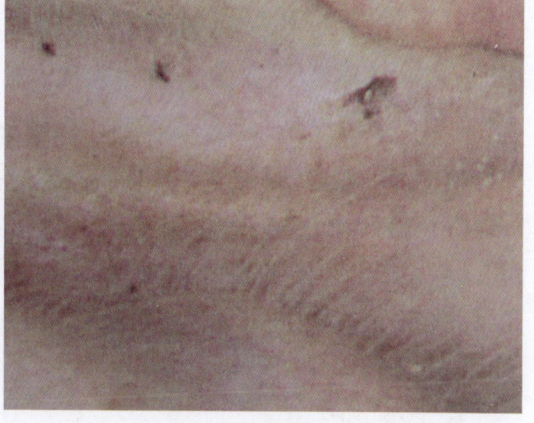

图 7-5-4　内耳壳有较多猪虱寄生，被毛上附着大量灰白色虱卵

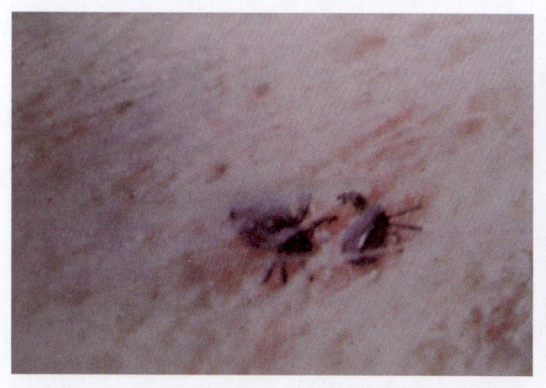

图 7-5-5　寄生于猪皮肤上的猪虱吸血而呈红褐色

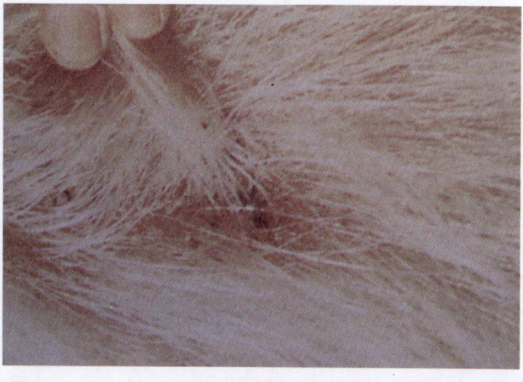

图 7-5-6　被毛上有灰白色虫卵附着，皮肤上有暗褐色猪虱寄生

（四）治疗方法

1. 化学药物治疗

参考表 7-5-1 选药治疗猪虱病。

表 7-5-1　化学药物治疗猪虱病

名称	功用与主治		用量	使用方法
伊维菌素	杀虫灭虱	三选一	0.3 mL 千克体重	颈部皮下注射
0.5%～1% 敌百虫水溶液			适量	阳光下喷洒猪体
0.01%～0.05% 双甲脒溶液			适量	全身喷洒或涂擦

2. 中药治疗

处方一：烟叶 50 g，水 1 000 mL，煤油 50 mL。

【作用】治疗猪虱病。

【用法与用量】按处方配药，烟叶熬成 500 mL 汁，加入煤油涂擦猪体，每天 1 次，连用 3～5 天。

处方二：单方百部。

【作用】治疗猪虱病。

【用法与用量】用水 500 mL 煎煮 30 分钟，取汁涂擦患部。

处方三：百部 250 g，苍术 125 g，雄黄 60 g，清油 250 g。

【作用】杀虫止痒，主治猪虱寄生。

【用法与用量】百部加水 2 000 mL，煮沸 1 小时，过滤，加入粉碎细的苍术、雄黄，再加清油调匀，每次用适量药油涂搽患部。

（五）免疫预防与饲养管理

1. 免疫预防

引进猪只应先隔离灭虱后再合群。对所有用具要沸水浇烫灭虱，烧毁被污染的垫草，环境喷洒灭虱药，以杀死可能存在的虫体和虫卵。

2. 饲养管理

注意环境卫生，猪舍宜清洁干燥，保持猪舍和猪体卫生；经常检查猪群，发现病原后及时对全群猪只用药物治疗。

第八章
中毒病

某些物质通过消化道、呼吸道、皮肤等途径进入猪体内被机体吸收,引起猪的生理机能紊乱甚至死亡,称为中毒。引起中毒的物质称为毒物。中毒引起的生理机能紊乱可导致猪的生长发育受阻甚至死亡,造成很大的经济损失。我们了解猪中毒病的诊断和治疗原则,有利于减少猪中毒病的发生及由此引起的损失。根据病因调查、临床症状、病理变化和毒物化验结果作出诊断。

一、食盐中毒

食盐中毒（sodium chloride poisoning）的实质是钠离子中毒，与钠离子造成体液紊乱有关。

（一）病因

食盐是机体维持正常生理活动不可缺少的成分。但如果喂量过大，反而引起中毒，有时摄入食盐并不过量，但因饮水不足也可引起中毒。猪的食盐摄入量超过每千克体重2.2 g，就有引起中毒的危险。如喂酱油渣、臭咸鱼或鱼粉等含盐较多的饲料，或直接摄入大量食盐，或配合饲料中的食盐比例过高，或盐块混合不均匀等均可引起中毒。猪食盐中毒的致死量为每头100～250 g。

（二）临床症状

食盐从胃肠吸收进入血液，经血流运行至五脏、六腑及四周，尤以肝脏受损更甚，正常功能受到影响，肝藏血不足，济心无力，心气不足，"心藏神"功能紊乱，病猪运动失调，步态不稳，旋转，两腿软弱无力，口吐白沫，全身颤抖，作游泳状，呼吸急促或困难（图8-1-1至图8-1-3），精神沉郁或亢奋（图8-1-4）。严重者呈昏睡状态，最后死亡。肝血不足，视力减退。肝气横逆，不能藏血，又可引起腹泻血便和多器官出血。

（三）病理特征

剖检见胃部黏膜充血、出血，胃底部更严重；肠系膜淋巴结充血、出血；肝大，质脆；脑充血、水肿。

图8-1-1 口吐白沫

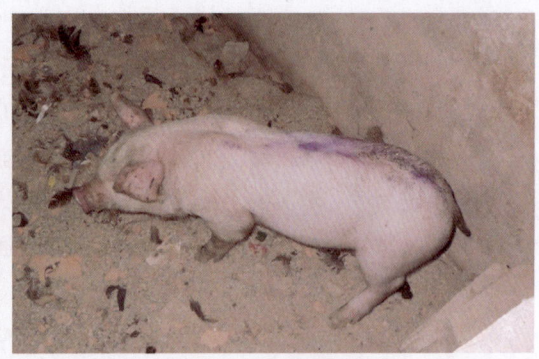

图8-1-2 呼吸困难

图8-1-3 呕吐，呕吐物带泡沫

图8-1-4 精神亢奋，不停地转圈

（四）治疗方法
1. 化学药物治疗

猪出现食盐中毒症状后，立即停止饲喂原饲料，多次给予限量新鲜饮水（不要无限制地一次性大量饮水，也不要强迫喂水），根据症状轻重、缓急，参考表 8-1-1，结合中药方剂制订用药方案。

表 8-1-1　化学药物治疗食盐中毒

名称	功用与主治	每头用量		使用方法
10% 樟脑磺酸钠	强心	5～10 mL		混合后，1 次肌内注射
维生素 C	补液	5 mL		
维生素 B_1		3～4 mL		
10% 葡萄糖		250 mL		混合后静脉注射，每天 2 次，连用 3～5 天，见大量尿液排出时停用
呋塞米	促进排尿	40 mL		
2.5% 盐酸氯丙嗪	镇静	2 mL		天门穴注射，每天 1 次
0.5% 普鲁卡因	局部麻醉	10 mL		两侧牙关、锁口穴封闭注射
20% 甘露醇	缓解水肿导泻	5 mL	千克体重	混合后 1 次静脉注射
25% 硫酸镁		0.5 mL		
1% 硫酸铜	催吐	50～100 mL		白糖、硫酸铜内服，山梨醇或 50% 的高渗葡萄糖静脉注射；盐酸氯丙嗪静脉或肌内注射；安钠咖皮下或肌肉注射
25% 山梨醇	缓解脑水肿	50～100 mL		
2.5% 盐酸氯丙嗪	镇静	3～5 mL		
20% 安钠咖	强心	2.5～10 mL		
白糖	保护肠胃黏膜	150～200 g		

2. 中药治疗

处方一：5% 的葡萄糖液 100～300 mL，甘草 50～100 g，绿豆 250～300 g，黄豆 750～1 000 g。

【作用】治疗食盐中毒。

【用法与用量】5% 的葡萄糖液，静脉或腹腔注射；甘草加绿豆煎汤服，或食醋 200 mL 加水适量灌服；黄豆浸泡后磨浆给猪灌服，供体重 100 kg 左右的猪只用，仔猪酌减用量。

处方二：单方食醋 300～500 mL。

【作用】治疗食盐中毒。

【用法与用量】1 次灌服。

处方三：绿豆粉 60 g，白糖 60 g，鸡蛋 4 枚，食醋 100 mL。

【作用】治疗食盐中毒。

【用法与用量】按处方配药，供体重 30 kg 的猪只 1 次服用，用量需依病猪实际体重酌情加减。用时首先将鲜鸡蛋去壳置容器内，然后加其他"药食"和适量的凉水（加水使

"合剂"能通过胃管为宜），再充分搅拌均匀即可应用。症轻尚有食欲的，将"合剂"置食具内让其自食，重症情况可使用食管灌服，每隔12小时1次，一般服用2次即愈。

处方四：生葛根 30 g，天花粉 30 g，鲜芦根 50 g，绿豆 50 g。

【作用】治疗食盐中毒。

【用法与用量】供体重 15 kg 的猪只，煎汤取汁，候温灌服。

处方五：生石膏 25 g，天花粉 25 g，鲜芦根 35 g，绿豆 40 g。

【作用】治疗食盐中毒。

【用法与用量】煎汤取汁，候温灌服，供体重 15 kg 左右猪只服用。

（五）预防与饲养管理

1. 预防

不要长期或大量喂给含盐量多的饲料；严格执行饲料添加食盐的合理比例和用量，食盐使用量须 2 人复核，日粮中含盐量一般不要超过 0.5%。一般每天每头大猪 15 g，育肥猪或青年猪 8～10 g，小猪 5～6 g。

2. 饲养管理

用含食盐较多的酱渣、咸菜做饲料时，日喂量不可过多，并应配合其他饲料，还必须喂几天停几天。发生食盐中毒时，立即停止饲喂含盐高的饲料，并保证随时饮用新鲜饮水，以补充体内水分，帮助食盐排出，但每次饮水量必须严格控制，不能过多。

二、有机磷制剂中毒

（一）病因

有机磷制剂中毒（poisoning caused by organophosphorus pesticide）是由于猪误食或偷食喷洒过有机磷农药不久的青绿植物和作物种子，或饮食了被有机磷农药污染的水，或人为破坏性投毒，或用有机磷喷洒圈舍、猪体表以杀灭蚊蝇和体外寄生虫时剂量过大，毒物进入机体，与体内胆碱酯酶结合，形成磷酰化胆碱酯酶，失去分解乙酰胆碱的能力，致使体内乙酰胆碱蓄积。

（二）临床症状

猪误食有机磷污染物，数分钟至数小时即可出现中毒症状，严重的可在数分钟内死亡。中毒较轻者体温正常，表现为全身无力，流泪，口流清涎，精神沉郁，肌肉颤抖，食欲减退，卧地不起（图 8-2-1，图 8-2-2），部分病例经 3～5 天可自愈。中毒重者表现为呕吐、流涎、磨牙、腹痛、拉稀、眼结膜充血、瞳孔缩小、肌肉颤抖，进而呼吸困难，出现神经症状，倒地不起（图 8-2-3，图 8-2-4），最后因呼吸麻痹而死亡。

（三）病理变化

剖检见肺水肿，肝、肾肿大，胃黏膜出血，胃内容物有蒜臭味。

（四）诊断要点

用阿托品、碘解磷定实验性治疗有效，则可确诊。

图 8-2-1　精神沉郁，卧地不起

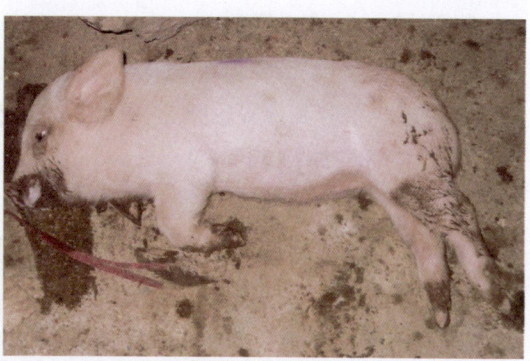
图 8-2-2　口流清涎

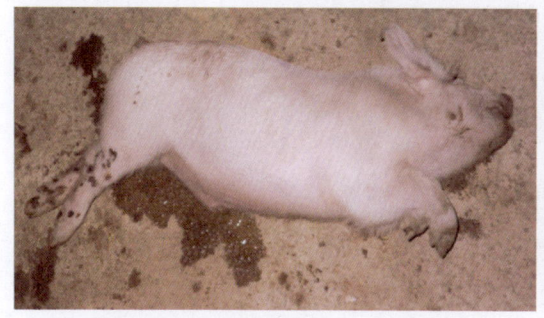
图 8-2-3　出现神经症状，似游水状

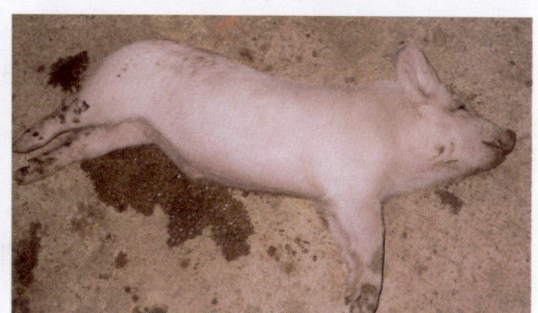
图 8-2-4　出现角弓反张症状

（五）治疗方法

1. 化学药物治疗

经皮肤吸入中毒者（如用药物涂擦皮肤驱虫），治疗时先用清水洗涤皮肤，经口中毒者可用 1% 硫酸铜溶液 50～100 mL 灌服催吐，并用清水或盐水洗胃，然后立即用解毒药治疗（表 8-2-1）。

表 8-2-1　化学药物治疗有机磷制剂中毒

名称	功用与主治		千克体重用量	使用方法
12.5% 双复磷	特效解毒	三选一	40～60 mg	生理盐水溶解后皮下或肌内注射
4% 碘解磷定注射液			20～40 mg	缓慢静脉注射，隔 3～5 小时再注射 1 次，剂量减半
1% 硫酸阿托品			3～4 mg	静脉注射

注：可配合其他对症疗法，但忌用肾上腺素、洋地黄类药物，慎用樟脑类药物。

2. 中药治疗

处方一：甘草 50 g，绿豆 250 g，滑石 50 g。

【作用】治疗有机磷制剂中毒。

【用法与用量】按处方配药，绿豆去壳，与甘草和滑石共粉碎为细末，开水冲调，候温 1 次灌服。

处方二：绿豆 120 g，茶叶 60 g，芒硝 30～50 g。

【作用】治疗有机磷制剂中毒。

【用法与用量】按处方配药，先给猪灌服芒硝 30～50 g，以导泻（禁用油类泻剂），帮助毒物排出。茶叶和绿豆煎水，每天 2 次，连服 2 天。

（六）预防与饲养管理

1. 预防

保管好有机磷制剂，防止污染饲料和饮水。

2. 饲养管理

喷洒过有机磷制剂的青绿饲料在 6 周内不要用来喂猪。发生中毒时立即除去致病因素，皮肤接触中毒应用肥皂水或淡的碳酸氢钠溶液洗涤皮肤（敌百虫中毒不宜用碳酸氢钠等碱性药物）；轻度中毒皮下注射阿托品；重度中毒时阿托品用葡萄糖液稀释，治疗有机磷制剂中毒时阿托品的剂量应比常规用量大 3～4 倍，但须注意预防阿托品中毒。

三、酒糟中毒

（一）病因

酒糟中毒（brewery grain poisoning）是猪误食了含有毒物质、乙醇、霉菌的酒糟而发生的中毒。由于酒糟贮存不当或放置过久，发生酸败而产生大量醋酸、乳酸等有机酸，猪吃食了没有其他饲料搭配的这种酒糟，易引起酸中毒；另外，酒糟中还含有一定量的有害物质、乙醇和霉菌等，可刺激胃肠并被吸收，侵害肠胃，进而随循环系统转运至全身，使猪只发生中毒。

（二）临床症状

酒糟中毒轻者出现消化系统紊乱症状，食欲减退甚至废绝，先便秘后腹泻。严重时有腹痛表现，卧地不起，口吐白沫或吐出带泡沫的分泌物（图 8-3-1 至图 8-3-3），气喘、心跳加快、行走摇摆不定，逐渐失去知觉，常有皮疹，最后体温下降，四肢麻痹，昏迷而死（图 8-3-4）。慢性中毒猪表现为消化不良、黄疸，有时出现血尿、皮炎、腹泻。怀孕母猪往往引起流产。

（三）病理变化

肺充血、水肿（图 8-3-5）；肝脏、肾脏肿胀（图 8-3-6）；心外膜有出血斑；胃黏膜充血或出血（图 8-3-7）；小肠水肿，肠壁变薄（图 8-3-8），肠系膜淋巴结肿大、充血。

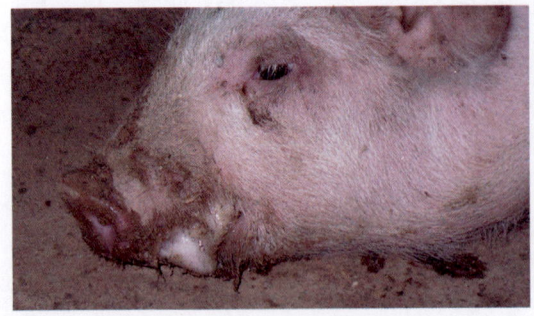

图 8-3-1　口吐白沫

图 8-3-2　昏迷，卧地不起

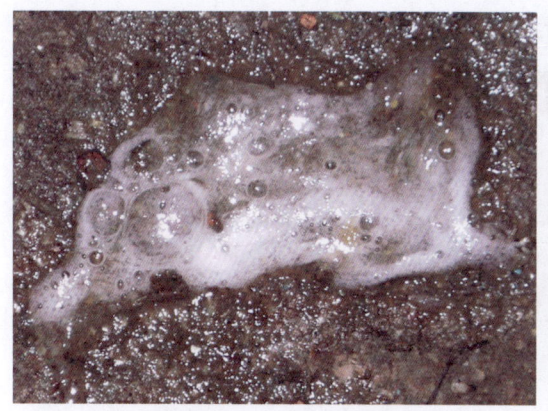
图 8-3-3　泡沫状呕吐物

图 8-3-4　后肢麻痹

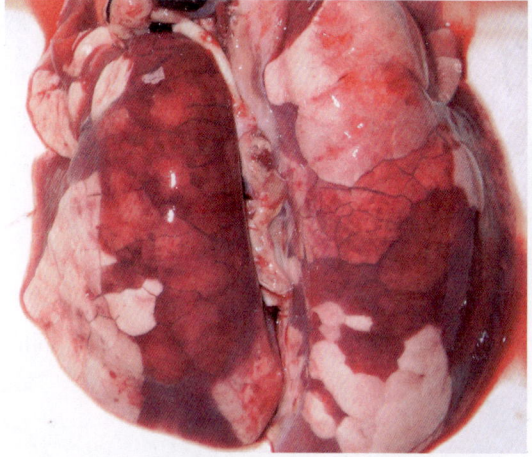
图 8-3-5　肺脏有大片淤血，点状或斑状出血

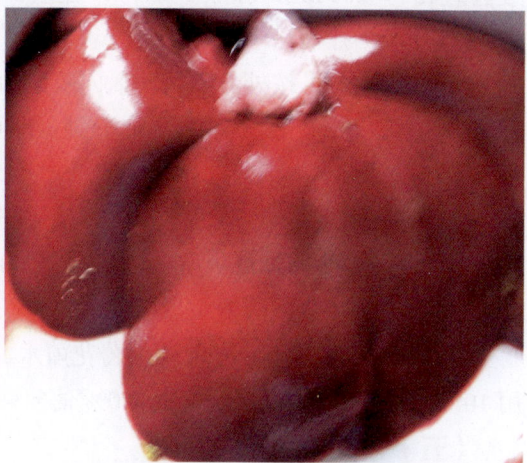
图 8-3-6　肝脏肿胀，颜色深红

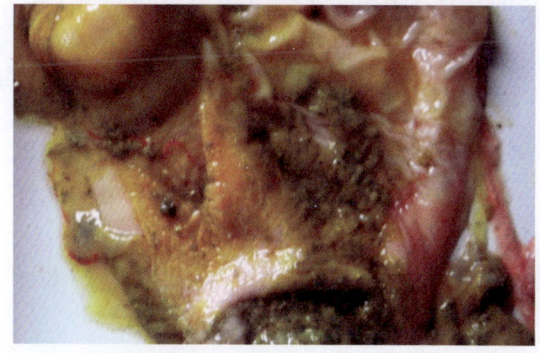
图 8-3-7　胃充血，形成假膜，内容物中混有出血丝

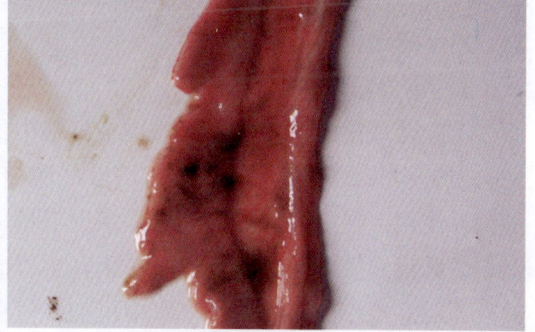
图 8-3-8　肠黏膜充血、出血

（四）治疗方法
1. 化学药物治疗
发生中毒后，立即停喂酒糟或含酒糟的饲料，选用青饲料和配合饲料喂猪，并根据症状进行对症治疗，参考表 8-3-1，结合中药方剂制订用药方案。

表 8-3-1　化学药物治疗酒糟中毒

名称	功用与主治	每头猪用量	使用方法
1% 碳酸氢钠	平衡电解质	1 000～2 000 mL	碳酸氢钠内服或灌肠；葡萄糖生理盐水、安钠咖和碳酸钠溶液静脉注射；豆浆口服
5% 葡萄糖生理盐水	补液	500 mL	
20% 安钠咖	强心	5 mL	
5% 碳酸钠溶液	平衡电解质	100～500 mL	
豆浆	保护肠胃黏膜	适量	

2. 中西医结合治疗

处方一：氯丙嗪 3 mL，维生素 C 0.5 g，维生素 B_6 100 mg，维生素 B_1 100 mg，1% 碳酸氢钠 150～200 mL，绿豆 1 000 g，甘草 500 g。

【作用】治疗酒糟中毒。

【用法与用量】按处方配药，氯丙嗪肌内注射；维生素 C、维生素 B_6、维生素 B_1 混合后肌内注射，1% 碳酸氢钠灌肠 30 分钟；绿豆、甘草水煎取汁，候温灌服，每天 2 次，连用 3～5 天。

处方二：苏打粉 5 g，白糖 100 g，葛花 500 g（或葛根 100 g），10% 安钠咖 10 mL，10% 氯化钙液 30～50 mL，10% 葡萄糖液 500 mL，5% 碳酸氢钠液 250～500 mL。

【作用】治疗急性酒糟中毒。

【用法与用量】按处方配药，葛花煎水，加苏打粉 5 g，白糖 100 g，调匀灌服；同时用 10% 安钠咖、10% 氯化钙液、10% 葡萄糖液和 5% 碳酸氢钠液分别静脉注射。

（五）预防与饲养管理

1. 预防

严禁喂给发霉变质酒糟，酒糟最好不要长期堆放，防止发酵霉败；不宜单喂酒糟饲料，新鲜酒糟也不能喂量过多。

2. 饲养管理

①应合理搭配调制饲料，酒糟在日粮中的含量不要超过 30%；对轻度酸败的酒糟，可加入 1%～3% 的石灰水或小苏打溶液浸泡 20～30 分钟以中和酸类、降低毒性，并搭配其他饲料使用；喂前要加热，还必须掌握喂量，猪只每天不要超过 1.5 kg。

②猪只发生中毒时立即停喂 1 天，内服碳酸氢钠和泻剂，给予镇静剂和静脉注射葡萄糖液等对症治疗，多给饮水，水中可加少量食醋。

四、苦楝中毒

（一）病因

苦楝中毒（chinaberry poisoning）是一种发病急、死亡快、病期短的急性中毒。苦楝果和苦楝皮中带有苦楝毒碱和鞣酸，种子中还含有油脂。苦楝毒碱对猪的造血系统、呼吸系统的组织和器官均有明显的损害作用，可使猪的肺脏、胃、肝脏、脾脏的生理功能严重失调,最后因呼吸极度困难而缺氧死亡。猪采食成熟后落在地上的苦楝树果,或用苦楝树根、皮给猪驱虫用量过大,苦楝中的有毒成分刺激肠胃或被吸收后内传脏腑组织而引起发病。

(二)临床症状

轻度中毒表现为食欲减少或停止,步态不稳,精神不振,有轻微的呻吟声;重度中毒表现为全身震颤、痉挛,以至麻痹,腹痛剧烈,可视黏膜及皮肤发绀,呼吸困难,心跳加快,口吐白沫或呕吐,卧地不起,强迫行走则四肢发抖,随即卧倒,体温降至常温以下(图8-4-1至图8-4-6)。从开始出现中毒症状到死亡,时间大约30分钟。

(三)病理变化

剖检见喉头气管充满白色泡沫,肺气肿;胃黏膜充血,出血性肠炎,肝脏坏死;血液凝固不良,呈紫色。

图 8-4-1 精神沉郁

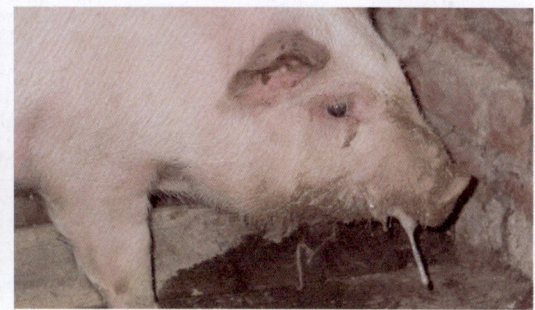

图 8-4-2 口吐白沫

图 8-4-3 腹痛,不停地呻吟

图 8-4-4 四肢发抖,行走困难

图 8-4-5 呕吐物

图 8-4-6 呼吸困难

（四）治疗方法

1. 化学药物治疗

本病无特效疗法，应对症进行急救，保护胃肠黏膜，解除胃肠痉挛，解毒润肠泻下。已出现中毒症状的猪不宜进行洗胃、催吐疗法。参考表 8-4-1，结合中药方剂制订用药方案。

表 8-4-1　化学药物治疗苦楝中毒

名称	功用与主治		每头猪用量	使用方法
0.1% 高锰酸钾	洗胃		200～600 mL	灌服
25% 葡萄糖	补液		20～100 mL	加温后混合，1 次耳静脉注射，严重者 1 次用药 4 小时后复查，如体温已恢复正常仍无食欲者，去山莨菪碱，加维生素 B_1 0.1～1 g，10% 安钠咖，耳静脉注射；如体温未恢复正常，再按原方用药 1～2 次
维生素 C			1.25～2.5 g	
氢化可的松	抗炎、抗休克		50～100 mg	
山莨菪碱	解毒	二选一	20～50 mg	
1% 硫酸阿托品			1～5 mL	肌内注射
尼可刹米	兴奋呼吸		250～1 000 mg	静脉注射
0.1% 盐酸肾上腺素	强心	二选一	0.5～2 mL	皮下注射
10% 安钠咖			10～20 mL	肌内注射

2. 中药治疗

处方一：甘草 200 g，绿豆 400 g。

【作用】治疗猪苦楝子中毒。

【用法与用量】按处方配药，加水 1 500 mL，煎煮 1～2 小时取汁，候温内服。同时用 5% 阿托品 30 mL，地西泮 30 mg 肌内注射；小苏打 30 g 灌服，或按每千克体重 1～2 mg 盐酸山莨菪碱肌内注射。中西医结合治疗，每天 1 次，连用 3～5 天。

处方二：绿豆 30 g，甘草 20 g，茶叶 10 g，10% 安钠咖 10～20 mL，50% 葡萄糖 60～100 mL，10% 维生素 C 10 mL。

【作用】治疗苦楝中毒。

【用法与用量】中药煎汤，加白糖 40 g，给病猪饮服或灌服；10% 的安钠咖肌内注射；50% 的葡萄糖和 10% 维生素 C 混合后静脉注射。

处方三：绿豆 400 g（中猪量），甘草 200 g，5% 的阿托品 30 mL，地西泮 30 mL，碳酸氢钠 30 g。

【作用】治疗苦楝中毒。

【用法与用量】甘草和绿豆加水 1 500 mL，煎 1～2 小时去渣，1 次内服；5% 的阿托品和地西泮肌内注射；灌服碳酸氢钠，或肌内注射盐酸山莨菪碱 20～30 mL（体重 15 kg 的猪）。连用 1～3 次。

处方四：淡豆豉 500 g，芒硝 100 g。

【作用】治疗苦楝中毒。

【用法与用量】淡豆豉煎汤，加入芒硝，候温灌服。

（五）预防与饲养管理

1. 预防
猪圈四周忌栽苦楝树，防止苦楝子掉入猪圈。

2. 饲养管理
在利用苦楝子或苦楝树皮驱虫时，剂量必须正确，以免引起中毒。不要在有苦楝树的地方放牧，以免猪只自由采食苦楝子造成中毒。

五、亚硝酸盐中毒

亚硝酸盐中毒（sodium nitrite poisoning）是猪吃食了含有亚硝酸盐的饲料，亚硝酸盐进入猪体内被胃肠黏膜吸收到血液中，使血液中的氧基血红蛋白变成不能携带氧的高铁血红蛋白，血液失去携氧能力，从而使猪只全身缺氧，导致呼吸中枢麻痹，最终窒息死亡，俗称"猪饱潲瘟""猪烂菜叶中毒"。

（一）病因

许多饲料作物、蔬菜叶及一些野生植物中含有大量硝酸盐，当存放不当（大量堆放）、调制不当（如这些饲料蒸煮不透或长时间闷在锅里；蒸煮时不搅拌、不揭盖），或在温度40～60℃条件下放置过久时，硝酸盐在广泛存在于自然界中的硝化菌的作用下可转化为对动物有毒的亚硝酸盐。猪食后可引起中毒，致使窒息死亡。

（二）临床症状

最急性发作常在饲喂后15～30分钟突然表现不安、立即狂跳而死。急性型病猪腹痛、呼吸急促、脉搏快速细弱、全身发绀、张口伸舌、口吐白沫、频频呕吐（图8-5-1）、流涎；耳及四肢皮肤发凉，口唇初显白灰色，后变乌紫色；体温正常或偏低；四肢无力，时起时卧，走路摇晃，挣扎鸣叫，乱撞，跳跃，转圈，四肢不断划动；尾端或耳尖放血可流出紫黑色血液，似酱油色，往往来不及治疗就死亡。轻度中毒的猪，呕吐后可慢慢好转。

（三）病理变化

皮肤、耳、肢端和可视黏膜呈蓝紫色。肠系膜淋巴结肿大（图8-5-2）；胃膨胀，胃底黏膜出血，易脱落（图8-5-3）；小肠黏膜出血；肺脏膨满，肺气肿明显，伴有肺淤血、肿大，呈黑紫色，切面淤血明显（图8-5-4）；气管、支气管充血、出血，管腔内有红色泡沫样液体；心外膜、心肌有出血点；肝脏肿胀，质脆（图8-5-5）；血液凝固不良，似酱油色（图8-5-6）。确诊须做硝酸盐和亚硝酸盐毒物化验。

图8-5-1 口吐白沫，频频呕吐

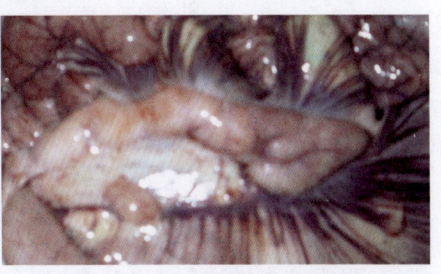

图8-5-2 肠系膜淋巴结肿大

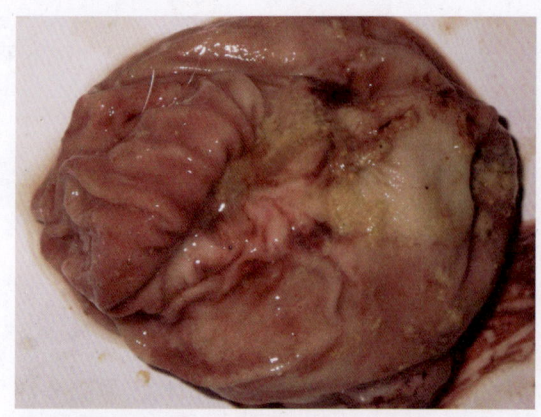

图 8-5-3 病猪胃充血、出血

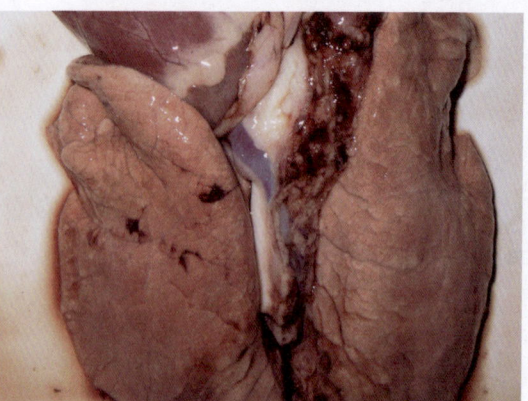

图 8-5-4 病猪肺脏呈黑紫色，表面有出血斑

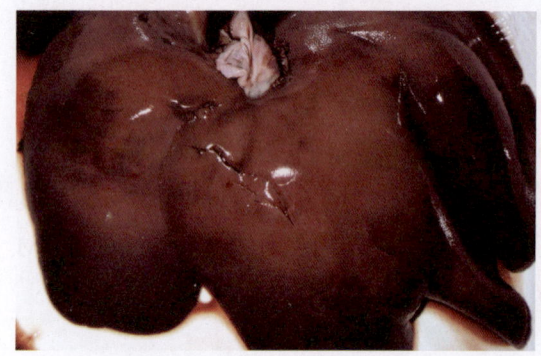

图 8-5-5 肝脏肿胀，质脆

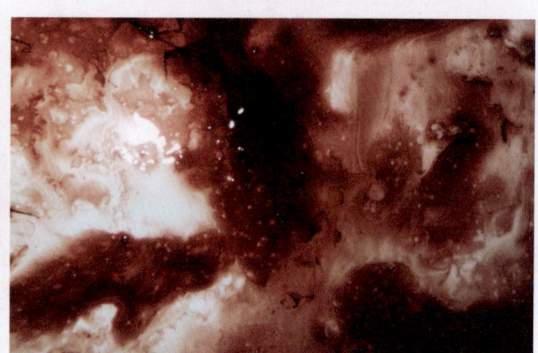

图 8-5-6 血液凝固不良，似酱油色

（四）治疗方法

发生中毒后，健壮肥猪因食量大、发病重，往往来不及治疗就死亡。发病轻的猪先剪耳断尾放血，以争取抢救时间，然后再选用下列措施之一救治。

1. 化学药物治疗

参考表 8-5-1 制订用药方案。

表 8-5-1 化学药物治疗亚硝酸盐中毒

名称	功用与主治	用量		使用方法
0.02% 的高锰酸钾溶液	洗胃	适量		先灌服高锰酸钾溶液洗胃，后用鸡蛋清灌服
鸡蛋清	保护胃肠黏膜	每头猪 3～5 个		
10%～25% 葡萄糖	补液	每头猪 300～500 mL		静脉注射
维生素 C		每头猪 200～250 mg		皮下注射
硫酸阿托品	二选一 解毒	0.14～0.16 mg	千克体重	静脉注射
1% 亚甲蓝		1 mL		静脉或肌内注射
10% 安钠咖	强心	每头猪 3～5 mL		肌内注射

2. 中西医结合治疗

处方一：强力解毒敏注射液 12 mL（每支 2 mL，含甘草酸铵 4 mg，氨基己酸 40 mg，

L-半胱氨酸盐酸盐 3 mg)。

【作用】治疗亚硝酸盐中毒。

【用法与用量】每头猪肌内注射强力解毒敏注射液，两耳及尾尖放血。

处方二：绿豆 200 g，小苏打 100 g，食盐 60 g，木炭末 100 g。

【作用】治疗亚硝酸盐中毒。

【用法与用量】共粉碎为末，加少量水，调匀后 1 次灌服，每天 1 剂，连用 2 天。

处方三：十滴水 1 支（10 mL）。

【作用】治疗猪亚硝酸盐中毒。

【用法与用量】供体重 25 kg 的猪只 1 次加水 200 mL 服用，也可肌内注射 10% 安钠咖 10 mL。病猪服药后，大约 15 分钟临床症状消失，能自行走动，30 分钟后能采食而愈。

（五）预防与饲养管理

1. 预防

不要饲喂长期堆积发热腐烂的青贮饲料。如蒸煮饲料，应迅速煮透揭开锅盖放凉，使其有毒物质蒸发出去，冷却后分放于料缸内，当天喂完。不能将煮后的饲料放在锅内盖锅盖过夜，待饲料冷却后放在料缸或桶内，当天喂完。

2. 饲养管理

青饲料应新鲜时喂，这样可保持其原有大量维生素不受损失。堆积发热腐烂的蔬菜、瓜藤不能作猪饲料。

六、霉菌毒素中毒

（一）病因

霉菌毒素中毒（mycotoxin intoxication）就是通常所谓猪的"发霉饲料中毒"，霉菌毒素（mycotoxin）是霉菌在谷物的贮存、运输过程中产生有毒的毒素，这些毒素能引起组织坏死，使肺脏产生病变，并损害肝脏，甚至发生肝硬化和诱发肝癌。曲霉菌孢子的抵抗力很强，煮沸 5 分钟才能杀死。在一般消毒液中须经 1~3 小时才能灭活。黄曲霉毒素对温热有很强的抵抗力，一般的蒸煮不易被破坏，只有加热至 268~269 ℃才能被破坏；将发霉的玉米放在自然条件下 8 年，其中的毒素仍不被破坏。畜禽食入被毒素污染的饲料（图 8-6-1，图 8-6-2）后可导致急性或慢性中毒。目前已知的霉菌毒素超过 350 种。对猪危害最大的是玉米赤霉烯酮（F-2 毒素）和呕吐毒素（DON）。

图 8-6-1　霉变的饲料

图 8-6-2　霉变的玉米

(二)临床症状

急性中毒表现为大量猪发病,食欲下降甚至废绝。种猪、生长猪发病严重,数天内死亡,病死率高,妊娠母猪大量流产、产死胎,公猪死精、无精。病猪体温一般都表现正常。慢性中毒(最常见),主要表现为生长猪外阴红肿、脱肛(图 8-6-3 至图 8-6-6),共济失调,皮肤黄染,被毛粗乱。母猪发情不正常、假发情、返情,脱肛甚至阴道脱出(图 8-6-7,图 8-6-8),产死胎和弱仔(图 8-6-9)的比例增加;母猪产仔数明显降低,泌乳量减少。猪群采食量减少,生长速度缓慢。新生仔猪外阴红肿、虚弱,后腿向外翻,呈"八字脚"(图 8-6-10)。公猪性欲减退,乳腺肿大,包皮水肿,睾丸萎缩。嘴、耳、四肢内侧和腹侧皮肤出现红斑(图 8-6-11 至图 8-6-13),严重病例的皮肤溃烂、结痂。个别猪呕吐明显。机体免疫功能下降,继发感染明显。

(三)病理变化

肝脏坏死、肿大、黄染、质脆(图 8-6-14),全身黏膜、浆膜及皮下出血。肺脏可见坏死性霉菌结节、有出血斑(图 8-6-15,图 8-6-16),肾脏苍白、皮质变性、出血、黄染;胃黏膜出血、溃疡;淋巴结肿大,可见霉菌结节(图 8-6-17)。肠道卡他性、出血性炎症(图 8-6-18),胸腔积液、腹腔积液,大脑出血、水肿。镜检可见支气管发生淋巴增生性周围炎(图 8-6-19)。

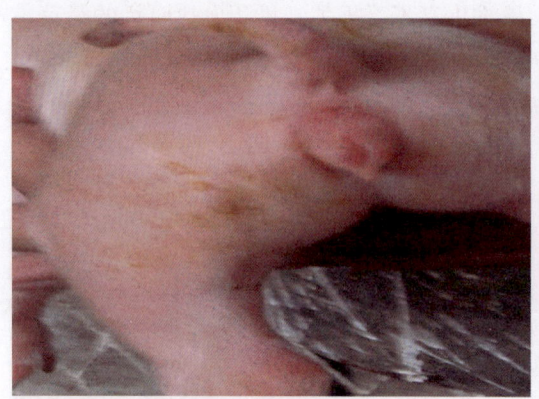

图 8-6-3　新生仔猪外阴红肿

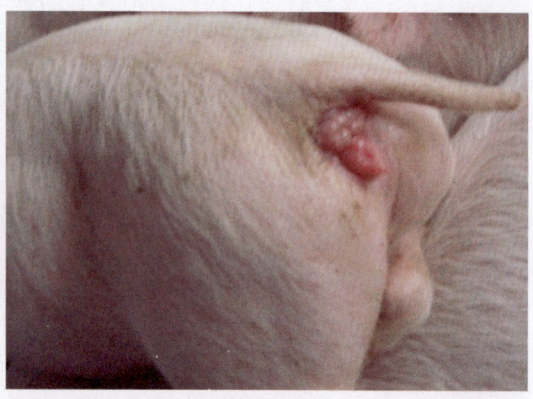

图 8-6-4　保育猪外阴红肿,肛门脱出、水肿

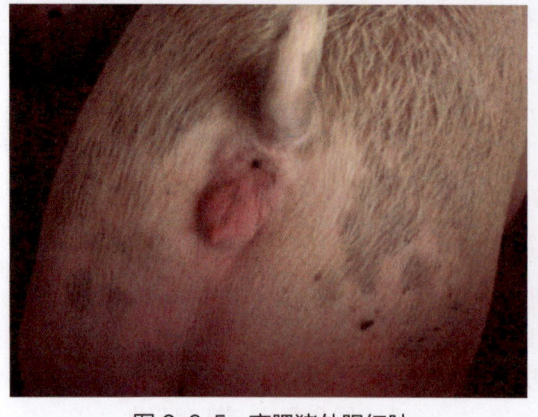

图 8-6-5　育肥猪外阴红肿

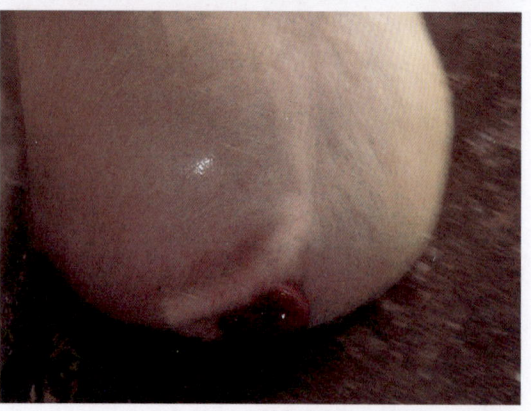

图 8-6-6　育肥猪脱肛

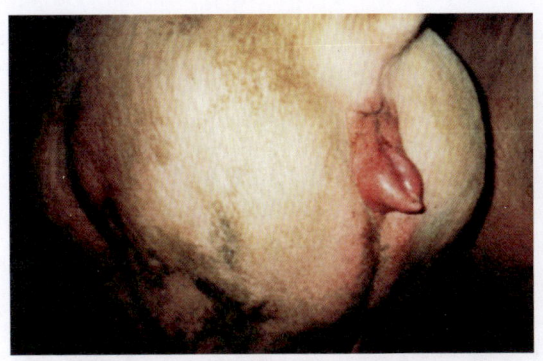
图 8-6-7　母猪外阴红肿、假发情

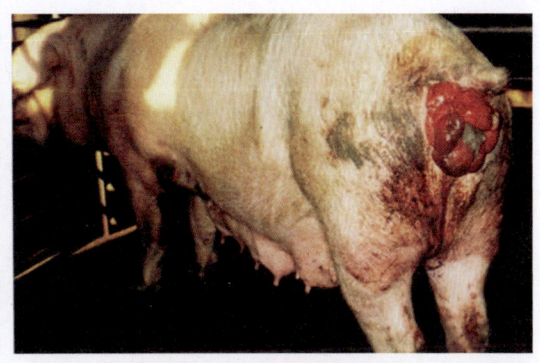
图 8-6-8　母猪阴道脱出

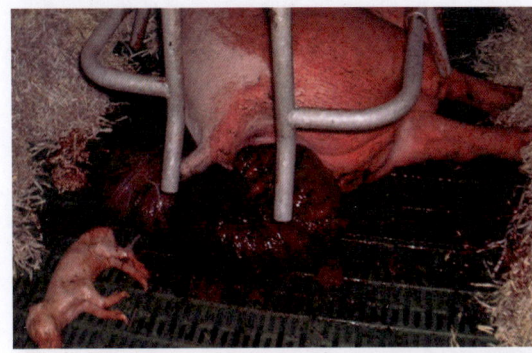
图 8-6-9　母猪子宫脱出、产死胎

图 8-6-10　新生仔猪"八字脚"

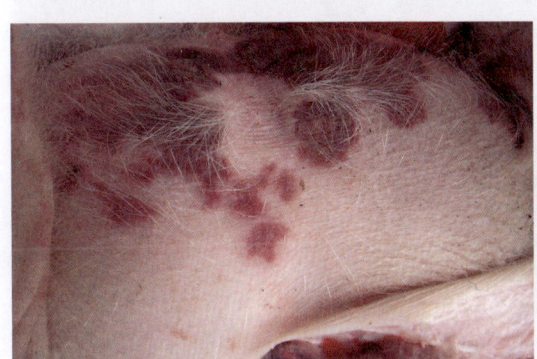
图 8-6-11　臀部皮肤出血斑（1）

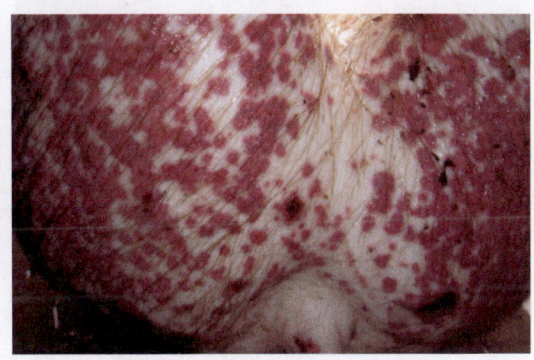
图 8-6-12　臀部皮肤出血斑（2）

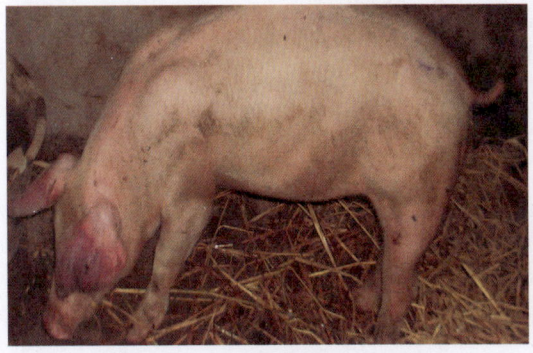
图 8-6-13　耳部皮肤发绀、发红

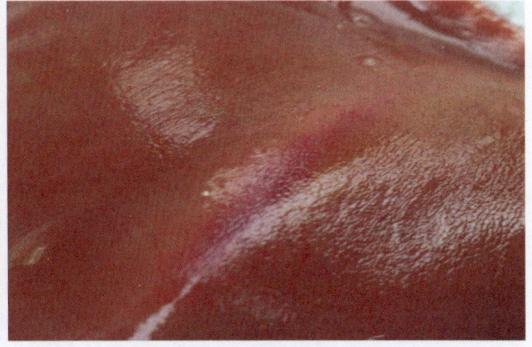
图 8-6-14　肝脏黄染、肿大

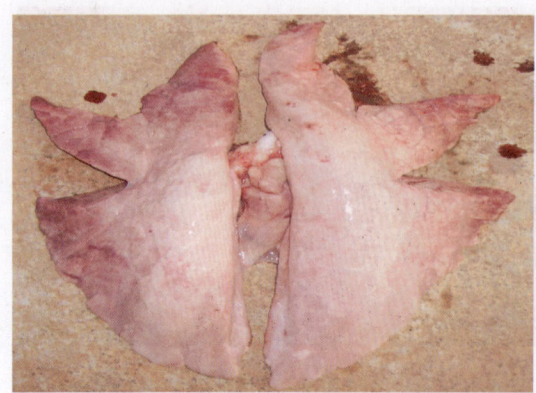
图 8-6-15 肺脏坏死性霉菌结节、有出血斑

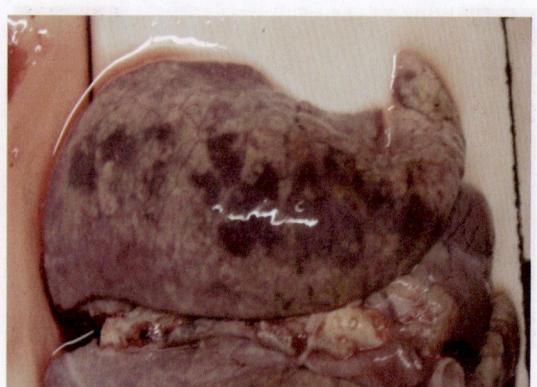
图 8-6-16 肺脏坏死性霉菌结节

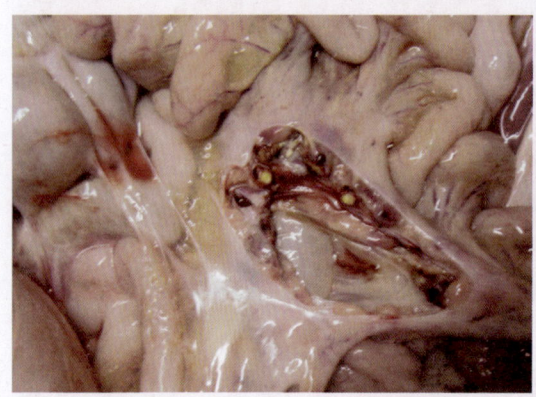
图 8-6-17 肠系膜淋巴结上的霉菌结节

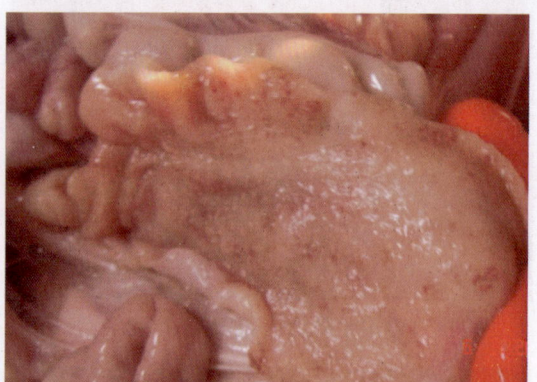
图 8-6-18 肠系膜出血、霉菌结节

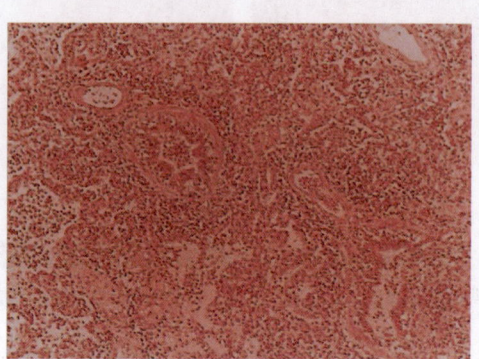
图 8-6-19 支气管淋巴增生性周围炎

（四）治疗方法

目前无有效的解毒药。怀疑猪只中毒时，要停喂发霉变质饲料，更换新鲜饲料，适当提高饲料中维生素类的含量。选用具有保肝、洗胃、轻泻作用的药物对症治疗。

①饮水中添加大量葡萄糖和适量的维生素 C。

②用 0.1% 高锰酸钾和 30 mg/kg 的硫酸钠溶液代替饮水。

③饲料中添加敏感抗生素，防止继发感染。

第九章
常见普通病

由于饲养管理粗放，导致猪只所处环境过于恶劣、饲料营养不足或不平衡，使猪的生理机能受到影响，从而影响生产性能和正常的生理活动。如饲料质劣、冷热不匀、饲喂失时、饲料突变、天气骤变、精料过度、肠道寄生虫病及一些慢性消耗性疾病均可引起或继发以胃肠黏膜表层卡他性炎症和胃肠消化机能障碍为特征的消化不良症。过食难以消化的饲料、时饥时饱；或采食冷冻饲料，或饮冷水；暑热炎天饲喂霉变饲料、误饮污浊脏水等均可导致泄泻，影响生长发育甚至死亡。上述疫病发生的特点告诉我们，在集约化、工厂化养猪生产中，应该特别注意猪的管理，给猪群提供良好的生存环境，实行各生长阶段的保健，提高猪的体质，提高免疫力，增强抗病力，才能从根本上解决问题。

一、便秘

便秘（astriction）是由于粪便燥结，变干变硬，停而不动，排出困难，蓄积于肠腔内，粪、屁不排，障碍气机，腑气不通，使肠腔完全堵塞的一种肠道病。各种年龄的猪均有可能发生，但以小猪多发，便秘部位多见于结肠。

（一）病因

主要是空肠急食饲料，食后又饮冷水，水冲谷料积聚于结肠或直肠，而成结证；或长期饲喂粗硬坚韧、不易消化或含粗纤维过多的饲料，如红薯藤、花生藤、豆秸等劣质饲料，不易腐熟运化，停滞肠内而成结证；或饲喂精料过多、突然变换饲料、饮水不足和缺乏适当的运动；亦见于妊娠后期或分娩不久伴有肠道弛缓的母猪；或继发于某些热性病、慢性胃肠炎及肠道传染病和寄生虫病。

（二）临床症状

发生便秘时，病猪精神沉郁，采食减少，饮水增加，腹围逐渐增大，呼吸增数。腹痛呻吟，起卧不安，回头观腹。弓腰努责，摇头摆尾，起而复卧，卧而又起，起后疾走，肚腹胀大，常后肢张开，呈排粪姿势，但不见粪便排出，排粪困难，病初只排出少量干硬附有黏液的小粪球（图9-1-1）。腹部听诊肠鸣音减弱或消失。小猪或瘦弱的病猪腹壁容易触诊到便秘的肠管或坚硬的粪球，按压时，病猪表现疼痛不安。严重便秘时直肠可充满大量粪球（图9-1-2），压迫膀胱颈导致膀胱麻痹、尿潴留或尿闭。若无并发症，体温一般正常。继发于热性病的常伴有原发病的症状。

图9-1-1　排出少量干硬附着黏液的小粪球

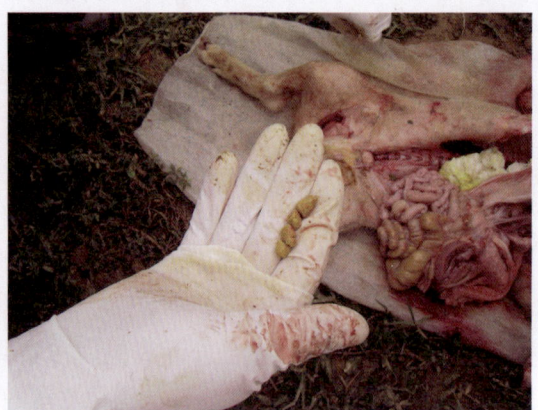

图9-1-2　直肠充满大量粪球

（三）治疗方法

1. 化学药物治疗

化学药物治疗猪便秘可参考表9-1-1制订用药方案。

表 9-1-1　化学药物治疗猪便秘

名称	功用与主治	每头猪用量	用法
硫酸镁	通肠导滞	30～80 g	口服
液状石蜡		50～200 mL	
甲基硫酸新斯的明	促进肠蠕动	3～5 mg	皮下注射
20% 安乃近	止痛	3～5 mL	肌内注射
10% 安钠咖	强心	3～10 mL	皮下或肌内注射
10% 氯化钾注射液	调节水盐代谢	5～10 mL	交巢穴注射，每天 1 次，连用 2 天

2. 中药治疗

治疗时应区别寒热虚实，多以通肠导滞为治则。

处方一：熟地黄 18 g，天冬 20 g，天花粉 15 g，玄参 15 g，麻仁 30 g，滑石 18 g，蜂蜜 50 g。

【作用】补血滋阴，润肠通便，治疗猪便秘。

【用法与用量】按处方配药，水煎取汁，候温内服，每天 1 剂，连用 3～5 天。

处方二：柴胡 35 g，党参 35 g，大枣 35 g，黄芩 25 g，生姜 25 g，半夏 100 g，甘草 15 g。

【作用】治疗母猪产后大便难。

【用法与用量】按处方配药，水煎，候温灌服，每天服 3 次，连服 2 天。

处方三：虎杖 25 g，芒硝 25 g，大黄 20 g，枳实 20 g，厚朴 15 g，贯众 10 g。

【作用】治猪便秘不食。

【用法与用量】按处方配药，研末，沸水冲，候温灌服。

处方四：虎杖 150 g，乌桕根 50 g。

【作用】治猪便秘。

【用法与用量】按处方配药，水煎服。

处方五：白术 90～150 g，生地黄 30～60 g，升麻 3～9 g。

【作用】治疗猪泻后便秘。

【用法与用量】水煎取汁灌服，每天服 1 剂。

处方六：石膏 30 g，芒硝 24 g，当归 12 g，大黄 12 g，黄芩 9 g，金银花 9 g，枳壳 9 g，连翘 9 g，炒麻仁 18 g，木通 6 g。

【作用】清热通便，治疗猪大便燥结。

【用法与用量】按处方配药，水煎取汁，缓慢灌服。

（四）预防与饲养管理

日常喂养中要注意合理搭配青、粗、精饲料，定时定量，每天保证足够的清洁饮水和适当的圈外运动，给予适当的食盐，多给多汁青绿饲料。病猪停喂干饲料，只喂多汁饲料，多给饮水。治愈后，不要急于饲喂，可适当饮以温水，逐渐喂以流质食物，慢慢过渡到正常的饲喂方法。

二、垂脱症

垂脱症（rectum prolapse）即直肠脱垂，又称脱肛。是直肠末端甚至直肠前部连同部分直肠脱出肛门之外而不能自行缩回的一种病症。

（一）病因

多发生于仔猪或瘦弱的成年猪。脾胃是"后天之本"，脾胃健运，则五脏安和而无疾；若饲养管理不善，皆能损伤脾气，导致中气下陷而垂脱；气血化生不足导致长时间下痢、便秘，气虚不能上升，或病后瘦弱、病理性分娩、刺激药灌肠后强力努责、腹压增高、维生素缺乏及突然改变饲料等因素可诱导发生。

（二）临床症状

严重时并发肠套叠或直肠疝。在某些因素的诱发下可发生直肠韧带松弛，直肠下层组织和肛门括约肌松弛和机能不全。直肠全层肠壁脱垂是由于直肠发育不全、萎缩或神经营养不良、肌肉松弛无力、不能保持直肠的正常位置，而脱出至肛门外，不能自行缩回（图9-2-1）。

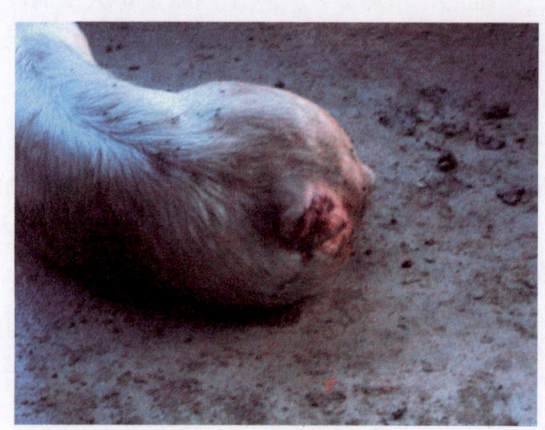

图 9-2-1　直肠脱出肛门之外

（三）治疗方法

1. 化学药物治疗

可用 654-2 治疗。654-2 又名盐酸山莨菪碱注射液，有明显的解除平滑肌痉挛、止痛、消肿等作用，类似于阿托品，但毒副作用较小。治疗时将患病猪站立保定，用温水洗净脱出的直肠和肛门，然后用自制口径与直肠相近的薄塑料袋套在直肠上，另用一条细胶管（如自行车气门芯胶管）伸入袋中注入 654-2，用量为 10～20 mL（5 mg/mL），并轻揉直肠，待脱肠开始收缩时轻送回腹腔内。整个治疗过程用时 15 分钟左右。

2. 中药治疗

处方一：黄芪 8 g，白术 8 g，党参 6 g，生地黄 8 g，柴胡 8 g，升麻 6 g，陈皮 8 g，当归 8 g，甘草 3 g。

【作用】补中益气，治疗猪垂脱症。

【用法与用量】按处方配药，共研为细末，每天2次，连服2天。

处方二：麻仁30 g，郁李仁30 g，生地黄30 g，陈皮30 g，黄芩30 g，木通30 g，黄芪25 g，枳实25 g，厚朴20 g，芒硝20 g，当归20 g，升麻20 g，通草20 g，白芍20 g，川芎15 g，柴胡40 g，甘草10 g。

【作用】攻补兼施，治疗猪垂脱症。

【用法与用量】按处方配药，水煎服。

处方三：升麻30 g，党参、黄芪各25 g，当归、陈皮、柴胡、白术各20 g，香附15 g，红花、乳香、没药各10 g，甘草5 g。

【作用】治疗猪垂脱症。

【用法与用量】按处方配药，水煎服，隔天1剂。

处方四：甲鱼头1份，枯矾3份。

【作用】治疗猪脱肛。

【用法与用量】按处方配药，将甲鱼头瓦上焙黄研末，与枯矾按3∶1比例混匀研末，装瓶备用。直肠整复时撒布适量药末后送入肛门。

处方五：田螺5~7个。

【作用】偏方治疗猪脱肛。

【用法与用量】按处方配药，洗净，放入热水中去壳取肉，加冰片20 g拌成肉泥，涂抹在脱出直肠上，每天3~5次，两天可愈，随取随用。

（四）预防与饲养管理

加强护理，改善饲养条件，愈后不宜做激烈运动，冷天圈于温暖栏舍中。平时加强饲养管理，及时治疗胃肠病和寄生虫病。体弱猪要加强营养，促其复壮。

三、疝气

疝气（hernia）是腹腔内的器官通过腹壁的天然孔或病理性裂口漏至皮下或邻近腔道。疝可分为可复性疝（疝内容物可通过疝孔还纳入腹腔）和不可复性疝（疝内容物被疝孔嵌闭或疝囊粘连而不能还纳入腹腔）。根据疝发生的部位，还可分为脐疝、阴囊疝和腹股沟疝等。

（一）病因

由于近亲繁殖等先天因素，或外伤、手术处理不当等后天因素引起腹腔内的器官（主要为肠管），经腹壁天然或意外发生的孔口，漏至皮下或邻近腔道。

（二）临床症状

病猪主要表现为患部膨隆突起，触诊内容物柔软（图9-3-1至图9-3-4）。没有粘连时，使猪处于适当体位，疝囊中的肠管可缩回腹腔。如果肠子与囊壁粘连，则不能缩回腹腔。如果疝囊内肠管阻塞或坏死，则病猪不安，呕吐，排粪较少，并继发肠鼓气，常可导致死亡。

图9-3-1 脐疝，一段肠管脱出在疝囊外

图9-3-2 脐疝，疝囊肿大似球状

图9-3-3 病猪可复性阴囊疝，内容物可还纳

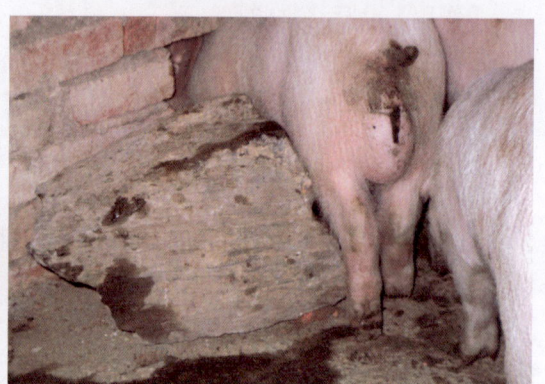
图9-3-4 病猪阴囊疝，阴囊部膨隆突起

（三）治疗方法

处方：吴茱萸15 g，小茴香10 g，川楝子10 g，海藻10 g，木瓜10 g，三棱8 g，莪术8 g，荔枝（去壳）7个，甘草6 g。

【作用】治疗猪疝气。

【用法与用量】按处方配药，煎水服用。

（四）预防与饲养管理

加强护理，改善饲养条件，愈后不宜做激烈运动，冷天圈于温暖栏舍中。平时加强饲养管理，及时治疗胃肠病和寄生虫病。体弱猪只要加强营养，补中益气，升阳举陷，促其复壮。

四、肠套叠

肠套叠（intussusception）是肠管的一部分或附着肠系膜的部分套入或嵌入到邻近一段肠管内。多发生于小肠，在腹部可触摸到较正常肠管粗而坚实、有弹性的香肠样的套叠肠段或因肠管阻塞而引起鼓胀。

（一）病因

主要是由于过度活动或肠管的痉挛性蠕动所致，饮食不当、剧烈呕吐等刺激局部肠道而产生剧烈蠕动也可能引起近端肠道套入远端肠道。肠壁肿瘤和肠道局部异常均可能是肠套叠的病因。

（二）临床症状

患病猪精神不佳，不食，但饮水，部分有呕吐症状，排粪少，甚至不排粪，腹部逐渐膨隆。有的表现呻吟、弓腰，触诊腹部敏感，腹肌紧张。在腹部可触摸到较正常肠管粗而坚实、有弹性的套叠肠段。由于套叠肠段阻塞，有的腹部肿大数倍以上，最终以死亡告终。

（三）病理变化

由于发生套叠段阻塞，胃极度膨隆，塞满2/3的腹腔，比平常大数倍（图9-4-1，图9-4-2）。阻塞部分肠管似香肠样（图9-4-3），里面充满黄色胶冻样物质（图9-4-4）。

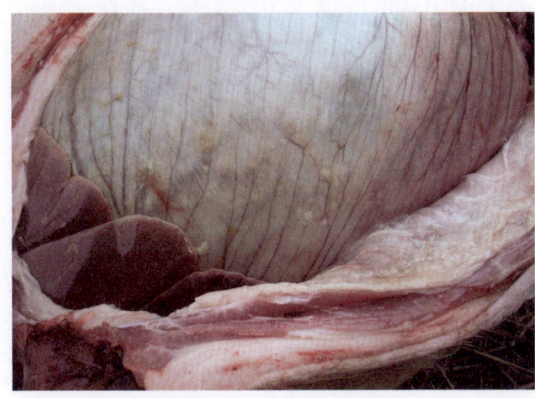

图9-4-1　胃极度膨隆

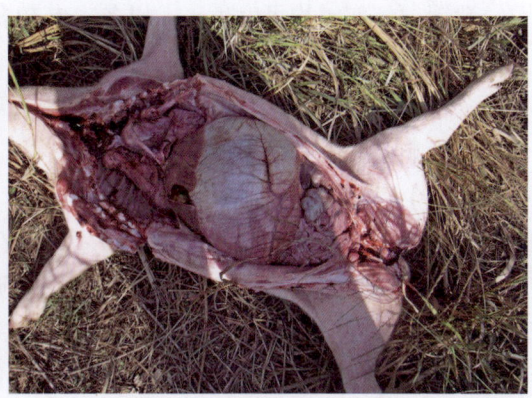

图9-4-2　胃塞满2/3腹腔

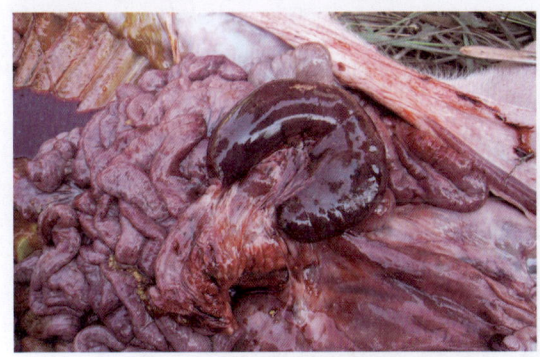

图9-4-3　发生套叠的肠管似"香肠"

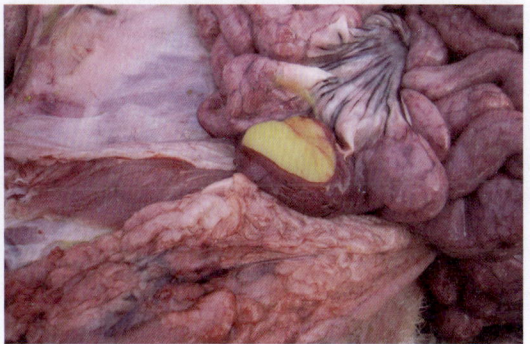

图9-4-4　套叠肠管内充满黄色胶冻样物质

（四）治疗方法

肠套叠发生时间短，还不严重的，可应用全身麻醉，通过腹壁将肠管整复，也可用温软皂水深部灌肠整复。病程长、症状明显的应实施手术整复。肠管坏死的应切除进行肠管吻合术。

（五）预防与饲养管理

有原发病的应积极治疗原发病，脱水症状明显者应及时输液。术后应用抗生素，防继发感染。并在5～6天后喂以软质流质食物。

五、泄泻

泄泻(diarrhoea)就是腹泻病,是指排粪次数增多、粪便稀薄,甚至粪泻如水样的一种病症。《古今医鉴·泄泻》载:"夫泄泻者,注下之症也。盖大肠为传送之官,脾胃为水谷之海,或为饮食生冷之所伤,或为暑湿风寒之所感,脾胃停滞,以致阑门清浊不分,发注于下,而为泄泻也。"《奇效良方》载:"泄者泄漏之义,时时溏薄,或作或愈;泻者一时水去如注。"《丹台玉案》载:"泄者,如水之泄也,势犹舒缓;泻者,势似直下,微有不同,而其病则一,故总名之曰泄泻。"

(一)病因

泄泻一年四季均可发生,尤以冬末春初多发。多因感受寒湿、胃肠积热、伤食、脾胃虚弱等所致脾胃机能障碍而发病。饲养管理不良,过食难以消化的饲料;时饥时饱,过食或偷食精料;采食冰冻饲料或饮冷水;暑热天气饲喂霉变饲料,渴饮污浊脏水等均可导致泻泄,影响生长发育甚至死亡。

(二)临床症状

大便稀薄(图9-5-1),排粪次数增加,在尾部和肛门周围粘有稀粪为主要症状。伤食泄泻为饮食积于胃肠,运化失职,升降失调所致。症见泻粪酸臭,不时放屁,或屁、粪同出,食呆腹满,时有呕吐,腹痛则泻,泻后病减,舌苔厚浊,脉滑数。类似于消化不良性腹泻。兼见腹胀少食,舌苔厚腻,粪黏稠(图9-5-2),含有未消化的谷物(图9-5-3),间有轻微腹痛;寒湿泻发病较急,肠鸣腹痛,泄粪稀薄如水,遇冷泻甚,遇暖则轻,肢寒耳冷,恶寒颤抖;胃肠积热泄粪如浆或黏腻,赤浊腥臭,鼻盘干燥,口渴喜饮,有时腹痛不安;脾胃虚弱则精神不振,形体消瘦(图9-5-4),口色淡白,粪稀而无腥臭,能饮能食。

图9-5-1 排稀薄的粪便

图9-5-2 排黏稠的粪便

图9-5-3 排消化不良粪便

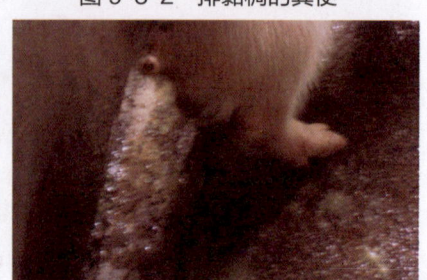

图9-5-4 体瘦毛焦

（三）治疗方法

应先查明病因，可使用化学药物或中药治疗，或两种药物同时使用。伤食泄、湿热泄不重者，可暂停喂饲，或喂少量易消化的饲料，参考消化不良、湿热症方法治疗。因中毒、寄生虫和传染病引起的泄泻，参考有关病症对因、对症治疗。

1. 化学药物治疗

化学药物治疗猪泄泻可参考表 9-5-1 制订用药方案。

表 9-5-1 化学药物治疗猪泄泻

名称	功能与主治	每头猪用量	使用方法
食盐	健胃消食，补充微量元素	5 g	食盐、白糖、氯化钾、碳酸氢钠片混合后，加温开水 100 mL，溶化后再加小檗碱，充分混匀，供 10 头 5 kg 左右猪只 1 天用，分 2 次（间隔 3 小时）用注射器灌服
白糖		10 g	
氯化钾、碳酸氢钠片		各 3 g	
10% 小檗碱	抗菌消炎	20 mL	
庆大霉素		4 万～8 万 IU	庆大霉素肌内注射，维生素 C 和盐酸山莨菪碱混合后交巢穴注射
维生素 C	止泻	50 mg	
盐酸山莨菪碱		10 mg	
氯化钠（食盐）	补液	3.5 g	混合后加温开水 1 000 mL。添加适当敏感抗生素效果更好。轻度脱水者 60 mL/kg，中度脱水者 90 mL/kg，重度脱水者 120 mL/kg，1 天 2 次口服
碳酸氢钠		2.5 g	
氯化钾		1.5 g	

2. 中药治疗

处方一：大蒜头（捣烂）50～100 g，车前草（或车前子）30～50 g。

【作用】治疗猪热泻。

【用法与用量】按处方配药，车前草水煎取汁与大蒜泥混匀，候温供体重 25～50 kg 的猪只 1 次服用，每天 1 次，连用 2～3 天。

处方二：鲜马齿苋 120 g，鲜铁苋 120 g，鲜地锦草 60 g，鲜鬼针草 60 g，百草霜 15 g。

【作用】治疗猪热泻。

【用法与用量】按处方配药，四味鲜草水煎取汁，混入百草霜混匀，供体重 25 kg 的猪只分 3 次服用。

处方三：藿香、扁豆、黄芩、金银花、鱼腥草各 200 g，神曲、甘草各 100 g，苏梗、乌梅各 50 g。

【作用】治疗仔猪腹泻。

【用法与用量】按处方配药，加清水 6 000 mL，文火水煎取汁 2 000 mL 浓药液，过滤 2 次，经沉淀，取上清液，经高压灭菌后，按每 1 000 mL 药液加入 95% 乙醇 100 mL，混匀，装瓶备用。用时按每千克体重 1 次灌服 2 mL，每天 3 次，连用 1～2 天。

处方四：伏龙肝（灶心土）3 份，木炭 2 份，大蒜头 1 份。

【作用】治疗猪冷泻。

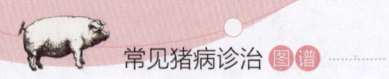

【用法与用量】按处方配药，三药捣碎拌匀，每天3次，拌入少量饲料，让其自食。25 kg以下的猪只每次服10～20 g，25～50 kg的猪只每次服20～30 g，50 kg以上的猪只每次服30～40 g。

处方五：单方鲜番石榴嫩叶50～150 g。

【作用】治疗猪腹泻。

【用法与用量】加水煮沸，候温取汤，一次灌服，每天服1～2次，连服2～3天。

处方六：石榴皮150 g，茴香、生姜各120 g，红糖60 g。

【作用】治疗猪水泻（寒泻）。

【用法与用量】按处方配药，加水3 000 mL煎汁，分4次灌服或让猪自饮。此剂量适用于体重约50 kg的猪只。

处方七：白头翁、苦参、蒲公英、连翘、龙胆草各1份，黄芪、淫羊藿各1.5份，苍术、柴胡、白芷、陈皮各1份。

【作用】治疗猪重症腹泻。

【用法与用量】诸药按比例配合，粉碎为极细末备用。服用时按每千克体重1～2 g，重症者每千克体重可用3 g，预防量减半。将以上药散剂加5～10倍量的水，煎后连同药渣喂服或灌服。一般1天1次，重症者1天2次。对某些重症腹泻，可加用碳酸氢钠调整机体酸碱平衡，提高疗效。

处方八：生姜60 g，乌梅30 g，茯苓30 g，制半夏30 g，鲜杉木炭80 g，黄连20 g，甘草20 g。

【作用】治疗仔猪冬春腹泻。

【用法与用量】按处方配药，混合研末，按每千克体重0.6～0.8 g拌料喂，每天2次。

处方九：藿香100 g，紫苏100 g，茯苓80 g，白芷60 g，木香50 g，厚朴50 g，半夏30 g，甘草30 g，生姜80 g，桂枝80 g，苍术80 g，乌梅80 g，黄芩80 g，丁香20 g。

【作用】治疗猪冬季拉稀。

【用法与用量】按处方配药，加水2 000 mL煎取汁500 mL，加95%乙醇50 mL混匀备用。乳猪按1 mL/kg体重，每天服2次，大猪用药剂量比例与乳猪相似，一次性灌服。连服2～3天。

处方十：藿香20 g，紫苏12 g，白芷12 g，桔梗12 g，白术15 g，厚朴15 g，半夏15 g，大腹皮12 g，茯苓12 g，陈皮15 g，甘草10 g，大枣15 g。

【作用】治疗幼猪冷泻。

【用法与用量】按处方配药，水煎取汁，候温内服。同时交巢穴注射5%痢菌净3 mL，每天1次，连用3天。

（四）预防与饲养管理

平时加强饲养管理，喂给易消化的饲料，给清洁饮水，多铺垫草，粪便要勤打扫，冬季防寒保暖；保持栏舍清洁干爽，防止过冷过热，做好驱虫和防疫工作；改变饲料必须逐渐进行，不喂霉变饲料，定时定量饲喂；患病猪只应隔离单独饲养，细心护理。